超深薄互层潮坪相白云岩气藏的形成与富集

郭彤楼　宋晓波　张　庄　等 著

科 学 出 版 社

北　京

内 容 简 介

本书是近年来四川盆地潮坪相碳酸盐岩油气地质研究与勘探实践的总结和升华。本书介绍了川西地区中三叠统雷口坡组超深薄互层潮坪相白云岩气藏的勘探发现历程，以潮坪相白云岩储层发育的构造、沉积特征研究为基础，以烃源评价、成储机理与气藏特征的系统解剖为主线，总结了川西地区中三叠统雷口坡组潮坪相白云岩气藏的形成条件与天然气富集规律，指出了潮坪相天然气勘探的有利区带。

本书可供从事海相碳酸盐岩油气地质勘探研究与油气资源评估等专业技术人员参考，也可作为高等院校石油与天然气相关专业师生的参考用书。

图书在版编目(CIP)数据

超深薄互层潮坪相白云岩气藏的形成与富集 / 郭彤楼等著. —北京：科学出版社，2024.3（2025.2 重印）

ISBN 978-7-03-074718-1

Ⅰ. ①超… Ⅱ. ①郭… Ⅲ. ①四川盆地—碳酸盐岩油气藏—油气藏形成—研究 ②四川盆地—碳酸盐岩油气藏—富集—研究 Ⅳ. ①TE344

中国国家版本馆 CIP 数据核字(2023)第 018765 号

责任编辑：黄　桥 / 责任校对：彭　映
责任印制：罗　科 / 封面设计：墨创文化

科学出版社出版
北京东黄城根北街 16 号
邮政编码：100717
http://www.sciencep.com
四川青于蓝文化传播有限责任公司 印刷
科学出版社发行　各地新华书店经销
*
2024 年 3 月第 一 版　开本：787×1092　1/16
2025 年 2 月第二次印刷　印张：15
字数：350 000

定价：268.00 元

（如有印装质量问题，我社负责调换）

前　言

四川盆地是我国最早开展油气勘探的盆地，也是我国的天然气主产区。“六五”以来，经过多轮攻关，海相领域天然气勘探取得了长足的进展，尤其是2000年以后，在古生界海相层系相继发现了普光、元坝、安岳等超千亿立方米的特大型天然气田，展示了巨大的天然气勘探潜力。

中三叠统雷口坡组是四川盆地重要的含气层系，其油气勘探始于二十世纪六七十年代，经过半个多世纪的勘探实践，仅发现了川西中坝雷三段、川中磨溪雷一段、川东卧龙河雷一段等十余个中小型气藏。勘探工作者一直被“四川盆地的中三叠世海相层系能否寻找到大规模的天然气藏”的疑问所困扰，对四川盆地中生界海相层系的油气地质条件和成藏条件也产生了诸多认识和看法。部分观点认为，四川盆地中生界海相层系主要是局限蒸发台地沉积，不具备发育良好的烃源岩的沉积条件，蒸发环境膏云坪沉积也不具备发育展布广、厚度大碳酸盐岩储层的沉积成岩条件；也有观点认为，雷口坡组和嘉陵江组内部发育的巨厚膏盐岩层封隔了下伏层系烃源的向上运移，即使雷口坡组有储层存在，如果没有有效的油气运移通道，也不能形成油气藏。所以，普遍认为中三叠统油气基础地质条件和成藏条件都较差，难以形成大规模气田。

在普光大气田发现的启示下，2006 年，中国石油化工股份有限公司(简称中国石化)西南油气分公司开启了新一轮的川西海相油气勘探研究和实践，先后围绕川西碳酸盐台地边缘礁滩和不整合面岩溶进行了攻关。但随着勘探进程的深入，发现川西中三叠统雷口坡组主要为潮坪相沉积，而这一领域在国内外尚未发现规模油气田，该领域油气勘探前景如何、潮坪相是否发育大规模储层、潮坪相白云岩能否大规模成藏等一系列问题又摆在了勘探工作者的面前。聚焦上述问题，中国石化西南油气分公司先后组织了“四川盆地彭州海相大气田形成条件与富集规律”“川西地区雷口坡组天然气富集规律与目标评价”等一批重点科研项目，对川西地区海相成盆、成烃、成储、成藏进行了系统研究，并部署实施了川科 1 井，取得重大勘探突破；随后陆续在鸭子河、金马、石羊场实施钻探，均获高产工业气流，探明了川西海相千亿立方米大型气田——川西气田，提交探明储量 $1140\times10^8m^3$，该气田为中国石化在四川盆地探明的第三个大型海相气田；还发现了新场、马井、永兴三个中小型气藏，提交地质储量超 $2000\times10^8m^3$。本书是在总结上述科研项目成果和勘探实践的基础上编撰而成的，是中国石化西南油气分公司勘探工作者集体智慧的结晶。

本书主要以中国石化川西勘探区块内取得的大量实物资料和分析数据为基础，从构造、沉积、储层、烃源及成藏等方面展示了川西雷口坡组潮坪相碳酸盐岩气藏地质特征，期望对国内外潮坪相油气勘探起到借鉴作用。全书共分 7 章。

第 1 章川西潮坪相气藏的发现，简述了潮坪及碳酸盐岩潮坪体系，川西潮坪相碳酸盐岩大气田的勘探历程及成果。

第 2 章川西地区构造特征及演化，主要包括中新生代以来构造演化特征，川西地区雷口坡组现今构造发育特征。

第 3 章川西雷口坡组层序与沉积特征，在对川西雷口坡组岩石组合特征进行描述的基础上，进行层序地层分析，重点阐述了潮坪相沉积特征、沉积模式。

第 4 章烃源岩特征及评价，简述了川西海相烃源岩发育层系，以二叠系、雷口坡组和马鞍塘组—小塘子组烃源岩为重点，对烃源岩展布、地球化学特征进行了详细论述和综合评价。

第 5 章潮坪相白云岩储层形成机理，详细描述了川西雷口坡组潮坪相白云岩储层岩石学特征、储集空间类型、孔喉结构特征、储层物性等基本特征，结合大量实验数据，深入分析了储层成岩作用及孔隙演化过程，揭示了潮坪相碳酸盐岩成储机制及储层展布规律。

第 6 章潮坪相碳酸盐岩大气田的形成与富集，通过气藏地质特征解剖、输导体系分析，重建了天然气成藏过程及成藏模式，总结了潮坪相大气田的形成条件。

第 7 章勘探成果与启示，简要总结了取得的理论认识和油气成果，结合勘探实践，从勘探思路、研究过程与技术创新方面总结了勘探启示。

本书前言由郭彤楼、许国明撰写；第 1 章由宋晓波、许国明、苏成鹏撰写；第 2 章由孟宪武、张庄、汪仁富、石国山撰写；第 3 章由宋晓波、苏成鹏、隆轲、石国山撰写；第 4 章由张庄、隆轲、吴小奇、王彦青撰写；第 5 章由王琼仙、李蓉、宋晓波、廖荣峰撰写；第 6 章由郭彤楼、刘勇、宋晓波、许国明、陈迎宾撰写；第 7 章由李书兵、宋晓波撰写。全书由郭彤楼、宋晓波统稿，郭彤楼、李书兵审核、定稿，刘远珍、惠义玲等完成了大量图件的清绘工作。此外，对本书作出贡献的还有谢刚平、朱宏权、张克银、段文燊、张世华、曹波、冯霞、李兴平、刘诗荣、袁洪、蔡左花、王东、刘昊年、曾华盛、李素华、贾霍甫、林辉、郝哲敏等。

在本书前期的研究工作中，中国石化勘探界的很多领导、专家给予了指导和支持；参加本书研究工作的还有中国石化石油勘探开发研究院、成都理工大学、中国地质大学（北京）、北京大学等技术协作单位的许多专家和技术人员，在此一并表示衷心的感谢。

由于作者水平有限，书中难免有疏漏与不妥之处，敬请广大读者批评指正。

目　　录

第1章　川西潮坪相气藏的发现

碳酸盐岩油气藏在全球油气产出中占据着重要地位。据统计，全球油气产量的60%来自碳酸盐岩储层(贾小乐等，2011)。我国海相碳酸盐岩层系面积可达$300\times10^4km^2$，主要分布在四川盆地、塔里木盆地、鄂尔多斯盆地三大克拉通盆地内(何登发等，2017；李建忠等，2021；马永生等，2021)。通过持续研究和勘探实践，在我国三大盆地海相碳酸盐岩层系中不断有新的规模油气藏被发现，获得了丰硕的油气勘探成果。研究表明，这些油气藏以高能沉积背景下形成的“礁滩型”(邹才能等，2011；赵文智等，2014；苏成鹏等，2016；郭彤楼，2019)油气藏和与风化壳相关的“岩溶型”(江青春等，2012；何江等，2015；钟原等，2021；谢康等，2020)油气藏为主，相关研究成果很多。然而，对于相对低能沉积背景下形成的碳酸盐岩潮坪相油气藏勘探成果较少，研究程度也相对较低。

1.1　潮坪沉积与油气富集

潮坪是指地形平坦，随潮汐涨落而周期性淹没、暴露的环境。潮坪常与障壁岛、潟湖、河口湾组成堡岛体系，与三角洲一样属于海陆过渡相。

1.1.1　潮坪沉积环境特征

1. 水动力特征

潮坪的重要水动力是潮汐作用。潮汐作用是在月球及太阳的引力作用下，海平面发生周期性升降(潮汐)和海水往复运动(潮流)的现象。由于月球距地球的距离比太阳近得多，因此地球表面的潮汐现象以月球的引力为主。如果同时考虑太阳与月球的作用，则因日月与地球的位置不同产生不同的潮汐现象。当太阳、月亮和地球处在一条直线上的时候，出现特大高潮与低潮，潮差最大；在它们处于直角三角形的角顶时，出现最小的高潮与低潮，潮差最小。在涨潮和退潮的过程中，潮汐流具有如下特点。

(1)潮汐水流的双向性：潮汐水流具有向岸和向海的流动，它与河流水流作用不同，河流水流为单向流动。

(2)潮汐水流的脉动性：潮水按照涨潮、落潮不停地运动着，一般来说，其周期为24h50min，1天之内有一次涨潮、落潮的，称为全日潮，如果1天之内有两次涨潮、落潮的，称为半日潮，介于它们之间的则称为混合潮。

(3)潮汐水位变化的频繁性：潮汐水位变化是经常的，永不停止的，或者说是永恒的，这是由于太阳、地球、月亮三者之间相互吸引这一作用的变化是永恒的。

潮汐引起海面水位的垂直升降称潮位，引起海水的水平移动称潮流。潮位的升降扩大了波浪对海岸作用的宽度和范围，形成潮间带沉积环境，而潮流对海底沉积物的改造、搬运、堆积起着重要作用，尤以近岸浅海地区最为显著。

潮汐作用主要表现为海面升降的垂向运动，潮汐的强度可根据潮差大小来衡量。潮差分为小潮差(小于2m)、中潮差(2～4m)和大潮差(大于4m)。潮汐流是波动变化的，在高水位和低水位时无潮流：涨潮时从低水位往上升，流速逐渐增大，到最大值后又逐渐减小，到达高水位时，流速趋于零；落潮时水面从高水位往下降，流速又逐渐增大，到最大值后又逐渐减小，到低水位时，流速趋于零。由于潮流强度变化很快，方向也有变化，故床沙形体的类型也不断变化，所有床沙形体都是最大潮流时的产物，并受到潮流减速的影响。

2. 地貌单元及沉积特征

潮坪碳酸盐沉积环境受气候控制明显，据此可将潮坪划分为以巴哈马群岛为代表的、偏潮湿的正常盐度的潮坪，以波斯湾地区为代表的干旱盐化潮坪。根据平均海平面的位置，碳酸盐岩潮坪可分为潮上带、潮间带和低潮面附近的潮下带。

1)潮上带

潮上带位于平均高潮面与最大风暴潮汐面之间，绝大部分时间暴露于水上，只有大潮和风暴潮期间才会被淹没，是低能环境。大潮在新月和满月时发生，因此每月两次，而风暴潮只是在特定的季节偶尔发生。

潮上带的沉积物主要由灰泥石灰岩、准同生的泥粉晶白云岩构成，一般是浅灰色，薄层状，发育水平纹理，常见泥裂、鸟眼、层状叠层石等暴露构造。由于环境条件恶劣，无论狭盐性还是广盐性生物都很少或没有发育，因此古代潮上带沉积中原地生物化石极少，生物扰动微弱。风搬运来的陆源泥可以在这里沉积，故潮上带沉积中泥质含量常常较高(5%以上)，致使其测井响应为高伽马、低电阻率特征。

潮上带沉积物中还可见一些风暴沉积，其岩性为砾屑石灰岩、砂屑石灰岩、鲕粒石灰岩、球粒石灰岩、介壳石灰岩等。风暴层的厚度多为几厘米，少数可达三四十厘米，横向延伸为几十米或几百米。其平面形态多为席状，剖面形态多为底平顶凸的透镜状。

潮上带沉积特征受气候影响较大。在潮湿气候条件下，如哈姆林池(Hamelin Pool)现代滨岸潮坪(图1.1)，潮上带藻席发育，没有石膏等蒸发岩沉积(图1.2)。在干旱气候条件下，如波斯湾地区、澳大利亚西海岸赫特潟湖(Hutt Lagoon，为粉红盐湖)和鲨鱼湾(Shark Bay，为高盐度潟湖)，潮上带藻席不发育，常见石膏岩层、石膏结核、盐壳等(图1.3)，准同生白云岩广泛发育。

2)潮间带

潮间带位于平均高潮面与平均低潮面之间，一天被淹没一次或两次，处于水上与水下频繁交替的中低能沉积环境。

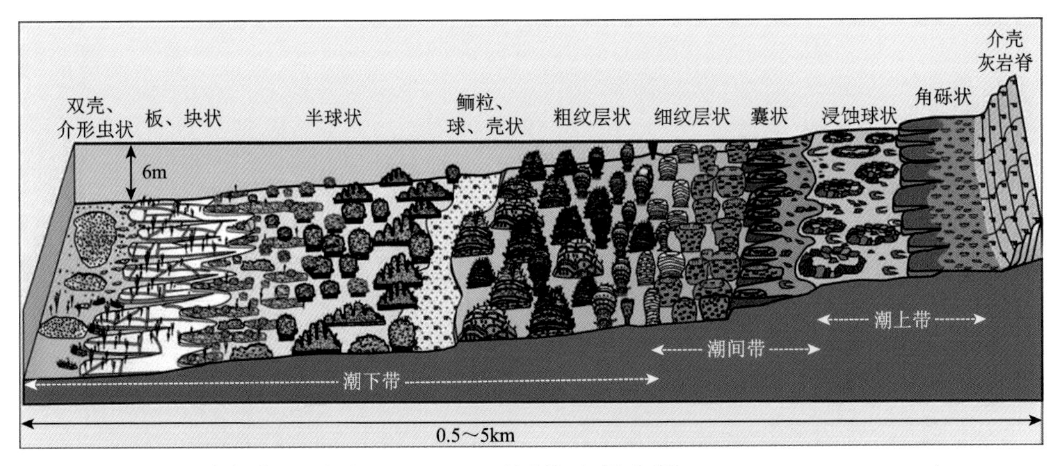

图 1.1　澳大利亚西海岸 Hamelin Pool 潮坪沉积模式(据 Collins and Jahnert，2014)

(a)潮上带死亡氧化的叠层石铁质结壳

(b)与叠层石共生的藻席

图 1.2　Hamelin Pool 潮上带沉积特征

(a)Hutt Lagoon岸边的盐壳

(b)Hutt Lagoon盐类结晶

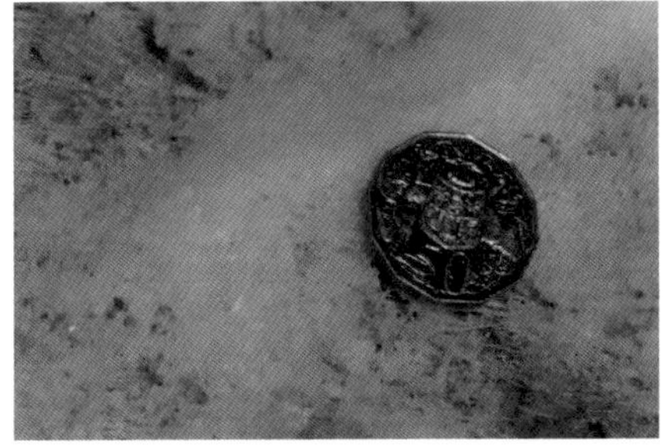

(c)Shark Bay石盐和石膏结晶

(d)Shark Bay石盐和石膏结晶与白色丝状藻类

图 1.3　澳大利亚西海岸高盐度潟湖潮上带沉积特征

潮间带沉积物主要是灰泥石灰岩，少见准同生白云岩。灰泥石灰岩一般呈浅灰色、灰色、薄层状，常见柱状、波状和层状叠层石[图 1.4(a)]，并且从潮间带下部较高能环境到上部较低能环境依次由柱状变为波状、层状，这是潮间带的重要识别特征之一。在潮间带上，常有一些广盐性生物[图 1.4(b)]，如腹足类、蠕虫类等，它们形成了一些爬迹、虫孔等。可见泥裂、鸟眼、水平纹理，但远不如潮上带发育，这主要是潮间带经常被水淹没，生物扰动较强的缘故。

(a) Hamelin Pool潮间带下部藻叠层建造

(b) Shark Bay潮间带上部混合沉积，见大量活体贝类

图 1.4 澳大利亚西海岸潮间带沉积特征

“塞卜哈(Sabkha)”为阿拉伯语，指气候干旱条件下的盐潮坪(盐沼)沉积。它的形成要求干旱炎热的气候(波斯湾年降水量 128mm)、平缓的海岸地貌(坡度为 1/1000)和很浅的地下水位(小于 1m)，以发育蒸发岩(石盐、石膏、天青石等)和白云石化为特征。如果后期发生淡水淋滤作用，蒸发岩被溶解形成塌陷角砾岩层。

潮间带不同于潮上带的另一个重要特征是发育潮汐水道(潮道)。潮道多为蛇曲状，宽十几米到上百米，深一般为几十厘米至几米，向潮上带方向变浅。潮道通常充有海水，是潮间带中的高能环境。潮道内主要沉积砾屑石灰岩、砂屑石灰岩等，厚多为几米，常见双向交错层理及大型槽状交错层理，其底面为冲刷侵蚀面，向上粒度变细。岩体呈条带状，剖面形态为顶平底凸的透镜状。

3) 潮下带

潮下带位于平均低潮面之下，很少暴露于水上，潮间带发育的潮道可延伸至潮下带。潮下带的沉积物类型多样，主要是灰泥石灰岩、颗粒质灰泥石灰岩、颗粒石灰岩等，颗粒可以是内碎屑、鲕粒、藻粒、生屑等。

低能潮下带沉积的灰泥石灰岩、颗粒质灰泥石灰岩、球粒石灰岩等多呈灰色、深灰色，中厚层至块状，生物扰动强烈，水平虫孔常见，层理构造不发育。常含原地堆积的正常海生生物化石，如腕足类、棘皮类、有孔虫等。

高能潮下带沉积的各种颗粒石灰岩多呈浅灰色、灰色，中厚层至块状，颗粒分选、磨圆好，填隙物为亮晶胶结物或灰泥，常见双向交错层理、槽状层理、波痕等构造，其横向连续性好，多呈席状。

在古代碳酸盐台地上，潮下带、潮间带、潮上带这 3 种环境的沉积常常形成一系列向上变浅的旋回，即自下而上依次由潮下带沉积变为潮间带和潮上带沉积，如加拿大西部的寒武系和泥盆系及华北地台的奥陶系等(朱筱敏，2008)。这些旋回厚度多为几米，横向稳定，可追索十几公里甚至上百公里。

1.1.2　碳酸盐岩潮坪与油气富集

1. *碳酸盐岩潮坪相带是优质储层发育区*

世界上有不少油气田的高产层是碳酸盐岩。它们属于碳酸盐台地边缘的生物礁相、浅滩相及其前缘的斜坡塌积相类型。因为台地边缘带是沉积环境的水动能高值带，其上的礁灰岩和内碎屑灰岩往往发育大量的原生孔隙，如生物骨架孔、粒(或砾)间孔和遮蔽孔等；台地边缘带又是构造变动的枢纽带，沉积物易遭受暴露溶蚀和受力变形，也会产生如淋滤孔洞和裂缝等次生空间。因此，确定古代碳酸盐台地边缘带的位置和发现礁、滩、塌积岩相，就成为油气勘探和研究工作的一个重要目标。那么，在水动能相对较低、构造变动相对较稳定的碳酸盐台地内的潮坪相是否也有形成良好储集岩的条件？如有，储层具有什么特征？受哪些因素制约？

在潮坪相碳酸盐岩地层中，孔隙层所占的比例较大，孔隙度较高，如据乐山市沙湾镇上震旦统洪椿坪组剖面统计，有孔洞层32层，累厚113.8m，占白云岩层总厚的16%，孔隙度一般为4%～6%(据相邻的威远气田同层位的岩心分析资料)；川东相国寺气田中石炭统白云岩的孔隙层占地层总厚的90%以上，孔隙度平均为7.4%。这些孔隙层的层位较稳定，展布面积大，能容纳大量油气，是地下流体的主要储集场所。

川西气田中三叠统雷口坡组四段上亚段(简称雷四上亚段)储层岩石类型主要包括：晶粒白云岩、藻白云岩、(含)灰质白云岩、(含)白云质灰岩及(颗粒)灰岩5类。优质溶蚀孔隙型储层均发育在白云岩中，岩性由晶粒白云岩、藻白云岩及(含)灰质白云岩组成(表1.1)。391件小直径岩心常规物性分析表明，晶粒白云岩($n = 109$)和微生物白云岩($n = 165$)孔渗性能最好，二者平均孔隙度均大于4%，渗透率均大于1mD[①]。

表1.1　川西气田雷四上亚段不同岩性物性统计表

储集岩		孔隙度/% [最小值～最大值/平均值(样品数)]	渗透率/mD [最小值～最大值/平均值(样品数)]
白云岩类	晶粒白云岩	0.35～23.70/5.84(109)	0.001～10.900/1.488(109)
	藻白云岩	0.50～20.09/4.59(165)	0.002～18.400/1.662(165)
	(含)灰质白云岩	0.26～8.88/2.47(61)	0.003～8.450/0.552(61)
过渡岩类	(含)白云质灰岩	0.08～14.16/2.82(24)	0.001～7.681/0.584(24)
灰岩类	(颗粒)灰岩	0.09～6.19/1.46(32)	0.001～1.480/0.124(32)

由上可知，就储层岩石类型而言，潮坪相碳酸盐岩储集岩除发育常规晶粒白云岩外，

① $1mD = 0.986923 \times 10^{-15} m^2$。

还发育规模藻白云岩。沉积及早期成岩阶段，潮间带-潮上带碳酸盐岩组构间孔隙较为发育，且常在有利环境及微生物参与的条件下发生白云石化作用，增加白云石晶间孔，因此微生物岩对储层贡献率极大。这是相对低能潮坪相储集岩类型与高能沉积背景下形成的“礁滩型”和与风化壳相关“岩溶型”储集岩类型的典型区别。

潮坪环境何以有利于形成这些作用和产生这些孔隙呢？因为潮坪区是个暴露与淹没相间、海陆频繁交替、养料丰富与环境毒化并存的地带。不能忍受毒化环境的动物门类纷纷消亡，而适应力极强的微生物(以蓝绿藻为主)则极为繁茂，成为藻丛世界，与藻活动有关的孔隙大量发育，如黏结窗格孔、鸟眼孔、粒间孔、藻钻孔等。因为潮汐不断供给海水，在强烈蒸发作用的条件下，提供了丰富的镁离子，使白云石化作用能在大面积范围内发生，与白云石化有关的孔隙大量产生，如白云石晶间孔和溶孔，也常见干裂收缩隙。由于周期性暴露，大气降水选择性溶解也产生溶孔。

此外，潮坪相碳酸盐岩储层还具有厚度薄、多层叠置，且横向分布稳定的特征。这既不同于台内滩储层厚度薄、多层叠置，但横向分布不稳定的特征；又不同于台缘滩储层厚度大、横向分布稳定的特征(李凌等，2011)。

2. 潮坪相带毗邻的潟湖相碳酸盐岩可作为有效烃源岩

在干旱气候条件下，潮坪及与之相邻的潟湖区蒸发作用较强，为蒸发沉积环境，众多国内外学者研究认为，蒸发环境有利于烃源岩发育和有机质的保存(许国明等，2013；杨克明，2016)。

(1)蒸发岩型的环境具有巨大的有机物质生产能力：在蒸发岩形成期(咸化期)，由于水体盐度增加或不同盐度水体的混合，底部水体近于停滞，因此造成各种生物的大量死亡，湖盆底部形成弱氧化还原环境，造成腐殖泥相。

(2)藻类(尤其是蓝绿藻)是蒸发环境中烃类的主要生成者：随着注入蒸发岩盆地的生物体死亡后沉入水底，底部咸水中由于氧浓度的减少而制约了底栖生物群、食草动物和食腐动物的生长，并阻止了生物对沉积物的搅动，只有蓝绿藻和厌氧微生物细菌可继续生存，从而生产更多的有机质。因此，成盐环境中嗜盐微生物含量高、产率也高。

(3)蒸发环境有利于有机物质向烃类转化：蒸发岩分布区为大地热流高值区，可以使其周围烃源岩得到较大的热力作用，有机质可较早、较快地生成油气，在较低的镜质体反射率情况下，就可达到与其他烃类相同的成熟度。

(4)与淡水、微咸水湖盆比较，蒸发岩盆地烃岩具有机碳含量低、转化率高的地球化学特征：这可能和水介质的盐度有利于有机质的保存和转化有关。

(5)成盐环境往往与优质烃源岩伴生：模拟实验表明，盐类物质对烃源岩有机质生烃有催化作用，尤其是高-过成熟早期催化作用明显。一方面，蒸发岩高热导率和热压作用会导致高排烃率，有机质生气潜力会变大；另一方面，由于地层流体中 Mg^{2+}催化，会促进原油裂解，并形成高含硫天然气。因此，膏盐-碳酸盐岩组合有利于形成优质烃源岩。

近来，笔者通过考察澳大利亚西海岸现代潮坪相沉积发现，潮上带盐壳下伏潟湖相碳酸盐岩发育大量深色有机质(图 1.5)。这是由于在潟湖环境中，生物种类单调但数量多，水体安静，有利于有机质的埋积，底部常形成含 H_2S 的还原环境，有利于有机质的保存和向石油的转化，故潟湖相是良好的生油相带。本节以川西地区雷口坡组自身碳酸盐岩烃源岩为例，进行简要阐述。

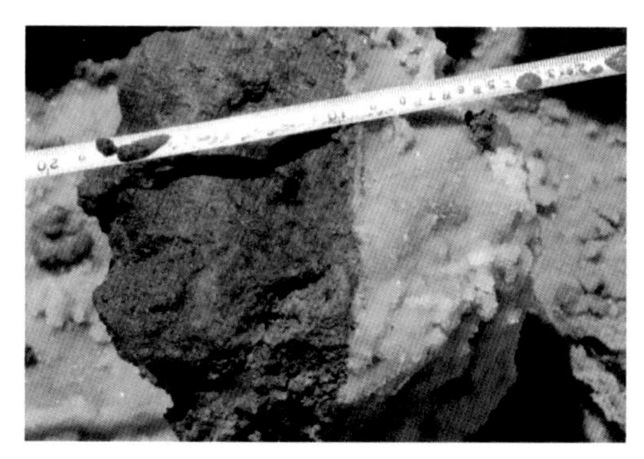
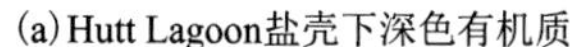

(a) Hutt Lagoon盐壳下深色有机质

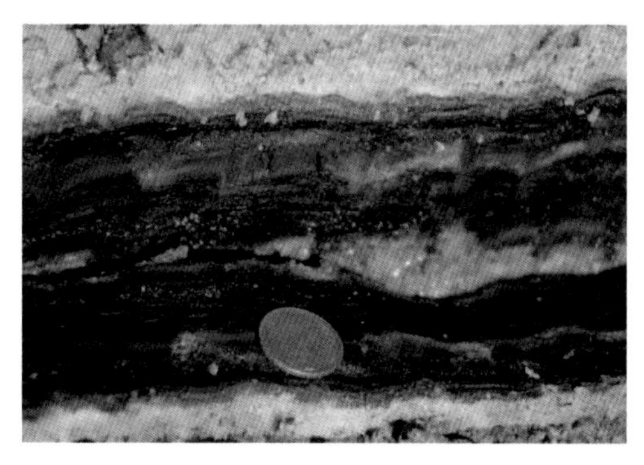

(b) Shark Bay盐壳下的黑色富有机质腐泥

图1.5　澳大利亚西海岸潮上带盐壳下伏潟湖相有机质富集特征

关于川西地区雷口坡组自身碳酸盐岩烃源岩，已有研究表明川西拗陷孝泉地区，以及大邑—温江—彭州—广汉一带，雷口坡组烃源岩总有机碳(total organic carbon，TOC)含量为0.4%～0.6%，厚度达250～350m(杨克明，2016)，其能否作为有效烃源岩争议较大(宋晓波等，2011；许国明等，2013；孟昱璋等，2015；王鹏等，2019；吴小奇等，2020)，而争议的关键点在于碳酸盐岩烃源岩的评价标准。近十多年来，随着普光、元坝、龙岗等二叠系—三叠系大中型气田的发现及探井的增多，很多学者对碳酸盐岩烃源岩又进行了更深入的研究(王兰生等，2003；腾格尔等，2008，2010；刘全有等，2012；陈建平等，2013)，并认为碳酸盐岩的TOC含量达到0.2%或者0.3%就是烃源岩(黄籍中，1984；王兰生等，2003)，这与Gehman(1962)统计的世界范围内的346块碳酸盐岩烃源岩均值(0.24%)相当。这一TOC下限值明显比目前国内外普遍认为的0.5%的标准偏低(梁狄刚等，2000；陈建平等，2012)。

参照黄籍中和吕宗刚(2011)对碳酸盐岩烃源岩TOC的四级分级标准，即Ⅰ级(>0.50%)、Ⅱ级(0.35%～0.50%)、Ⅲ级(0.20%～0.35%)、Ⅳ级(<0.20%)，川西拗陷雷口坡组碳酸盐岩烃源岩属于Ⅰ～Ⅱ级烃源岩。值得注意的是，TOC值是测试岩石中的残留有机碳量，其与原始有机质丰度存在较大差异，尤其是高热演化的烃源岩(刘文汇等，2017)。Breyer(2012)研究发现不同干酪根类型热演化过程中生烃潜力差异巨大，其中Ⅰ型干酪根油气转化率可达80%，Ⅱ型干酪根油气转化率为50%，Ⅲ型干酪根油气转化率仅20%。研究区中三叠统烃源岩处于有机质热演化的过成熟阶段(R_o均大于2%)(王鹏等，2019)，且有机质类型为Ⅰ～$Ⅱ_1$型，主要来自浮游生物，生烃潜力好(杨克明，2016)，据此推测烃源层原始沉积物的有机碳含量会更高，因此雷口坡组碳酸盐岩可以作为有效烃源岩(苏成鹏等，2022)。

基于川西拗陷雷口坡组现有井资料进行TSM盆地模拟[①]，结果显示：川西地区中三

① TSM盆地模拟是指基于“T(环境)-S(作用)-M(响应)”工作程式所进行的盆地模拟。

叠统雷口坡组烃源岩生烃中心在大邑—马井一带，其生气强度为 20×10^8～$40\times10^8m^3/km^2$，证实了“蒸发环境生烃”理论。这也是潮坪相碳酸盐岩气藏有别于“礁滩型”和与风化壳相关“岩溶型”气藏的特色成藏特征之一。

3. 潮坪相碳酸盐岩成藏常需高效疏导体系

潟湖、潮坪广泛发育泥质岩类及膏盐沉积，它们可以成为良好的盖层，由于海侵和海退的交替变化，潟湖、潮坪相在垂向上有规律地相变，有利于形成完整的生、储、盖组合，利于油气的富集。

同时，值得注意的是，潮坪相碳酸盐岩由于其局限蒸发的沉积环境，储层的发育通常与厚大的致密膏岩相伴生，川西拗陷雷口坡组气藏亦是如此。因此，组内自身烃源岩要想突破组内多套膏岩隔层而顺利成藏，组内微断裂的发育极为重要。

此外，川西雷口坡组潮坪相碳酸盐岩气藏的实例表明，要能区域成藏，多源供烃仍是基础，那么除了组内微断裂作为自身烃源有效输导体系外，沟通下伏烃源的高效输导体系将成为区域成藏的关键。

1.2 川西潮坪相气藏的发现过程

四川盆地西部中三叠统雷口坡组沉积期为浅水台地环境，其边缘发育有古陆或古隆起，水体流通受限，整体上为潮坪-潟湖沉积。针对雷口坡组的油气勘探早在 20 世纪 70 年代就已经开始，但前期经过 40 余年的勘探，仅发现了一批中小型气藏，一直没有重大发现。2006 年以来，中国石油化工股份有限公司(简称中国石化)开始了新一轮的勘探研究，经过十余年的持续工作，终于发现了川西千亿立方米潮坪相碳酸盐岩大气田，揭开了潮坪相碳酸盐岩新领域勘探的序幕。回顾川西潮坪相碳酸盐岩大气田的发现过程，主要经历了如下阶段。

1.2.1 普查勘探未获油气成果

20 世纪中叶，在川西北中坝发现雷三段台缘滩型气藏，在川中磨溪发现雷一段台内滩型气藏，并建成了两个中型气田，探明储量分别为 $97\times10^8m^3$、$254\times10^8m^3$；随后，又在川东卧龙河发现雷一段气藏，经过多年勘探，四川盆地雷口坡组共发现了数十个气藏，共提交探明储量 $612\times10^8m^3$。

2005 年底，川西拗陷中段二维地震测线已经覆盖了全区，测网密度已达到 2km×2km，局部构造达到 1km×2km 或 1km×1km，数字地震剖面满覆盖长度达 13758km；中国石化川西工区范围内构造的主体部位，已进行了三维地震勘探，满覆盖面积达 $2158km^2$。但是绝大部分地震勘探以中、浅层为目标，海相层系的信噪比和分辨率低，海相层系圈闭评价、储层预测、含油气性分析等研究受到一定的限制。

川西拗陷中段中三叠统雷口坡组海相碳酸盐岩地层埋深一般大于 5000m，中国石化探区内川合 100 井钻达雷口坡组顶部，进入雷口坡组四段 68.5m，无油气显示；此外，西北部安州区川 20、川 21、川 22、川 29、川参 1、中 7、中深 1 等井，虽钻至中三叠统，但因构造复杂，钻遇断层多，油气显示少，级别低，只取得少量的资料。2005 年 5 月，在大圆包构造上实施了以海相雷口坡组、嘉陵江组为主要目的层的龙深 1 井(完钻井深 7166m)，然而由于储层和保存条件较差，未获工业油气流(宋晓波等，2011)。与此同时，川东北元坝、龙岗地区在雷口坡组顶部不整合面发现岩溶缝洞型气藏，部分井获高产，但储层以缝洞型为主，规模有限。

1.2.2　优选新场取得有限突破

2003 年，中国石化勘探南方分公司在川东北部署的普光 1 井长兴组台地边缘礁滩相带获高产工业气流，揭示了四川盆地海相领域巨大的勘探潜力。中国石化决定加强四川盆地海相天然气勘探力度，启动了新一轮的川西海相油气勘探研究攻关。2006～2007 年，中国石化西南油气分公司针对川西海相层系部署了 22 条区域地震大剖面，共 1931km。通过加强基础地质、成藏条件和区带评价研究，指出川西海相的二叠系和中下三叠统是最重要的含油气层系，中下三叠统有望在礁滩相带获得油气突破(许国明等，2012)，通过地震资料解释，识别出多个丘状杂乱反射异常体，疑是滩相储集体。为了深化川西海相古中生界碳酸盐岩天然气成藏条件的认识，探索中下三叠统是否发育台缘滩和孔隙型储层发育情况及含气性，2007 年，优选雷口坡组构造圈闭发育、远离山前复杂构造带的新场构造作为有利突破目标，在新场构造上部署实施了针对川西海相层系的第一口科学探索井——川科 1 井。2010 年，川科 1 井在中三叠统雷口坡组顶部—上三叠统马鞍塘组碳酸盐岩段见良好油气显示，测井解释含气段厚约 12m，岩屑薄片观察储层岩性主要为含砂屑灰岩，由于缺乏取心资料及当时对川西海相地层特征的认识不足，把该含气层段归为上三叠统马鞍塘组。经测试，获天然气 $86.8\times10^4m^3/d$，初步实现了川西海相天然气勘探的突破(图 1.6)。另外，前期认识的雷口坡组地震异常体实钻表明并不是台地边缘礁滩相地质体，而是膏岩与碳酸盐岩互层段受构造挤压揉皱形成。

川科 1 井突破后，为了进一步查明新场构造带储层发育情况及含气性，评价气藏规模，在新场构造带仍然按照浅滩相勘探的思路新部署了孝深 1 井和新深 1 井。通过实钻，两口井均揭示较厚的白云岩储层，从获得的部分岩心实物资料看，孔洞较发育，储层顶弱暴露特征较清晰(宋晓波等，2013)，通过对地层特征进一步分析及对比，发现储层发育段分布于雷口坡组顶不整合面向下 100m 的白云岩段发育范围内，同时，川科 1 井岩屑资料复查也表明，产层段岩性为微晶白云岩、含砂屑灰质白云岩，由此明确，新场构造带这套白云岩储层归属于雷口坡组四段上亚段。经测试，新深 1 井获天然气 $68\times10^4m^3/d$，孝深 1 井产气 $634m^3/d$、产水 $56m^3/d$。

通过该轮钻探，新场构造带取得了有限突破(图 1.6)，也初步揭示了新场雷四段气藏具有一定的规模，但储层和气水关系均表现出复杂性，一是这套雷四段白云岩储层的发育主控因素不清楚，区域展布特征有待落实；二是气藏主控因素不明确，受储层发育或岩性分布控制？还是受构造控制？带着这两个疑问，加大了研究力度，根据岩心资料，结合区域构造背景分析，提出雷口坡组顶白云岩储层与印支期早幕不整合面岩溶作用相

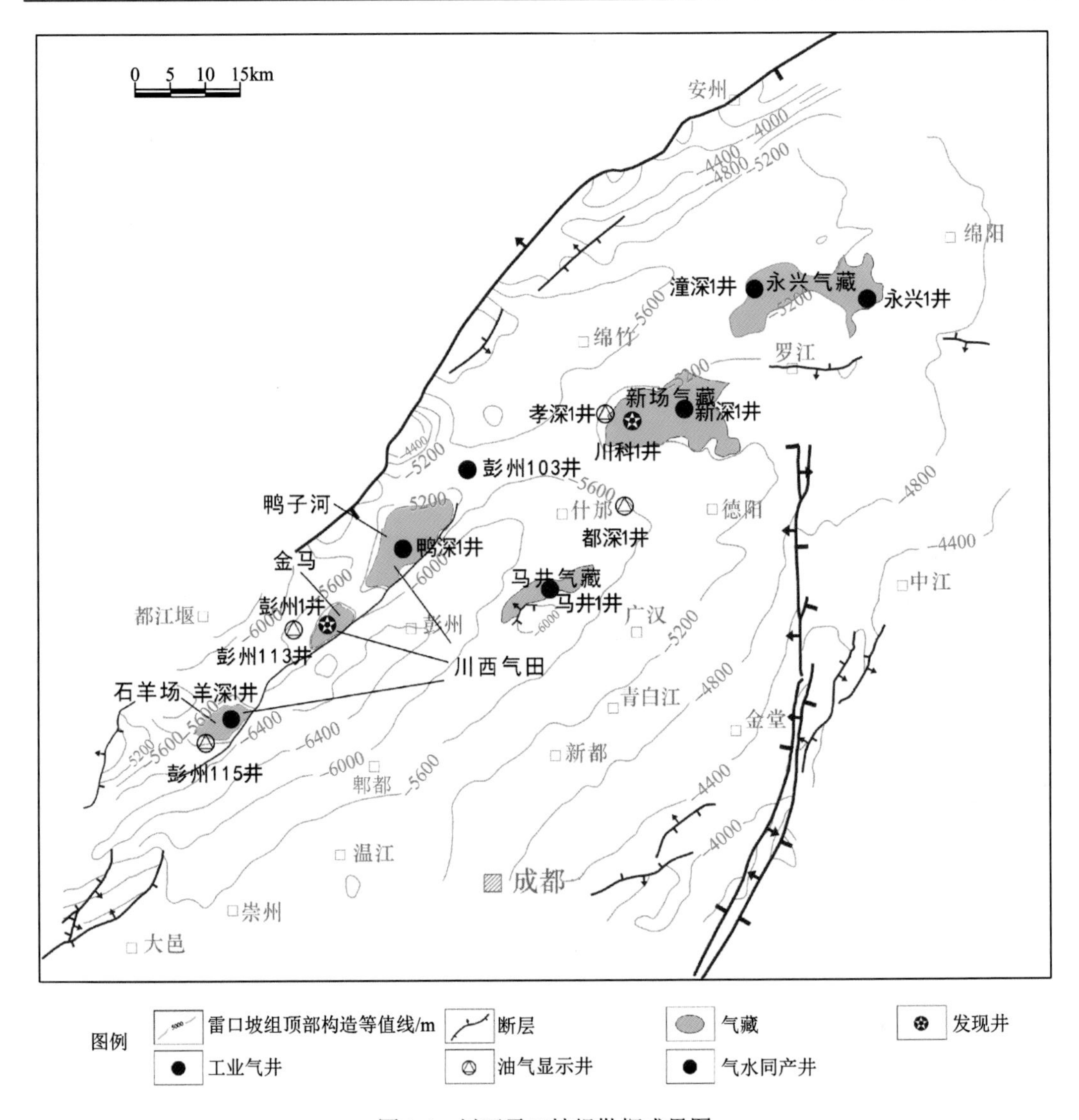

图 1.6　川西雷口坡组勘探成果图

关，是一套弱暴露背景下的岩溶储层(宋晓波等，2013)；通过对同类型气藏调研，推测主要为岩性气藏，气藏分布受储层分布控制。由此开展了对四川盆地雷口坡组顶不整合面和表生岩溶作用的研究，并按照岩溶型气藏的勘探思路在中国石化川西探区内大范围展开勘探。

1.2.3　展开勘探发现潮坪相气藏

研究认为，川西雷口坡组岩溶储层发育带呈北东-南西向分布于川西拗陷中部，为了扩大雷口坡组四段的勘探成果，2012 年，中国石化决定甩开勘探部署，沿预测的岩溶储层发育带在北部、中部、南部分别部署实施潼深 1 井、都深 1 井和彭州 1 井，其中潼深 1

井位于绵阳斜坡带文星构造，都深 1 井位于广汉斜坡带，无构造圈闭，彭州 1 井位于龙门山前构造带金马构造，这三口井不仅是从岩溶储层发育带的角度进行部署，同时也是探索三个不同构造带雷口坡组的成藏条件，对评价整个川西地区雷口坡组油气勘探潜力具有十分重要的意义。

2014 年，彭州 1 井雷四上亚段 5814～5866m 井段进行射孔酸压测试，获日产天然气无阻流量 $331\times10^4m^3$，取得龙门山前带雷口坡组四段天然气勘探的重大突破，从而发现了川西气田雷四上亚段气藏(李书兵等，2016)；都深 1 井在雷口坡组四段钻遇了良好的白云岩储层，钻井过程中气显示好，测井解释上部含气层段厚 28m，完钻后对雷口坡组四段进行射孔酸化测试，其间点火成功，焰高 1.5～3m，后因井下复杂情况导致测试失败；潼深 1 井在雷口坡组四段钻遇了良好的白云岩储层，钻后分析该井处于构造较低部位，为上气下水，加之固井质量较差，对含气、水段同时进行射孔加大规模酸压改造，以产水为主。

彭州 1 井获得高产，极大地坚定了勘探工作者的信心，使勘探重点逐渐聚焦到前期认为保存条件较差的龙门山前构造带。同时从三口井获得的新的岩心资料来看，岩溶特征不明显，未见大规模岩溶角砾、渗流砂等表生岩溶标志，且储层厚度较大，波阻抗反演预测储层发育段可达 60～100m，具有连片分布的特征，测井解释不同构造条件下的三口井储层均含气，构造对气藏的控制作用不清楚，这些现象表明，储层类型、储层发育控制因素及储层分布等已无法用表生岩溶成储理论解释，气藏类型及富集规律也表现出更为复杂的特征。因此，为了深化对储层和气藏的认识，并尽快落实气藏规模，中国石化西南油气分公司持续加大勘探研究力度，一方面将 2002～2008 年不同批次分块采集的三维地震数据大连片、高保真处理，重点开展构造特征、储层特征、储层预测及气藏类型研究；另一方面在龙门山前构造带向北东鸭子河构造部署实施鸭深 1 井，向南西石羊镇构造部署实施羊深 1 井，并开展地质资料的系统录取。

实钻揭示，鸭深 1 井和羊深 1 井雷四段白云岩储层厚度大，累计厚度达 100m 以上，可分为上、下两个储层段，下储层段厚 70～80m，上储层段厚 20～35m。系统取心结果表明，储层段溶蚀孔洞非常发育，钻进过程中，两口井均见良好气显示，鸭深 1 井测获天然气 $49.49\times10^4m^3/d$，羊深 1 井测获天然气 $60.8\times10^4m^3/d$，在龙门山前构造带主体部位新增天然气预测储量 $1291\times10^8m^3$，控制储量 $1113\times10^8m^3$。同时，随着钻井、露头及地震资料的进一步丰富，研究工作取得了重要认识，一是明确了川西地区雷四上亚段为局限台地潮坪相沉积，川西地区整体处于云坪、藻云坪有利沉积微相，为雷四上亚段白云岩储层的稳定展布奠定了重要基础；二是首次提出川西地区雷四上亚段发育一套潮坪相白云岩储层，具有厚度大、分布广的特点，储层的形成主要与白云石化作用、准同生期溶蚀作用及晚期埋藏溶蚀作用相关，其中，白云石化是储层发育的基础，准同生期溶蚀是储层形成的关键，晚期埋藏溶蚀进一步提高了储层品质；三是川西雷口坡组四段气藏气源主要来自二叠系和雷口坡组自身，烃源岩评价资源量大，具备形成大中型气田的条件。但对于气藏类型的认识仍然不清，推测为构造-岩性型气藏。

2016 年，在龙门山前构造带构造翼部较低部位由西南向东北又分别部署了彭州 115、彭州 113、彭州 103 等勘探评价井。其中，鸭子河构造北翼部署的彭州 103 井在下储层射孔酸压测试，获日产天然气 $12.66\times10^4m^3$，日产地层水 $276m^3$；金马构造南翼部署的彭州 113 井、石羊场构造南翼部署的彭州 115 井钻揭储层发育，但钻井过程中油气显示差，测井综合解释为含气水层。上述 3 口评价井的实施明确了川西气田雷口坡组四段气藏为构造型气藏。2018 年起，川西气田开始进入开发阶段。2019 年，按照“整体部署、评建结合、动态调整、分步实施”的原则有序推进气田产能建设。

1.2.4 扩展勘探斜坡带取得新突破

鸭深 1 井、羊深 1 井取得油气成果后，由于对气藏类型认识不足，是继续勘探构造，还是大胆对斜坡带进行勘探，勘探工作者存在着较大的分歧。2016 年，在对龙门山前构造带持续展开勘探的同时，在川西雷口坡组构造气藏认识的指导下，马井断背斜构造实施了马井 1 井、大邑背冲构造实施了邑深 1 井、崇州斜坡区实施了安阜 1 井，3 口井均揭示白云岩储层发育，累计厚度超过 50m，再次证实了川西雷口坡组四段储层具有广泛分布的特征；但仅马井 1 井测试获天然气产量 $68\times10^4m^3/d$，不含水，后期在马井构造翼部实施的马井 112 井证实为构造型气藏；另外两口井均表现出明显的含水特征。由此，除了龙门山前白鹿场、石板滩等保存条件较差的断背斜构造之外，川西拗陷内具有一定规模的局部构造均已完成钻探，新的勘探方向的选择再次摆到了勘探工作者的面前。

通过持续研究认为，川西拗陷东部构造斜坡区与雷四上亚段尖灭线叠合，可以形成构造-地层圈闭，多套烃源岩可提供良好的物质基础，裂缝与断层可以形成接力式输导体系，有利于形成下生上储+旁生侧储的成藏组合，并建立了“多源多期供烃、断裂裂缝输导、构造地层复合控藏”的成藏模式，提出斜坡带构造高部位也是油气富集有利区。在这些认识的指导下，2020 年，绵阳斜坡带雷四上亚段构造较高部位尖灭线附近部署实施了风险探井——永兴 1 井，该井揭示储层厚度变薄，但残余地层的岩性特征与其他钻井可以对比，完钻后在雷四上亚段进行射孔酸压测试，获天然气产量 $11.11\times10^4m^3/d$，新增预测储量 $135\times10^8m^3$，取得了川西斜坡带构造-地层圈闭油气勘探的重大突破，发现了永兴雷口坡组四段气藏，为下步实现斜坡带更大突破指明了方向。

第 2 章　川西地区构造特征及演化

川西地区在整个地史发展过程中经历了多期次构造运动，每次构造运动都对该区构造、沉积产生重大影响，使其表现出复杂性。加里东期—印支早期地史演化过程中，地壳经历了多次沉降与隆升变迁，沉积了巨厚的海相地层，不仅孕育了多套优质海相烃源岩，同时还为多套优质储层的形成奠定了基础，是川西海相油气孕育物质基础的形成阶段。印支晚期以来，川西地区经历了多期次、多方向的构造作用，形成了不同方向的构造和断裂，对油气的运聚成藏及调整、改造产生了重要影响，是川西海相油气聚集形成及调整定型阶段。对川西地区构造沉积演化过程、构造样式、主要断裂特征及构造形变特征进行分析，旨在了解川西雷口坡组潮坪相白云岩气藏形成过程中的构造背景及特征，厘清构造演化与油气成藏的关系。

2.1　区域地质背景

川西地区位于四川盆地西部，构造单元属于四川盆地川西拗陷，西以龙门山为界，南接大凉山，北邻米仓山—大巴山，处于多板块拼合的盆山结合部位(图 2.1)。地质历史经历了震旦纪—中三叠世海相、晚三叠世早期海陆过渡相、晚三叠世晚期—第四纪陆相等主要沉积演化阶段，总沉积厚度达万余米，海相地层大部分地区缺失奥陶系至石炭系，仅部分泥盆系—石炭系分布于龙门山前(图 2.2)。

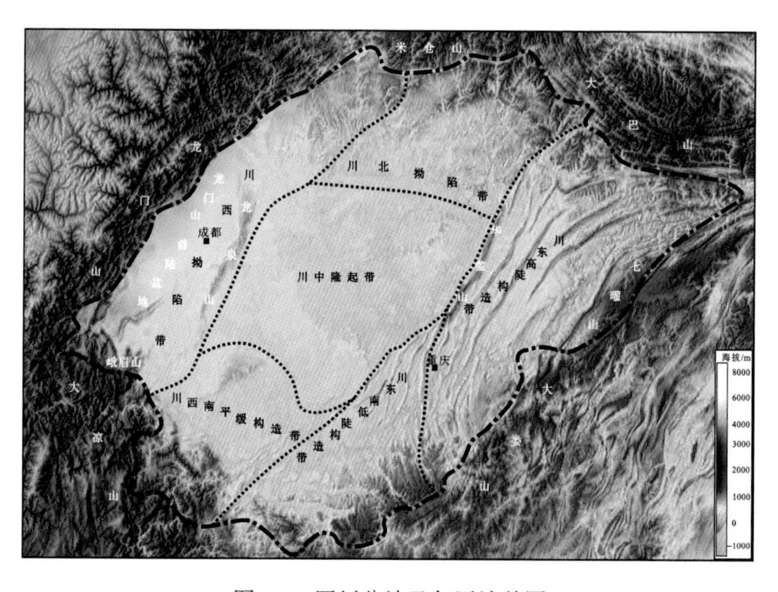

图 2.1　四川盆地及邻区地貌图

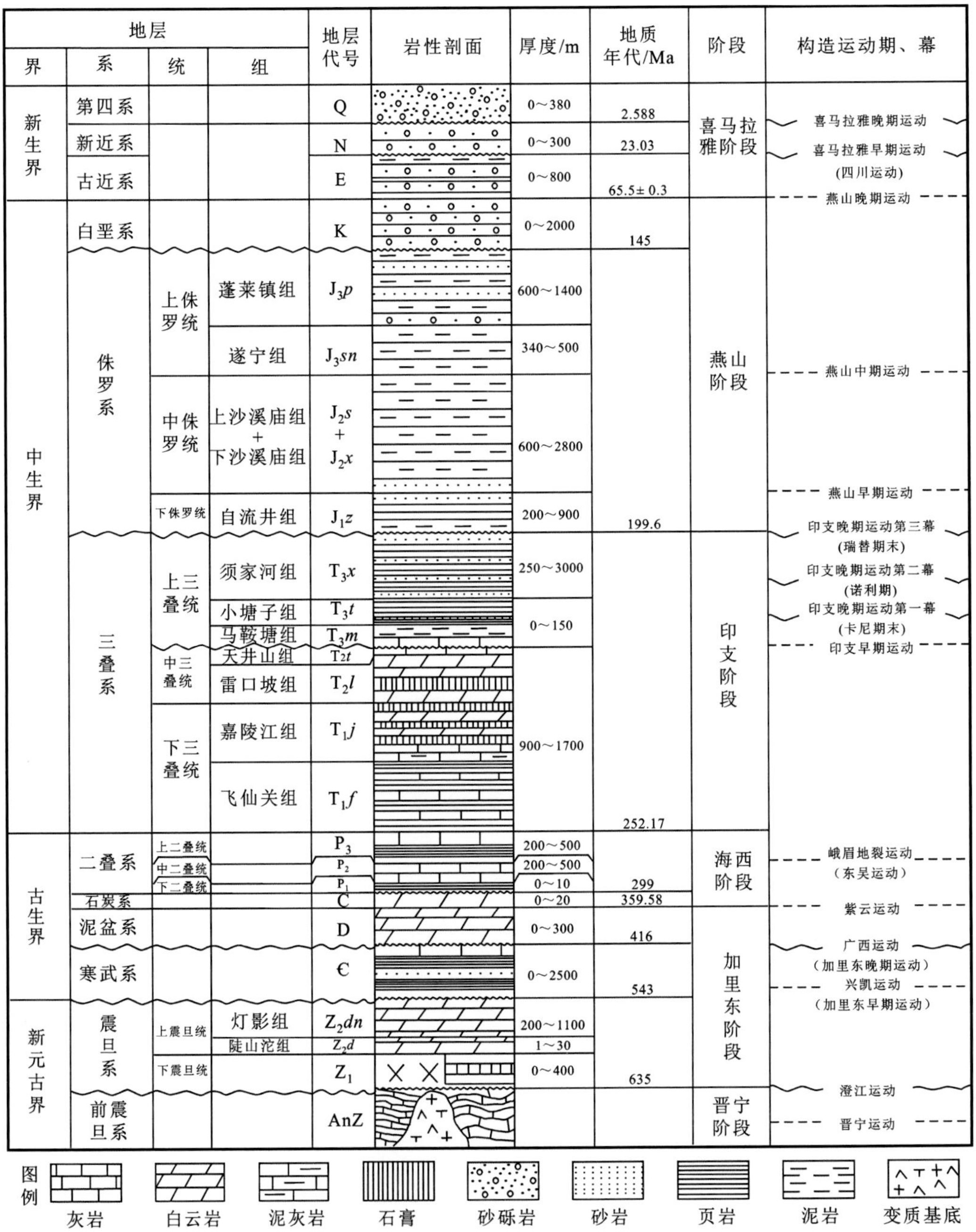

界	系	统	组	地层代号	岩性剖面	厚度/m	地质年代/Ma	阶段	构造运动期、幕
新生界	第四系			Q		0～380	2.588	喜马拉雅阶段	喜马拉雅晚期运动
	新近系			N		0～300	23.03		喜马拉雅早期运动（四川运动）
	古近系			E		0～800	65.5± 0.3		燕山晚期运动
中生界	白垩系			K		0～2000	145	燕山阶段	
	侏罗系	上侏罗统	蓬莱镇组	J_3p		600～1400			
			遂宁组	J_3sn		340～500			燕山中期运动
		中侏罗统	上沙溪庙组 + 下沙溪庙组	J_2s + J_2x		600～2800			燕山早期运动
		下侏罗统	自流井组	J_1z		200～900	199.6		
	三叠系	上三叠统	须家河组	T_3x		250～3000		印支阶段	印支晚期运动第三幕（瑞替期末）；印支晚期运动第二幕（诺利期）
			小塘子组	T_3t		0～150			印支晚期运动第一幕（卡尼期末）
			马鞍塘组	T_3m					印支早期运动
		中三叠统	天井山组	T_2t					
			雷口坡组	T_2l					
		下三叠统	嘉陵江组	T_1j		900～1700			
			飞仙关组	T_1f			252.17		
古生界	二叠系	上二叠统		P_3		200～500		海西阶段	峨眉地裂运动（东吴运动）
		中二叠统		P_2		200～500			
		下二叠统		P_1		0～10	299		
	石炭系			C		0～20	359.58		紫云运动
	泥盆系			D		0～300	416	加里东阶段	广西运动（加里东晚期运动）
	寒武系			∈		0～2500	543		兴凯运动（加里东早期运动）
新元古界	震旦系	上震旦统	灯影组	Z_2dn		200～1100			
			陡山沱组	Z_2d		1～30			
		下震旦统		Z_1		0～400	635		澄江运动
	前震旦系			AnZ				晋宁阶段	晋宁运动

图例：灰岩　白云岩　泥灰岩　石膏　砂砾岩　砂岩　页岩　泥岩　变质基底

图 2.2　川西地区地层综合柱状图

2.1.1　上扬子地台及其周缘盆地形成演化阶段

加里东期—印支早期，川西地区处于槽台体制下槽与台过渡区，由西向东，槽区形成克拉通边缘盆地，台区形成克拉通周边沉降盆地(台缘)和克拉通内拗陷盆地(台内)，在地台稳定发展及其边缘复杂化的漫长过程中，槽台分异明显，北川—九顶山—映秀古断裂以西为槽区，发育地台边缘盆地活动型沉积，地史时期中的岩浆活动与变质作用强，具长期发育的陆缘裂陷槽特征；其东为台区，发育台内坳陷盆地及台缘坳陷盆地，为稳定型与过渡型沉积(郭正吾等，1996；何登发等，2011)。

1. 加里东期(Nh—S)

上扬子地台(克拉通内)发育早中期($Z—O_1$)碳酸盐台地建造及晚期(S)细陆屑建造，皆为稳定型沉积。地台边缘构造分异明显，自东向西发育龙门山前山稳定型-过渡型沉积，厚度巨大，应为台缘断陷；龙门山后山活动型沉积，具裂陷槽性质。加里东中期运动后，构造分异更明显，且波及地台内部，形成隆、坳相间大格局。古隆起围斜部位，普遍可见 $S_1—D_{2-3}$ 或 P_1 对 O、$Є_1$、Z_2dn 递次超覆。加里东期末，随着秦岭海槽以及龙门海槽、东南海槽的关闭，加里东晚期运动(广西运动)发生，上扬子地台及其周缘地域全面隆升，一方面给周缘盆地提供陆屑，另一方面准平原化，为新的晚海西期广阔的碳酸盐台地建造作了铺垫与准备。地台西北缘在加里东运动后仍保持为被动大陆边缘，但其发展都以特提斯洋的逐步打开、演变，而呈现更加壮阔的新貌。

2.海西早期($D—P_1$)

海西早期是本区构造与沉积分异最强的地史时期。在416～299Ma的1.15亿年内，上扬子地台大部持续隆升为上扬子古陆(川黔古陆)，而其西北大陆边缘急剧拉张沉陷，龙门山前山台缘坳陷克拉通周边沉降盆地继承性发展，在其北段和南段沉积了厚达4700余米(北段)和3000余米(南段)的泥盆系，中段中、上泥盆统超覆在$Є_1—Z_2dn$之上，沉积相在纵横向上变化都很大，陆屑海岸前滨-浅海碳酸盐台地-混积陆棚-盆地相均有发育，总体以“台棚相组”稳定型-过渡型沉积为主，海水北东浅、南西较深，厚度西厚东薄。石炭纪沉积仍有很强的继承性，龙门山前山台缘坳陷内发育浅海碳酸盐台地相稳定型沉积，最厚500～1000m，以开阔台地-台地边缘相为主，海水清澈，陆屑补给少。北川—四道沟—映秀古断裂以西，泥盆纪龙门山后山海槽与巴颜喀拉(松潘—甘孜)海槽及南秦岭海槽相连，可能是一个巨大的羌塘—他念他翁前缘弧之后多岛弧盆系的大型弧后裂陷海槽盆地的一部分(刘树根等，2017)。北段青溪一带原划归茂县群上组的毛塔子组火山岩建造，厚度超过1160m，按其中所取锆石年龄(374±6)～392Ma(据四川省地质矿产勘查开发局内部资料)，似应划归下泥盆统。这一套火山岩组，可能是泥盆纪初裂陷槽的沉积标志；其他地点有化石证据的泥盆系称“危关群”或“月里寨群”，前者出露厚1250～2071m，原岩为半深海槽盆相；后者薄层灰岩与石英砂岩夹层多，可能代表盆地边缘-陆坡沉积，总体均为活动型沉积。槽区下石炭统即“雪宝顶群”，厚105～374m，下部为半深海盆地相，上部为岸外海台相；上石炭统“西沟群”为台缘斜坡相，厚44～120m。

3. 海西晚期—印支早期($P_2—T_2$)

海西晚期对本区及邻域有两大地质事件影响最深刻，其一是古特提斯洋的打开(黄汲清和陈炳蔚，1987)与关闭，从此，川西构造、沉积演化都将打上“特提斯”的烙印，诚如朱夏先生1991年所指出："扬子南北造山带的活动，强烈的印支和燕山运动，其动力的根源是特提斯洋的关闭"。

古特提斯洋打开，本区迎来了古生代以来的一次最大规模海侵，由地台周缘逐步向台内扩展，至中二叠世，上扬子地台及其周缘构造环境相对较为稳定。上扬子浅海覆盖整个地台，包括台缘拗陷区，川西主要为碳酸盐大缓坡沉积，一般厚 230～550m，海水由东南向西北加深，外缓坡相黑色钙质页岩、深灰至黑灰色泥质泥微晶绿藻灰岩发育，构成上扬子地台到台缘拗陷区广泛分布的优质烃源岩，累厚达 150～350m。青川—茂汶古断裂以西，为斜坡钙屑流相与盆地-深水陆棚相，厚160～400m，其中，角砾状灰岩厚15～41m，反映出川西碳酸盐大缓坡在一定时期内为远端变陡的缓坡。

其二是在257Ma前后，中、晚二叠世之交，峨眉山地幔柱隆升，以及热地幔柱对岩石圈的动力冲击，引发的大规模地壳差异抬升，一般称为东吴运动，和大规模岩浆底侵作用，峨眉山玄武岩的喷发，对川西构造、沉积格局造成重大改变(Mundil et al.，2004；Zhang et al.，2014)。在抬升或剥蚀时间上，由于峨眉山玄武岩夹于茅口阶和吴家坪阶之间，而二者之间的古风化壳在上扬子是一次短暂的沉积间断，因此茅口组抬升剥蚀的时间很短。从茅口组灰岩差异剥蚀和吴家坪组的地层制约可以推断，上扬子西缘峨眉山玄武岩喷发前地壳发生了快速抬升并形成穹状隆起。中二叠世末的峨眉山地幔柱热隆升及东吴运动(峨眉地裂运动)使上扬子地台西北边缘更趋于复杂化，上扬子地台及其周缘隆升遭受剥蚀，至晚二叠世早期，龙门山后山海槽南段张裂沉陷强，松潘—甘孜海槽的拉张达到顶峰，形成厚 214m 的海底喷溢暗绿色枕状玄武岩，甘孜、理塘一带张裂出现洋盆，是古特提斯洋打开的重要表征，决定了海西晚期以后，特提斯构造域的演化，成为川西地区构造发展的主控因素。

康滇隆起的持续上拱，成为重要物源区，直接影响到整个晚二叠世川西岩相展布：由川滇古陆向北东，依次分布 P_3x 河流冲积相("宣威相区")；P_3l 潟湖-混积潮坪及三角洲相("龙潭相区")和碳酸盐台地-台缘相("吴家坪—长兴相区")，厚300～500m。

印支早期继承了海西晚期的构造、古地理格局，松潘—甘孜海槽(含龙门山后山海槽在内的"槽区")与上扬子陆表浅海(上扬子地台区)并存，只是气候已由湿热渐转变为干热；经过晚二叠世末的"生物大灭绝事件"，生物面貌已焕然一新(梅冥相，2010；乔秀夫等，2012；许志琴等，2012)。上扬子地台盆地(克拉通内及周边盆地)具特提斯构造域外围盆地性质，早中三叠世整体为广阔的上扬子浅海碳酸盐大台地，构造上具"多槽围台"特点，西北外缘为松潘—甘孜地槽，北为南秦岭地槽，东南外缘有右江地槽，沉积古地理总的表现为"多滩岛环台"格局，川西地区已由碳酸盐大缓坡转变为镶边碳酸盐台地。

泸州—开江古隆起的形成过程对上扬子地台内部的沉积格局变化具有重要影响。早期的研究观点认为，泸州—开江古隆起形成于中三叠世末期，早期隆起上沉积了较厚的雷口坡组和天井山组，后期构造抬升，雷口坡组和天井山组遭受剥蚀(梁东星等，2015；张廷山等，2008)。据最新资料研究，泸州古隆起西北部雷口坡组具有底部超覆、顶部削截的特征(图 2.3)，这说明雷口坡组沉积早期泸州古隆起区就已经存在，后期隆起逐渐抬升，影响范围逐渐扩大，盆地内雷口坡组沉积物逐渐向古隆起四周退却。该古隆起的形成不仅直接控制了四川盆地雷口坡组西厚东薄的展布特征(图 2.4)，而且形成了以潮

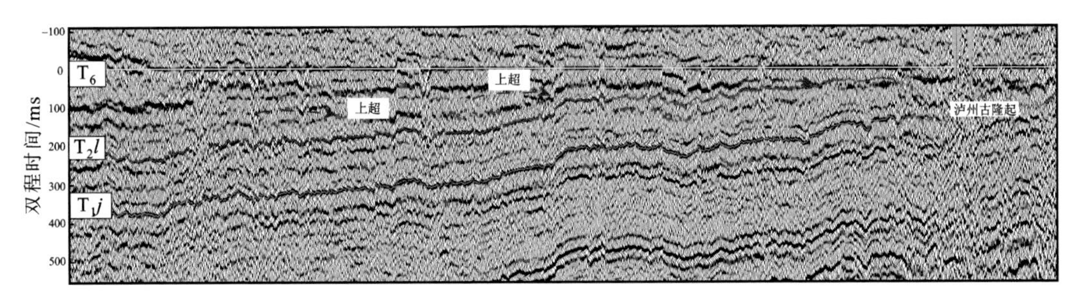

图 2.3　四川盆地中三叠统雷口坡组内部地层向泸州古隆起方向超覆特征

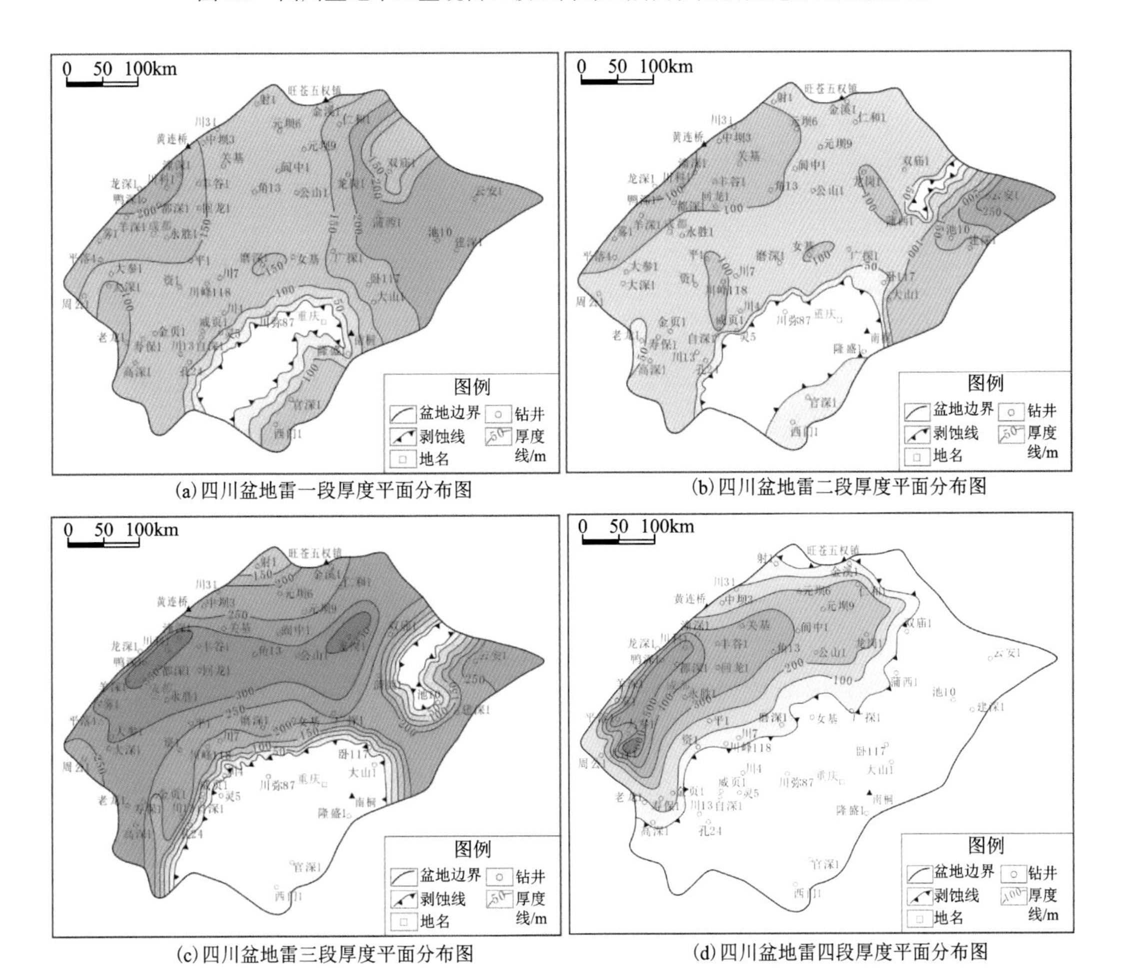

(a) 四川盆地雷一段厚度平面分布图　(b) 四川盆地雷二段厚度平面分布图

(c) 四川盆地雷三段厚度平面分布图　(d) 四川盆地雷四段厚度平面分布图

图 2.4　四川盆地雷口坡组各段厚度图

坪-潟湖为主的沉积体系，为雷口坡组烃源岩和潮坪相储层的发育奠定了重要的基础。之后，海水进一步向西退缩，在川西北(现今龙门山北段)一带沉积了一套灰白色灰岩，称为天井山组。据现有资料，该套地层在黄连桥剖面最厚，达 375m，向北东方向逐渐减薄尖灭，向南东方向盆地内部无钻井揭示，说明其分布范围非常局限。中晚三叠世之交，四川盆地整体抬升暴露，遭受了不同程度的剥蚀，最终形成印支期区域性不整合面(图 2.5)使中、上三叠统之间呈不整合接触，有学者称之为“新场运动”(杨克明等，2012)。受该期运动影响，盆地东部至中部地区，处于古岩溶高地-上斜坡区，表生岩溶作用较强，如川东南泸州—永川地区雷口坡组缺失，川东北元坝、龙岗等地区在雷口坡组顶部见大量岩溶角砾、渗流粉砂等，发育古岩溶型储层。对盆地西部而言，自东向西已过渡到古岩溶下斜坡-凹地，加之此期暴露时间很短，整体表现为弱暴露溶蚀(宋晓波等，2013)，绵阳—德阳—成都一线以西地区雷口坡组保留较全，仅顶部有少量剥蚀，不足以形成大规模古岩溶型储层。

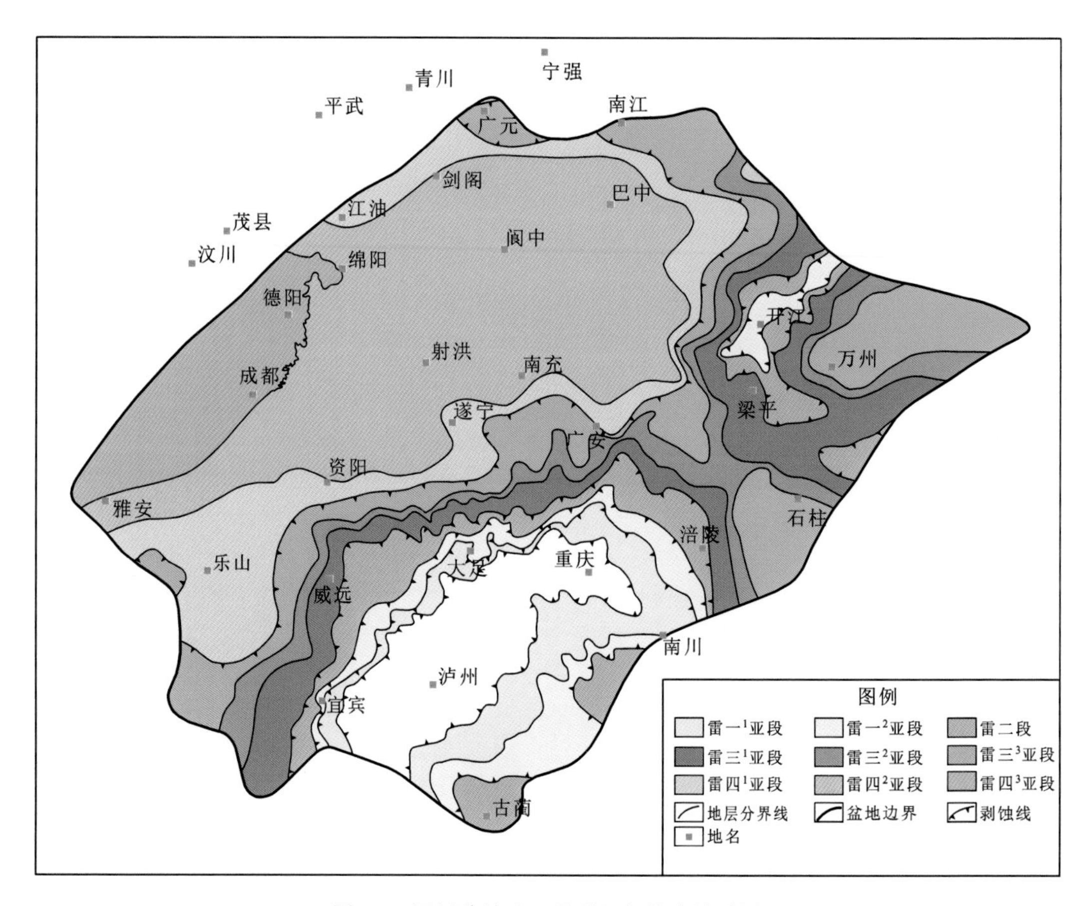

图 2.5　四川盆地晚三叠世沉积前古地质图

总体上，加里东期—印支早期阶段不仅孕育了多套优质海相烃源岩，同时还为多套优质储层的形成奠定了基础，是川西海相油气孕育物质基础的形成阶段。

2.1.2　川西前陆盆地形成演化与盆山耦合阶段

印支晚期—喜马拉雅期，四川盆地为环特提斯盆地，盆地形成、演化受特提斯演化控制，构造运动形式由前阶段“手风琴式”转变为“传送带式”，构造演变的“动力根源是特提斯洋的封闭”(朱夏，1991)。这一阶段也是前一阶段形成的川西海相古中生界原型盆地经受改造、构造定型的重要阶段。

1. 印支晚期(T_3)

印支晚期是中国南方的重大变革期，就上扬子地台西北边缘而言，最主要的变革发生在晚三叠世，构造运动愈演愈烈，构造反转、盆山转换都发生在这一时期。这一时期的构造运动，本书统称为“印支晚期运动”，主要是造山运动，它是递进式发展的，分别为：Ⅰ幕(卡尼期—诺利期，“小塘子组前”)、Ⅱ幕(诺利期末，“须四”前)、Ⅲ幕(瑞替期末，白田坝组前)。

晚三叠世早期(卡尼期)的上扬子地台西北缘仍保持被动大陆边缘态势，在台区及台缘拗陷沉积 T_3m(马鞍塘组)或 T_3s(舍木龙组)海岸浅滩-陆棚相鲕粒灰岩、泥灰岩、黑色泥页岩，局部有海绵礁，厚 254～598m，自东向西增厚。卡尼期末，古特提斯北支南秦岭洋关闭，华北、扬子板块碰撞造山，印支晚期运动Ⅰ幕发生，古龙门山北段崛起，成为新的物源区，江油—剑阁地区，须家河组二段（简称须二段）中上部可见 7.5～28.5m 厚的砾岩、砂砾岩层，砾石成分主要为灰岩、白云岩，少量石英岩、燧石，按灰岩结构及所含化石，物源为龙门山区上古生界和 $T_{1\text{-}2}$(邓康龄，2007)。诺利期，川西为 T_3t(小塘子组与须家河组二段、三段)“须下盆”潟湖-障壁岛相和三角洲相砂泥岩前陆拗陷沉积，最厚 1300m，物源来自东北方古秦岭和西北方龙门山北段，向西海水加深，下部为混积陆棚相 T_3b(博大组)深灰、灰黑色砂、页岩与灰岩、泥灰岩，厚 351～495m，该组除双壳类外，富含菊石，无论岩相或生物组合，均表现了过渡型较深水沉积特征，向上部海水变浅为滨岸沼泽相 T_3d(东岗岭组)。

诺利期末，由于松潘—甘孜海槽的最后关闭，或古特提洋北支关闭，发生印支晚期运动Ⅱ幕，该幕运动被王金琪(1990)等命名为“安县运动”。经过这次运动，松潘—甘孜地槽全面回返褶皱造山，海水彻底退出川西，从大区域来说，华北、扬子、羌塘三大块体拼合。古龙门山(至少是其北段)发生构造反转、褶断隆升，此前向北西倾斜断陷的古断裂如北川—映秀、江油—都江堰断裂，转变为由北西向南东冲断推覆并向东推挤，在其东侧形成瑞替期的川西前陆拗陷(“须上盆”)，盆地东界超过“须下盆”，向东推移，沉积几乎覆盖整个四川盆地，拗陷中心在绵竹—安州及彭州—大邑一带，由古龙门山向东，依次沉积冲积扇相砾岩，扇三角洲或辫状河三角洲相、湖泊沼泽相砂泥岩，沉降幅度大、沉积速率高，$T_3x^{4\text{-}6}$ 最厚 1800m 以上，西厚东薄，表现了前陆盆地特点(王金琪，1990)。

晚三叠世末，发生印支晚期运动第Ⅲ幕，该幕运动是第Ⅱ幕的继续和发展，对川西拗陷的影响特别巨大，川西拗陷整体抬升，造成侏罗系与下伏地层明显的角度不整合，使构造格局表现为西低东高，经填平补齐和进一步挤压变形、剥蚀后，逐渐转变为西高东低，北高南低。

2. 燕山早中期(J)

印支晚期运动后，古特提斯洋已关闭，燕山早期侏罗纪，川西处于造山后构造伸展停滞期，松潘—甘孜褶皱带、龙门山冲断推覆构造带遭受剥蚀，仍然是山前川西拗陷的主要物源区。另外，随着冈底斯地块与欧亚古大陆间的中特提斯洋的打开，上扬子所处地域受到西南方向来自特提斯构造域的挤压和东南方向太平洋板块的交替挤压，在川西主要是松潘—甘孜带、龙门山带的持续向东推挤，还有秦岭带的向南推挤，导致川黔滇侏罗系大型陆相盆地的沉降、沉积与形变。侏罗纪沉积环境仅在早侏罗世末(燕山运动第Ⅰ幕)以及晚侏罗世(燕山运动第Ⅱ幕)影响而欠稳定(李忠权等，2011；刘和甫等，1994)。在山前形成 J_2q(千佛岩组)和 J_3l(莲花口组)两套西厚东薄的砾岩楔。其他时期大多较稳定、平静，沉积河、湖相碎屑岩，层序间整合或最多平行不整合，反映盆内形变不强，整个侏罗系最厚3000m左右，沉积速率在58m/Ma以下，远较须家河期的230m/Ma以上低得多，反映这一时期的龙门山山前坳陷，已由印支晚期的前陆盆地转变为仍在挤压背景下的陆内坳陷盆地。

3. 燕山晚期—喜马拉雅早期(K—E)

晚侏罗世末期中特提斯洋北支闭合，冈底斯地块(或“拉萨地块”)向北与古亚洲大陆碰撞拼合，其远程效应表现为古龙门山继续向陆相盆地递进推移，加之 K_1 以来扬子地块岩石圈对于松潘—甘孜地体的陆内俯冲，龙门山再度崛起，山前形成川西K—E再生前陆盆地，沉积多套磨拉石，如龙门山北段山前早白垩世 K_1j(剑门关组)、K_1t(天马山组)冲积扇相巨厚砾岩层，最厚达279m。

晚白垩世盆地萎缩至坳陷中南部，沉积干旱气候条件下的一套干旱湖相红色碎屑岩层序 K_2j(夹关组)与 K_2g(灌口组)，K_2g 中膏岩、钙芒硝发育，最厚达400m，南段邻区宜宾一带发育沙漠相 K_2，紧邻龙门山有厚100～800m的洪积扇分布，最厚在天全一带，反映龙门山仍在上升，南段尤强。

古近纪，川西坳陷沉积进一步萎缩，古新世 E_1m(名山组)与始新世 E_2l(芦山组)干旱湖相红色粉砂、泥岩与膏盐岩连续沉积于 K_2l 之上，仅分布于雅安、名山一带，厚700～800m。西侧天全、芦山一带近山有小型冲积扇发育。始新世中晚期，由于印度板块与亚洲板块碰撞拼合(60～45Ma)的远程效应，喜马拉雅早期运动(四川运动)，或称喜马拉雅运动Ⅰ幕发生，在川西表现为龙门山强烈隆升，冲断推覆，川西坳陷区强烈上隆褶皱，新近纪上新世大邑砾岩低角度不整合于K—E之上，川西地区进入以剥蚀为主的构造发展阶段。

4. 喜马拉雅晚期(N—Q)

约在早、中更新世，喜马拉雅晚期运动发生，青藏高原的强烈隆升，现龙门山地区受强烈挤压、抬升，逆冲推覆、滑覆，并经后期剥蚀，最终形成现今龙门山构造带。与此同时，龙门山也给予盆地强烈挤压，龙门山前地层褶皱形变最终定型，中更新统的邛崃砾石层仅分布于与龙门山平行的中、南段狭窄地域，以高角度不整合在大邑砾岩及下伏层系之上；该期运动中，沿 T_3x 底部塑性滑脱层，还发生了由盆地向龙门山方向的反冲和一些东倾断层的“反冲”。

喜马拉雅期发生了川西坳陷最主要的剥蚀作用，正向构造部位剥蚀幅度大，对天然气的最晚期“脱溶成藏”，可能具一定的积极意义，而对于盆地整体而言，该期剥蚀并未蚀去大套陆相泥岩封盖层和海相 T_{1-2} 膏盐盖层。盆山脱耦后，川西地区盆地结构未因后期剥蚀而有根本破坏，处于成都平原之下的“保持”状态。

总体上，印支晚期以来，川西拗陷在其地质发展中，经历了多期次、多方向的构造作用，形成了不同方向的构造和断裂，这些构造大都在印支期—燕山期就已具雏形，而该阶段是川西海相烃源岩开始生烃、油气运移的高峰期，也是海相碳酸盐岩储层深埋改造溶蚀孔洞发育的重要时期，这些构造和断裂有利于油气的早期聚集成藏，喜马拉雅期进一步调整改造、定型，形成现今的气藏。

2.2　构造样式及构造区划

2.2.1　主要断裂特征

川西地区断裂主要集中在盆缘龙门山及盆山接合部，在盆内断裂较少，盆内主要集中分布在构造变形带。杨克明等(2012)根据断裂发育规模、构造位置及所起作用，将龙门山及川西地区断裂分为四个级别。Ⅰ级断裂：延伸数百千米，向下切穿基底，垂直断距几百米至几千米，经历多次构造旋回，具有多期构造活动性，控制盆地发展演化。Ⅱ级断裂：延伸长度几十至上百千米，常切穿基底，为控制盆地的边界断裂或次级构造带的主干断裂，经历多次构造旋回，具有长期活动的特征。Ⅲ级断裂：延伸长度几千米至几十千米，主要切穿盖层，部分切入基底，为构造分段的断裂或控制局部构造形成和演化的断裂。Ⅳ级断裂：规模较小，仅发育于沉积盖层，为次级构造带的内部断裂。据此标准，川西地区自西向东发育 4 条Ⅰ级主干断裂：青川—茂汶断裂，北川—映秀断裂，马角坝—通济场—双石断裂和广元—关口—大邑隐伏断裂(图 2.6)。

青川—茂汶断裂带：是龙门山冲断带与松潘—甘孜构造带的大型分界断裂带，北起青川、南抵宝兴杂岩体西缘。由多条相互平行、倾向北西(倾角 60°～80°)的逆断层构成，总长约 500km。断裂于银厂沟西南被走向近南北的压扭性断层切错，形成北东段的青川断裂带和南西段的茂汶断裂带。

北川—映秀断裂带：又称“龙门山中央断裂带”，是由多条斜冲断层组成的复杂断裂带，北起广元经青川、北川、绵竹、映秀至南部宝兴，总长约 510km。断裂带走向与区域构造走向一致，倾向北西、倾角上陡下缓(25°～70°)呈铲式，是龙门山冲断带南部构造带的分界线。

马角坝—通济场—双石断裂：为倾向北西、走向北东的，纵贯龙门山冲断带的大型逆冲断裂，总长约 510km。断裂带呈铲式，上陡下缓，深部与青川—茂汶断裂和北川—映秀断裂合并，浅部表现为脆性变形特征，以逆冲断裂为主，局部具有剪切和小型褶皱。

广元—关口—大邑隐伏断裂：为龙门山冲断带前缘的一条大型隐伏断裂，北东向延伸约 500km，倾向北西，倾角 60°～70°，断层面上陡下缓呈犁式，仅在关口断裂和金陵寺断裂处出露地表，大部分被侏罗系、白垩系和第四系覆盖。断裂带上盘为龙门山前缘褶皱冲断带，下盘为川西前陆拗陷带。

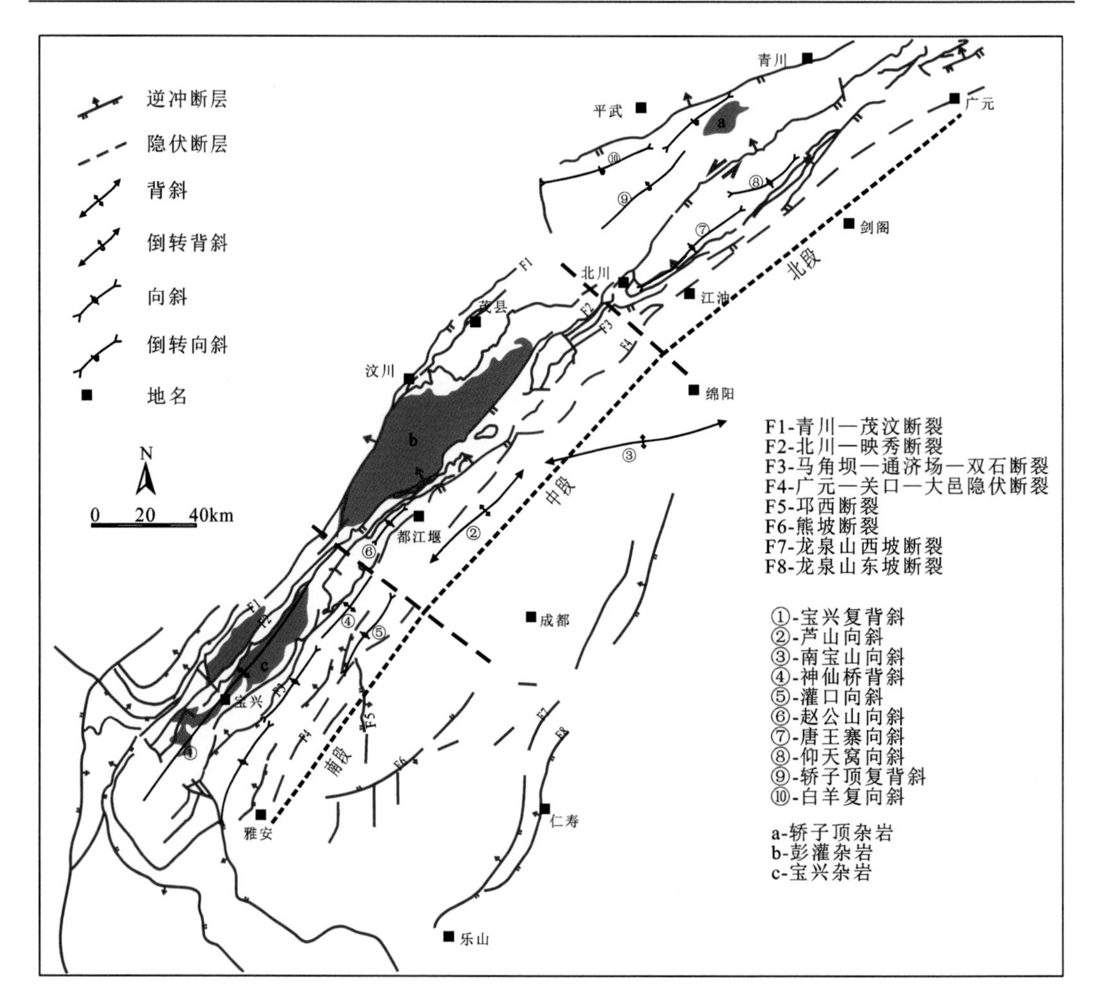

图 2.6　川西地区断裂系统图

除了上述 4 条 I 级主干断裂之外，川西地区中-南段还发育一系列与龙门山冲断带相关的衍生断裂，这些断裂的形成与发展主要是印支期以来地壳不断递进变形、多期次演化和相互组合的结果，形成一系列走向上存在差异、彼此截切的断裂。主要包括：邛西断裂、熊坡断裂、龙泉山西坡断裂、龙泉山东坡断裂等，这些断裂在整个川西地区的构造演化和油气运移、聚集、调整中也起着重要的作用。

2.2.2　主要构造样式

四川盆地与周缘造山带以褶皱冲断带相连，为挤压型盆山结构，构造变形在平面上和纵向上具有明显的分带性和层次性，其盆山结构有板缘突变型和板内渐变型两类(刘树根等，2011)。川西地区受板缘造山作用影响，发育大型断裂带，主要为突变型盆山结构，其变形样式具前陆盆地结构特征(图 2.7)，盆缘变形强，盆内发育中低缓断褶构造。结合川西拗陷突变型盆地边缘结构特征、岩性纵向组合差异，根据断层与断层上覆地层的变形特征，系统总结野外及地震剖面特征，川西拗陷及其周缘主要发育断层转折褶皱(fault bend fold)、滑脱褶皱(decollement fold)、断层传播褶皱(fault propagation fold)三种褶皱端元类型及其组合褶皱形态-叠瓦状构造(imbricate structure)和构造三角楔(triangle wedge)等。

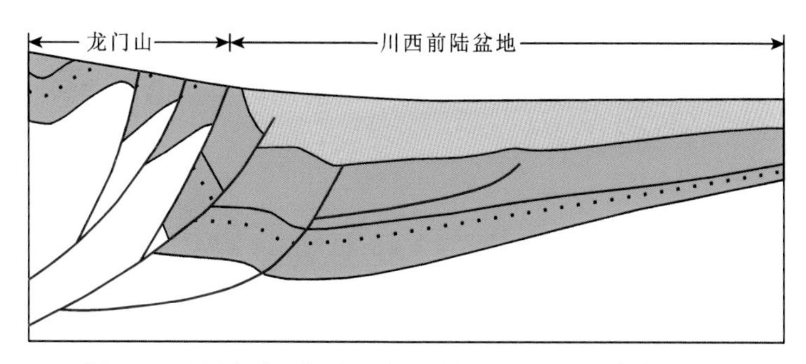

图 2.7　四川盆地西部造山带逆冲推覆形成的前陆盆地样式

1. *断层转折褶皱*

断层上覆地层沿断层面传播过程中，在断层面发生转折处会发生褶皱变形，形成断层转折褶皱。一般来说，断层转折褶皱的背斜形态通常宽缓，呈对称状，褶皱前翼倾角大于后翼。构成褶皱的断层面由下断坪、断坡以及上断坪三部分构成，下、上断坪通常沿滑脱层滑移，断层切割刚性地层。由于部分滑移量消耗在褶皱变形中，所以前翼长度小于后翼。在四川盆地及其周缘山系，断层转折褶皱主要发育于造山带往盆地扩展的前陆褶皱冲断带内。在龙门山前、米仓山、大巴山、七曜山及大娄山前的前陆褶皱冲断带均有发育。

四川盆地主要发育四套滑脱层系：基底滑脱层、寒武系泥页岩、志留系泥页岩以及中、下三叠统雷口坡组—嘉陵江组膏盐岩层。因此，任意两套滑脱层系之间均有可能发育断层转折褶皱。四川盆地及周缘山系上万公里的地震剖面解释发现，以基底滑脱面为下断坪，中、下三叠统雷口坡组—嘉陵江组膏盐岩层为上断坪的断层转折褶皱最为常见(图 2.8)。断层最初源自山前的基底滑脱层面，向上切割震旦系—下三叠统形成断

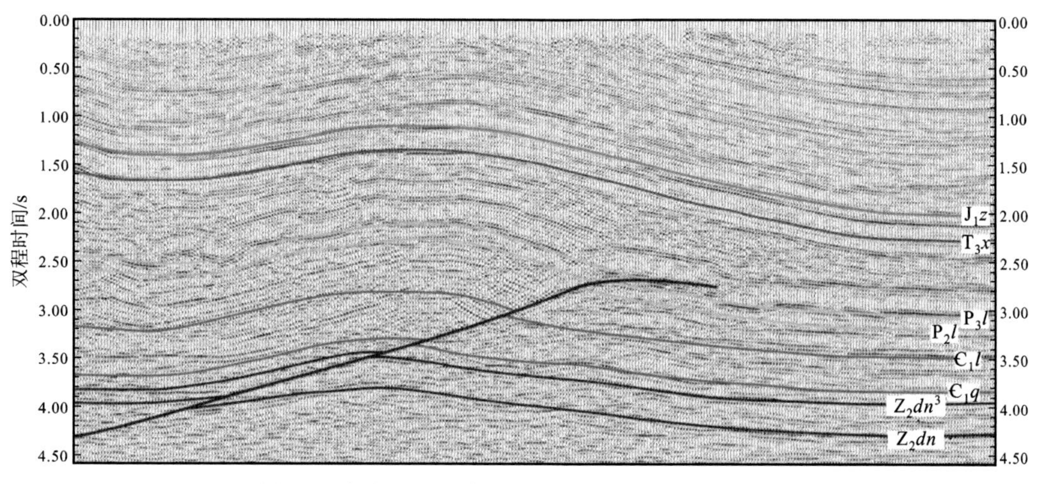

图 2.8　发育于四川盆地北西缘的隐伏断层转折褶皱

坡，最终进入雷口坡组—嘉陵江组膏盐岩层。此外，位于川西的洪雅背斜、龙泉山背斜均属于断层转折褶皱构造样式，川西拗陷南部受燕山期以来强烈挤压，发育成排成带构造，多断坡的断层转折褶皱较为常见(图 2.9)。

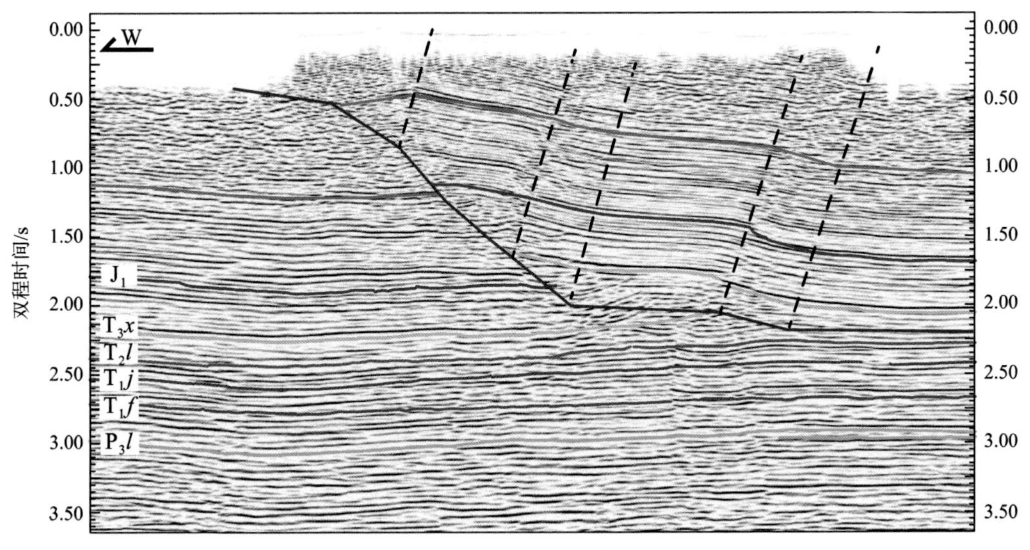

图 2.9　熊坡背斜多断坡断层转折褶皱样式

2. 滑脱褶皱

滑脱褶皱泛指在一固定的滑脱断层之上，地层发生褶皱变形，吸收了断层的全部滑移量后，断层不再继续向前陆传递时所形成的褶皱形态(Jamison，1987)。Shaw 等(2005)总结出了 5 种滑脱褶皱的几何模型(图 2.10)，它们均满足 Jamison(1987)有关滑脱褶皱的定义，即单一固定的滑脱断层；断层的滑移量终止于褶皱下伏，不再继续向前陆传递。然而，从图 2.10(a)可以看出，滑脱褶皱虽然定义简单，但其几何形态多变，可以呈对称状，也可以呈不对称状、突发状、箱状甚至垂直发射状。川西地区嘉陵江组和雷口坡组膏盐岩层广泛发育和分布，为滑脱褶皱提供了良好的条件，滑脱褶皱在川西拗陷是典型的构造变形样式，川西气田的主体构造聚源—金马—鸭子河背斜[图 2.10(b)]、新场气田的主体构造新场复背斜均具有滑脱褶皱变形特征，由于多期次变形和改造，现今构造是多样式变形的叠加和复合。

3. 断层传播褶皱

断层传播褶皱形成于断层末梢，断层常由下断坪和断坡组成，断层的位移量在褶皱变形过程中全部被消耗，断层引起的地层变形终止于褶皱位置(图 2.11)。褶皱两翼不对称，前翼较后翼更陡、窄，且随着深度的增加褶皱变紧闭。断层传播褶皱其变形过程较断层转折褶皱更具复杂性。前人根据不同的断层传播褶皱形态建立了多种理论模型，如具有恒定地层厚度和固定轴面的断层传播褶皱、Trishear 褶皱(Erslev，1991)和基底卷入式褶皱(Shaw and Suppe，1994)模型。其中，具有恒定地层厚度和固定轴面的模型属于膝折模型，而 Trishear 模型属于翼部旋转的三角剪切模型。

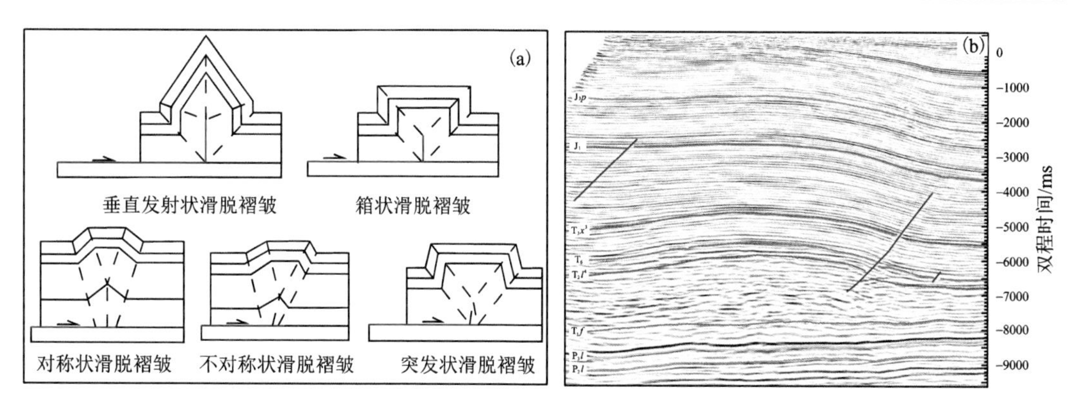

图 2.10　滑脱褶皱几何模型示意图及实际剖面样式

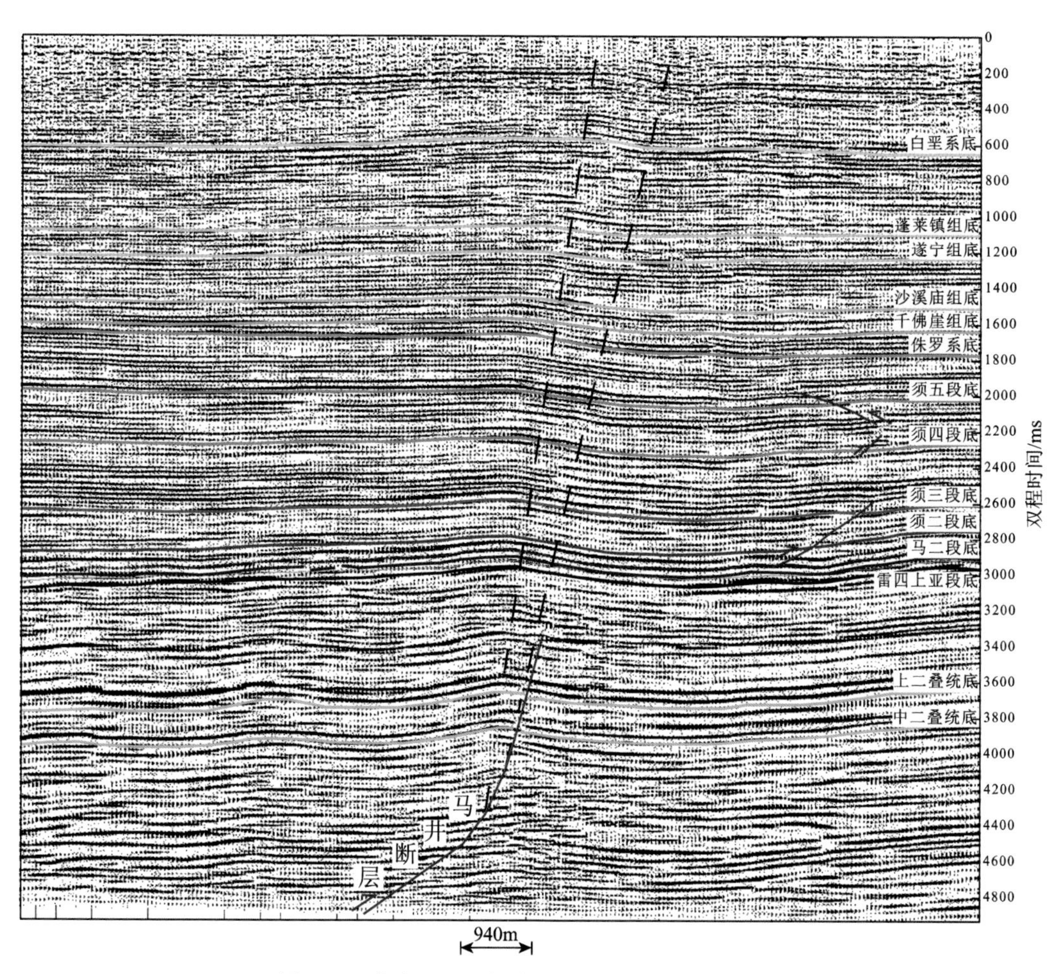

图 2.11　发育于川西拗陷马井地区的断层传播褶皱

断层传播褶皱在四川盆地及其周缘山系的造山带前缘都很常见，尤其是川东高陡褶皱带以及大巴山、米仓山变形前缘。川西地区与上述地区有一定差异，主要以断层转折褶皱和滑脱褶皱变形样式为主，但局部地区也见断层传播褶皱，图 2.11 所示即为发育于川西拗陷马井地区的断层传播褶皱。地震剖面结合钻井数据解释表明，控制褶皱形态的断层其主滑脱面位于寒武系泥页岩层，断层向上转折切割二叠系—三叠系，断层上盘三叠系—侏罗系发生褶皱变形，形成前翼陡而短、后翼缓而长的不对称断层传播褶皱形态。

4. 构造三角楔

构造三角楔是指两个以三角形/楔形断块为边界，相互连接的断层所组成的楔状断层及其地层褶皱变形样式(Medwedeff，1989)(图 2.12)。构造三角楔的两条断层可以为两个断坡或一个断坡和一滑脱面组成，并在楔体前端末梢处交会，断层面上的位移调节着楔体前锋的传播并使地层发生相应的褶皱变形。构造三角楔可以以多种规模出现，在山前规模单斜构造下方，它通常被称为三角带构造。

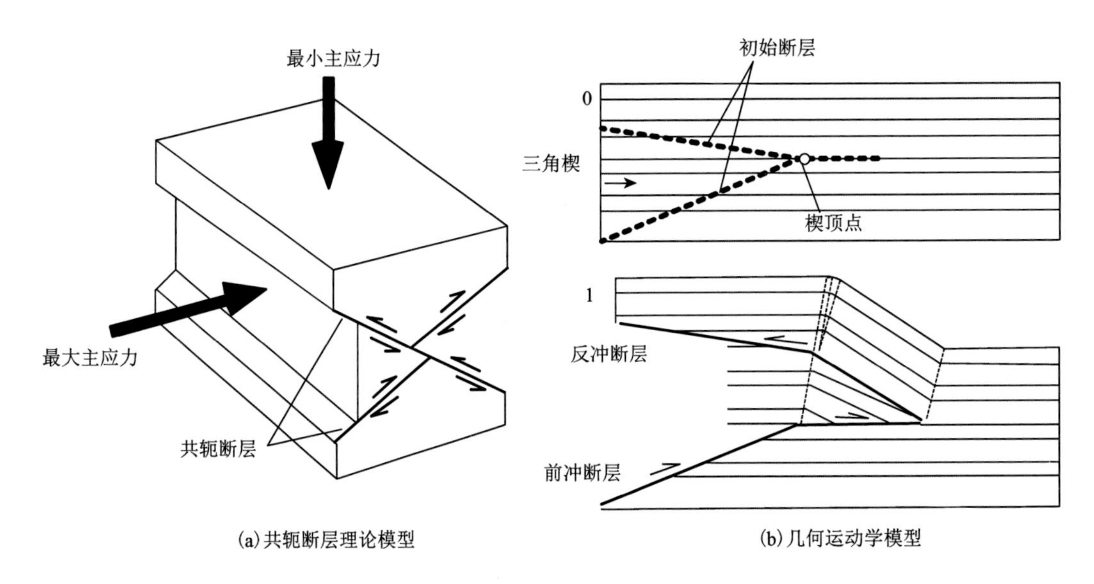

图 2.12　构造三角楔共轭断层理论模型(a)及几何运动学模型(b)

构造三角楔在四川盆地及其周缘山系都较为常见，龙门山前单斜下方反冲断层与向盆地传递逆冲断层构成三角楔组合(图 2.13)。相较而言，鸭子河构造三角楔较典型的构造三角楔更为复杂。其主要特点是鸭子河构造三角楔的前冲断层和反冲断层均不是单条断层，而是由多条断层叠加围限而成。此类构造三角楔在川西、米仓山前、大巴山前及七曜山前等多套滑脱层系同时发育的地区较为常见，也是龙门山前单斜带较为典型的构造变形样式。

5. 叠加褶皱

叠加褶皱又称为重褶皱，是指已经褶皱的岩层再次发生弯曲变形而形成的褶皱。就其形成方式来说，叠加褶皱可以是两个或者两个以上的构造旋回中，褶皱变形后相互叠加的结果，也可以是同一个构造旋回过程中，不同构造由于增量方位的不同和性质改变而造成的褶皱形态相互叠加，甚至可以是同期逐渐变形过程中，晚期增量应变对早期形成褶皱叠加改变的结果。

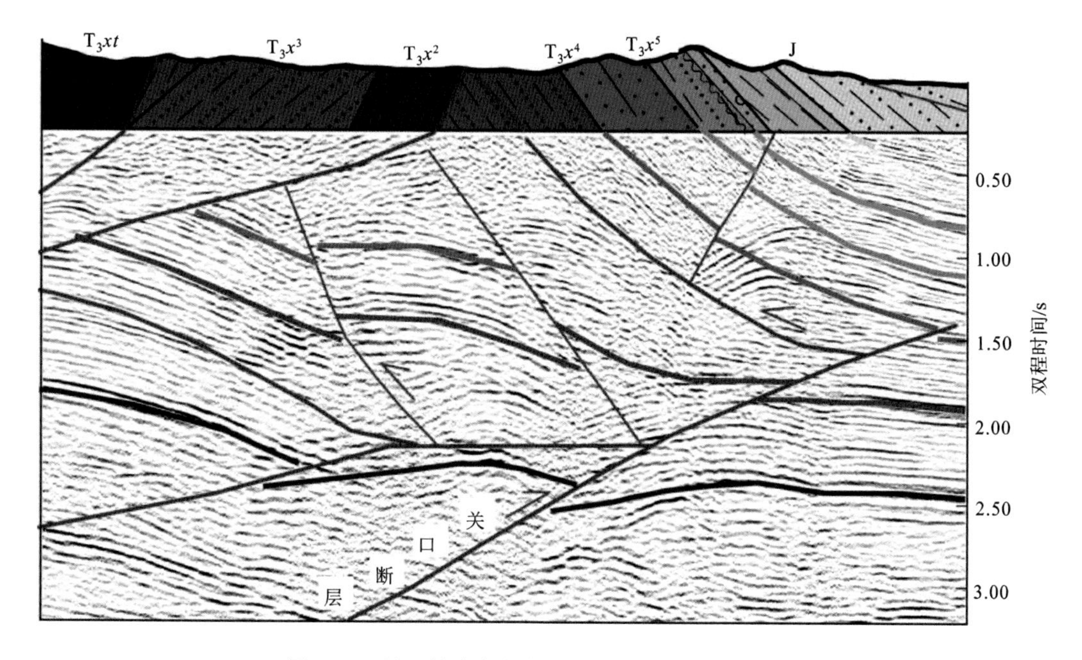

图 2.13　川西拗陷龙门中段山前鸭子河构造三角楔

断层相关褶皱理论认为，叠加构造由两个或者两个以上的逆冲断片叠加而成，这种构造类型在全球范围的褶皱冲断带都非常普遍。断层叠加的方式可以呈由山根向盆地方向传播的前展式进行，也可沿相反方向，由盆地向山根处按后展式的方向进行传播，有时深度和浅部的断层同时发生冲断叠加也可形成叠加构造。Suppe(1983)提出了两种叠瓦状的断层转折褶皱几何运动学端元模型，随后，Shaw 等(1999)在此基础上提出了多转折的叠瓦构造模型，更为深入地剖析了褶皱冲断带发育的叠加构造形态。

叠瓦状断层转折褶皱具有如下典型特征：①具有两个或者两个以上的垂直叠加断坡；②断坡位置地层的倾角会发生改变；③构造高部位的褶皱翼具有多个倾角域，反映出褶皱作用是由多个断坡发育所导致。

上述为断层转折褶皱相互叠加所形成的叠加构造典型特征。事实上，如果把叠加构造的概念加以扩大，认为只要是两个或者两个以上的逆冲断片叠加而成的构造均称为叠加构造；那么，在四川盆地及其周缘山系，除了断层转折褶皱的叠加构造类型外，其他断层相关褶皱的叠加构造也非常发育。例如，龙门山北段山前中坝地区的叠加构造，就表现为深部为断层转折褶皱，浅部为断层传播褶皱的多个逆冲断片叠加；川东高陡褶皱带北东部的三岔坪叠加构造其浅部为膏盐岩聚集其核部的低幅度盐背斜，而深部则为断层转折褶皱、断层传播褶皱及其相互叠加形成的深部叠加构造；同样位于川东高陡褶皱带北段，叠加构造则又表现为浅部为突发构造，深部为多个构造三角楔所组成的复杂三角楔叠加形态。

2.2.3　构造单元划分

分带性变形是前陆盆地构造变形的一种典型特征，川西地区在多期构造活动中形成了复杂的地质构造现象，同样具有明显的构造分带性特征。从构造形变、构造样式、构造演化特点出发，兼及层序、沉积、变质与岩浆活动差别，将川西地区区域构造划分为2个一级构造单元、3个二级构造单元和5个三级构造单元(图2.14)。以青川—茂汶断裂为界划分两个一级构造单元，西侧为巴颜喀拉褶皱系，东侧为扬子准地台。青川—茂汶断裂以西，为松潘—甘孜褶皱带；青川—茂汶断裂至马角坝—通济场—双石断裂之间为龙门山推覆带，包括基底冲断-同劈理褶皱带(Ⅱ-1)、同心褶皱-叠瓦冲断带(Ⅱ-2)两个次级构造带，以北川—映秀断裂为界又分别称之为“后山带”和“前山带”(许国明和林良彪，2010)；马角坝—通济场—双石断裂以东为川西前陆拗陷，包括前缘扩展变形带(Ⅲ-1，又称“前锋带”)、川西拗陷带(Ⅲ-2)。

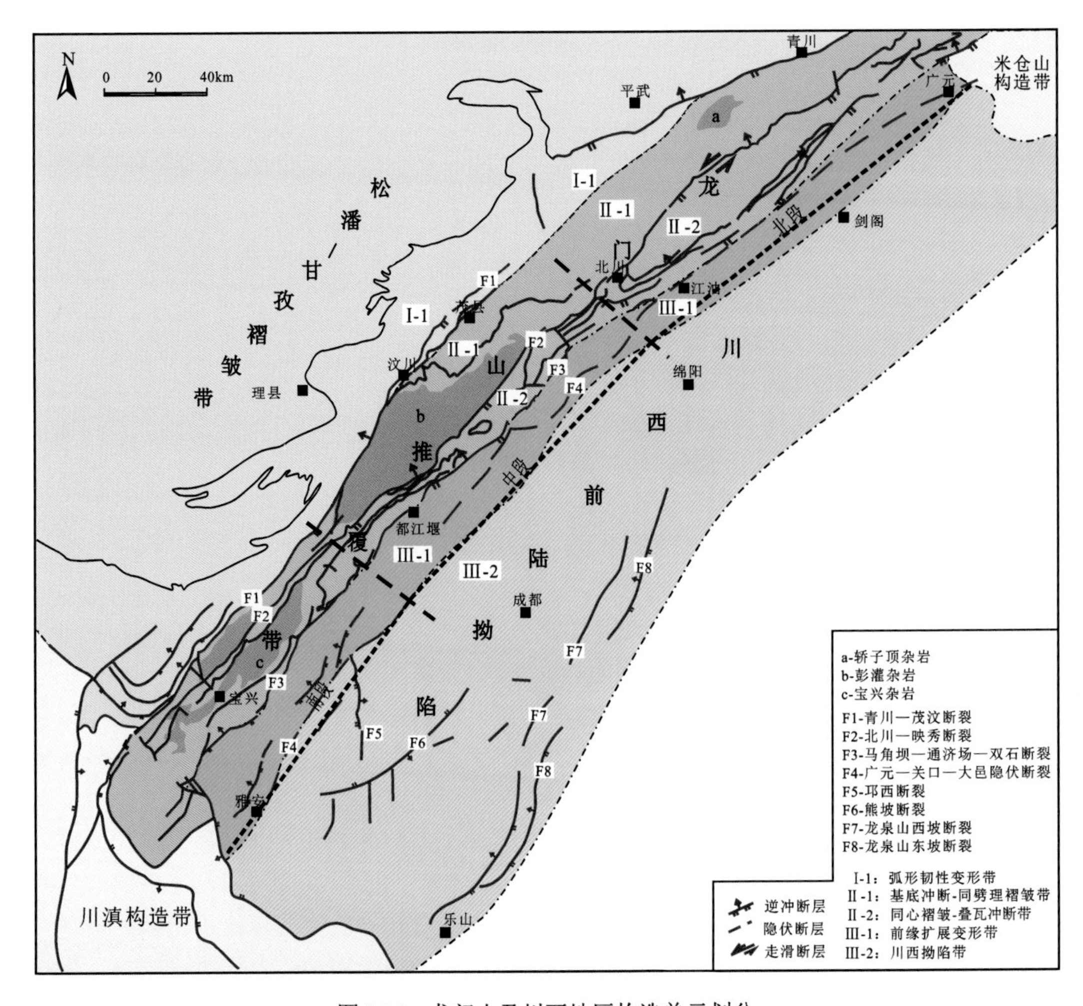

图2.14　龙门山及川西地区构造单元划分

根据地表地质调查以及地震资料解释成果，沿龙门山冲断带走向上大致以北川—安州、卧龙—怀远一线为界又可将其划分为北、中、南三段。其中，南段：青川—茂汶断裂至马角坝—通济场—双石断裂之间的“后山带”与“前山带”发育雅斯德、宝兴基底挤出构造，北川—映秀断裂至广元—关口—大邑隐伏断裂之间的“前山带”与“前锋带”为台阶状叠瓦冲断构造，坡坪式冲断褶皱构造，断层相关褶皱幅度大。北段：青川—茂汶断裂至北川—映秀断裂之间的“后山带”，表现为基底卷入及盖层滑脱叠瓦冲断，发育同劈理褶皱；北川—映秀断裂至广元—关口—大邑隐伏断裂之间的“前山带”为盖层滑脱叠瓦冲断，具双层结构变形特征(图 2.15)，上部为表层构造，构造复杂多变，断层发育，地层组合难以识别，由大量的推覆断片组成，断片主要构成地层为泥盆系、志留系；下部构造相对完整，地层组合结构清楚。中段：“后山带”以茂汶断裂为后缘正拆离断层，北川—映秀断裂(也称江油—都江堰断裂)为前缘逆冲断裂，构成九顶山(彭灌杂岩体)基底挤出构造，“前山带”与北段相似，“前锋带”在 T—P_3 滑脱面之下发育逆冲双重构造(图 2.16)；广元—关口—大邑隐伏断裂以东发育山前隐伏构造带。

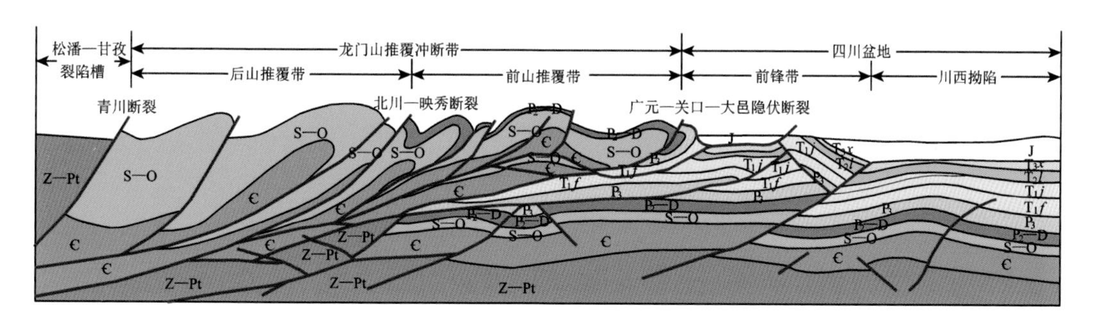

图 2.15　龙门山北段 L-NW-55 线地质综合解释剖面及构造样式

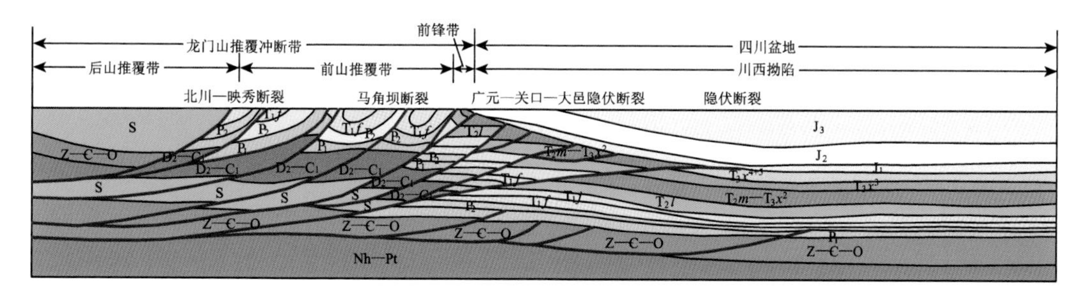

图 2.16　龙门山中段 L-07-NW163 线地质综合解释剖面及构造样式

龙门山构造带自西向东呈叠瓦状排列的青川—茂汶断裂、北川—映秀断裂、马角坝—通济场—双石断裂以及广元—关口—大邑隐伏断裂将推覆形变应力大部分释放，使由北西向南东的挤压、推进所引起的构造形变强度递减变弱，龙门山推覆带中、北段之下的深层还保存有较完整的“原地”构造带，油气系统可能未遭破坏。龙门山构造剖面和盆内大量地震剖面表现出的与推覆有关的滑脱构造从盆缘到盆内逐次变少、变弱、变浅。底滑脱层在后龙门山位于结晶基底与褶皱变质基底间，龙门山前山在下寒武统或志留系以及上二叠统底，进入盆地西部边缘抬升为志留系到下三叠统泥质岩，到川西拗陷内部普遍上移至富膏盐岩的下三叠统嘉陵江组和中三叠统雷口坡组。

根据川西拗陷中段雷口坡组顶面现今构造和断层发育特征，可划分为“两隆、两凹、两斜坡”（图 2.17）。两隆：龙门山前构造带、新场构造带。两凹：元通凹陷、绵竹凹陷。两斜坡：广汉斜坡、绵阳斜坡。雷口坡组顶不同历史时期古构造特征（图 2.18）分析表明，在印支期—燕山期沉积演化过程中，龙门山前构造带和新场构造带就存在低幅度古构造隆起，喜马拉雅期受区域构造运动影响，构造形态和大小有所调整；温江—广汉一线和绵阳地区则长期表现为西低东高的大斜坡，仅大邑、马井、文星等地发育有局部构造；元通凹陷、绵竹凹陷在沉积演化过程中，变化不大，均表现为凹陷区。

构造隆起带和斜坡带在长期的构造变形中，存在继承性古构造隆起，处于相对高部位，有利于油气运移、聚集成藏，一般是油气勘探的有利区带。

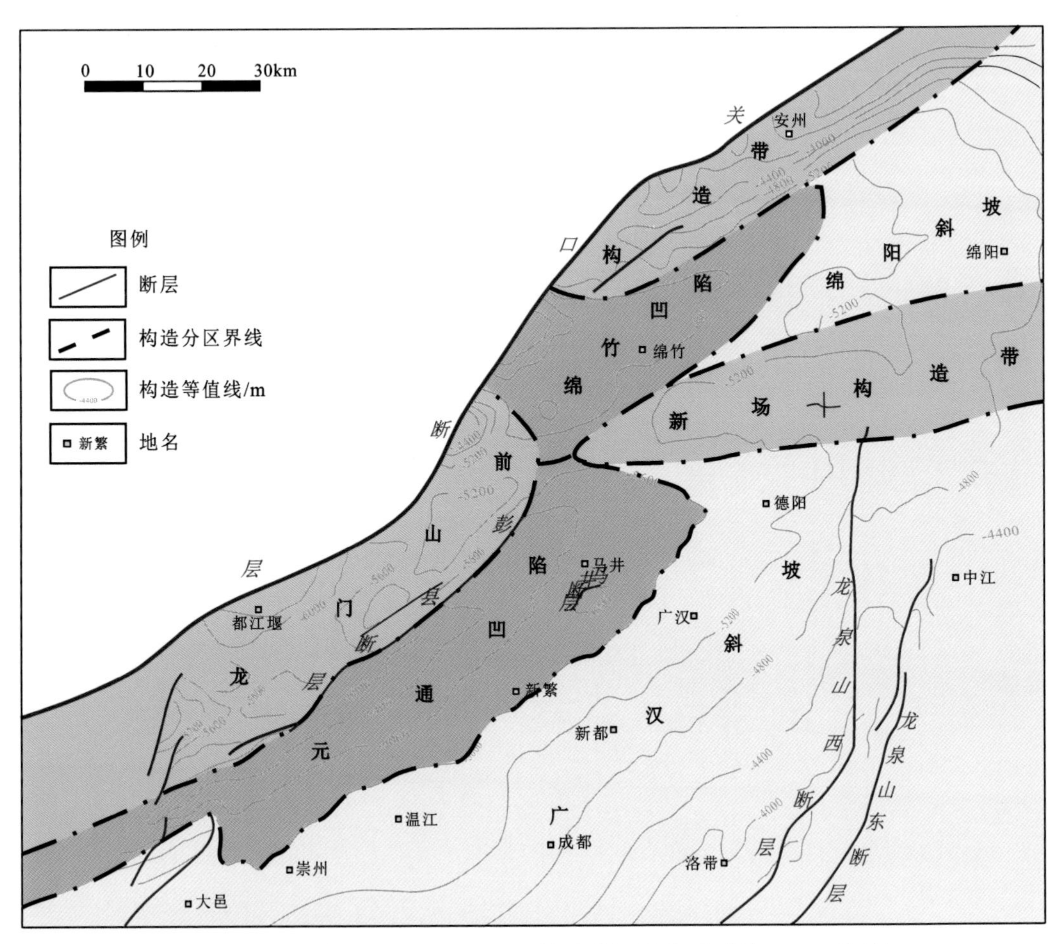

图 2.17　川西拗陷中段雷口坡组顶面构造特征（据杨克明等，2012 修编）

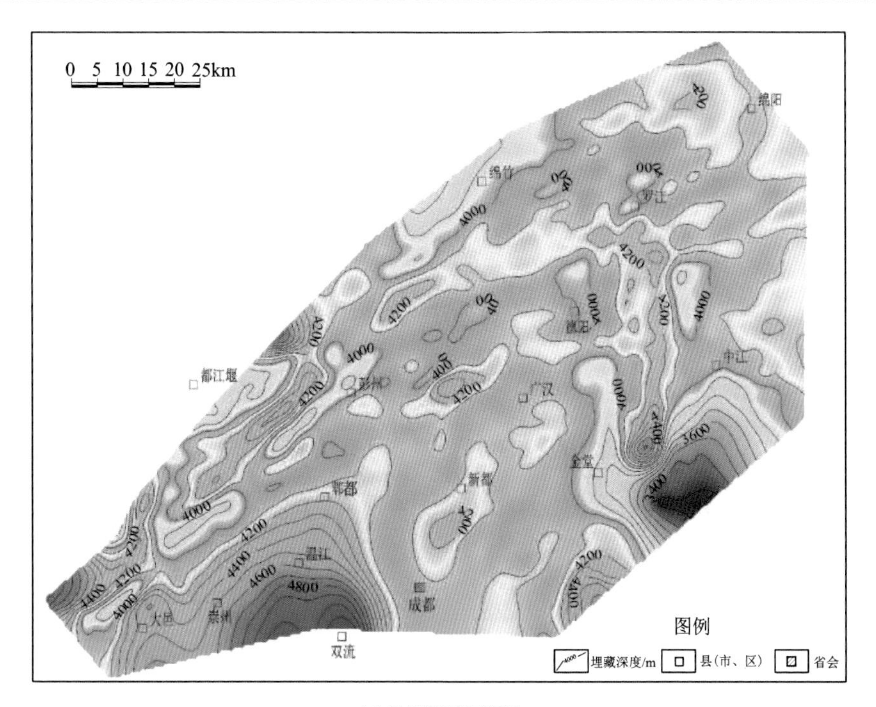

(a) 早侏罗世沉积前

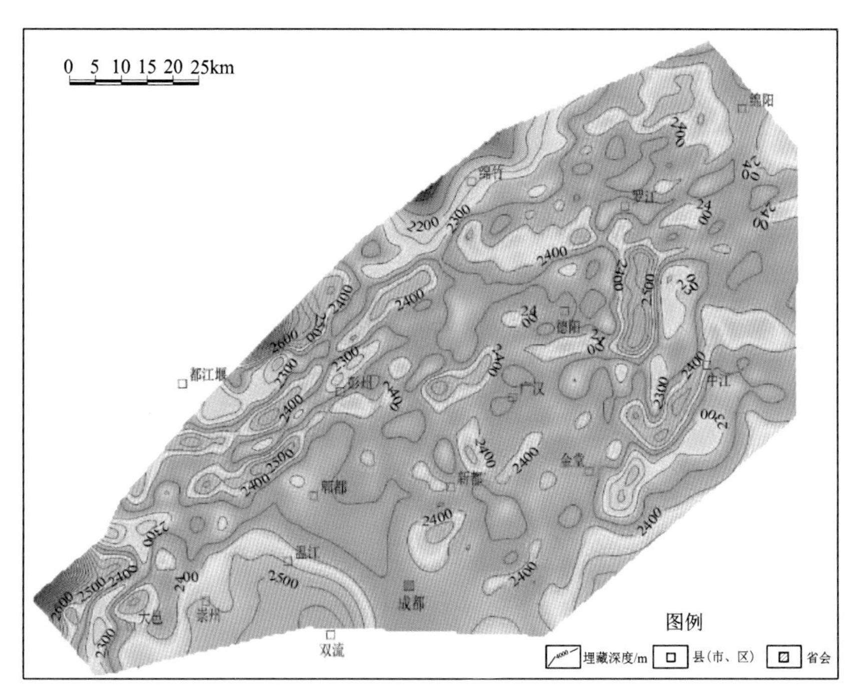

(b) 晚侏罗世沉积前

图2.18　川西拗陷早、晚侏罗世前雷口坡组顶界古构造图

2.3　主要构造带变形特征及演化

2.3.1　龙门山前构造带

龙门山中段山前构造带位于龙门山前缘，属于前文提到的前缘扩展变形带，夹持于马角坝—通济场—双石断裂和彭县隐伏断裂之间(图 2.14)，北东-南西向展布，北达安州，南抵崇州以西，是以褶皱变形为主要构造特征的正向构造单元。从雷口坡组顶面构造图上可以看出，该构造带被绵竹凹陷分割为南、北两段，其中，南段发育聚源—金马—鸭子河宽缓复背斜构造，是该构造带的主体，也为川西气田所在(李书兵等，2016)，北段发育安县构造。

1. 构造变形特征

聚源—金马—鸭子河复背斜存在多个局部构造高点，由南至北依次为石羊镇、金马、鸭子河，高点之间被构造较低的鞍部所分割(图 2.19)。北部金马与鸭子河高点紧邻，两者连接起来共同组成了金马—鸭子河构造。复背斜构造主体两翼基本对称，前翼较陡，在彭州至鸭子河地区被彭县隐伏断裂断开，背斜核部出露地层以侏罗系—白垩系为主，古近系—新近系被剥蚀，导致区域内第四系直接覆盖在白垩系或侏罗系之上。

聚源—金马—鸭子河复背斜浅、中、深层构造形态总体上较为相近，尤其是中浅层表现为一构造轴向北北东向、倾没方向南南西向的鼻状隆起，构造两翼具一定的不对称性，呈西缓东陡态势，往深部雷口坡组顶表现为一轴向北西的背斜构造，西翼相对东翼略缓。根据构造编图，金马—鸭子河构造圈闭面积 203km^2，闭合幅度为 825m，长轴 17.1km，短轴 12.4km；石羊镇构造闭圈面积 35.1km^2，闭合高度为 207m，长轴 10.6km，短轴 5.4km，圈闭形态完整。图 2.20 所示剖面位于金马—鸭子河构造的金马局部高点位置，剖面北西端抵达彭灌杂岩体东侧。剖面从北西到南东主要被四条断层所切割，依次为北川—映秀断层、通济场断层、关口断层、彭县断层。

北川—映秀断层断面较陡，倾角 65°～75°，断层上盘卷入变形地层为新元古代彭灌杂岩体，断层下盘为三叠系。通济场断层断面向北西陡倾，断层上盘卷入变形地层为上三叠统马鞍塘组、小塘子组及须家河二段，由于受到强烈的挤压变形，地表出露的地层近于直立；平面上，通济场断层紧邻北川—映秀断层，在都江堰位置处，二者距离最近，推测合并为同一条断层，呈向北东撒开分布特征。

关口断层是龙门山冲断带与川西平原之间的地形分界，也正是前文广元—关口—大邑隐伏断裂的地表出露段，断层以西地表高程起伏变化大，以山地为主，断层以东地表高程变化小，以平原为主，其性质和横向延续分段特征还存在争议(李书兵等，2005，2006a，2006b；时志强等，2010；于福生等，2010；汪仁富等，2021)。关口断层上盘卷入变形的须家河组三段(简称须三段)、须家河组四段(简称须四段)及侏罗系地层向南东倾，可识别三个倾角域，下伏存在两条断层，其中一条南倾，地震剖面上断面波特征清

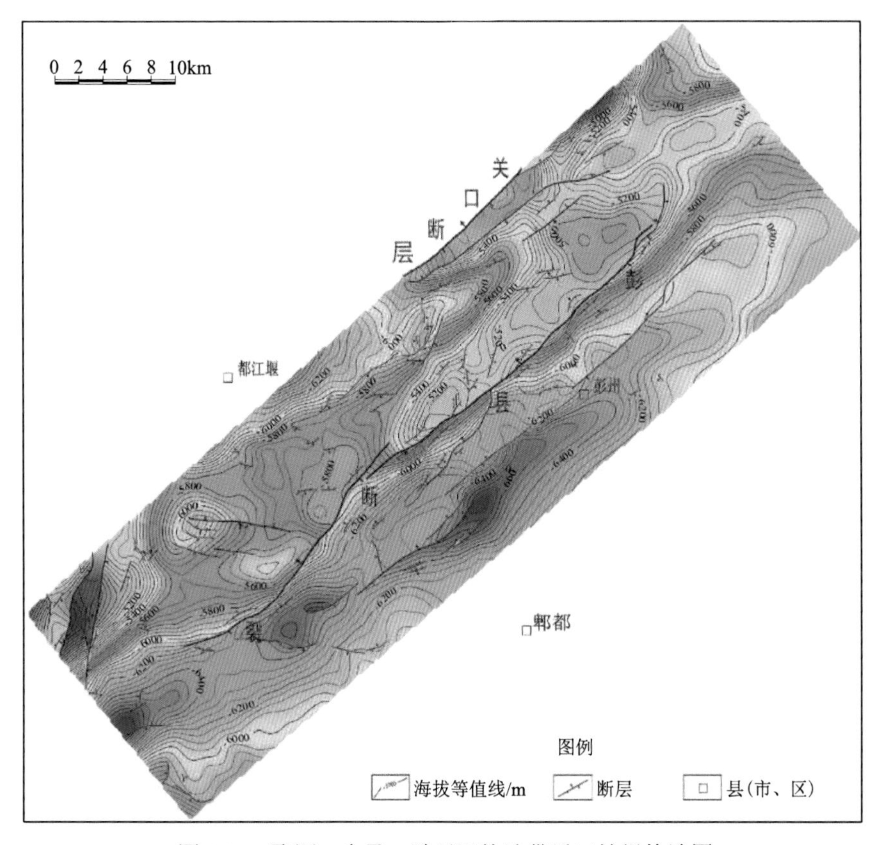

图 2.19　聚源—金马—鸭子河构造带雷口坡组构造图

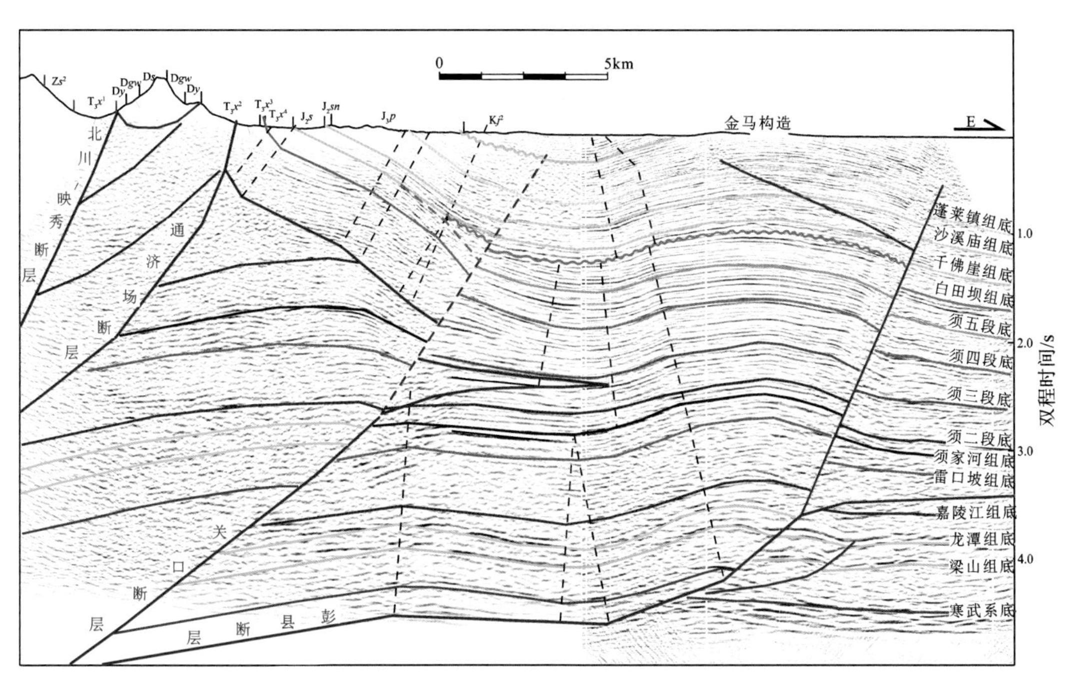

图 2.20　过聚源—金马—鸭子河构造主体地震剖面解释方案

楚，位于须三段底部。关口断层在浅层是由两条断层围限的断层三角构造楔，顶板断层沿须家河组泥岩或煤层滑脱并突破上部岩层，底板断层位于中三叠世雷口坡组，三角楔的主体变形时间在须家河组沉积末期，须家河组五段(简称须五段)的厚度从南东向南西逐渐减薄直到尖灭，受控于三角楔形断块的楔入抬升，侏罗纪变形持续，侏罗系蓬莱镇组发育生长地层，变形特征明显，地层厚度向北西呈递减趋势，侏罗纪末—白垩纪中晚期，楔体底板断层突破楔体，形成高角度北西倾的关口断层(图 2.21)。

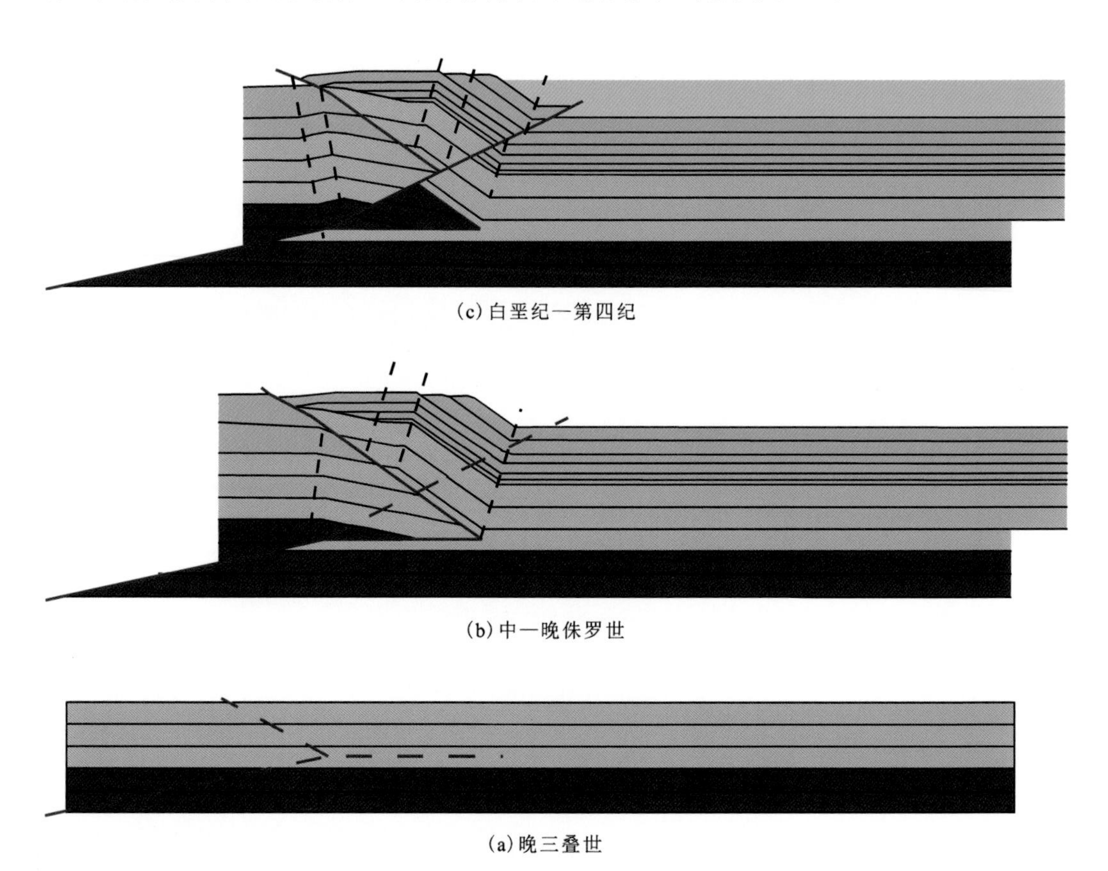

图 2.21　关口断层构造三角楔演化模式

彭县断层向西深部交会于关口断层，三叠纪末期关口断层的活动，部分位移向南东转移到彭县断层之上，形成了金马背斜的雏形，金马背斜主要为断层滑脱褶皱和传播褶皱复合叠加，背斜隆升幅度不大。

平面上聚源—金马—鸭子河复背斜具有明显的递进变形规律，由北西向南东依次可以划分为三个构造变形特征带：北川—映秀断层上盘叠瓦逆冲推覆构造变形带；通济场断层与关口断层之间的构造三角楔断块构造带；山前隐伏褶皱带。其中，山前隐伏褶皱带又分为三排斜列构造：聚源向斜、金马—鸭子河背斜、彭州向斜(图 2.22)。构造变形时间和位移具有明显的构造侧向和前陆方向迁移特征，关口断层活动于印支晚期，燕山期继承性活动，断层位移从北东向南西渐次减小。通济场断层与关口断层之间的构造三角楔断块构造带的调节和应力转换，确保了金马—鸭子河背斜构造带变形适中，背斜形态保存较为完整，为川西气田的形成提供了良好的构造条件。

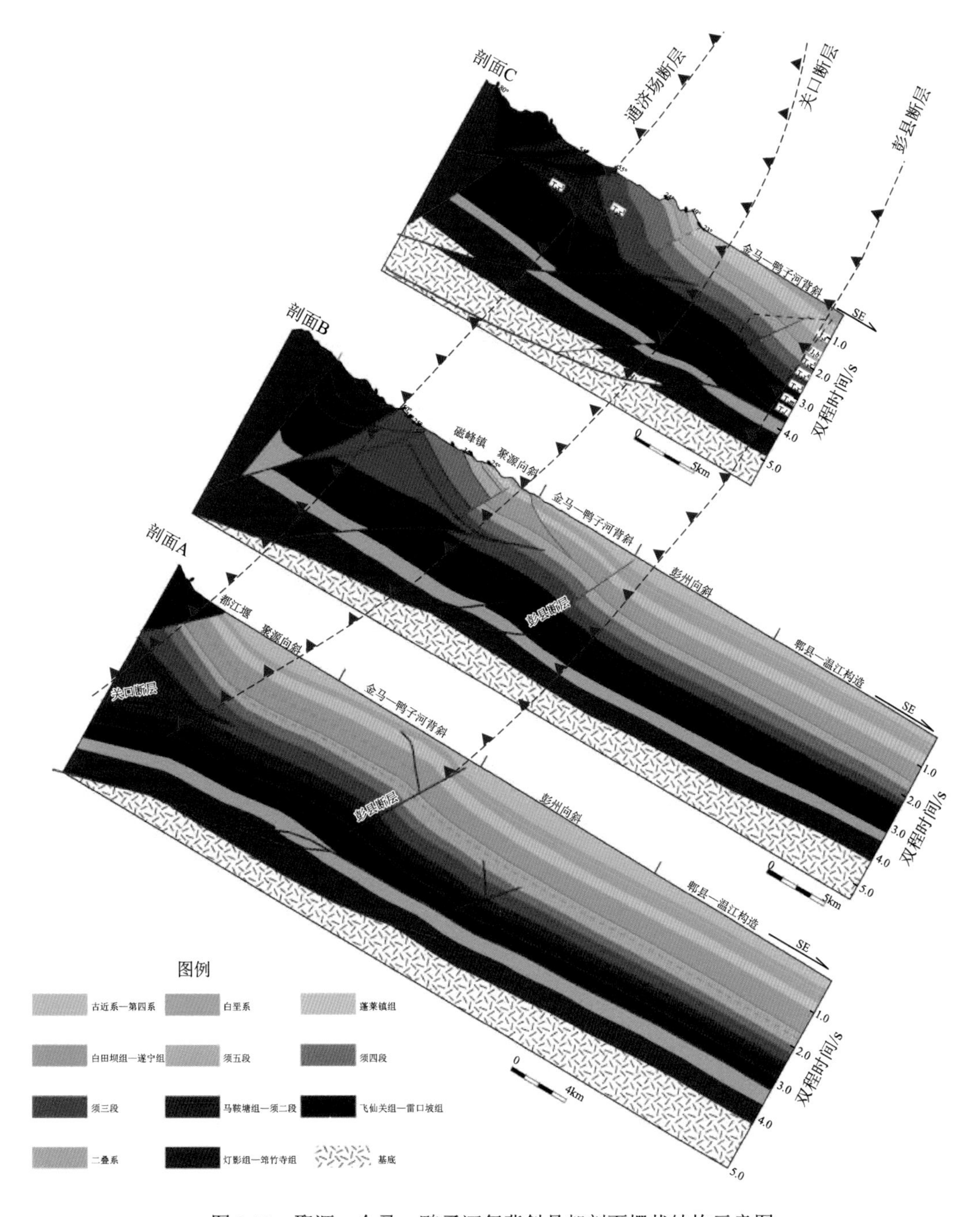

图 2.22　聚源—金马—鸭子河复背斜骨架剖面栅状结构示意图

龙门山前构造带北段安州地区与江油中坝构造同处一个构造带，总体表现为由北东向南西倾没的单斜，雷口坡组在安州以东发育小型局部构造，圈闭面积为 4.7km^2，闭合幅度为 25m，构造轴向为北东，长轴 3.3km，短轴 1.9km，该构造的形成演化主要受关口断层控制，其勘探潜力有待进一步深化评价。

2. 隆升热史及断裂演化

构造变形引起的隆升剥蚀与热演化史密切相关，利用矿物中 U 和 Th 衰变产生的 He 进行矿物定年的方法早已为人们所知。(U-Th)/He 热定年技术作为一种低温热年代学技术，近年来在地质体定年、热演化、地形地貌演化和沉积物源研究等方面得到了广泛的应用。利用磷灰石的(U-Th)/He 热定年可以精细研究低温下的冷却历史，但在用于沉积盆地的热历史恢复时，必须与其他古温标［磷灰石裂变径迹(apatite fission track，AFT)、镜质体反射率(R_o)等］结合起来才能奏效(Crowhurst et al.，2002；Wolf et al.，1998)。磷灰石裂变径迹和 He 热定年技术的结合可以揭示 45～110℃温度范围的精细冷却历史。目前国外的研究实例均将(U-Th)/He 方法与 R_o、磷灰石裂变径迹甚至 K/Ar、Ar/Ar 等其他同位素定年技术结合起来运用(McDowell et al.，2005)，以便利用不同矿物(U-Th)/He 封闭温度的不同，综合起来对复杂热史轨迹进行恢复，模拟三叠纪以来的构造-热演化特征，进而从热演化角度反映构造断裂活动历史。

北东-南西向断裂是川西拗陷发育最多、分布最广的断裂，主要分布于龙门山冲断带、龙门山前地区，冲断带及盆山接合部断裂级别及规模最大。沿山前采集所有磷灰石裂变径迹长度普遍较短，径迹年龄沿龙门山褶皱-冲断带表现为明显的不一致性，表明样品可能同时期滞留于磷灰石裂变径迹部分退火带，通过热史模拟反演其隆升-剥露过程。马角坝—通济场—双石断裂西侧，热史模拟显示在 62～27Ma 发生持续的快速冷却，温度由 174℃降为 48℃，隆升量为 3.625km，隆升剥露速率为 103.6m/Ma［图 2.23(a)］，说明马角坝—通济场—双石断裂西侧在喜马拉雅期发生了强烈隆升和剥蚀；马角坝—通济场—双石断裂东侧样品模拟结果显示在 100～82Ma 发生缓慢冷却，30Ma 左右发生快速冷却，温度由 75℃降为 55℃［图 2.23(b)］，说明马角坝—通济场—双石断裂东侧在燕山期开始发生隆升和剥蚀，喜马拉雅期更为强烈。

与此同时，龙门山冲断带中、北段二叠系露头 R_o 为 0.7%～1.0%，而盆地内部 R_o 为 1.7%～4.8%，根据埋藏史及热史分析，露头点 R_o 对应埋藏深度为 2000～3000m，关口断裂带及以西各逆冲断层形成时间较早，最早可形成于中三叠世末的印支早期运动，至少不晚于须三段沉积末期的安县运动。大邑大飞水剖面露头样品 R_o 与盆地内部相当，推测龙门山南段抬升较晚，主体变形时间为燕山期—喜马拉雅期(表 2.1)。

3. 构造演化

龙门山前构造带主要经历了以下几个阶段的演化过程(图 2.24)。

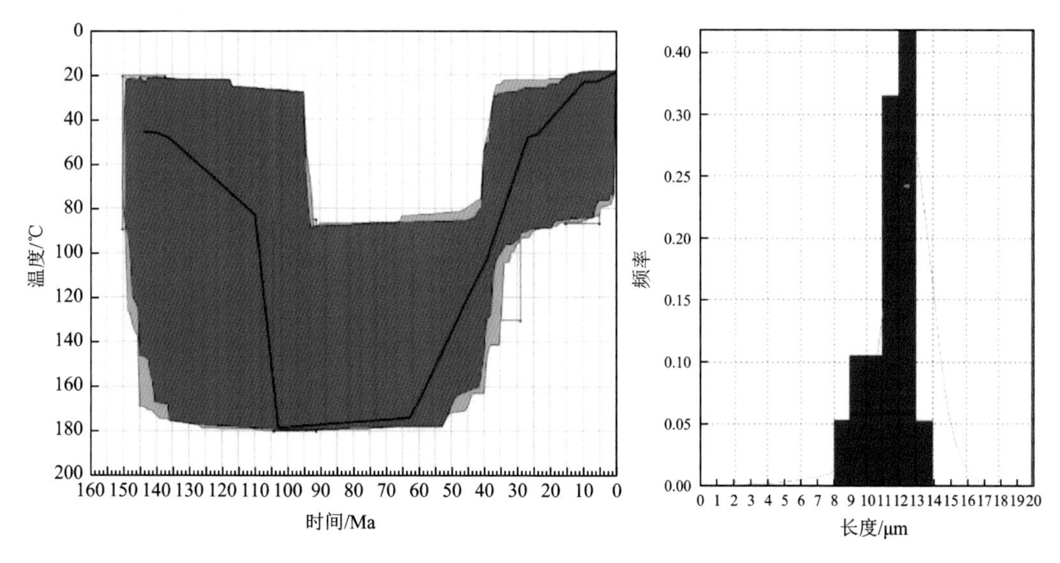

(a) 马角坝—通济场—双石断裂西侧样品热史模拟

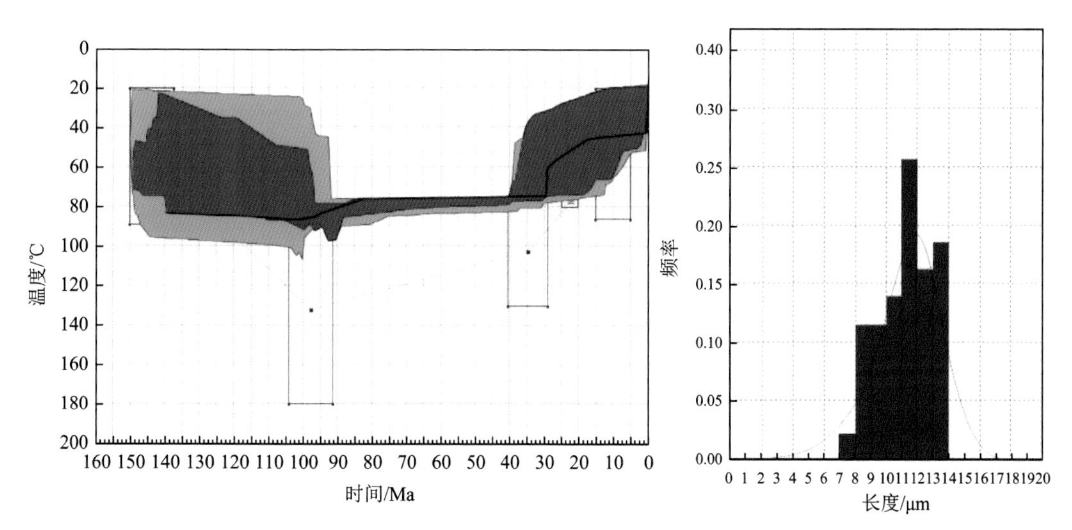

(b) 马角坝—通济场—双石断裂东侧样品热史模拟

图 2.23　川西地区龙门山中段山前带 AFT 热史模拟曲线图

表 2.1　川西地区龙门山二叠系露头样品 R_o 测试数据统计表

样品编号	岩性	剖面位置	层位	实测 R_o/%	沥青反射率 (R_b) /%	测点数	$R_o = 0.6569R_b + 0.003364$ (自然演化系列) /%
M12	灰岩	上寺	P_2m		0.858	32	0.900
JP30	灰岩	江油—平武	P_2m		0.583	22	0.719
SP20	灰岩	什邡—金河	P_2m		0.855	11	0.898
SD27	灰岩	什邡—金河	P_2m		0.827	11	0.880
SD30	灰岩	什邡—金河	P_2m		0.854	26	0.897
SD31	灰岩	什邡—金河	P_2m		0.793	14	0.857

续表

样品编号	岩性	剖面位置	层位	实测 R_o/%	沥青反射率(R_b)/%	测点数	$R_o = 0.6569R_b + 0.003364$(自然演化系列)/%
SD37	灰岩	什邡—金河	P_2m		0.868	12	0.907
BP-23	灰岩	宝兴—大邑	P_2m		5.346	31	3.848
BP-34	灰岩	宝兴—大邑	P_2m		4.725	26	3.440
BP-37	灰岩	宝兴—大邑	P_2m		5.235	32	3.775
DP-12	灰岩	宝兴—大邑	P_2m		2.100	14	1.716
JP27	泥岩	江油—平武	P_2m		0.458	21	0.637
JP39	生物灰岩	江油—平武	P_2m		0.556	11	0.702
JP28	生物泥灰岩	江油—平武	P_2m		0.56	20	0.704
JP31	生物泥灰岩	江油—平武	P_2m		0.546	16	0.695
JP33	生物泥灰岩	江油—平武	P_2m		0.538	26	0.690
JP34	生物泥灰岩	江油—平武	P_2m	0.850		4	
JP35	生物泥灰岩	江油—平武	P_2m		0.571	11	0.711
M10	灰岩	上寺	P_2q		0.748	21	0.828
DP3	灰岩	宝兴—大邑	P_2q		2.274	23	1.830
DP-6	灰岩	宝兴—大邑	P_2q		2.179	23	1.768
DP-7	灰岩	宝兴—大邑	P_2q		2.209	17	1.787
DP-8	灰岩	宝兴—大邑	P_2q		2.102	20	1.717
BP-13	灰岩	宝兴—大邑	P_2q		5.036	18	3.645
JP15	泥灰岩	江油—平武	P_2q		0.674	50	0.779
SP-D20	生物灰岩	什邡—金河	P_2q		0.98	13	0.980
JJP2	碳质泥灰岩	江油—平武	P_2q		0.507	23	0.669
JJP1	碳质页岩	江油—平武	P_2q	0.700		16	
TK-8	深灰色白云质灰岩	北川—通口	P_2q		0.760	16	0.836
TK-11	灰黑色灰岩	北川—通口	P_2q		0.835	23	0.885
TCX-3	灰黑色碳质泥岩	天池乡	P_3l		0.787	17	0.853
SD50+1	灰岩	什邡—金河	P_3l		0.952	31	0.962
SD53	灰岩	什邡—金河	P_3l		0.994	12	0.989
SD74	灰岩	什邡—金河	P_3l		0.874	50	0.911
DP-24	灰岩	宝兴—大邑	P_3l	1.790		13	
M5	煤	上寺	P_3l		0.654	50	0.766
M14	泥灰岩	上寺	P_3l		0.686	50	0.787
JP46	泥岩	江油—平武	P_3l		0.796	15	0.859
JP43	生物灰岩	江油—平武	P_3l		0.711	17	0.803
JP45	生物灰岩	江油—平武	P_3l		0.806	13	0.866
JP51	生物灰岩	江油—平武	P_3l		0.582	17	0.719

续表

样品编号	岩性	剖面位置	层位	实测 R_o/%	沥青反射率(R_b)/%	测点数	$R_o = 0.6569R_b + 0.003364$(自然演化系列)/%
SD73	生物灰岩	什邡—金河	P_3l		0.868	50	0.907
BP-40	碳质灰岩	宝兴—大邑	P_3l		5.013	11	3.629
BP-42	碳质灰岩	宝兴—大邑	P_3l		5.072	15	3.668
BP-44	碳质灰岩	宝兴—大邑	P_3l		5.156	15	3.723
M6	碳质泥岩	上寺	P_3l	0.660		50	
SD60	碳质页岩	什邡—金河	P_3l	1.011		50	
SD61	碳质页岩	什邡—金河	P_3l	1.105		50	

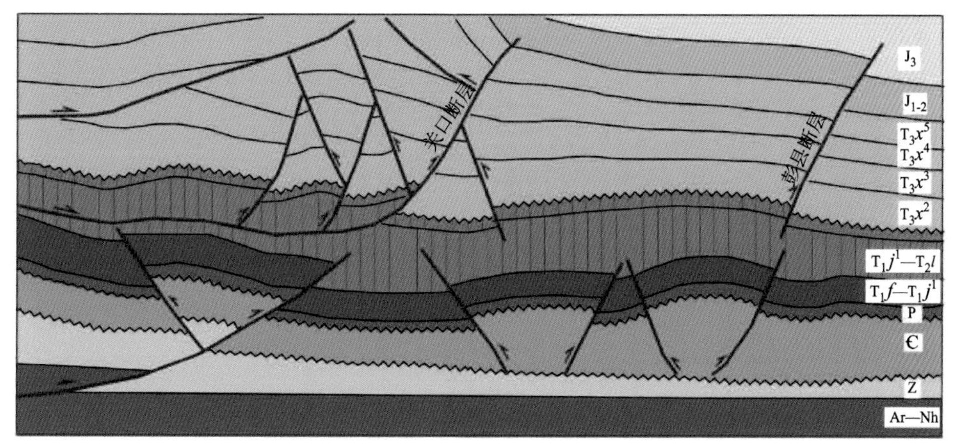

(a)新生代以来：龙门山强烈冲断变形，关口断层变形强烈

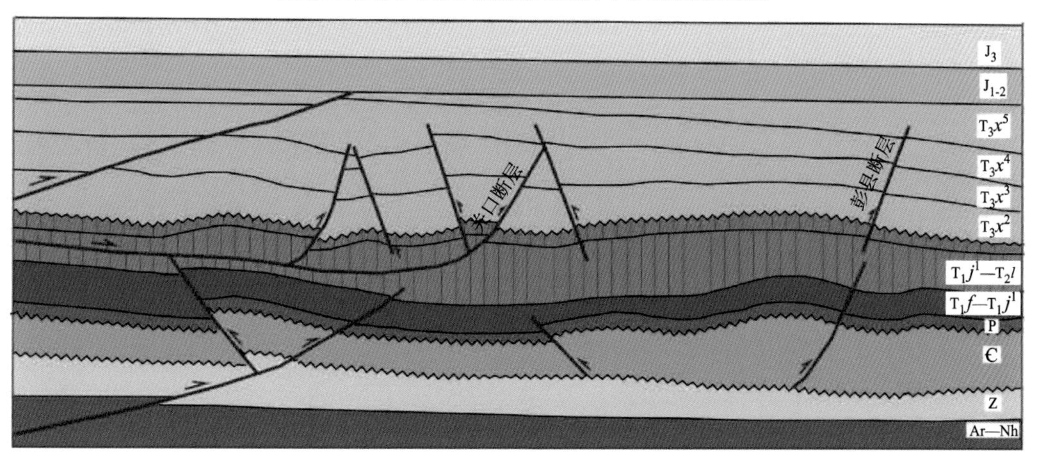

(b)燕山中、晚期：金马—鸭子河背斜隆升幅度加大，彭县断层开始形成

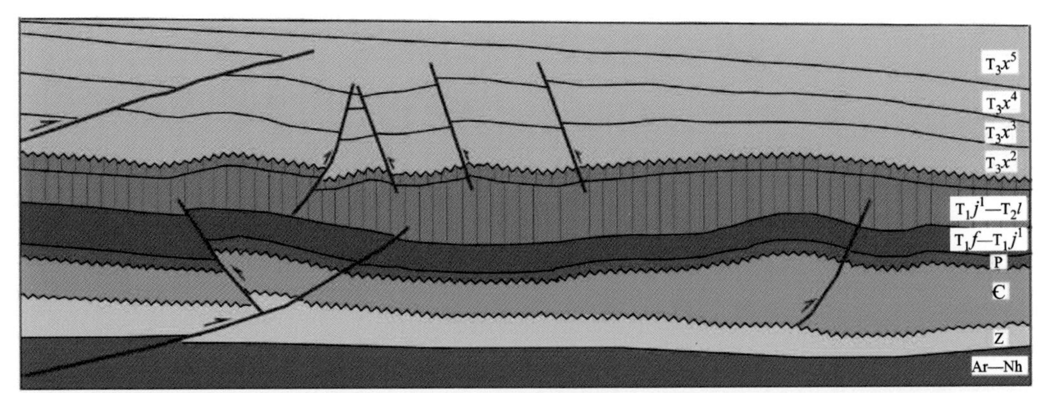

(c)印支晚期：龙门山冲断变形向前陆传递，须五段顶部遭到削蚀，金马—鸭子河构造背斜雏形开始显现

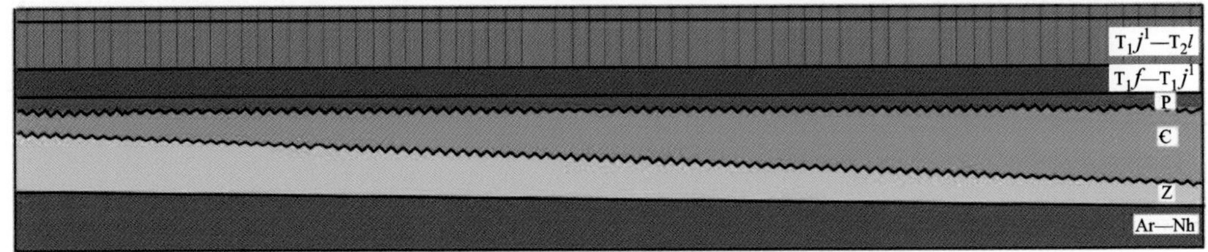

(d)印支早期(上三叠统沉积前)：雷口坡组开始抬升，接受弱暴露

图 2.24　金马—鸭子河构造典型剖面演化

1)印支早期

中三叠世沉积期，川西地区属于克拉通盆地，受东高西低的古地貌格局影响，雷口坡组沉积厚度自西向东逐渐减薄。中三叠世沉积之后的“新场运动”造成区域性抬升暴露剥蚀，龙门山前金马—鸭子河地区处于古岩溶下斜坡-凹地，接受弱暴露剥蚀。

2)印支晚期

龙门山冲断变形向前陆传递，此时是印支期变形强度最大、波及范围最广的一期构造运动(邓康龄，2007；乔秀夫等，2012；宋春彦等，2009；许志琴等，2012；袁晓宇等，2020)，地震剖面上构造变形特征明显。构造活动使上三叠统须家河组抬升，区内须家河组顶部及须三段部分地层被剥蚀，表明印支中幕(安县运动)和晚幕的两期构造抬升，使得龙门山前地层遭到强烈挤压抬升剥蚀；上覆侏罗系底部白田坝组不整合覆盖于须五段(T_3x^5)之上(图 2.25)，嘉陵江组—雷口坡组膏盐岩局部聚集增厚，雷口坡组顶形成宽缓背斜，龙门山前隐伏构造带初步形成。

3)燕山期

燕山期构造活动使紧邻造山带一侧发育大型推覆断层，龙门山继续抬升，寒武系泥岩滑脱层之上的断层持续发生变形，在膏盐岩层之下二叠系形成双重构造变形。发育在下三叠统膏盐岩滑脱层之上的地层也发生持续变形，导致金马—鸭子河构造下部膏盐层持续增厚，构造隆升幅度加大，形成应力集中带，龙门山应力传递受阻，在关口断层附近形成反向断裂，关口断层、彭县断层开始形成。

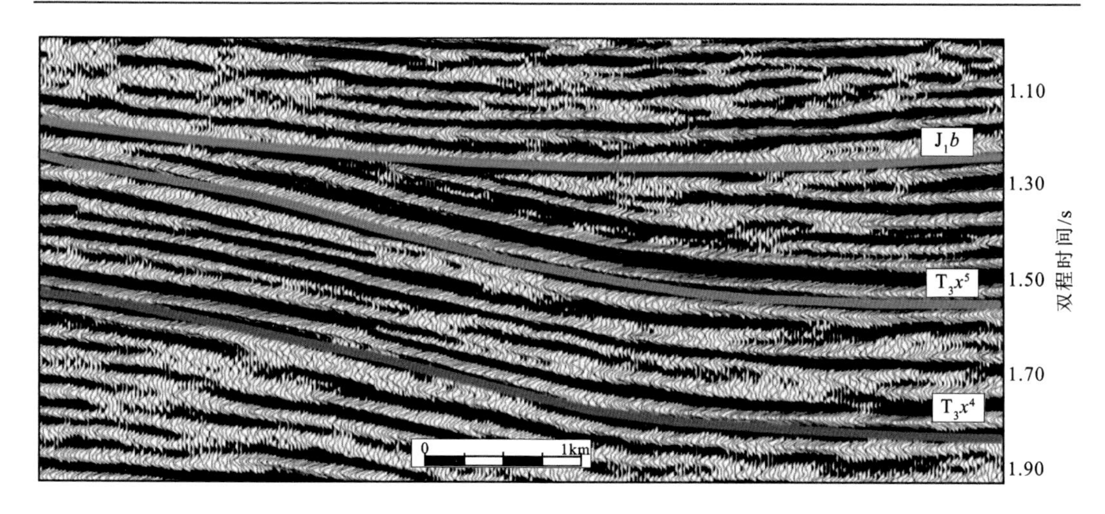

图2.25　地震剖面印支末期构造变形记录

4)喜马拉雅期

下三叠统滑脱层之下的地层变形明显，并产生一些小断层，各主要断层位移进一步增大；古近系与白垩系呈不整合接触的地层特征，说明川西坳陷中段龙门山前有强烈的冲断变形，在龙门山不断向东挤压作用下，导致紧靠山前表现为对冲构造，关口断层、彭县断层均变形强烈，构造挤压应力向川西坳陷内传递，构造持续调整并最终定型。

2.3.2　新场构造带

1. 构造变形特征

新场构造带整体为北东东-南西西向展布(图2.26)，构造形态并不复杂，也无大型断层发育，但其核部存在明显的下、中三叠统膏盐岩，表现为一典型的膏盐岩聚集增厚的滑脱背斜，背斜两翼倾角较缓，北西翼相较南东翼窄而陡(图2.27)；上下构造变形不协调，以须三段、雷口坡组为界可识别出多套差异变形层；须三段及以下表现为具有多个构造高点的复背斜特征(图2.27)，雷口坡组顶变形最强，向上进入须二段、须三段有逐渐变缓的趋势；须三段以上地层表现为单一的背斜特征，未见多个局部高点，构造幅度整体比须三段以下变形幅度大。

平面上，雷口坡组顶面构造圈闭较发育，共发育多个局部背斜构造，均表现为长轴背斜特征，构造轴向为北东东-南西西向，合兴场背斜受龙泉山南北向构造带的影响，背斜轴向略有偏转，呈北东-南西向。新场构造最完整，位于新场构造带中部，走向为北东向背斜构造。T_6反射层共发育1个构造高点，圈闭面积46.7km^2，闭合幅度为125m，高点海拔为–4900m，构造长轴为12km，短轴为5.2km。

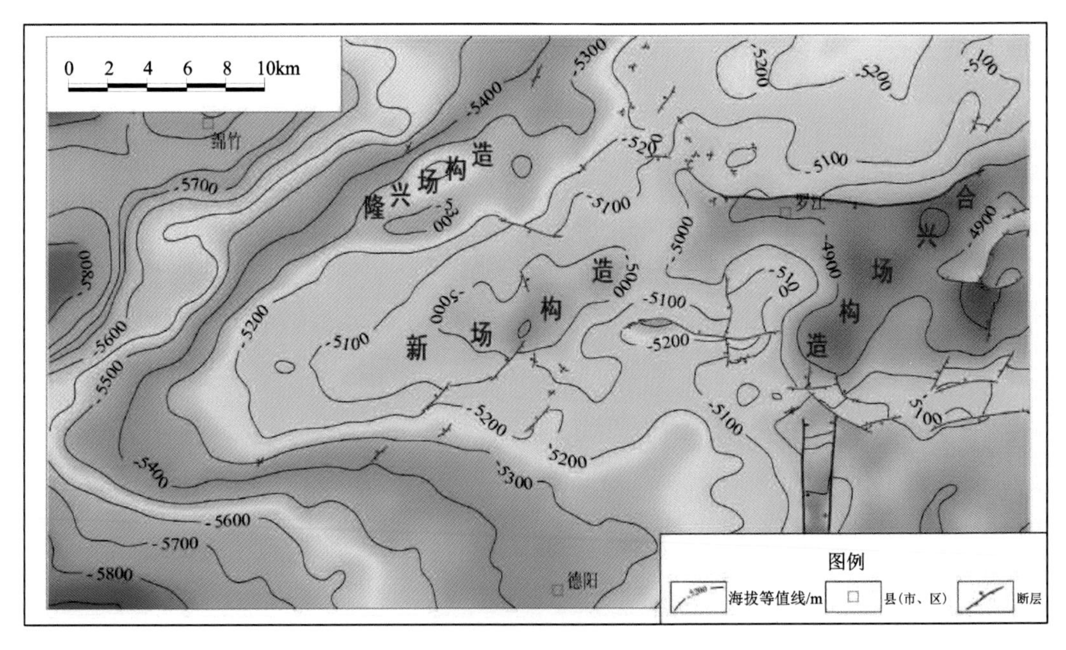

图 2.26 新场—丰谷构造带雷口坡组构造图

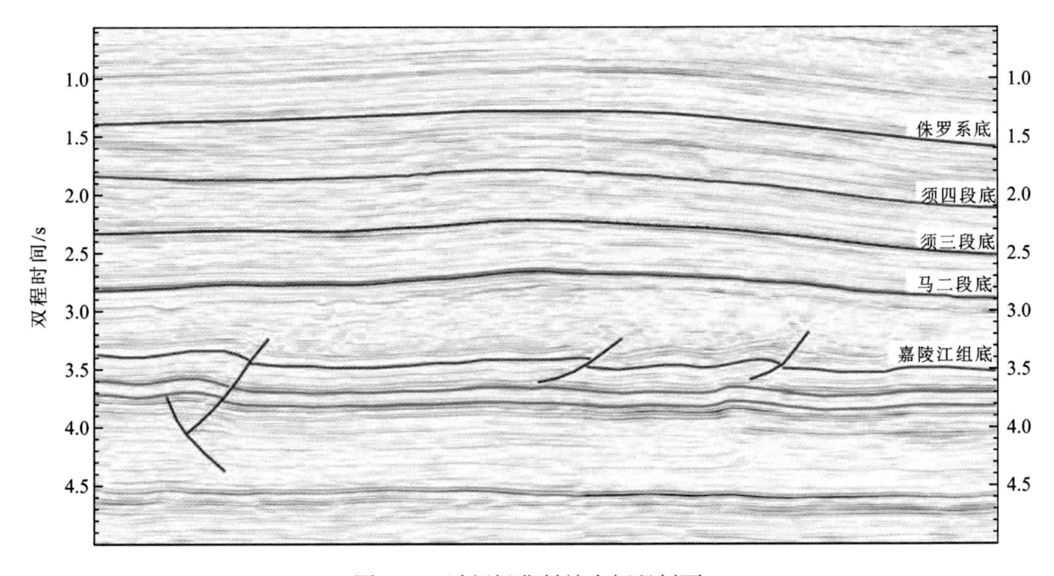

图 2.27 过新场背斜综合解释剖面

2. 断裂演化

新场构造带合兴场—高庙子构造东西向展布的罗江断裂与合兴场断裂纵向上切穿了雷口坡组顶部、终止于须四段底部，或个别断层终止于须四段内部，说明它形成于雷口坡组沉积末期—须三段沉积末期；剖面上东西向断裂断距上小下大，至少有过两次断裂活动；平面上，东西向的合兴场断层明显被南北向断层所切割，形成时间要早于南北向断层(图 2.28)。

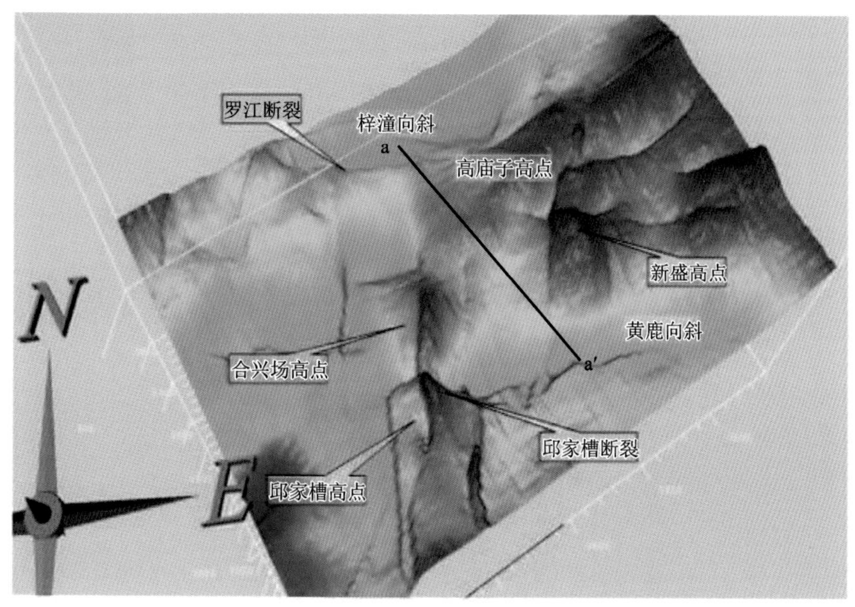

(a)须三段底构造埋深

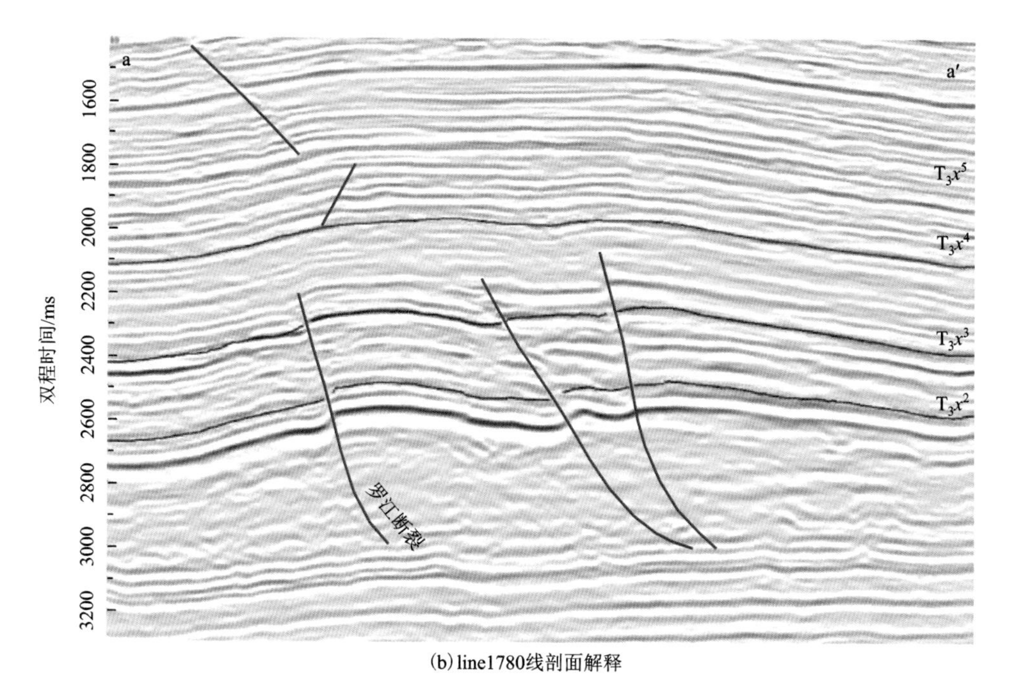

(b)line1780线剖面解释

图 2.28　合兴场—高庙子构造特征

推测东西向主干断裂最早可与东西向展布的新场构造同期形成，次级小断裂可为同期派生或后期次生形成，但均早于南北向断裂形成期。

3.构造演化

新场构造带经历了多期构造变形，主要经历了以下演化过程(图 2.29)。

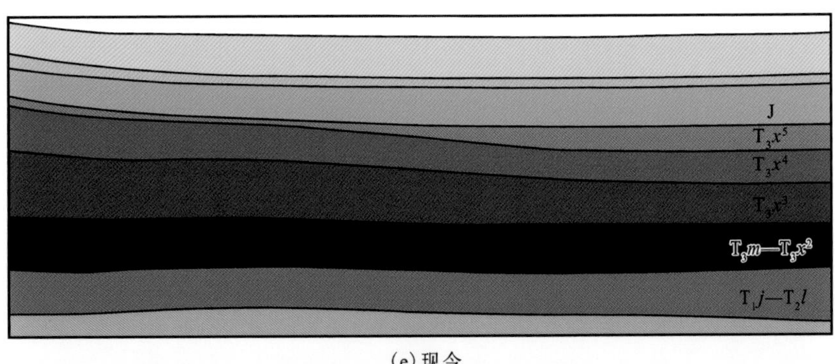

(e) 现今

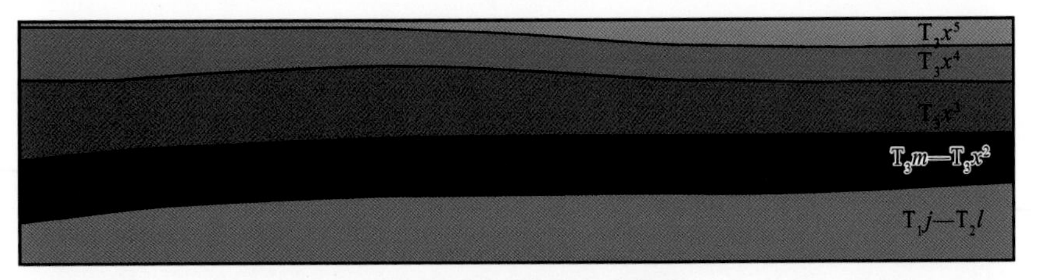

(d) 侏罗系白田坝组沉积初期

(c) 须五段沉积初期

(b) 须四段沉积初期

(a) 须三段沉积初期

图 2.29　新场构造典型剖面构造演化图

1) 印支早期

中三叠世末，“新场运动”造成整体抬升，雷口坡组遭受剥蚀，整体抬升背景下新场构造带发育局部古构造雏形(杨克明等，2012)，其主要证据为新场构造上、下构造幅度变化规律和不同深度断层方位规律的认识，即侏罗系及以上地层构造幅度最大、须四段—须五段构造幅度最小，雷口坡组—须三段构造幅度介于两者之间。

2) 印支晚期

区域内受到来自南东的挤压应力使得地形具有西低东高的特征，须家河组西厚东薄。剖面上须家河组顶部和侏罗系底部在龙门山前带呈削截关系，且西段广泛缺失须六段，须五段沉积之后，沿须三段局部不整合面发育两条前展式断层，使得上部地层抬升。另外，新场背斜须二段顶部存在对称上超现象(图 2.30)，表明该位置应该处于构造高部位，须二段末期有明显的构造隆升。

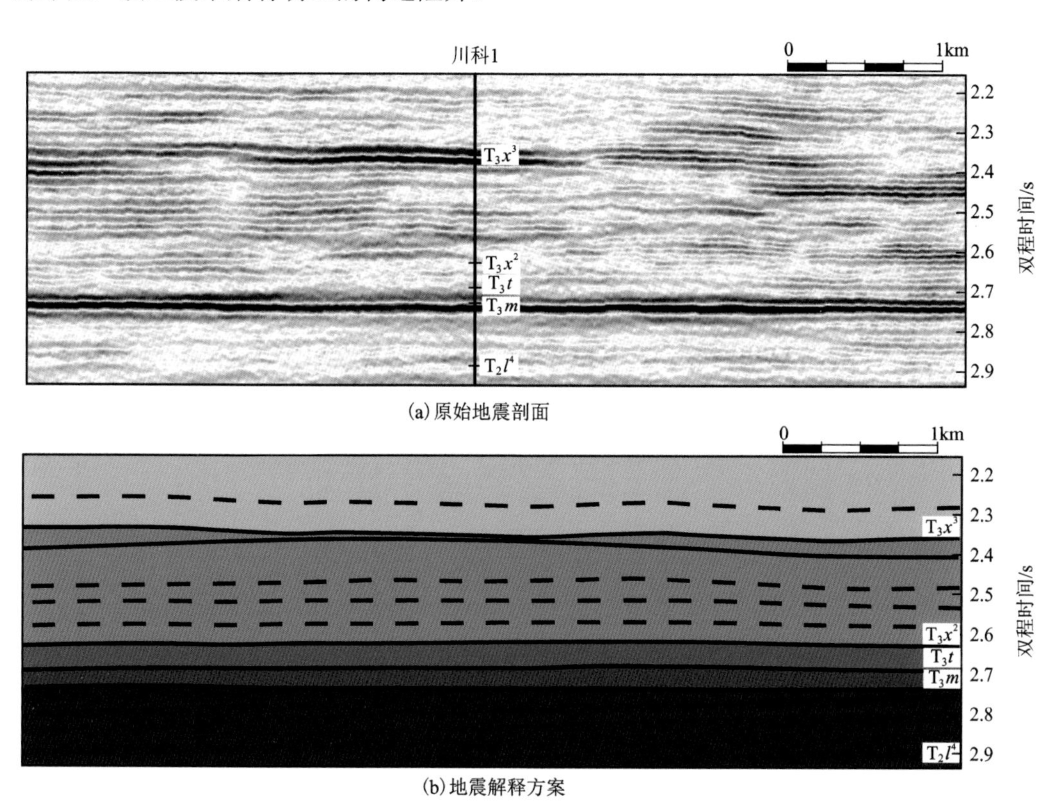

图 2.30　过川科 1 井局部剖面解释

3) 燕山期

侏罗系沉积时，先期沉积速率较慢，中下侏罗统较薄，后期沉积速率增大。上部构造层沿中下三叠统膏盐岩层发育逆冲断层，使得嘉陵江组和雷口坡组增厚，顶部隆起，在孝泉构造南东翼可见生长三角楔形，证实侏罗纪晚期的变形。

白垩系沉积后，受青藏高原东缘的持续挤压，研究区受到来自西北侧的挤压应力，在基底发育构造楔使北西侧地层整体抬升，上部构造层发育两条断层使地层进一步抬升。

4) 喜马拉雅期

盆地全面隆升，新场构造带进一步抬升、定型，由北侧米仓山和西侧龙门山共同作用形成现今形状的北东东向的隆起。

2.3.3 广汉斜坡带

1. 构造变形特征

广汉斜坡带位于川西拗陷中部，南到大邑—成都一线，北至德阳，西到元通—安德一线，东达龙泉山，整体为南东高-北西低的单斜构造单元，仅在东北部发育马井断背斜构造、西南部发育大邑断背斜构造。

马井构造平面上呈北东-南西向展布，背斜南翼为断层切割，具有北缓南陡的特征(图 2.31)。马井构造是龙门山冲断构造带应力传递的结果，表现为基底卷入的构造变形特征，断层下部震旦系—三叠系均卷入变形，向上断层变形具有明显的继承性特征，背斜总体后翼宽缓，前翼窄而陡，且前翼从三叠系雷口坡组四段向上地层倾角由近于直立到地表白垩系逐渐减小，前翼强变形带具明显的三角剪切带特征，卷入变形最新地层为古近系，表明断层新生代以来持续活动。现今雷口坡组构造圈闭面积为 31.4km^2，闭合幅度为 148m，高点海拔为–5525m，构造长轴为 15km，短轴为 2.9km。

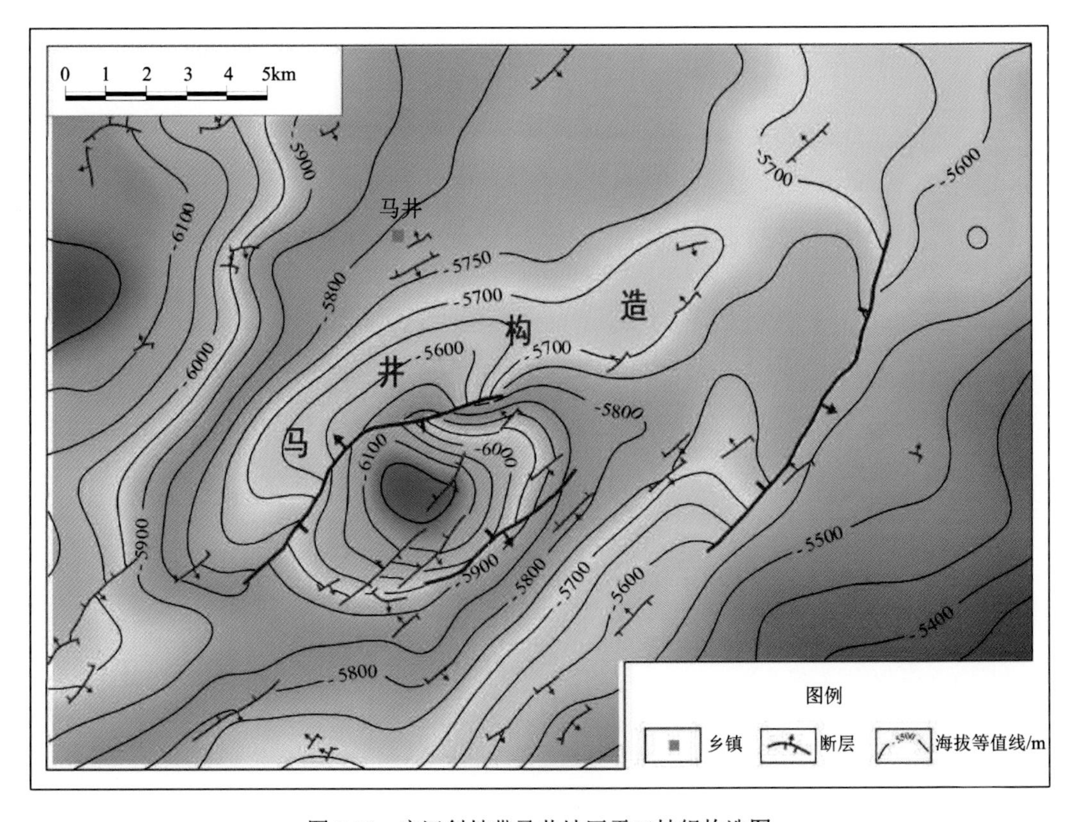

图 2.31　广汉斜坡带马井地区雷口坡组构造图

大邑构造位于广汉斜坡带西南端，抵进龙门山前构造带，平面上与聚源—金马—鸭子河构造带成斜列关系(图 2.32)，其变形主要受龙门山构造带影响。图 2.33 所示剖面位

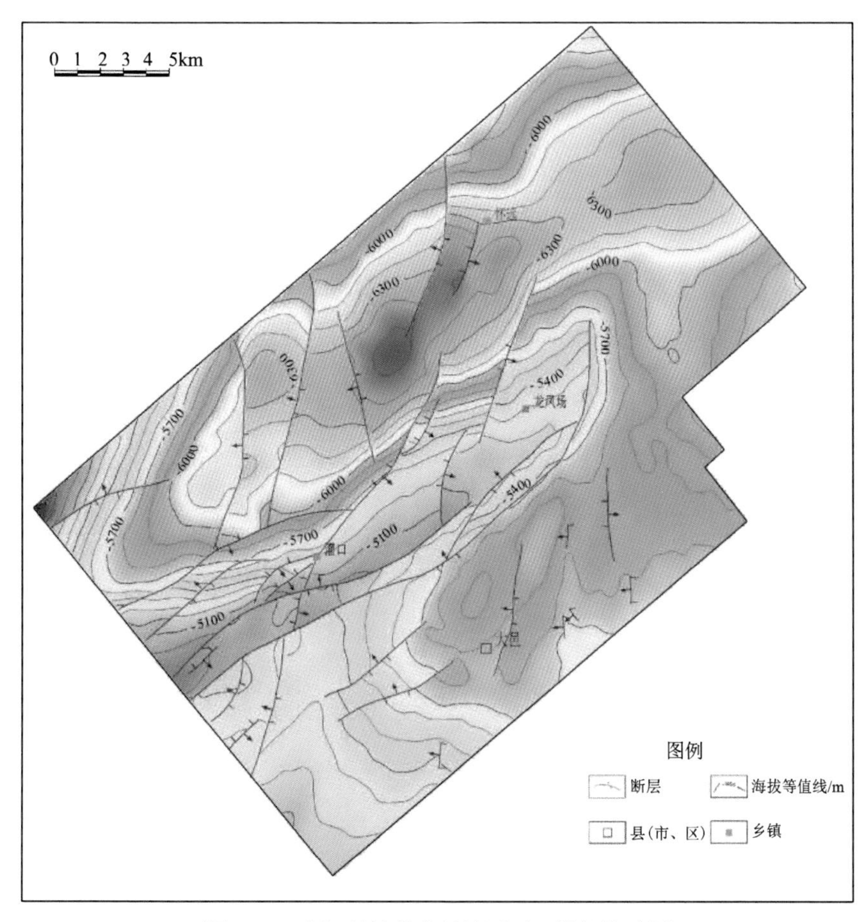

图2.32 广汉斜坡带大邑地区雷口坡组构造图

于大邑背斜构造主体，剖面总体为一核部宽缓的断层转折褶皱，背斜两翼倾角域向上逐渐收敛，具有典型的多期变形特征(陈伟等，2009；陈迎宾等，2016)。背斜核部上、下变形不协调，早期构造变形轴面被晚期顺层滑移断层切割，形成上下两套构造变形层。上部顺层滑移断层发育于须家河组五段泥岩层内。背斜前翼地表出露倾角为33°，受此地层倾角突变影响，断层前翼浅层地震信噪比较低，反射杂乱，深层前翼地层倾角较为清楚，判定断层断坡倾角为25°左右，位移约为3km。大邑背斜后翼形成了生长三角楔，轴面褶皱点位于侏罗系内部，大致相当于遂宁组内部，顶部终止于白垩系内部，轴面直达地表，地表第四系卷入变形。现今雷口坡组构造圈闭面积为68.5km^2，闭合幅度为870m，高点海拔为–5100m，构造长轴为18.3km，短轴为5.4km。

2. 构造演化

1) 印支早期

广汉斜坡带自印支早期运动以后呈整体掀斜特征，开始古构造影响下的差异剥蚀。上三叠统马鞍塘组至须家河组自西向东超覆沉积，反映印支早期运动奠定了斜坡背景；斜坡带仅局部地区受加里东旋回张性构造事件影响，发育断至基底的正断层。

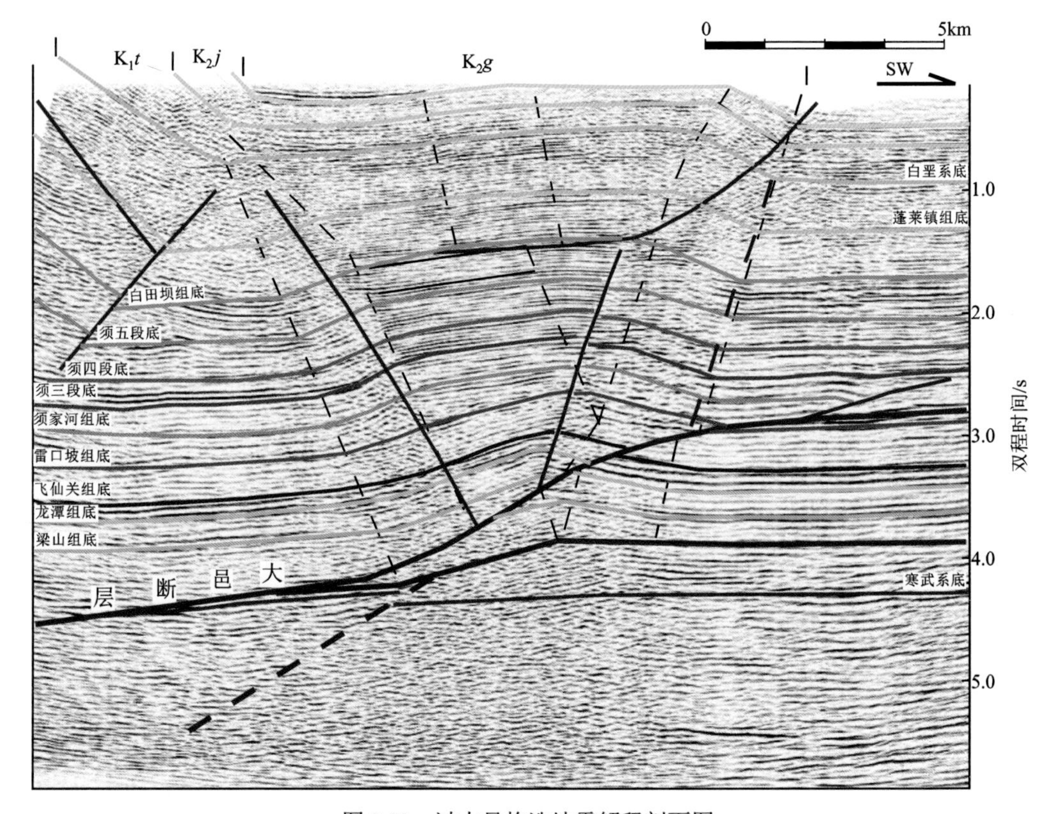

图 2.33　过大邑构造地震解释剖面图

2）印支中-晚期

从雷口坡组上覆沉积厚度的变化看，侏罗系沉积前西厚东薄，以须三段沉积前最为明显，侏罗系以后西薄东厚，下侏罗统向北西方向超覆沉积于须家河组之上；须三段及须家河组顶部分别遭受剥蚀，表明印支中幕（安县运动）和晚幕两期构造抬升。受龙门山向东的强烈挤压，基底断层反转，马井地区早期张性断层反向形成逆冲断层，由于断层倾角较大，形成断层传播褶皱（图 2.34）；大邑地区主断层沿深部寒武系滑脱层进入二叠系—三叠系，在二叠系和雷口坡组以下地层中形成断坡，在三叠系膏盐滑脱层中形成上断坪，大邑背斜在断层转折褶皱机制下形成（图 2.35）。

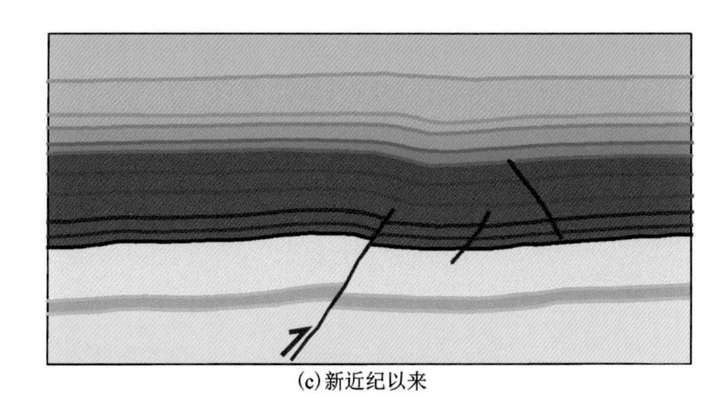
(c)新近纪以来

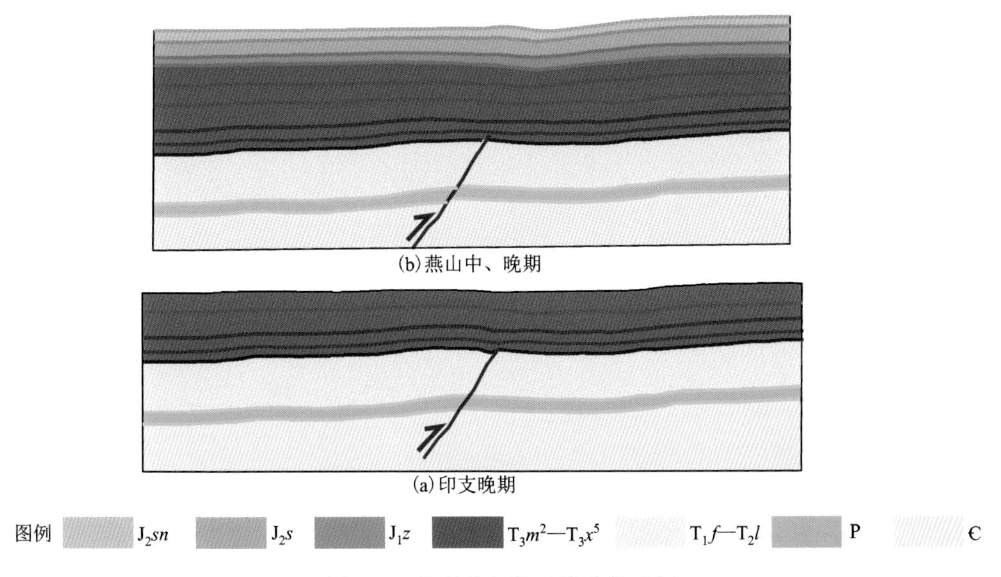

图 2.34　马井地区构造演化模式图

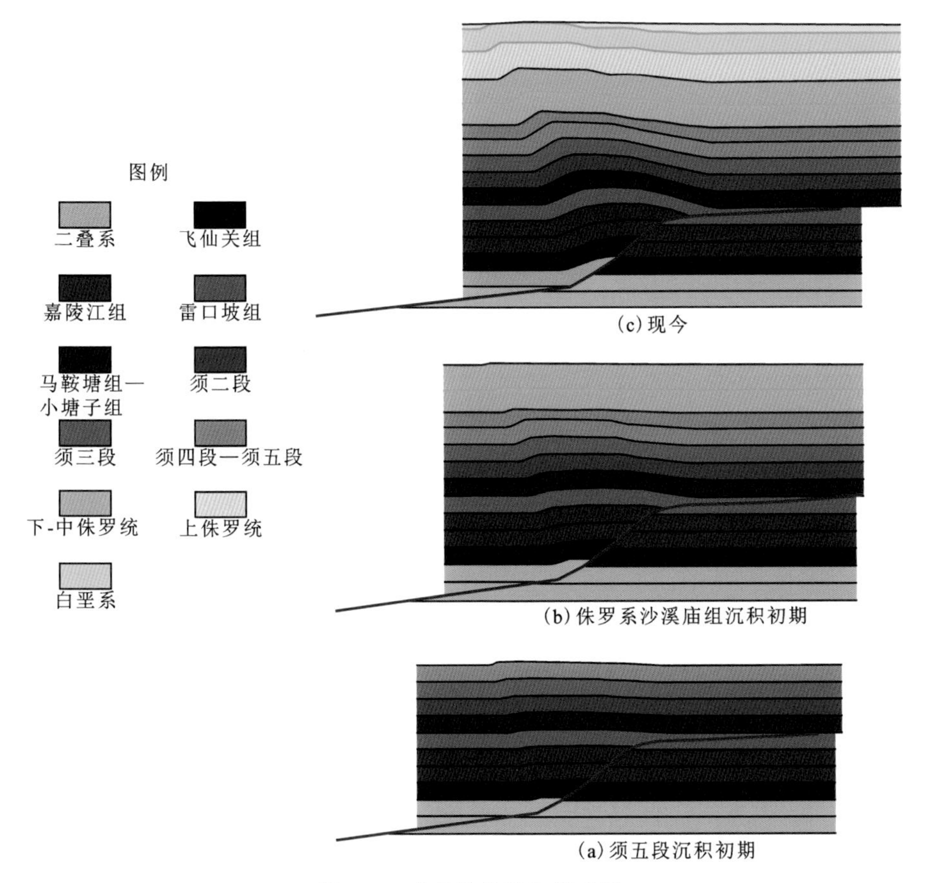

图 2.35　大邑构造演化模式图

3) 燕山期

燕山期构造活动使广汉斜坡带仍然保持了西低东高的构造格局，马井、大邑构造继续发生变形，马井地区形成为一个低缓的鼻状背斜；大邑构造前后翼发生迁移，翼部逐渐变宽，构造幅度持续增大。

4) 喜马拉雅期

受喜马拉雅构造运动的影响，广汉斜坡带抬升剥蚀，形成第四系不整合于上白垩统夹关组之上，但西低东高的大斜坡格局没有改变。发育于马井和大邑的断层位移持续加大，变形规模进一步增大，马井地区形成了现今北东-南西向展布的构造形态，有利于油气藏在调整过程中进一步向构造圈闭内聚集；但大邑背斜后翼发生剪切变形，在构造南西形成了突破后翼的断层，对大邑构造雷口坡组的油气保存具有破坏作用。

2.3.4 绵阳斜坡带

1. 构造变形特征

绵阳斜坡带位于新场隆起带以北(图 2.36)，发育隆兴场、文星和绵竹 3 个局部构造。其中，隆兴场构造紧靠新场构造带，为北东走向的背斜构造，雷口坡组构造圈闭面积为 8.1km^2，闭合幅度为 70m，构造长轴为 4.6km，短轴约为 1.8km。文星构造位于绵阳斜坡带中部，为北东走向的背斜构造，雷口坡组构造圈闭面积为 10.6km^2，构造长轴为 5.2km，短轴约为 1.8km。绵竹构造位于绵阳以西，紧邻绵竹凹陷，构造走向为北东向，雷口坡组构造圈闭面积为 15.6km^2，构造长轴为 6.4km，短轴约为 2.3km。

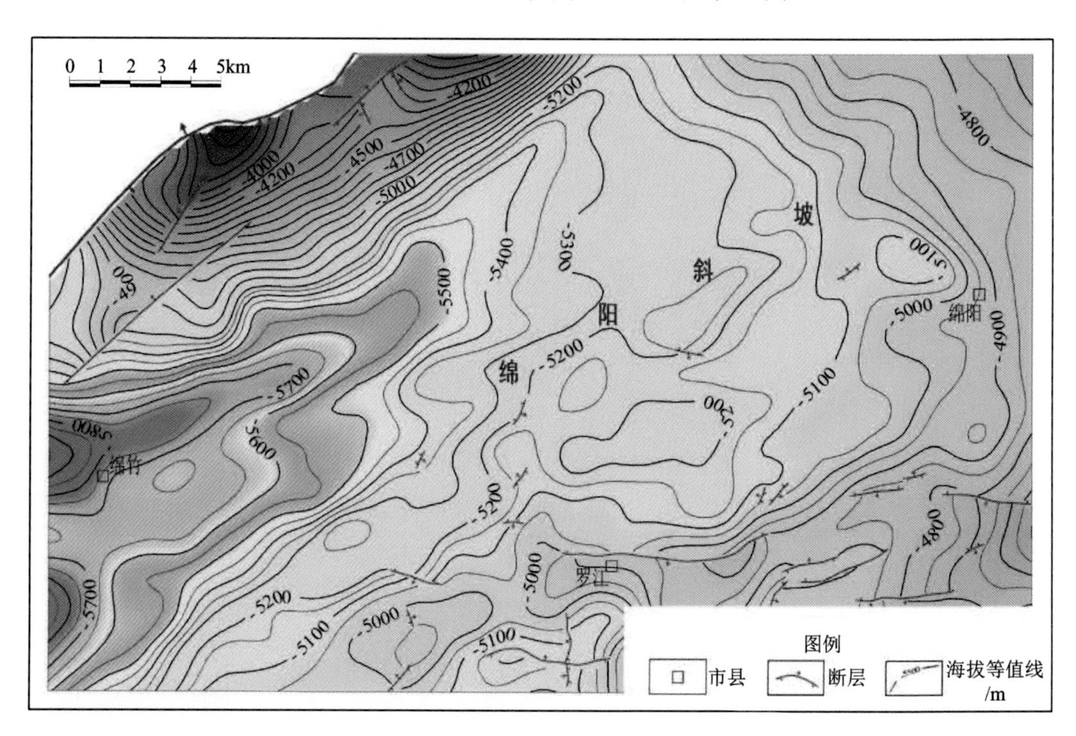

图 2.36　绵阳斜坡带雷口坡组构造特征

绵阳斜坡带发育规模较小的断裂，局部发育二叠系断至嘉陵江组内部的断裂(图 2.37)，以南的新场构造带断裂发育。雷口坡组内部微断层和裂缝的发育，对本区的油气运聚有重要作用，尤其是从雷口坡组延伸至马鞍塘组—小塘子组的微断裂，可以有效沟通自身近源烃源岩(在 6.2.2 节中将进一步论述)。

图 2.37　绵阳地区断裂特征地震剖面

2. 构造演化

绵阳斜坡带与广汉斜坡带的构造演化大致相当，受印支期安县运动和须家河组末期龙门山前强烈抬升变形影响，仅绵阳斜坡带西北部安州、晓坝地区遭受强烈剥蚀，印支期—燕山期该区一直表现为一斜坡特征，变化不大。新生代中晚期，特别是喜马拉雅期，川西拗陷受青藏高原强烈东扩，龙门山快速隆升，川西拗陷强烈变形，绵阳斜坡带总体仍保持斜坡构造特征，仅在东部龙泉山构造北延段局部存在低幅度局部构造。

2.4　构造变形特征差异机制

构造变形特征的差异受控于区域地球动力学背景与岩石本身的力学性质，多期次叠加与改造、多方向力源的更替联合作用，在空间上表现出分层、分带、分段的差异变形特征(陈社发等，1994；李岩峰等，2008；杨克明，2014)。

2.4.1　多期次叠加与改造

多期次与多力源的区域地球动力学背景决定川西拗陷的构造变形是以压性变形为主的多期次叠加与改造变形及多方向力源的交替、联合与复杂变形，具有“东西分带、南北分段”的变形特征。

印支早幕以来，川西拗陷先后经历了古特提斯洋北支秦岭海槽封闭、古特提斯洋封闭、中特提斯洋的开启与封闭及新特提斯洋的开启与封闭等重大地质事件。长期的区域汇聚地球动力学背景决定了其变形必然以压性为主，并伴有一定压扭性构造变形，而后期构造变形往往叠加在早期构造变形基础上，并对早期构造变形具有强烈的改造作用，最终形成现今壮阔的构造变形景观。

2.4.2 多方向力源的更替联合

本区的力源主要来源于周缘的龙门山、米仓山、大巴山等造山带的隆升与沉积负荷。构造变形力源的多方向性、构造变形的多期性、不同展布方向变形形迹的交错，使得本区的构造呈现出复杂的叠加与复合关系。

周缘山系诱导的多方向应力以渐进的方式传递到本区，并对本区的中新生代变形施加了不同的影响，显然，不同地区的构造变形强弱受距造山带距离远近的影响，距造山带越近，其变形强度就可能越大，距造山带越远，其变形越弱。

这些应力以交替的方式发生作用。但在某些特定的地质历史时期，它们则以联合的方式对本区产生影响，如印支末期龙门山与米仓山的联合作用，形成区域性压扭性应力场与相关的压扭性断裂与褶皱；燕山早中期川北—川东北联合前陆盆地的形成，以及燕山晚期—喜马拉雅早期区域性压扭应力场的形成等。

以上这些都是构造力源多方向性的反映。正是这些方向力源的交替与联合作用，形成了川西前陆盆地复杂的构造变形特征。

2.4.3 受滑脱层控制的分层差异变形特征

纵向上，能干层中的断裂往往向上向下消失于滑脱层中，滑脱可将卷入构造形变的岩层拆离为2～3 个以上的、形变强度和构造样式不同的形变层，不同的形变层具有不同的变形特征(杨克明等，2012)。

剖面纵向多层拆离变形特征，空间上这种关系非常明显，以嘉陵江组—雷口坡组膏盐岩层为界可分为上下两套变形层。膏盐层上部变形层主要为中、上三叠统以浅地层组成，其形成主要受白鹿场断层、关口断层三角楔等变形带应力持续向山前带传递，膏盐层发生塑性变形，持续发生内部增厚，从而在雷口坡组及以浅地层中形成了宽缓的褶皱。膏盐岩层下部二叠系—飞仙关组变形形成多排背冲构造(图 2.38)。

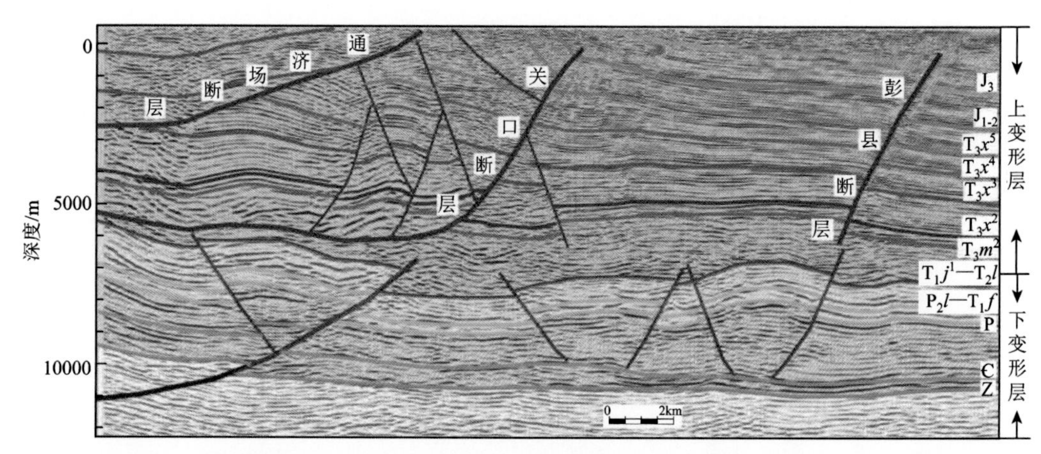

图 2.38 过白鹿场—鸭子河地区多层滑脱变形特征综合解释剖面(叠前深度偏移资料)

第3章　川西雷口坡组层序与沉积特征

四川盆地岩石地层单位雷口坡组在中国年代地层序列中属于中三叠统关刀阶，对应于国际年代地层序列中的安尼阶(247.28～241.46Ma)，沉积时长约 6Ma(童金南等，2019)。川西地区雷口坡组主要为一套浅海相碳酸盐岩沉积，由下而上可划分四段，即雷口坡组一段、二段、三段和四段(简称雷一段、雷二段、雷三段和雷四段)；其中，雷一段可进一步划分为两个亚段，雷三段和雷四段可进一步划分为三个亚段(宋晓波等，2021)。受印支运动影响，雷口坡组顶部普遍遭受不同程度的剥蚀，四川盆地大部分地区保存不全，地层残留厚度 0～1200m，整体表现为由西向东逐渐减薄，川西地区即为雷口坡组保存最全(发育雷四段)的地区。其中，雷四上亚段(或称“雷四 ^{3} 亚段”)为潮坪相碳酸盐岩大气田发育层段。本章系统梳理川西地区雷口坡组岩石地层特征，并针对主力气层段雷四上亚段开展高频层序特征分析，探讨沉积特征及沉积模式，旨在深入认识沉积与储层发育的关系。

3.1　岩石地层特征

1939 年，黄汲清等在威远新场雷口坡发现了位于“嘉陵江灰岩”之上厚约 200m 的石灰岩，许德佑据化石特征，将其命名为“雷口坡系”，雷口坡组即由“雷口坡系”演变而来(四川省地质矿产局，1991)。

3.1.1　地层划分

四川盆地雷口坡组大部分地区岩性为灰岩、白云岩、石膏或盐岩，部分白云岩夹膏/盐溶角砾岩或砂泥岩；川东地区安尼晚期岩性为红色、灰色碎屑岩夹灰岩，称为巴东组，它与雷口坡组含有相似的化石，为同时异相关系，本书统称为雷口坡组(表 3.1)。

1. 雷口坡组底界

“绿豆岩”层在上扬子地区分布广泛，层位展布稳定，其上覆碳酸盐岩中普遍可见始于安尼期的双壳类 *Leptochondria illyrica*、*Costatoria goldfussimansuyi* 化石，下伏地层中则未见(许效松等，1996)。因此，大部分学者以此为据，将“绿豆岩”层作为雷口坡组底界面，本书沿用了这一观点。

2. 雷口坡组顶界

雷口坡组顶界为印支期侵蚀面，川东及川中大部分地区海相碳酸盐岩与上覆陆相须家河组碎屑岩呈假整合接触关系，顶界面上下岩性、电性变化特征明显，易于区分；

表 3.1　四川盆地三叠系划分对比表

地层系统			新方案			以往划分方案								
系	统	阶	四川盆地			川西		川南		川中		川东	鄂西	
			组	段	亚段	南部段	北部段	段	亚段	段	亚段	段/亚段	段	
三叠系	上三叠统	瑞替阶—卡尼阶	须家河组			须家河组		须家河组		须家河组		须家河组	须家河组	
			马鞍塘组			马鞍塘组		垮洪洞组		马鞍塘组				
	中三叠统	拉丁阶	天井山组											
		安尼阶	雷口坡组	雷四段	雷四^3	雷四段	雷三段	雷四段		雷四段	雷四^3	雷四段	巴东组	巴四段
					雷四^2						雷四^2	雷三段		
					雷四^1						雷四^1			
				雷三段	雷三^3	雷三段		雷三段		雷三段	雷三^3	雷二段		巴三段
					雷三^2		雷二段				雷三^2	雷一^{3}亚段		
					雷三^1						雷三^1			
				雷二段		雷二段		雷二段		雷二段		雷一^{2}亚段		巴二段
				雷一段	雷一^2	雷一段	雷一段	雷一段	雷一^2	雷一段	雷一^2	雷一^1—嘉五^2		巴一段
					雷一^1		嘉五段		雷一^1		雷一^1	嘉五^2—嘉四^1		
	下三叠统	奥列尼克阶	嘉陵江组			嘉四段		嘉陵江组		嘉陵江组		嘉四^{3}亚段	嘉陵江组	

川西地区，由于雷口坡组顶部岩性为碳酸盐岩组合，标志性古生物少见，与上覆天井山组或马鞍塘组一段(简称马一段)碳酸盐岩组合难以区分，因此，长期以来对该区雷口坡组顶界的划分存在争议。

川西地区雷口坡组与上覆马一段呈假整合接触(图 3.1)，本节以钻井资料为基础，从电性特征、岩石学特征、地球化学特征、地震波阻抗特征等入手，将它们区分开。

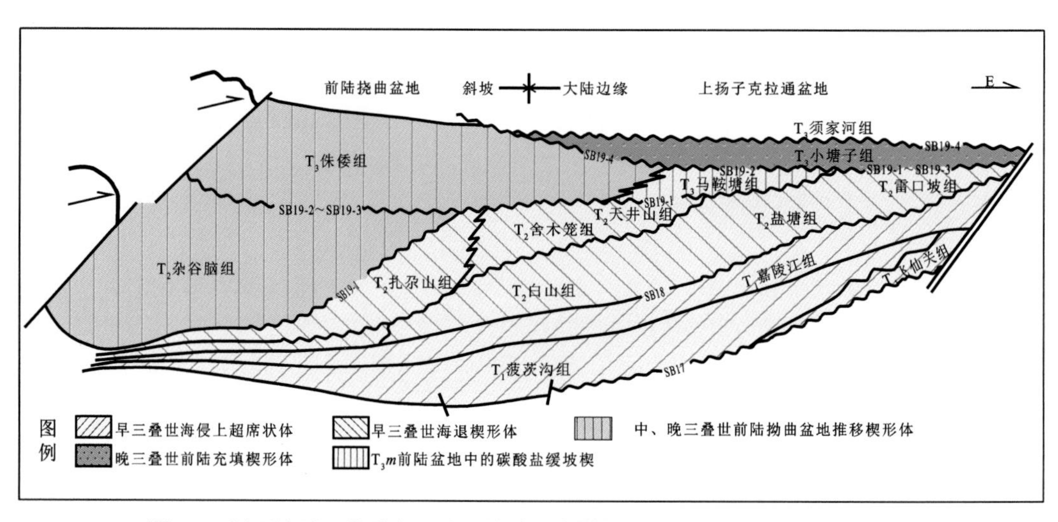

图 3.1　川西地区三叠系上下地层关系示意图[据许效松等(1997)，略有修改]

注：图中 SB17 等表示层序界面。

1) 电性特征

以新场地区为例，孝深 1 井、川科 1 井、新深 1 井雷口坡组顶部灰岩段自然伽马(GR)曲线出现明显偏离平均值的高值跳动(图 3.2)，应为雷口坡组顶部不整合面渗流带缝洞内充填的残余砂泥质所致，为雷口坡组顶界面划分标志之一。

2) 岩石学特征

通过对川西地区雷口坡组顶部—马一段岩心和大量薄片进行详细观察发现，雷口坡组顶部泥晶灰岩中可见岩溶角砾充填[图 3.3(a)]、膏溶角砾岩[图 3.3(b)]、岩溶孔缝洞、去白云石化、去膏化、硅化及渗流粉砂充填[图 3.3(c)]等古表生岩溶标志。钻井过程中，在不整合面附近出现了不同程度的井漏、钻井放空等现象，所取岩心破碎、收获率低，说明有古岩溶孔洞发育，而在马一段灰岩中没有上述特征。

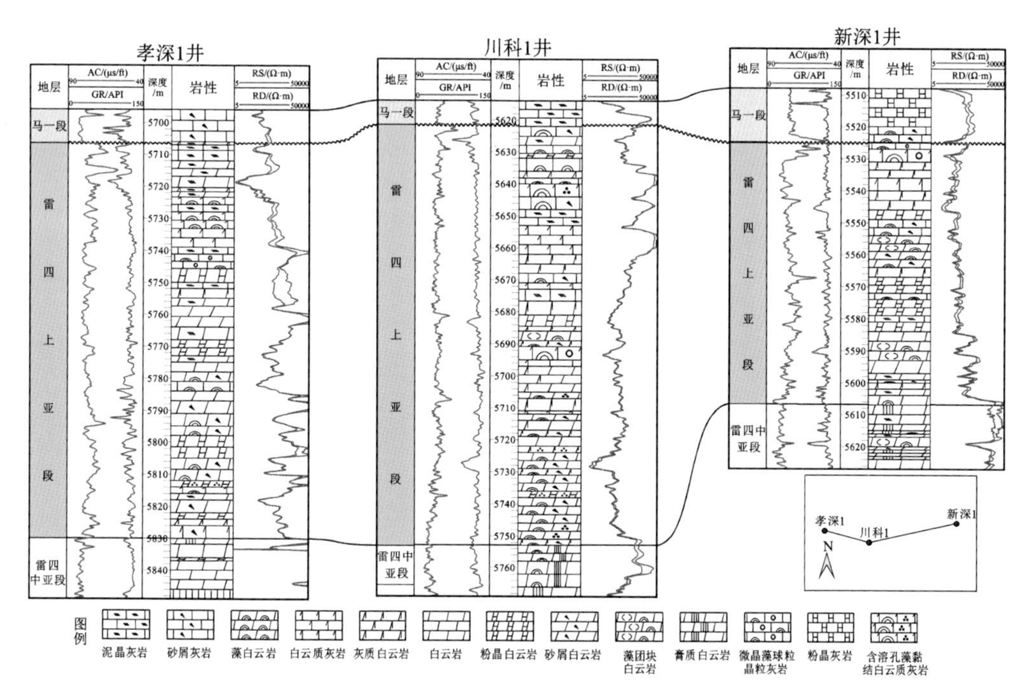

图 3.2　川西地区雷口坡组顶界对比图

注：AC 表示声波时差；RS 表示浅侧向电阻率；RD 表示深侧向电阻率；1ft = 0.3048m。

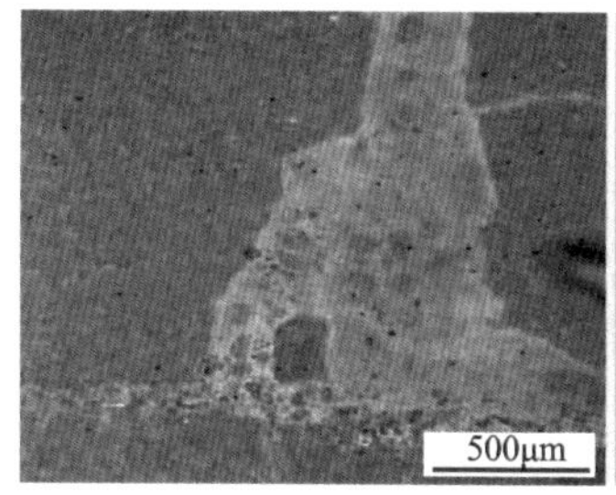

(a)灰色泥晶灰岩，发育溶蚀洞穴，溶塌角砾及上覆泥晶球粒灰岩充填，孝深1井，井深5708m，T_2l^4

(b)灰色膏溶角砾岩，角砾为微晶白云岩，回龙1井，井深4694m，T_2l^4，岩心

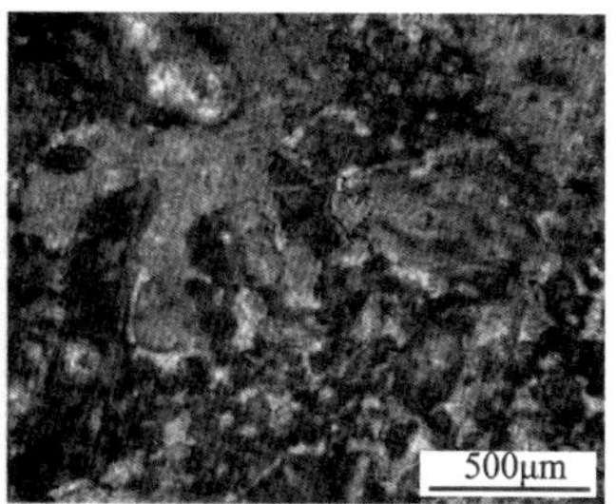

(c)灰色微晶藻砂屑灰岩，渗流粉砂充填溶蚀孔洞，川科1井，井深5620.5m，T_2l^4

图 3.3　中三叠统雷四段古岩溶特征

3) 地球化学特征

(1) $\delta^{13}C$ 值和 $\delta^{18}O$ 值。

$\delta^{13}C$ 值和 $\delta^{18}O$ 值是确定大气淡水是否参与成岩作用较为灵敏的地球化学指标之一，大气淡水与岩石的相互作用，会使碳酸盐岩的 $\delta^{13}C$ 值和 $\delta^{18}O$ 值降低。从新深 1 井、孝深 1 井雷四段 6 个岩心样品 $\delta^{13}C$ 值和 $\delta^{18}O$ 值分析结果来看(图 3.4)，越靠近雷四段顶部不整合面，$\delta^{13}C$、$\delta^{18}O$ 值越小。其中，孝深 1 井不整合面附近所取到的样品 $\delta^{13}C$ 值仅为 0.2‰，$\delta^{18}O$ 值小于−5‰，表现出明显的负偏，均说明越靠近不整合面，岩石受到大气淡水作用的改造越强烈(宋晓波等，2013)。

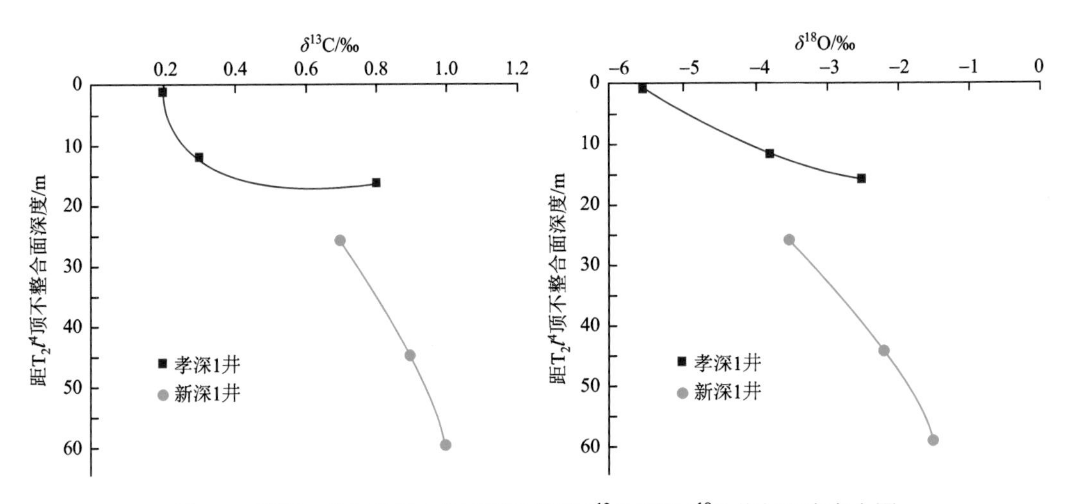

图 3.4　新深 1 井与孝深 1 井雷四段岩样 $\delta^{13}C$ 值和 $\delta^{18}O$ 值与深度交会图

(2) 地球化学组分。

石灰土是岩溶地区分布较为广泛的一种土壤类型。孝深 1 井 5706m 取心处见不整合面风化残留物石灰土，呈灰白色，性软，重量轻，取心破碎，推测厚度约 10cm。经实验分析(表 3.2)，石灰土与附近母岩(微晶灰岩)的岩石地球化学组分略有差异，可溶性物质 Ca、Mn 有一定淋失，难溶或不溶物质 Si、Fe、A1 等相对富集，说明该石灰土风化程度低，还处在碳酸盐岩风化的初级阶段，应为碳酸盐岩红色风化壳的前身，说明雷口坡组顶在川西地区为一个“弱暴露”不整合面(宋晓波等，2013)。

表 3.2　孝深 1 井石灰土与母岩(灰色微晶灰岩)组分分析(%)

岩性	SiO_2	Ti	FeO	MgO	Al_2O_3	Fe_2O_3	MnO	CaO	K_2O	Na_2O	P_2O_5	LOSS	总量
微晶灰岩	5.340	0.021	0.060	0.590	0.052	0.040	0.061	51.610	0.015	0.023	0.002	40.960	98.774
石灰土	23.800	0.017	0.190	0.570	0.460	0.440	0.005	41.550	0.071	0.140	0.007	31.980	99.230

注：LOSS 表示损失量。

4) 地震波阻抗特征

雷四段顶部不整合面地震波阻抗特征与马一段灰岩差异明显，表现为高阻背景下相对低值，通过波阻抗预测马鞍塘组灰岩厚度在新场一带小于 20m，向东不到川合 100 井就尖灭，川合 100 井实钻也已证实马鞍塘组灰岩段缺失。

在龙门山北段，雷口坡组与上覆天井山组呈整合接触关系，以江油黄连桥剖面为代表，天井山组以色白、质纯的厚大灰岩为标志，与雷口坡组灰色微晶白云岩易区分开。

3.1.2　雷口坡组特征

川西地区雷口坡组保存较全，地层残留厚度为 800～1200m，由西向东逐渐减薄(图 2.4)，按照岩性组合特征一般分为四段。

1. 雷一段(T_2l^1)

雷一段厚 141～233m，上部主要为浅黄色白云岩夹灰质白云岩、灰质残余生物碎屑白云岩；下部为浅灰色白云岩、白云质灰岩；底部为一层“绿豆岩”。川西气田以东地区下部为灰色白云岩与灰白色硬石膏岩不等厚互层，向上岩性主要为灰色泥微晶灰岩、白云质灰岩、泥微晶白云岩间夹薄层膏岩。

2. 雷二段(T_2l^2)

雷二段厚 72～167m，上部为厚层细粉晶白云岩夹藻屑白云质灰岩，结构单一；中部为多孔含灰质白云岩，局部溶孔发育；下部为白云岩夹白云质泥页岩。川西气田以东地区，下部为灰色泥晶白云岩与灰白色石膏岩不等厚互层，向上以发育大套灰-深灰色泥微晶灰岩和泥灰岩为特征，夹灰色砂屑灰岩、生屑泥晶灰岩及多层灰色泥微晶白云岩、灰白色石膏岩等。

3. 雷三段(T_2l^3)

雷三段厚 212～377m，上部多为粉晶白云岩、含灰质白云岩；下部为粉晶灰岩夹泥质白云岩，含棘屑及介形虫等化石，局部粒屑岩类发育。川西气田以东地区，主要为灰色微晶灰岩、砂屑灰岩(白云岩)，深灰色白云质灰岩、灰质白云岩，灰色泥微晶白云岩，夹膏质白云岩及灰白色硬石膏岩等。

4. 雷四段(T_2l^4)

雷四段厚 100～517m[图 3.5(a)]，按岩性组合由下至上可分为 3 个亚段。雷四下亚段以大套灰白色石膏岩为主，夹灰-深灰色微晶白云岩；雷四中亚段为浅灰色膏质白云岩、膏岩及泥微晶白云岩不等厚互层；雷四上亚段下部主要为微-粉晶白云岩、藻白云岩，中上部为微晶藻砂屑灰岩、泥微晶白云质灰岩夹微-粉晶白云岩，其残留地层呈南西-北东向展布[图 3.5(b)]，上亚段与上覆马一段为不整合接触。

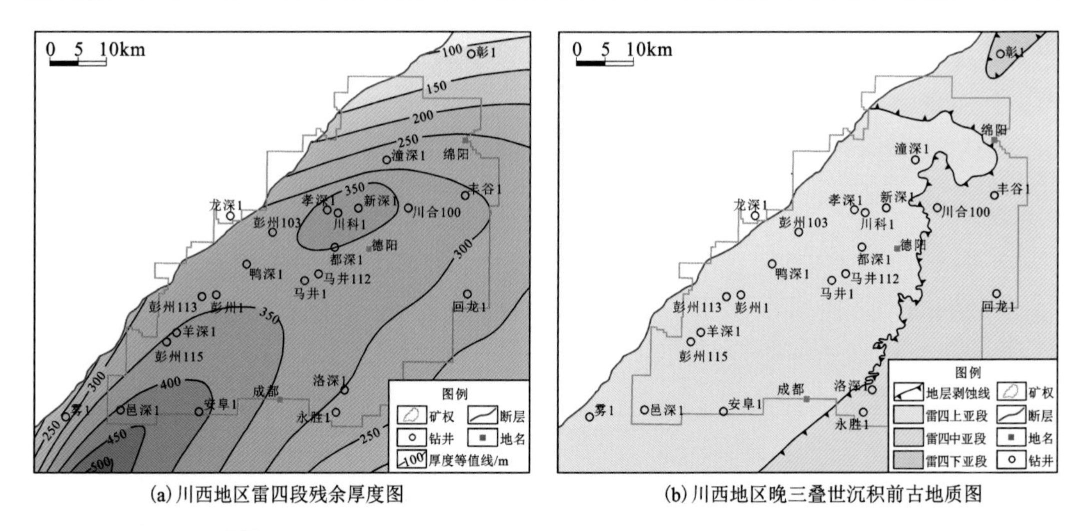

(a) 川西地区雷四段残余厚度图　　(b) 川西地区晚三叠世沉积前古地质图

图 3.5　川西地区雷四段残余厚度图及晚三叠世沉积前古地质图

雷四上亚段是川西地区雷口坡组的主力气层，厚 0～178m(图 3.6)，由西向东变薄直至尖灭。

在龙门山山前带，雷四上亚段保存相对完整，厚 124～178m，平均厚 149m，自下而上由白云岩类组合逐渐过渡为灰岩类组合，其上、中、下部分对应的岩性组合及电性特征存在明显差异(图 3.7)。

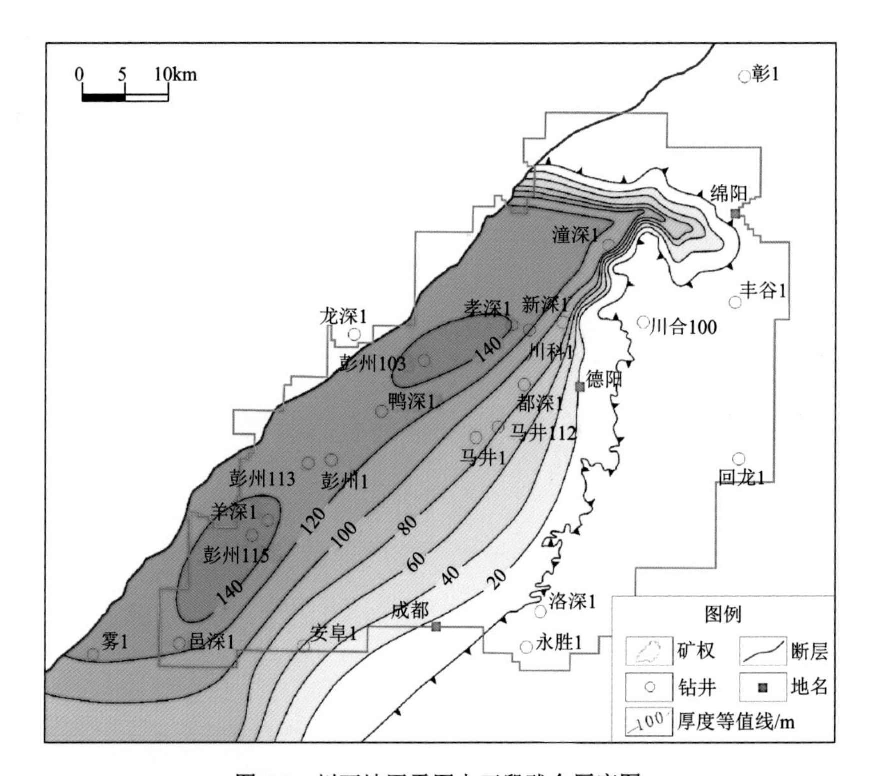

图 3.6　川西地区雷四上亚段残余厚度图

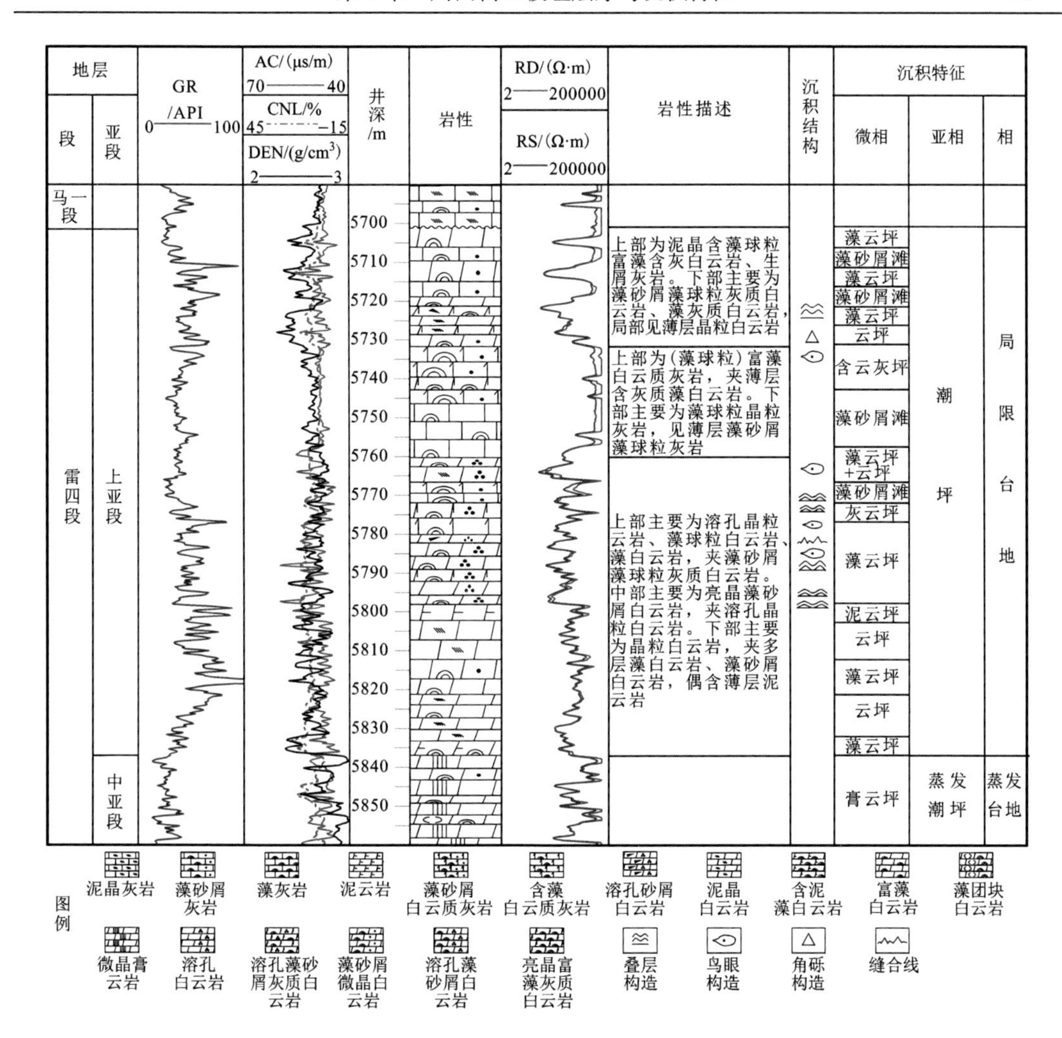

图3.7　川西地区鸭深1井中三叠统雷四段上亚段地层、沉积综合柱状图

DEM：密度

雷四上亚段上部：厚35～70m，顶底均发育一套稳定的白云岩段，累计厚度23～30m，岩性为藻砂屑微晶白云岩、泥晶白云岩和藻白云岩。从电性特征来看，白云岩GR值为36～67API，电阻率值为142～4700Ω·m；夹在两套白云岩段间为一套灰岩段，主要为灰-深灰色亮晶藻砂屑灰岩、泥微晶藻砂屑灰岩、泥微晶藻灰岩和微晶生屑砂屑灰岩，GR值为28～95API，电阻率值为19～49000Ω·m，平均为23400Ω·m，电阻率值较高。

雷四上亚段中部：厚 20～25m，横向上分布较稳定，为一套致密层段；岩性主要为灰-深灰色亮晶藻砂屑灰岩、泥微晶藻灰岩、亮晶藻砂屑白云质灰岩、夹亮晶含砾屑砂屑白云岩。从电性曲线来看，GR值为26～62API，整体比较稳定，典型特征为电阻率值较高，均大于6000Ω·m，最高可达60000Ω·m以上。

雷四上亚段下部：厚69～83m，横向上分布较为稳定；岩性以白云岩类为主，主要为灰-深灰色泥-细晶白云岩、泥-粉晶白云岩、含藻泥微晶白云岩、亮晶藻纹层白云岩、泥微晶藻白云岩、纹层状藻白云岩、藻纹层泥微晶白云岩，顶部夹薄层含藻灰质白云岩、藻纹层含灰质白云岩。从电性曲线来看，GR 值为 24～144API，电阻率为 113～5130Ω·m。

总体上，从岩性上看，白云岩发育是川西地区雷口坡组的一个显著特征，而这些白云岩的形成与同期海水的特性有着密切的关系，除部分结晶程度较高的白云岩为埋藏期形成以外，其余大部分白云岩均形成于准同生期(相关证据将在 5.3 节中详细阐述)，因此，它们对沉积环境具有重要指标意义。

3.2　雷四上亚段高频层序地层特征

3.2.1　Ⅲ级层序划分

通过对完整钻揭雷口坡组的川科 1 井岩性结构观察分析及在层序界面识别的基础上，从雷口坡组划分出 2 个Ⅲ级层序(SQ1、SQ2)，说明雷口坡期经历了 2 次Ⅲ级海侵-海退旋回，相应地发育了 2 套进积-退积型碳酸盐岩-蒸发岩旋回。SQ1 由雷一段碳酸盐岩和雷二段蒸发岩组成；SQ2 由雷三段碳酸盐岩和雷四段蒸发岩-碳酸盐岩组成，下部为泥晶灰岩构成海侵体系域，相当于凝缩段，这套泥晶灰岩在川西地区分布稳定，可作为层序划分标志层段。

在岩性特征分析的基础上，利用 OpendTect 软件，运用地震解释手段对沉积体内部结构进行追踪，获得内部小层特征，进行惠勒(Wheeler)域变换；根据准层序组及准层序的叠置关系，同样在雷口坡组可识别出 2 个海侵-海退旋回(SQ1、SQ2)(图 3.8)，与以岩性为依据对Ⅲ级层序划分的结果一致。

四川盆地中三叠统雷口坡组沉积延续时间约 6Ma，平均每个Ⅲ级层序延续时间为 3Ma，与国外大多数学者认为的Ⅲ级层序延续时间 1～10Ma，国内界定的Ⅲ级层序延续时间 2～5Ma(王鸿祯和史晓颖，1998)是吻合的。

3.2.2　雷四上亚段高频层序划分及特征

碳酸盐岩高频层序是由瓦格纳(Wagoner)定义了准层序后由米彻姆(Mitchum)首先提出的，包括Ⅴ级和Ⅵ级层序，且都表现为向上变浅的旋回。川西地区雷四上亚段发育于Ⅲ级层序 SQ2 海退期，顶界面为一区域不整合面，部分地区高水位体系域(high system tract，HST)顶部发育不全，岩性以晶粒白云岩、藻纹层白云岩、(藻)砂屑白云岩、灰质白云岩、白云质灰岩、藻灰岩和晶粒灰岩为主(范菊芬，2009；宋晓波等，2013；许国明等，2013)，岩相组合具有明显的旋回性。

1. 高频层序划分依据

1)岩石类型、结构及组合特征为高频层序划分的主要依据

古代浅海相碳酸盐岩地层普遍具有多级旋回性特征(马永生等，1999)。在不同的沉积相带中，相对海平面变化导致的水体深度、能量等变化，形成特定的岩石、结构及组合类型，反映了海平面的变化机制，而碳酸盐岩地层记录是由一定级别的向上变浅旋回组成。

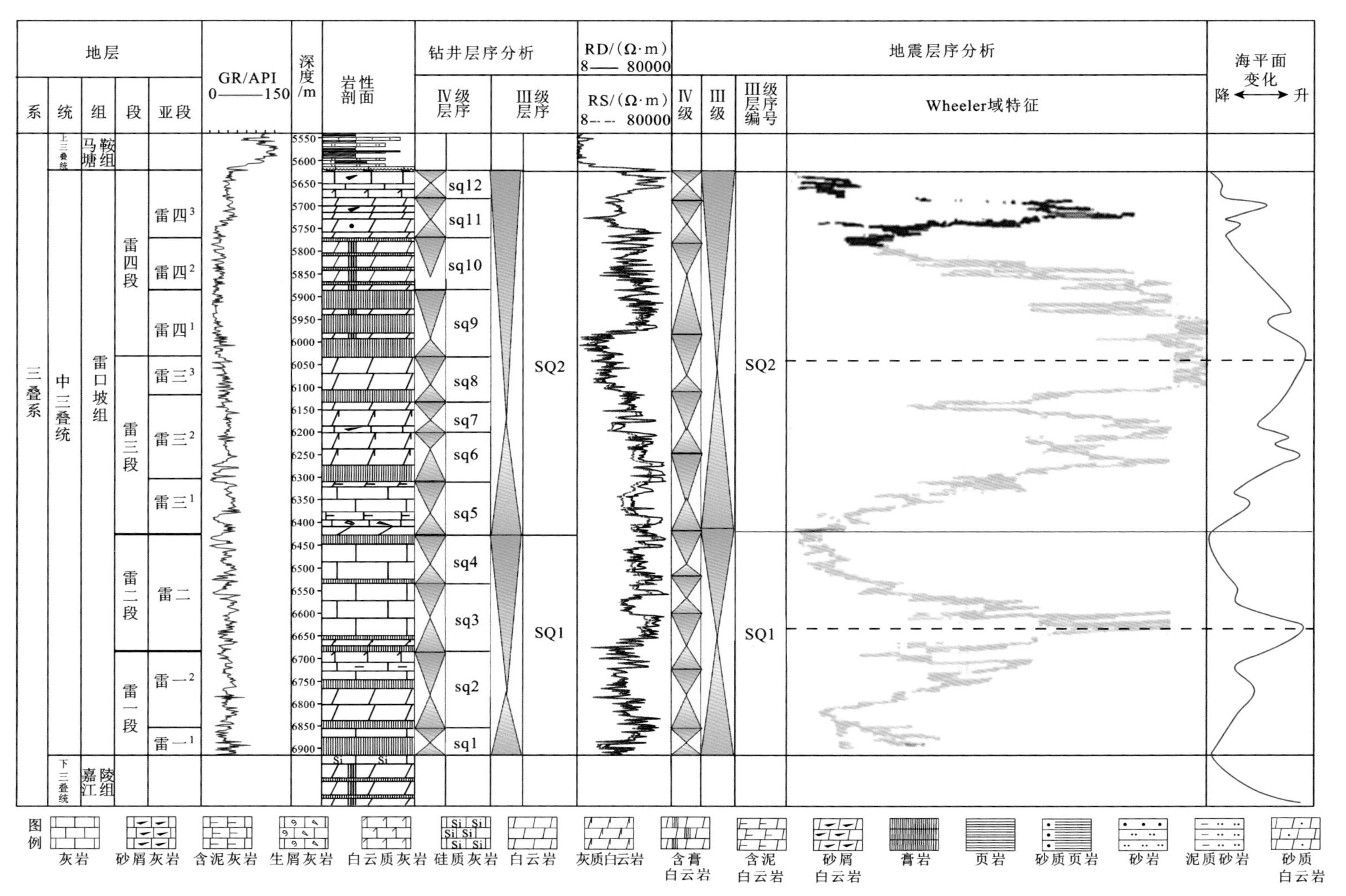

图3.8　川科1井雷口坡组钻井层序划分与地震层序对比

通过野外露头、钻井岩心及薄片的观察发现川西地区雷四上亚段发育多种岩石类型，可以识别出多种高频旋回岩性转换面，通过对单井层序界面和岩性组合的分析研究，总结了雷四上亚段发育的向上变浅的高频层序结构类型，并建立了识别标志图版(图 3.9)，为高频层序划分提供依据。

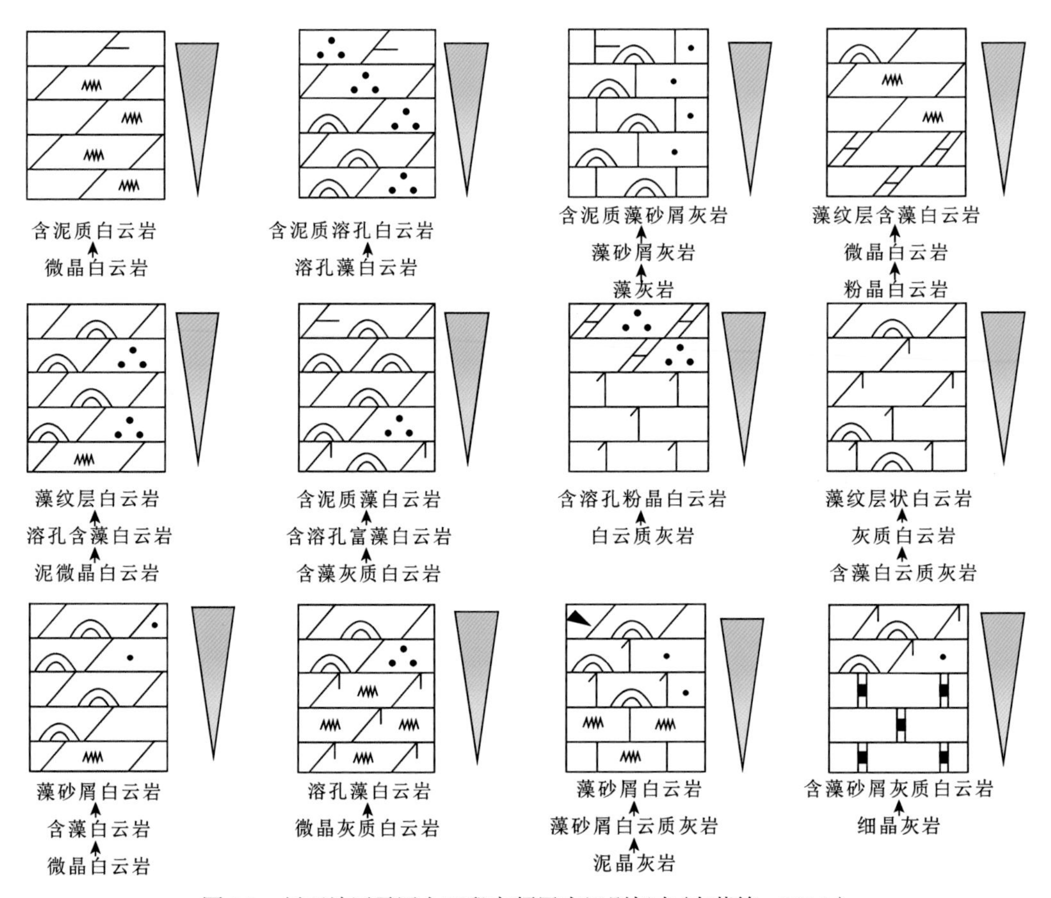

图 3.9　川西地区雷四上亚段高频层序识别标志(李蓉等，2016a)

2)测井曲线旋回式变化为高频层序划分的重要依据

通常碳酸盐岩层序划分中主要参考 GR 值和电阻率测井曲线变化特征(于均民等，2006；谭秀成，2007；朱永进等，2009)，但川西地区雷四上亚段岩性以白云岩、灰岩为主，泥质含量很低，GR 曲线变化特征微弱，且不具有规律性，故本书高频层序划分主要参考电阻率测井曲线变化特征。

雷四上亚段碳酸盐岩高频旋回都为向上变浅的旋回，这种向上变浅旋回由一个从较浅水沉积相突然变到较深水沉积相的特征面分开，在电阻率测井曲线上表现为电阻率在特征面处有突然增大之后向上变小的变化趋势。

2. 高频层序划分及特征

通过对雷四上亚段重点钻井(羊深 1 井、鸭深 1 井、新深 1 井、孝深 1 井、都深 1 井、潼深 1 井、川科 1 井）的岩石类型、岩相组合、层序界面识别及电阻率测井曲线特征的研究，从雷四上亚段识别出 2 个Ⅳ级层序（sq2-11、sq2-12）和 7 个Ⅴ级层序（TL4-1、TL4-2、TL4-3、TL4-4、TL4-5、TL4-6、TL4-7）（图 3.10）。

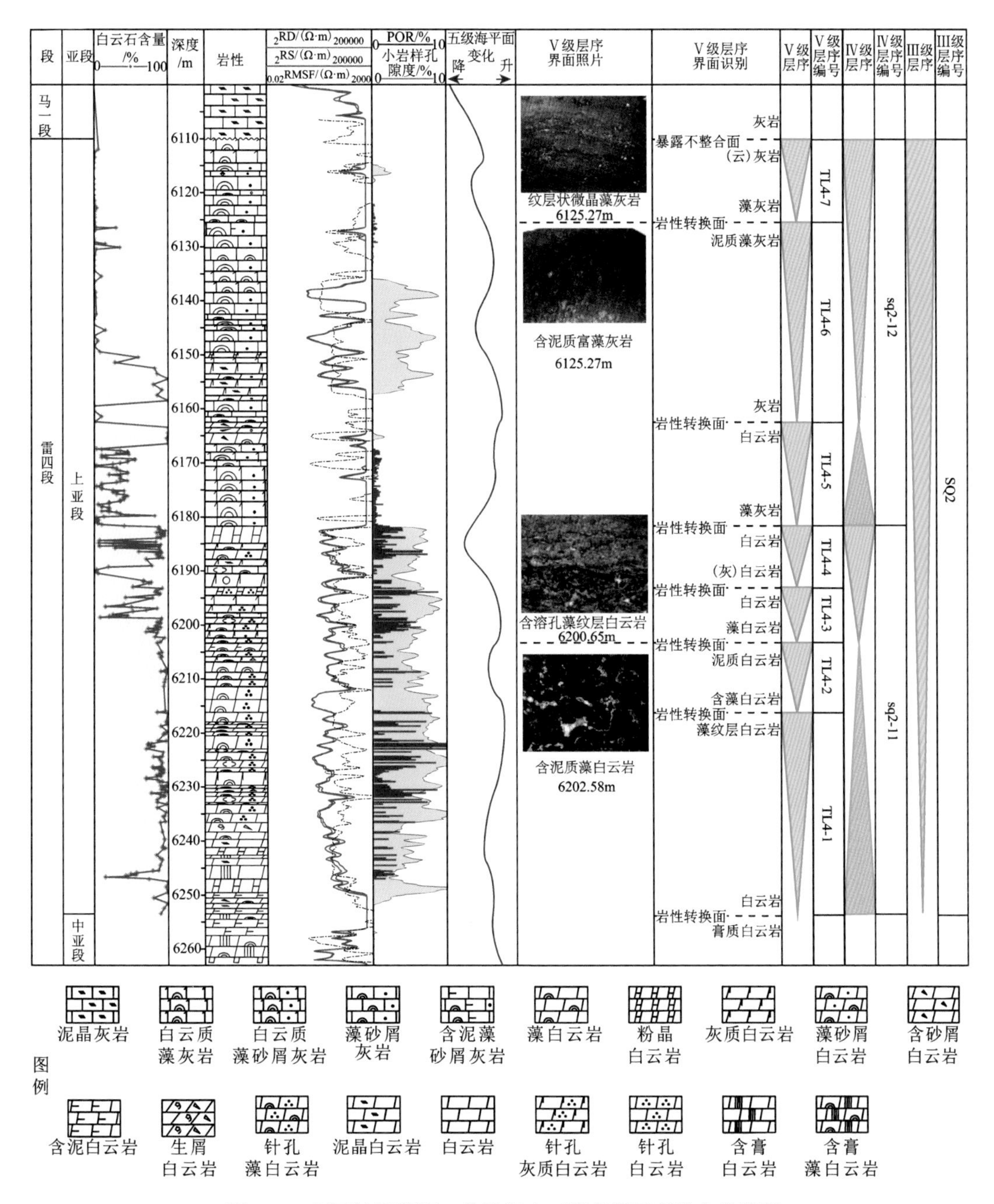

图 3.10　川西地区羊深 1 井雷四上亚段高频层序综合柱状图

RMSF：微球聚焦电阻率；POR：测井孔隙度

TL4-1：层序发育于Ⅳ级层序 sq2-11 海侵体系域，以晶粒白云岩为主，展布稳定，厚度变化不大。研究区内羊深 1 井可见溶孔藻白云岩，新深 1 井、潼深 1 井可见少量含藻砂屑白云岩，川科 1 井、孝深 1 井、都深 1 井以泥-微晶白云岩为主。

TL4-2：层序发育于Ⅳ级层序 sq2-11 海侵体系域，主要发育晶粒白云岩、藻白云岩和灰质白云岩，部分井可见夹有泥晶灰岩、溶孔白云岩和薄层泥质白云岩，沉积厚度较稳定。研究区内羊深 1 井溶孔白云岩较发育。

TL4-3：层序发育于Ⅳ级层序 sq2-11 高水位体系域，横向展布稳定，在孝深 1 井处沉积厚度最大。随着水深逐渐变浅，溶孔藻白云岩、含藻砂屑白云岩、晶粒白云岩发育，层序顶部偶见潮上环境沉积的薄层泥质白云岩。羊深 1 井在该层序段溶孔发育，电阻率具向上变小特征，生屑颗粒明显增多，显示了较高的水动力条件。

TL4-4：层序发育于Ⅳ级层序 sq2-11 高水位体系域，水体进一步变浅，岩性以微晶藻白云岩、粉晶白云岩为主，夹薄层灰岩，鸟眼、干裂等暴露构造发育，沉积厚度稳定。鸭深 1 井在该层序段溶孔较 TL4-3 层序发育稍差，电阻率仍具向上变小特征，显示了较高的水动力条件。潼深 1 井、新深 1 井、川科 1 井、孝深 1 井、都深 1 井在该层序段以粉晶、细晶藻白云岩为主，夹薄层灰岩，偶见薄层泥质白云岩。

TL4-5：层序发育于Ⅳ级层序 sq2-12 海侵体系域，以藻砂屑颗粒灰岩、泥晶灰岩、微晶藻灰岩和灰质白云岩为主；随着水深的增加，白云石化和溶蚀作用明显减弱。该层序段电阻率具高阻特征。

TL4-6：层序发育于Ⅳ级层序 sq2-12 高水位体系域，研究区内该层序沉积厚度由南西向北东逐渐变薄，以藻灰岩、藻砂屑灰岩、白云质灰岩、灰质白云岩沉积为主。

TL4-7：层序发育于Ⅳ级层序 sq2-12 高水位体系域，以藻灰岩、微晶藻砂屑藻球粒灰岩、泥晶灰质白云岩、藻砂屑微晶白云岩和亮晶砂屑灰岩为主，偶见溶孔粉晶白云岩。

3.2.3 Ⅴ级高频层序地层精细对比

通过对川西地区雷四上亚段沉积盆地充填序列、岩性组合特征分析，建立了高频层序地层格架，以Ⅴ级高频层序为作图单元，由南西到北东对研究区地层进行精细对比。从剖面图可看出，南西-北东向羊深 1 井、都深 1 井、孝深 1 井、川科 1 井、新深 1 井、鸭深 1 井、潼深 1 井地层横向展布较稳定(图 3.11)，对比性较好，下部 TL4-1、TL4-2、TL4-3、TL4-4 地层以晶粒白云岩、藻纹层白云岩、藻砂屑白云岩、含藻白云岩沉积为主，而上部 TL4-5、TL4-6、TL4-7 地层主要为晶粒灰岩、藻灰岩、白云质灰岩、藻砂屑灰岩。在都深 1 井、新深 1 井、潼深 1 井缺失顶部层序 TL4-7，可能与印支期地层剥蚀有关。

3.2.4 高频层序地层发育控制因素

层序地层学理论认为层序的形成主要受全球海平面变化、构造作用、气候等因素控制，它们相互制约着层序的形成。其中，全球海平面变化与构造沉降决定了可容纳空间大小的变化；沉积物供给速率与新增可容纳空间的增加速率比例决定了地层的分布形式和古水深；气候一方面决定了沉积物类型，另一方面在一定程度上影响着海平面的变化。

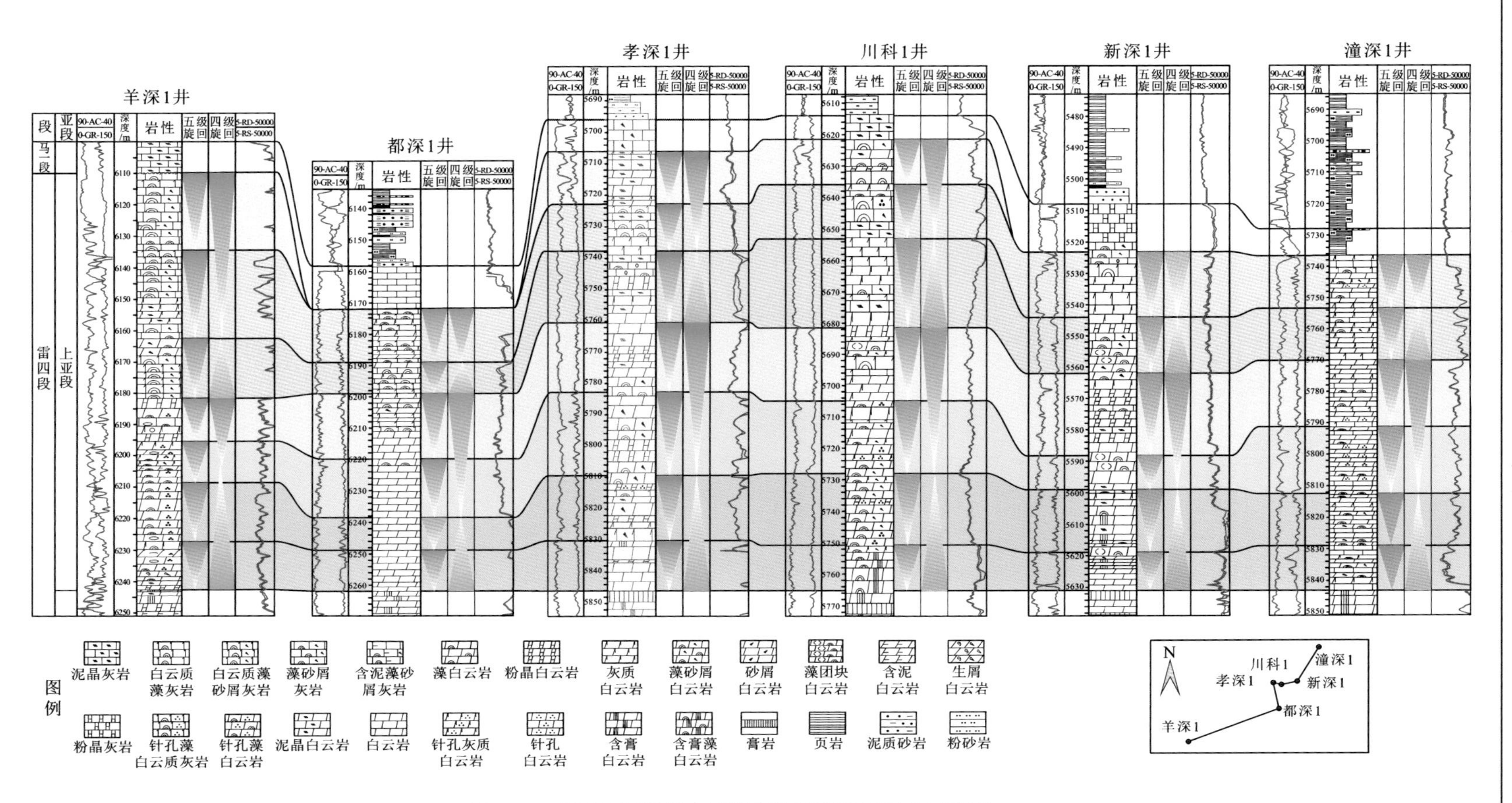

图3.11　川西地区雷四上亚段高频层序地层连井对比图

1. 海平面变化

当海平面下降速率远大于沉积盆地的沉降速率时就会导致Ⅰ型层序界面的形成；反之，当海平面下降速率小于沉积盆地的沉降速率时就会导致Ⅱ型层序界面的形成。全球三叠纪为低海平面背景，中上扬子地区早-中三叠世相对海平面呈缓慢下降趋势。雷四上亚段发育于雷口坡组Ⅲ级层序 SQ2 上部高水位体系域，其顶界面为Ⅰ型层序界面，代表雷四上亚段沉积时海平面的下降速率远大于沉积盆地的沉降速率。

2. 构造作用

构造运动控制了雷四上亚段沉积格局、岩石类型、层序样式的发育和演化。川西雷口坡组沉积时期，构造活动频繁，沉积期内由于受到印支期构造运动的影响，台内海水循环不畅，多为潟湖、潮坪和塞卜哈环境。雷四上亚段广泛发育泥晶白云岩-溶孔白云岩-藻纹层白云岩、含泥质白云岩-藻纹层白云岩、含灰质白云岩-溶孔藻白云岩、溶孔白云岩-藻纹层白云岩、含藻灰岩-白云质灰岩-灰质白云岩、富藻白云质灰岩-藻角砾灰质白云岩等岩相组合，形成向上变浅的Ⅴ级高频层序样式特征。

3. 气候

气候对沉积物的成岩演化作用影响非常明显，尤其在相对海平面下降时对沉积物的成岩改造更为显著。气候条件不同，可在层序中发育不同的岩性、结构。上扬子陆块早-中三叠世处于古特提斯洋域，纬度在北纬 0°～20°，全球古气候研究显示，中三叠世处于温室气候期(Scotese，2014；许效松等，2004；万天丰和朱鸿，2007)。因此，四川盆地当时地处中低纬度地区，总体为热带炎热气候，白云石化作用明显；在之后的大气淡水淋溶成岩作用改造下，Ⅴ级高频层序中上部溶蚀作用强烈。

3.3 沉 积 特 征

中三叠世，受印支运动影响，四川盆地东面雪峰山再次隆起，西面为康滇古陆，加上周边海底隆起的障壁作用，整个上扬子形成半围限的格局，为蒸发型的陆表海碳酸盐台地(陈安清等，2017)。川西地区地势平缓、水体极浅、盐度较大，台内沉积环境对海平面升降变化非常敏感，主要受潮汐和波浪作用共同控制，为局限-蒸发台地沉积体系。

3.3.1 沉积环境

岩石中微量元素和稳定同位素等地球化学参数在反映古环境性质和演化信息上较稳定，具有较好地保存原始地球化学信息的能力，以其反演沉积环境具较高的可信度。对川西雷口坡组样品进行了稳定同位素、微量和稀土元素的分析，认为雷口坡组的沉积环境为水动力弱、沉积速率低的还原环境，并且具备古盐度高、生物生产力高的有利于有机质保存、烃源岩发育的特征。

1. 水动力条件

水动力条件是水深、浪基面等的综合反映。Zr 元素常在砂质沉积物中富集，而泥质沉积物中 Zr 含量较低，Zr 元素富集可反映高能沉积环境。Rb 元素在海相沉积岩中主要是以硅酸盐态赋存在黏土、云母等细粒或轻矿物中，可反映低能沉积环境。因此，Zr/Rb(即 Zr 与 Rb 的含量之比)可用来反映水动力条件变化。在相对动荡的高能环境中，Zr/Rb 值较高；反之，在相对安静的低能环境中，Zr/Rb 值较低。

孝深 1 井雷三段 Zr/Rb 值为 0.72～1.49，平均值为 1.18，一般认为 Zr/Rb＜2 则属于水动力较弱的沉积环境(表 3.3)。

表 3.3　孝深 1 井雷三段微量元素分析数据表

样品编号	TOC/%	Zr/Rb	Sr/Ba	V/(V+Ni)	Th/U	Ce/La	Rb/K/(10^{-4})	Mn/Sr	ΣLREE/ΣHREE	Ba/(μg/g)
孝深 1-6134	0.12	1.42	0.97	0.75	2.87	2.14	49.42	0.94	3.55	576.53
孝深 1-6142	0.57	1.20	1.77	0.74	2.28	2.12	47.18	0.47	3.73	503.12
孝深 1-6157	0.81	1.23	0.78	0.75	2.67	2.15	60.30	0.60	3.80	1002.72
孝深 1-6171	0.80	1.15	0.54	0.77	3.75	2.13	52.16	1.32	4.05	792.16
孝深 1-6178	0.75	1.17	0.68	0.76	3.07	2.18	50.19	0.86	4.16	762.15
孝深 1-6184	0.93	1.23	1.19	0.74	2.68	2.17	49.59	0.87	3.83	471.17
孝深 1-6200	0.21	0.72	1.71	0.27	0.39	1.88	47.73	0.01	2.90	2069.28
孝深 1-6211	0.35	1.10	0.85	0.76	3.16	2.14	51.32	0.51	3.99	1042.96
孝深 1-6219	0.25	1.49	2.82	0.70	1.09	2.07	43.50	0.15	3.95	532.48
孝深 1-6235	0.23	1.35	0.61	0.69	0.75	2.05	37.42	0.07	1.10	4198.46
孝深 1-6251	0.13	0.93	5.17	0.64	0.35	1.94	36.94	0.06	3.69	449.21

注：样品“孝深 1-6200”为灰白色白云质石膏岩，其余均为深灰色白云岩。

2. 氧化还原条件

氧化还原条件决定烃源岩有机质的保存，在氧含量处于最低限度的水体中有机质保存最好，氧化条件有机质含量降低，生烃潜力较差。

过渡元素(如 V、Mo、U、Cu、Zn 等)对氧化还原条件的变化敏感，已成为研究沉积环境、海洋演化的重要指标。V、Mo、U 为变价元素，缺氧条件下呈低价沉淀；Cu、Zn 等常呈二价沉淀于含 H_2S 的缺氧环境。它们在海洋中常作为生物所需的微量营养元素(如 Zn)或被有机质吸附、络合(如 V、Mo)，最终随有机质在缺氧条件下聚集。

一般认为，沉积岩中上述元素的高含量，如 V/(V + Ni)≥0.46，指示缺氧环境，并不受岩性限制；Th/U＜3 时表现为缺氧环境；Ce/La＞1.50 时表现为缺氧环境。

孝深 1 井雷三段 V/(V + Ni)值为 0.27～0.77，平均值为 0.69；Th/U 值为 0.35～3.75，平均值为 2.10；Ce/La 值为 1.88～2.18，平均值为 2.09，三种指标均表现为缺氧环境。川西地区鸭深 1 等井雷四段 V/(V + Ni)值为 0.08～0.75，平均值为 0.46；Th/U 值为 0.00～1.58，平均值为 0.21；Ce/La 值为 1.35～4.13，平均值为 1.97。雷四段三种指标与雷三段相比，反映其沉积期水体缺氧程度弱于雷三期(表 3.3、表 3.4、图 3.12、图 3.13)。

表 3.4　川西地区鸭深 1 等井雷四段微量元素分析数据表

钻井	深度/m	层位	Sr/Ba	V/(V+Ni)	Th/U	Ce/La	ΣLREE/ΣHREE	Ba/(μg/g)	Co/(μg/g)
都深 1	6176.00	T_2l^4	1.42	0.45	0.01	1.55	8.61	250.45	2.05
回龙 1	4589.00	T_2l^4	0.92	0.53	0.27	2.23	9.13	159.81	3.29
回龙 1	4592.00	T_2l^4	1.56	0.68	1.58	2.10	10.81	215.71	7.08
彭州 1	5764.00	T_2l^4	2.89	0.21	0.01	1.60	8.43	90.04	1.98
彭州 1	5826.00	T_2l^4	1.49	0.21	0.02	1.63	10.49	137.99	1.94
潼深 1	5744.00	T_2l^4	2.19	0.28	0.02	1.65	9.96	911.97	1.65
潼深 1	5746.00	T_2l^4	0.54	0.58	0.01	1.92	7.98	312.79	1.56
新深 1	5622.00	T_2l^4	236.35	0.08	0.17	1.83	7.37	30.64	1.01
鸭深 1	5774.60	T_2l^4	0.11	0.75	0.02	4.13	1.52	628.38	208.78
鸭深 1	5725.00	T_2l^4	5.18	0.49	0.13	1.84	13.64	34.23	1.90
鸭深 1	5732.50	T_2l^4	3.34	0.43	0.00	1.35	5.54	73.91	1.96
鸭深 1	5742.50	T_2l^4	3.63	0.38	0.08	2.10	8.10	57.39	2.00
鸭深 1	5762.80	T_2l^4	0.77	0.26	0.03	1.68	8.15	137.34	1.39
鸭深 1	5777.80	T_2l^4	2.95	0.46	0.01	1.92	7.73	24.02	1.22
羊深 1	6199.54	T_2l^4	3.09	0.73	0.79	2.63	3.19	61.95	5.48
羊深 1	6237.93	T_2l^4	0.40	0.73	0.09	1.97	8.61	1151.91	18.24
羊深 1	6195.38	T_2l^4	0.94	0.73	0.91	2.14	8.13	116.82	10.27
羊深 1	6172.00	T_2l^4	8.81	0.40	0.00	1.55	7.55	27.63	2.04
羊深 1	6221.00	T_2l^4	1.30	0.74	0.03	1.86	5.92	80.03	1.18
羊深 1	6126.10	T_2l^4	9.28	0.14	0.02	1.67	7.05	34.54	2.05

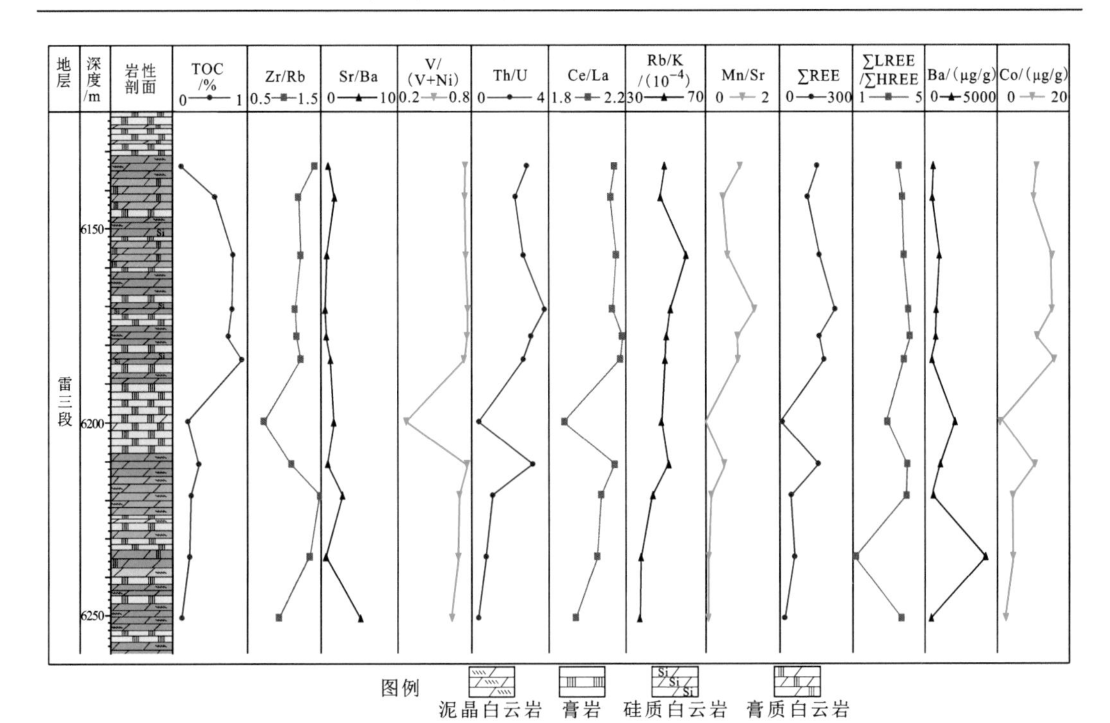

图 3.12　孝深 1 井雷三段微量和稀土元素分析图

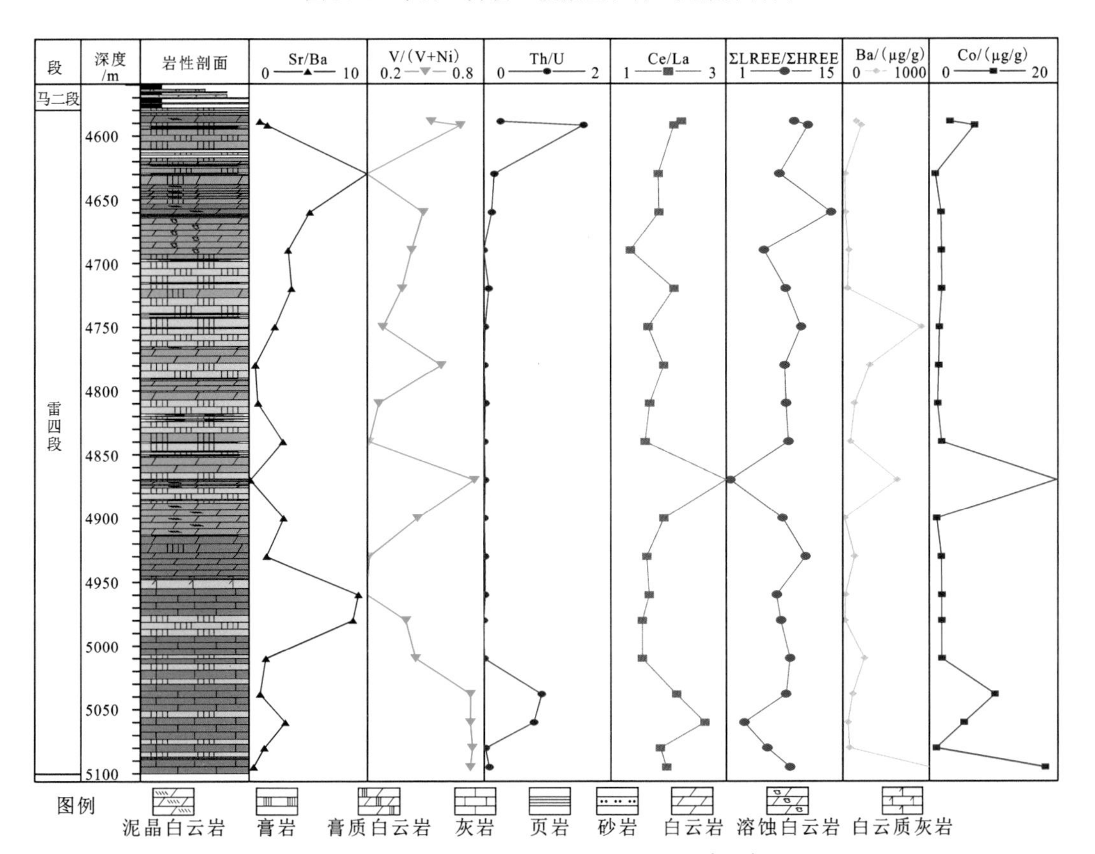

图 3.13　鸭深 1 井雷四段微量和稀土元素分析图

3. 沉积速率

研究表明，稀土元素(rare earth element，REE)中各元素在电价、被吸附能力等性质上有一定的差异，随着环境的改变会发生分异，在海洋环境中尤为明显。REE 大部分被结合于碎屑矿物或以悬浮物入海，碎屑或悬浮颗粒在海水中停留时间的差异是造成 REE 分异程度不同的重要原因之一。当陆源输入量增加，悬浮物在海水中停留时间较短时，REE 随其快速沉积下来，与海水发生交换的机会少，分异弱，这种沉积物的 REE 配分模式比较平缓；当陆源输入量减少，悬浮颗粒在海水中停留时间较长，即其沉降缓慢，促进了更细颗粒中的 REE 分异作用，使带入海水中的 REE 有足够的时间被黏土吸附、与有机质络合和进行相关的化学反应，导致 REE 的强烈分异，沉积物中稀土配分模式发生显著变化，含量上轻、重稀土元素出现亏损或富集。因此，可以认为 REE 的分异程度是陆源沉积颗粒沉降速率快慢的响应。

以球粒陨石标准化值对雷口坡组样品的稀土元素含量进行标准化并绘制成稀土元素配分模式图。由图 3.14 可以看出，雷三段上部样品在轻稀土处具有较大的斜率，而在重稀土处较为平坦，显示其沉积速率较低，REE 有充分的时间与海水发生交换，并发生分异作用；雷三段下部样品轻重稀土的曲线均较为平坦，显示其沉积速率较高，REE 与海水发生交换的机会少，分异较弱。雷四段大部分样品与雷三段上部样品特征相似，在轻稀土处具有较大的斜率，而在重稀土处较为平坦，显示其沉积速率较低，REE 有充分的时间与海水发生交换，并发生分异作用。

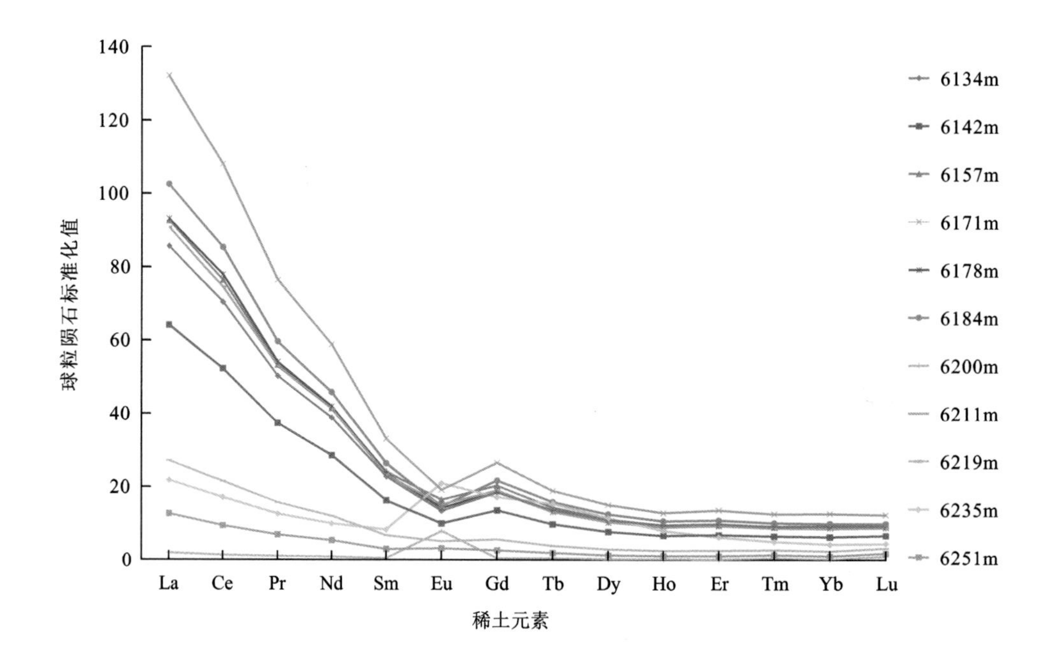

图 3.14　孝深 1 井雷三段稀土元素配分模式图

4. 生物生产力

高生物生产力是富有机质沉积的物质基础，是有效烃源岩发育的重要条件。海洋学研究中常用 Ba 的丰度来表示生产力变化。Ba 在海水中具有营养元素的地球化学行为，Ba 富集指示上层水体的高生产力。大量的重晶石在地中海底部淤泥中富集就是生产力提高的一个显著证据。表层海水的高生产率和缺氧的底部水体是 Ba 富集的必要条件。显然，海相沉积中 Ba 富集与烃源岩发育条件相似，二者在时空分布上存在密切关系，利用 Ba 丰度对古生产力的表征可进一步反映烃源岩发育程度。

孝深 1 井雷三段非膏质样品 Ba 含量为 449.21～4198.46μg/g(表 3.3)，平均值为 1127.29μg/g，Ba 含量比川西马鞍塘组烃源岩(Ba 含量平均为 325.5μg/g)以及鄂尔多斯盆地桌子山剖面克里摩里组和乌拉力克组烃源岩(Ba 含量平均为 95.5μg/g)大得多，反映雷三段生物生产力较高。雷四段 Ba 含量为 24.02～1151.91μg/g(表 3.4)，平均值为 226.88μg/g，相对雷三段较差，但也具备一定的生物生产力。

此外，碳酸盐岩碳同位素组成($\delta^{13}C_{碳酸盐}$)作为恢复古生产力的指标已被更多的研究者采用。缺氧条件下，富 ^{12}C 的有机质埋藏量增加，引起碳酸盐岩的 $\delta^{13}C_{碳酸盐}$正偏移，偏移程度受生物量和有机碳含量变化控制，与有机碳的埋藏量呈正相关，故 $\delta^{13}C_{碳酸盐}$正偏移可作为生产力增高的标志。孝深 1 井雷三段白云岩 $\delta^{13}C_{PDB}$ 值为 1.6‰～2.0‰，平均为 1.76‰，白云质石膏岩的 $\delta^{13}C_{PDB}$ 值为−0.4‰(表 3.5、图 3.15)；彭州 1 等钻井雷四段白云岩 $\delta^{13}C_{PDB}$ 值为 1.4‰～2.6‰，平均为 2.03‰(表 3.6、图 3.16)。$\delta^{13}C_{PDB}$ 值呈正偏移，反映雷口坡组沉积环境中存在较高的生物生产力。

表 3.5　孝深 1 井雷三段碳氧同位素分析数据表

样品编号	层位	样品名称	TOC/%	$\delta^{13}C_{PDB}$/‰	$\delta^{18}O_{PDB}$/‰	Z
孝深 1-6134	T_2l^3	深灰色白云岩	0.12	1.8	−2.3	129.84
孝深 1-6142	T_2l^3	深灰色白云岩	0.57	1.6	−2.1	129.53
孝深 1-6157	T_2l^3	深灰色膏质白云岩	0.81	1.8	−2.1	129.94
孝深 1-6171	T_2l^3	深灰色硅质白云岩	0.80	1.6	−3.6	128.78
孝深 1-6178	T_2l^3	深灰色白云岩	0.75	2.0	−2.1	130.35
孝深 1-6184	T_2l^3	深灰色硅质白云岩	0.93	1.9	−2.4	130.00
孝深 1-6200	T_2l^3	灰白色白云质石膏岩	0.21	−0.4	−4.8	124.09
孝深 1-6211	T_2l^3	深灰色白云岩	0.35	1.9	−1.8	130.29
孝深 1-6219	T_2l^3	深灰色泥晶白云岩	0.25	1.8	−0.4	130.79
孝深 1-6235	T_2l^3	深灰色膏质白云岩	0.23	1.6	−0.3	130.43
孝深 1-6251	T_2l^3	深灰色泥晶白云岩	0.13	1.6	−0.3	130.43

注：PDB 指 Pee Dee belemnite，表示来自美国南卡罗来纳州白垩系皮狄(Pee Dee)组中的箭石(被定为碳、氧同位素标准)；Z 表示古盐度。

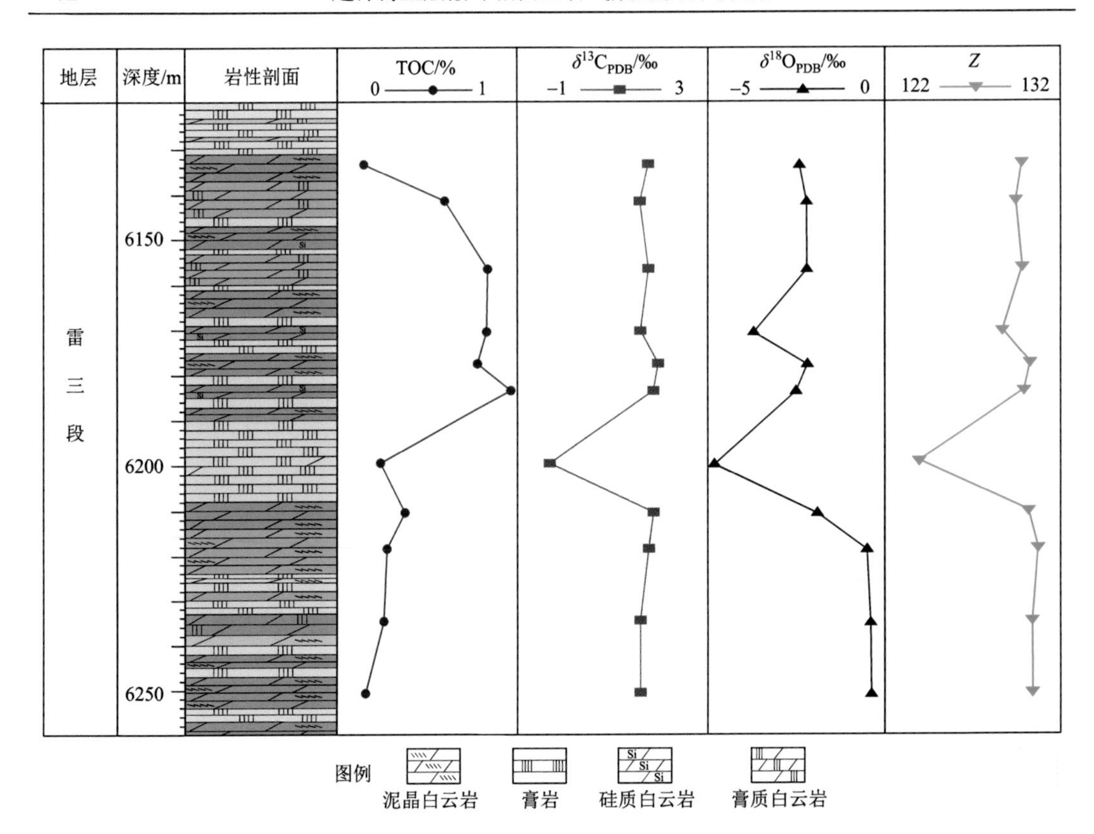

图 3.15　孝深 1 井雷三段氧同位素分析图

表 3.6　钻井雷四段碳氧同位素分析数据表

样品编号	层位	岩性	$\delta^{13}C_{PDB}$/‰	$\delta^{18}O_{PDB}$/‰	Z
回龙 1-4645	T_2l^4	灰黑色泥晶白云岩	1.9	−4.0	129.20
都深 1-6178	T_2l^4	灰色灰质白云岩	2.4	−4.2	130.12
彭州 1-5875	T_2l^4	浅灰色白云岩	1.4	−2.8	128.77
彭州 1-5900a	T_2l^4	灰色膏质白云岩	2.2	−2.3	130.66
潼深 1-5819a	T_2l^4	灰色白云岩	1.4	−6.8	126.78
潼深 1-5850	T_2l^4	灰色微晶含膏白云岩	1.7	−0.7	130.43
潼深 1-5977	T_2l^4	灰色膏质白云岩	2.6	−1.6	131.83
新深 1-5626	T_2l^4	灰色粉晶白云岩	2.6	−0.8	132.23

5. 盐度

盐度是烃源岩发育环境中的一个重要因素，在沉积物-水界面附近的高盐度溶液利于有机质保存。稳定同位素体系已被广泛应用于追溯地球系统中各种地质过程的物质来源与沉积环境演变的研究。$\delta^{18}O$、$\delta^{13}C_{碳酸盐}$随介质盐度升高而增大，因此，利用碳氧同位素的测试分析，可判别当时环境的古盐度。Weber 等把 $\delta^{18}O$、$\delta^{13}C_{碳酸盐}$二者结合起来用以指示古盐度，其公式为

$$Z = 2.048(\delta^{13}C_{碳酸盐} + 50) + 0.498(\delta^{18}O + 50)$$

式中，Z 为古盐度。Z 值作为古盐度的定量化指标被广泛引用。陈荣坤(1994)认为盐度较大的海水—咸化海水中，$Z>122$，$\delta^{13}C_{碳酸盐}>0$ 呈正偏移。实质上，盐度的增高可以形成盐跃层，使海水分层。底部水体缺氧，富 ^{12}C 的有机质埋藏量增加，引起碳酸盐岩的 $\delta^{13}C_{碳酸盐}$正偏移。

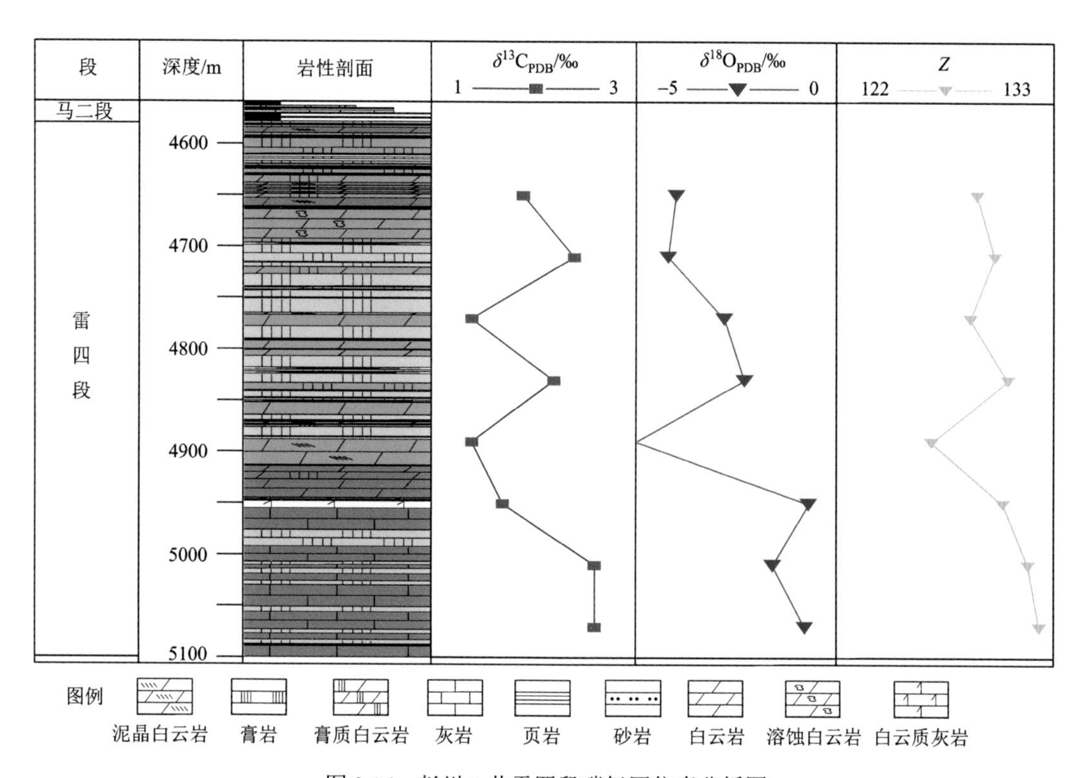

图 3.16　彭州 1 井雷四段碳氧同位素分析图

孝深 1 井雷三段古盐度 Z 值为 124.09～130.79，平均值为 129.50(表 3.5)；彭州 1 井等钻井雷四段古盐度 Z 值为 126.78～132.23，平均值为 130.00(表 3.6)。这表明雷口坡组沉积时，海水循环受限，盐度增加，形成盐跃层，海水的层化导致底部水体缺氧，有利于有机质保存。

3.3.2　沉积相类型及特征

基于露头及钻井资料分析，通过各类沉积相标志识别，在岩石类型和沉积构造综合分析基础上，认为川西地区雷口坡组主要为蒸发台地相和局限台地相沉积，可进一步识别出蒸发潮坪、蒸发潟湖、潮坪、潟湖、台内滩、滩间海 6 个亚相及若干种微相类型(表 3.7)。

表 3.7　川西地区雷口坡组沉积相划分简表

相	亚相		微相	沉积构造	主要发育层段
蒸发台地	蒸发潮坪		云膏坪、膏云坪	透镜状、团块状、鸟眼、窗格孔	雷二段、雷四段
	蒸发潟湖		膏质潟湖、膏盐湖	团块状	
局限台地	潮坪	潮上带	(藻)云坪	角砾状、鸟眼、窗格孔、干裂、藻纹层、藻叠层	雷口坡组
		潮间带	(藻)云坪、(藻)云灰坪、(藻)灰云坪、潮道	波状层理、藻叠层、藻纹层、鸟眼、窗格孔、羽状交错层理、槽状交错层理、冲刷侵蚀面、高角度虫孔	
		潮下带	(藻)灰坪、(藻)云灰坪、(藻)灰云坪、潮道	羽状交错层理、槽状交错层理、水平层理、冲刷侵蚀面、水平虫孔	
	潟湖		灰质潟湖、云质潟湖、膏云质潟湖	水平层理	
	台内滩		(藻)砂屑滩、生屑滩等	交错层理	
	滩间海		云质滩间海、膏质滩间海、风暴岩	水平层理	

1. 蒸发台地相

1) 蒸发潮坪亚相

蒸发潮坪主要指平均高潮线以上的潮上地区，地势开阔平坦、气候干旱、蒸发作用强。雷口坡组蒸发潮坪多发育于雷四中亚段及雷二段，岩性主要由含膏质白云岩、白云质膏岩或石膏、硬石膏和纹层状泥晶白云岩不等厚互层组成，局部夹泥岩(如回龙1井、川科1井)，岩石颜色总体较浅，同时，硬石膏及石膏遭受溶解作用而发育膏溶角砾岩[图 3.17(a)]，鸟眼、窗格孔等构造也较发育[图 3.17(b)]。据膏岩与白云岩的含量比例，可进一步划分出云膏坪、膏云坪，部分为膏质团块，呈透镜状分布，据此可与膏盐湖或膏质潟湖的厚层-块状膏岩区分。

(a) 膏溶角砾岩，回龙1井，井深4690.32m，雷四段

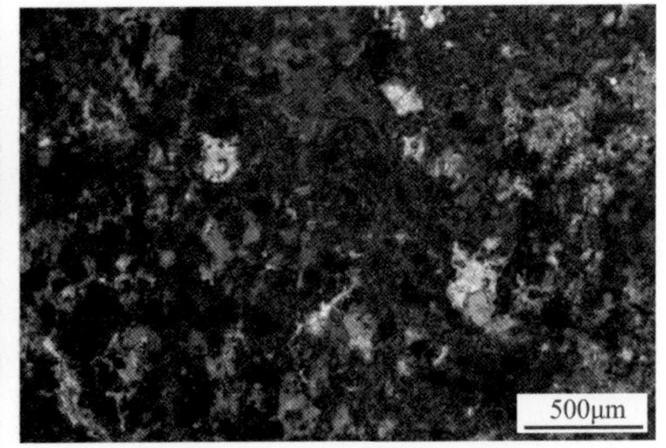

(b) 含膏质泥晶白云岩，发育鸟眼构造，川科1井，井深5888.00m，雷四段

图 3.17　雷口坡组蒸发潮坪亚相岩石微相特征

2) 蒸发潟湖亚相

蒸发潟湖为发育于闭塞环境的潟湖，蒸发作用强，由于长期得不到正常海水的补给，持续的蒸发作用造成潟湖内盐度持续增大，膏岩快速沉积，逐渐形成膏质潟湖，主要为膏质白云岩、泥云质膏岩夹泥岩等沉积；当水体进一步咸化，便形成膏盐湖，以厚大膏盐岩夹灰色白云岩为标志，很难见生物痕迹。例如，川科 1 井雷四下亚段为浅灰、灰白色石膏岩夹灰色白云岩，膏岩厚达 100m 以上，属于典型的膏盐湖微相沉积；又如关基井雷四下亚段硬石膏岩累厚 111m，亦为膏盐湖微相沉积。局部地区膏岩由于受后期构造活动挤压而产生塑性变形，在地震剖面上，呈杂乱反射，地层厚度明显变大。

2. 局限台地相

研究区在雷口坡期多为局限台地相沉积，这是由于四川盆地当时处于地形夷平期，海底地形坡度较缓，多数处于潮汐范围内，且由于台地边缘滩、台内滩及周边水下古隆起的影响，水体循环受限，从而形成了广为发育的局限台地环境，又由于干旱炎热气候与潮湿气候频繁交替，因此出现白云岩、灰岩与硬石膏或盐岩互层的现象，即使在水动力较强且沉积砂屑、凝块、叠层发育的地方，盐度也较高，颗粒间多为硬石膏胶结，为后期溶蚀作用产生次生溶孔奠定了基础，为形成储层提供了有利条件。局限台地相包括潮坪、潟湖、台内滩和滩间海 4 个亚相。

1) 潮坪亚相

潮坪主要包括潮上带、潮间带和潮下带，其中潮上带为发育在平均高潮线以上的潮上地区；潮间带为发育在平均低潮线以上、平均高潮线以下的潮间地区，以潮汐作用为主，随潮汐涨落而发生周期性淹没和暴露；潮下带为平均低潮线以下的浅水地区。

潮坪亚相在川西地区雷口坡组中广泛发育，可进一步划分出(藻)云坪、(藻)云灰坪、(藻)灰云坪、(藻)灰坪和潮道等微相。

(1) (藻)云坪。(藻)云坪处于潮间-潮上带，地势平缓，水体较浅，水动力条件较弱，是由间歇性潮汐作用造成浅水地带发育的间歇性暴露的宽阔潮坪。由于盐度相对较高，云坪以灰色泥-细晶白云岩为主，(藻)云坪以藻纹层白云岩、藻凝块白云岩为主，发育水平层理、鸟眼构造、纹层-波状叠层构造等。

川西地区雷四上亚段(藻)云坪以发育灰、褐灰色溶孔微-粉晶白云岩、(含)藻白云岩、藻纹层白云岩为主，偶见白云质灰岩。可见藻纹层、藻凝块、藻叠层构造。同时，海平面升降变化频繁，导致(藻)云坪经常暴露于水面之上，鸟眼构造、窗格构造、干裂等暴露标志发育(图 3.18)。此微相在雷四上亚段中下部广泛发育。

雷口坡组沉积期蒸发作用形成的高盐度孔隙水有利于准同生白云石化的发生，白云石化的结果是使早期潮坪灰质沉积物转化为泥-粉晶白云岩，在后期溶蚀作用下形成溶孔晶粒白云岩，如羊深 1 井溶孔晶粒白云岩累厚 22.4m、鸭深 1 井溶孔晶粒白云岩累厚 28m，为彭州地区的优质储集岩。

(2) (藻)灰云坪、(藻)云灰坪。(藻)灰云坪、(藻)云灰坪发育于潮间带下部—潮下带，水动力能量由弱到中等频繁变化，常见不规则纹层。周期性暴露于大气环境中，准

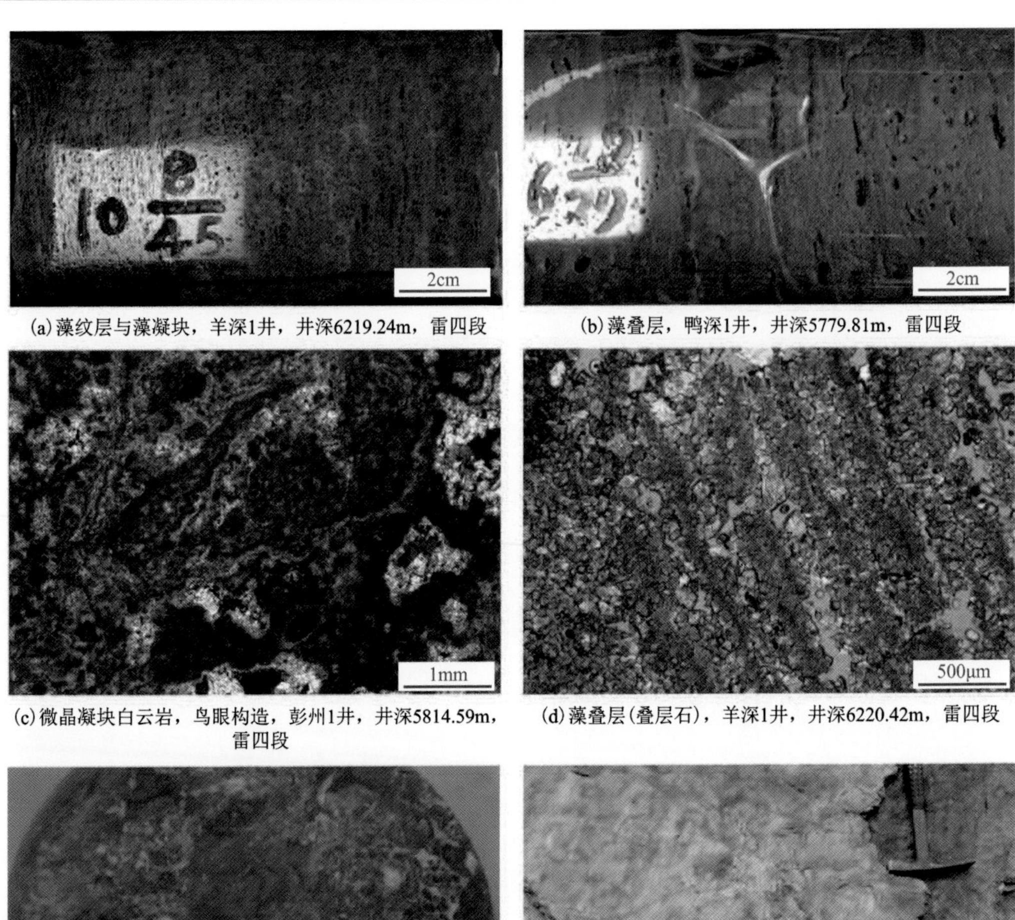

(a) 藻纹层与藻凝块，羊深1井，井深6219.24m，雷四段

(b) 藻叠层，鸭深1井，井深5779.81m，雷四段

(c) 微晶凝块白云岩，鸟眼构造，彭州1井，井深5814.59m，雷四段

(d) 藻叠层(叠层石)，羊深1井，井深6220.42m，雷四段

2cm

(e) 鸟眼构造，羊深1井，井深6208.24m，雷四段

(f) 干裂，绵竹汉旺，雷口坡组

图 3.18　雷口坡组(藻)云坪岩石微相特征

同生期的毛细管浓缩作用有助于白云石化作用发生，但白云石化作用并不彻底，岩性以白云质灰岩、灰质白云岩为主，由于蓝藻较发育，还可见少量藻凝块灰岩、藻纹层灰岩等；可见波状层理、藻叠层构造、藻纹层构造等，偶见鸟眼构造。彭州地区雷四上亚段(藻)灰云坪、(藻)云灰坪发育大量含藻白云质灰岩、含藻灰质白云岩、藻凝块石灰岩、藻纹层灰岩等。该微相主要发育于雷四上亚段中上部，鸭深 1 井、羊深 1 井、川科 1 井、孝深 1 井等均可以见到。

(3) (藻)灰坪。(藻)灰坪发育于潮下带，长期处于水下，水动力条件相对较弱，主要由泥-微晶灰岩和(含)藻灰岩组成，除发育水平层理和零星的鸟眼构造外，其余沉积构造不发育(图 3.19)，可见介形虫、腹足、有孔虫、瓣鳃等，主要发育于雷四上亚段上部。

(a)泥晶灰岩，发育水平层理，彭州1井，井深5767.23m，雷四段

(b)泥晶含藻灰岩，发育鸟眼构造，羊深1井，井深6122.58m，雷四段

图 3.19　雷口坡组(藻)灰坪岩石微相特征

(4)潮道。潮道的深度变化较大，从几十厘米至几米，它可在潮上带，也可以进入潮下带，但以潮间带最为发育。雷口坡组潮道沉积以浅灰色竹叶状砾屑白云岩为主，可见潮道冲刷面及羽状交错层理等沉积构造(图 3.20)。

(a)潮汐作用下的羽状交错层理，绵竹汉旺，雷二段

(b)潮道冲刷面，绵竹汉旺，雷二段

(c)浅灰色竹叶状砾屑白云岩，潮道沉积，绵竹汉旺，雷二段

(d)浅灰色竹叶状白云岩，潮道沉积，绵竹汉旺，雷一段

图 3.20　雷口坡组潮道岩石微相特征

2) 潟湖亚相

海水因受台地障壁和台内滩的影响而受局限，但不完全封闭，局部与外海时有连通，水体能量较弱，可见水平层理。潟湖亚相按岩性组合可进一步划分出灰质潟湖、云质潟湖、膏云质潟湖等微相。

从古地理位置来看，灰质潟湖、云质潟湖、膏云质潟湖与膏质潟湖、膏盐湖在本质上并没有很大的区别，它们往往是潟湖在不同演化阶段的表现形式：初期，在相对低洼处，潟湖内水体受限，形成以不含或少含底栖生物的泥晶灰岩、白云岩的灰质潟湖和云质潟湖沉积；随着水体进一步受限，甚至闭塞，加之蒸发作用增强，随着膏岩的沉积，逐渐形成膏质潟湖及膏盐湖沉积，它们之间随海平面升降变化而相互转化。其中雷四段沉积早-中期，以发育厚大膏盐岩沉积为主，晚期转变为含膏白云岩与膏岩、白云岩互层特征。膏盐湖微相在雷四段中、下亚段较发育，上亚段沉积早期在局部地区可能有膏质潟湖微相发育。

3) 台内滩亚相

局限台地内微地貌存在差异，地势较高的地带，水体较浅、水动力条件相对较强，由于海平面变化频繁，在水动力较强时期，波浪和潮汐作用形成内碎屑颗粒，为局限环境内能量相对较高的亚环境，可见小型交错层理。岩性以颗粒白云岩或颗粒灰岩为主，颗粒主要由砂屑、生物碎屑或藻黏结颗粒组成，局部含砾屑，泥-亮晶胶结[图 3.21(a)～(d)]，厚度较小，从一米到数米不等。由于气候干旱，水体较浅，沉积期间台内滩频繁露出水面，经大气淡水和海水混合作用，形成许多溶蚀孔洞，若遭受充填，可变为雪花状结构，常见针孔、鸟眼、凝块石、核形石等[图 3.21(e)、(f)]。

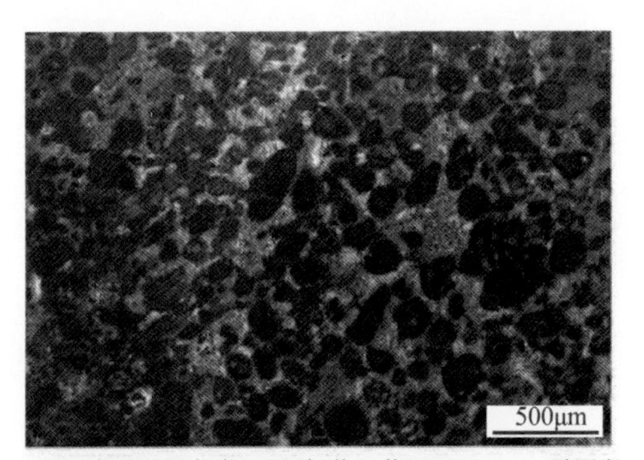

(a) 泥-亮晶砂屑灰岩，川科1井，井深5631.5m，雷四段

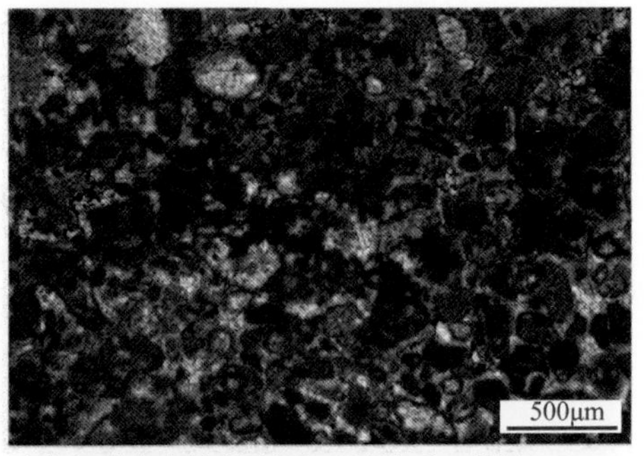

(b) 亮-泥晶含生屑砂屑灰岩，川科1井，井深5633.5m，雷四段

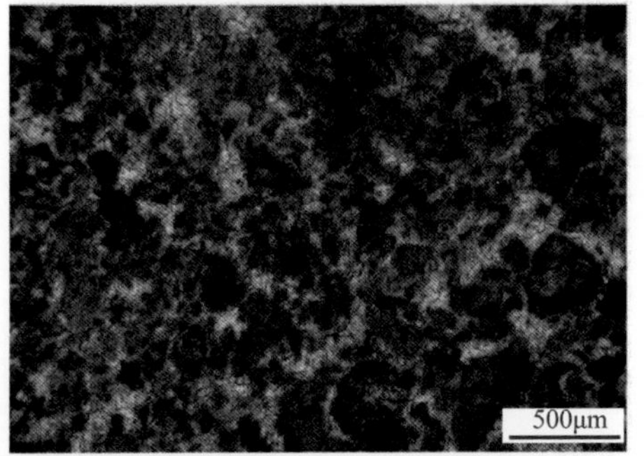

(c) 泥-亮晶砂屑白云质灰岩，等厚环边胶结，彭州1井，井深5781m，雷四段

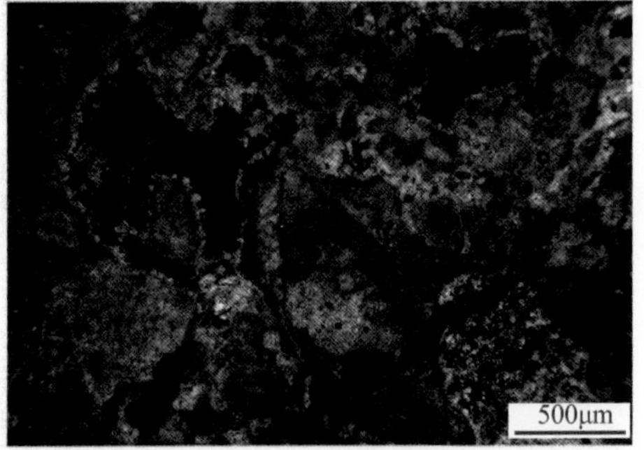

(d) 亮-泥晶藻砂屑白云岩，粒间溶孔发育，彭州1井，井深5819.8m，雷四段

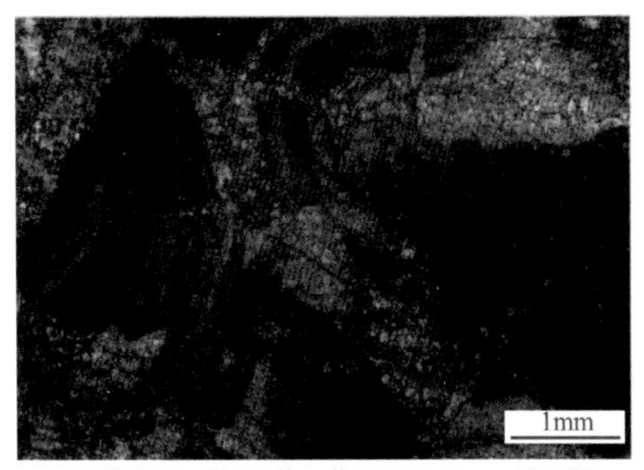

(e)核形石，羊深1井，井深6178.43m，雷四段

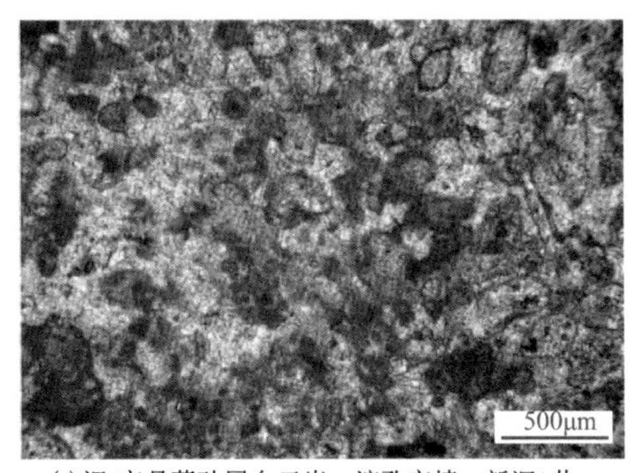

(f)泥-亮晶藻砂屑白云岩，溶孔充填，新深1井，井深5582m，雷四段

图 3.21　雷口坡组台内滩亚相岩石微相特征

按颗粒成分可将台内滩亚相进一步划分为(藻)砂屑滩、生屑滩、藻黏结颗粒滩等微相。例如，川科 1 井雷二段下部发育厚约 10m 的砂屑灰岩，上部厚约 5m 的生屑灰岩，均为台内浅滩相沉积；中坝气田雷三段发育亮晶藻砂屑白云岩、鲕粒砂屑白云岩，为(藻)砂屑滩微相沉积[图 3.22(a)]；露头上，在江油黄连桥、绵竹汉旺、北川通口、广元车家坝等剖面均有较好出露，岩性以亮晶鲕粒、藻砂屑白云岩为主[图 3.22(b)～(d)]，次生溶蚀孔洞发育。台内滩为良好的油气储集体。

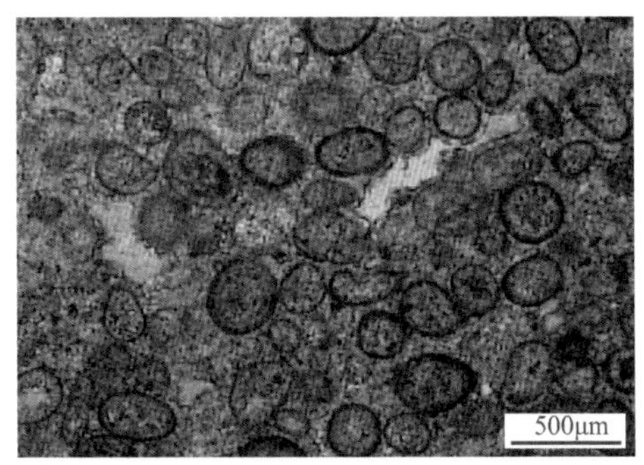

(a)鲕粒砂屑白云岩，粒间孔较发育，中80井，雷三段

(b)残余砂屑白云岩，局部溶孔较发育，广元车家坝，雷二段

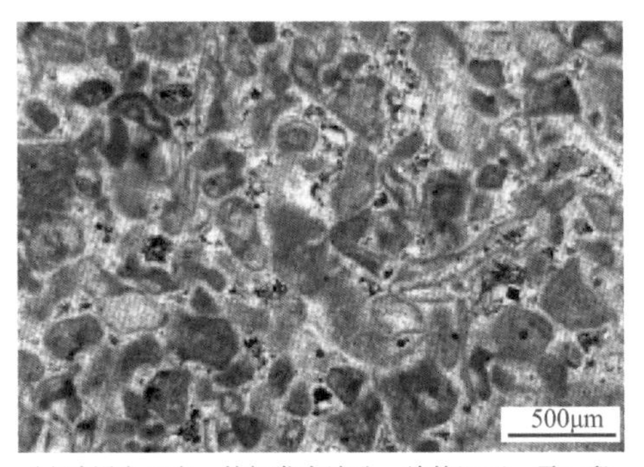

(c)砂屑白云岩，粒间发育溶孔，绵竹汉旺，雷二段

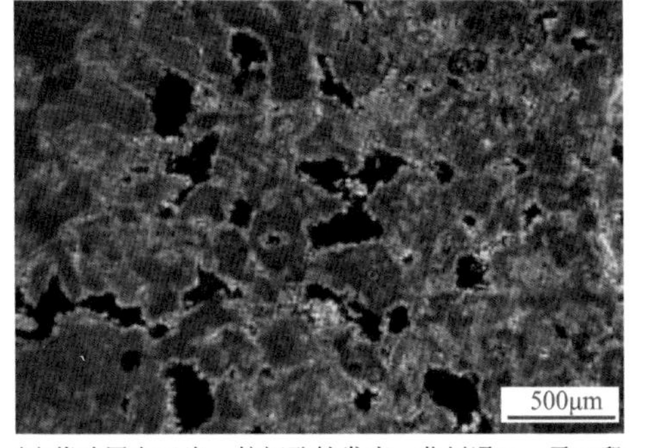

(d)藻砂屑白云岩，粒间孔较发育，北川通口，雷三段

图 3.22　川西北地区雷口坡组(鲕粒/藻)砂屑滩相岩石微相特征

4) 滩间海亚相

滩间海发育于浅滩之间，水动力相对较弱，受海平面小幅度频繁升降影响，岩性变化明显，同一种岩性沉积较薄，横向连续性较差。海侵期，岩性以白云质灰岩和灰质白云岩为主，夹泥灰岩、生物碎屑灰岩和泥质条带。海退期，岩性以膏质白云岩为主，夹泥质白云岩。同时，沉积期由于受风暴作用影响，局部可见风暴岩。因此，根据沉积物特征可进一步划分出云质滩间海、膏质滩间海和风暴岩。

3.3.3　沉积相模式

威尔逊在 20 世纪 70 年代中期就建立了比较完善的碳酸盐岩标准相带模式，在我国已被广泛采用，其对碳酸盐岩沉积相的划分起到了指导性作用。随后，诸多学者又进一步总结和完善了碳酸盐岩相沉积模式，并提出了新的分类系统(Read，1985；Carozzi，1989)。川西地区在雷口坡组沉积期，受干热的古气候、低海平面、古陆或古隆起围限的古地理背景影响，沉积环境有其自身的特殊性。根据其沉积充填特征和沉积相类型，结合碳酸盐台地理想相模式及前人研究成果，建立了川西地区雷四上亚段以潮坪-潟湖为主的沉积模式(图 3.23)，具有以下沉积特点。

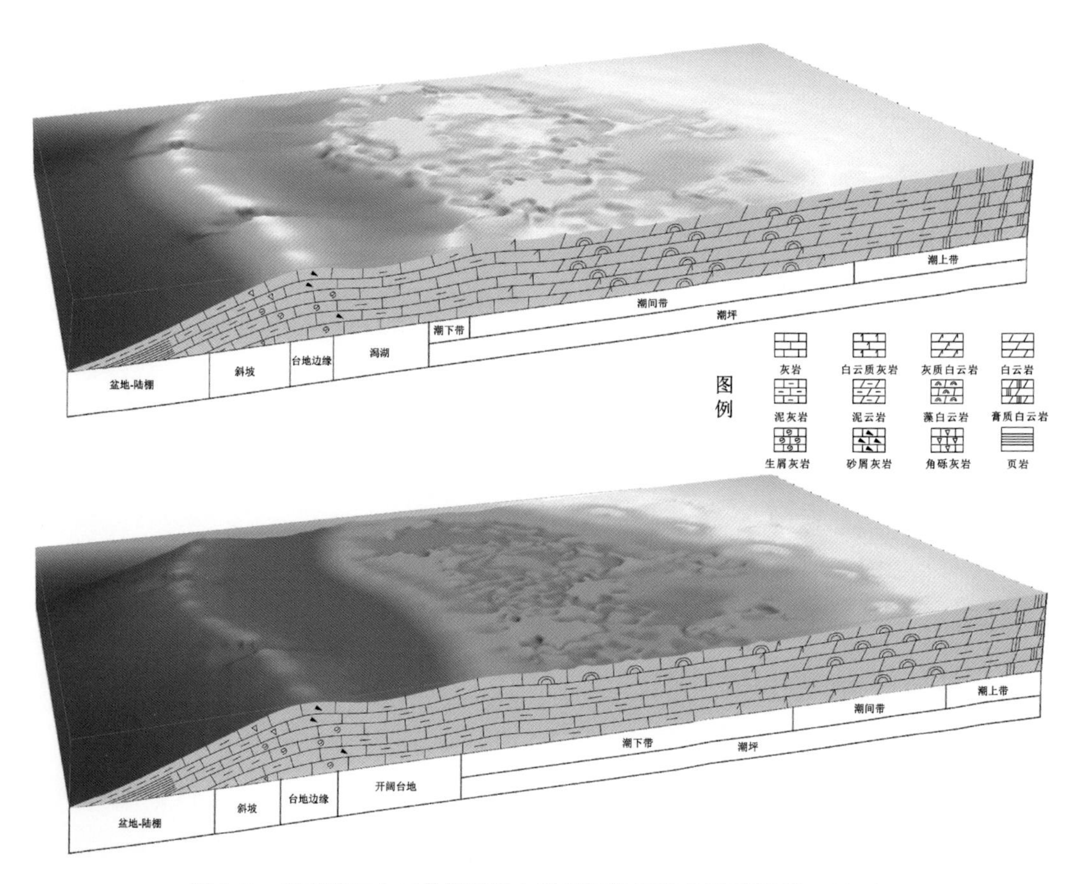

图 3.23　川西地区中三叠统雷四上亚段沉积相模式(宋晓波等，2021)

(1)海退期，受滩/岛阻隔和干旱气候条件的影响，强蒸发作用使海水咸化，根据川西地区雷四段碳酸盐岩样品的碳氧同位素测试结果所计算的 Z 值(表 3.6)来看，数值整体较大，主要分布在 126.78～132.23，证实其沉积水体的古盐度高，碳酸盐泥及颗粒容易发生白云石化作用，从而形成大面积分布的白云岩。海侵期，随着海水持续补给，盐度下降，水动力能量增强，潮间带下部—潮下带微古地貌较高部位颗粒岩发育，但白云石化弱，以灰岩类为主。

(2)地势平坦，相对海平面轻微的下降或者上升也会造成台地大面积暴露于地表或重新被海水淹没，一方面使岩性、微相纵向变化快；另一方面，多期频繁的暴露容易受大气水淋滤溶蚀，形成纵向叠置、横向连片的孔隙发育层段。

(3)生物多样性较低，以薄壳耐盐生物为主(辛勇光等，2013)。隐藻类在潮坪中多呈席状分布，是川西雷口坡组潮坪沉积的一个重要特征。通常，在盐度正常地区，藻类多被腹足类吃掉，生长达不到潮间带以下。而雷口坡组沉积时气候干旱，盐度较大，腹足类生物生长受到抑制，如苔藓虫、珊瑚、腹足、粗枝藻、腕足、棘皮等少量发育且个体较小。同时，阳光充足，有利于藻类生长，因此形成了以藻类和微生物细菌为主体的生态系统，尤其是雷四上亚段，蓝绿藻和一些微生物细菌呈席状生长。由于微环境的差异，雷口坡组中由藻类活动所形成的碳酸盐岩类型多样，主要有藻叠层白云岩、藻凝块白云岩、纹层石白云岩、藻砂屑白云岩等，也有学者把它们的组合称为微生物礁滩(刘树根等，2016a)。

3.3.4　沉积相纵横向分布特征

1. 重点剖面沉积相纵向分布特征

1)龙深 1 井雷口坡组沉积相特征

龙深 1 井雷口坡组为蒸发台地-局限台地相沉积，发育潮坪、潟湖和蒸发潟湖亚相，进一步可识别出云坪、云质潟湖、膏质潟湖、藻屑滩和云灰坪等多个微相(图 3.24)。

(1)雷一段。雷一段早期以膏质潟湖沉积为主，沉积期气候干旱，海水蒸发量大、盐度高，沉积了一套褐灰色膏云岩夹灰绿色石膏岩；沉积晚期，随着海平面上升，海水盐度降低，沉积环境逐渐过渡为潮坪环境，下部为一套灰白色白云质灰岩，上部为灰白色泥质灰岩。

(2)雷二段。雷二段沉积期，海平面有所下降，其下部主要发育云坪沉积，岩性以褐灰色的泥质白云岩和灰质白云岩为主，夹薄层状绿灰色白云质膏岩；上部为云灰坪沉积，岩性以厚层块状灰色灰岩、泥灰岩为主，夹灰白色砂屑灰岩，顶部为灰色灰质白云岩。

(3)雷三段。雷三段沉积期，海平面缓慢上升，下部为(藻)云坪沉积，岩性主要为含藻灰微晶灰岩、白云质灰岩，局部含泥质；中部以藻黏结颗粒滩沉积为主，岩性主要为灰、灰褐色藻团粒、藻砂屑、藻屑、虫藻屑、虫屑白云岩，白云岩局部含少量硬石膏和灰质；

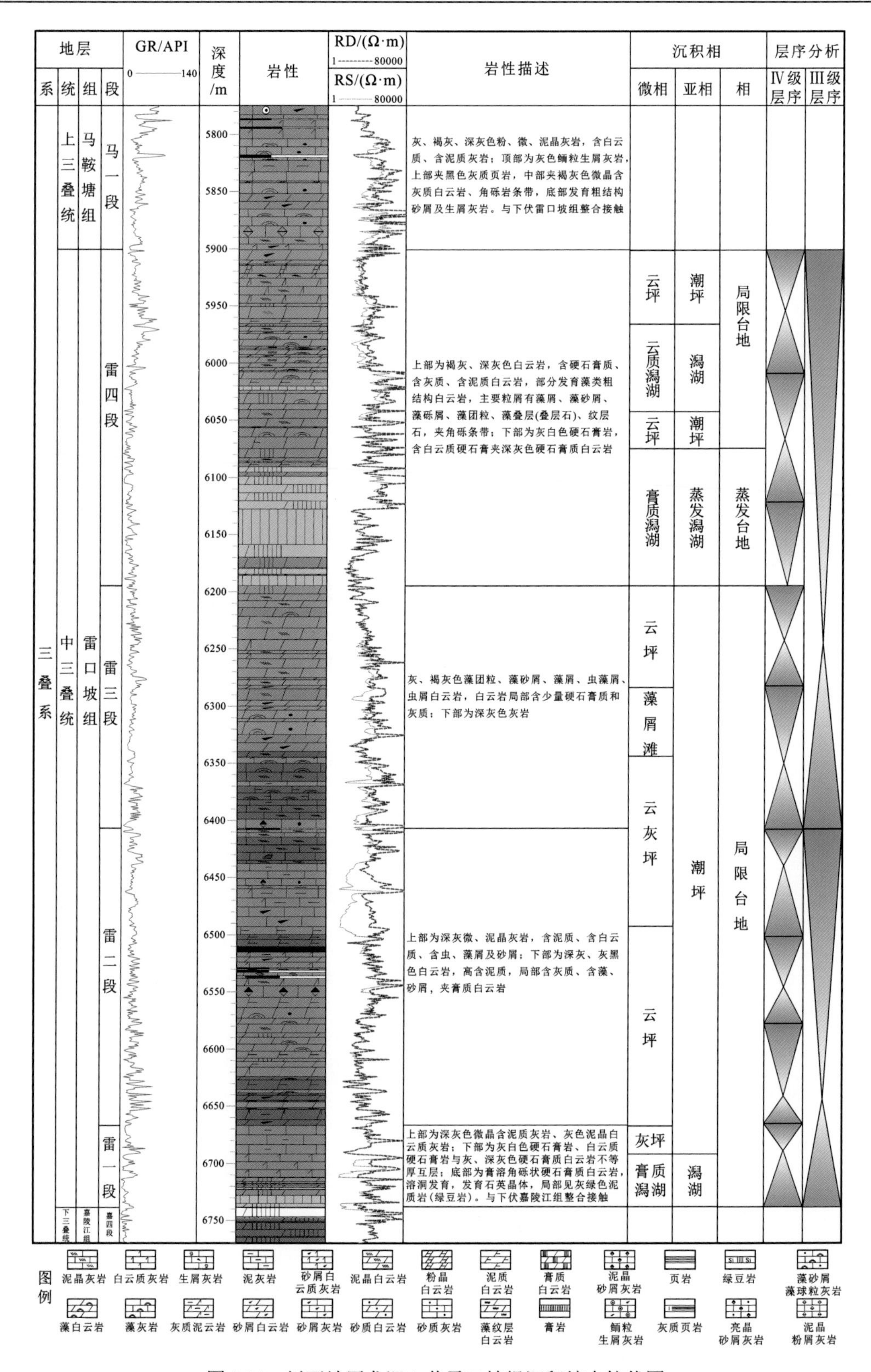

图 3.24　川西地区龙深 1 井雷口坡组沉积综合柱状图

上部为局限台地沉积，以云坪沉积为主，岩性为褐灰色泥晶白云岩夹褐灰色灰质白云岩或褐灰色膏云岩。

(4)雷四段。雷四段沉积期，海平面的变化控制了沉积相的演化，随着海平面的上升，沉积环境由蒸发台地→局限台地转变。下部膏盐湖岩性为灰白色硬石膏岩、含白云质硬石膏夹深灰色硬石膏质白云岩；中部颗粒滩岩性为粒屑白云岩，粒屑主要为藻屑、藻砂屑、藻砾屑、藻团粒，并发育叠层石和纹层石；上部发育云坪沉积，岩性主要为褐灰、深灰色白云岩、含灰质白云岩和含泥质白云岩。

2)川科1井雷口坡组沉积相特征

川科1井雷口坡组为蒸发台地-局限台地相沉积，发育潮坪、潟湖、蒸发潟湖和台内滩等亚相，进一步可识别出(含膏)云质潟湖、灰质潟湖、膏盐湖、云质潟湖、膏云坪、云坪、砂屑滩、云灰坪等多个微相(图3.25)。

(1)雷一段。雷一段沉积期，随着海平面上升，沉积环境由(含膏)云质潟湖向(含泥)灰质潟湖演化。下部以灰色厚层块状白云岩夹薄层灰岩和石膏为主，石膏厚度向上逐渐减薄，直至消失；上部岩性为灰色灰岩、灰色白云质灰岩、深灰色泥质灰岩、深灰色灰质白云岩、灰色泥晶白云岩和白色薄层状石膏。

(2)雷二段。雷二段沉积期，海平面逐渐下降，沉积环境由局限台地向蒸发台地演化。下部为蒸发潮坪沉积，岩性主要为深灰色灰岩、白云岩与白色膏岩互层，偶夹薄层灰色砂屑灰岩；中上部以膏质潟湖沉积为主，顶部发育小规模台内生屑滩和云灰坪，岩性主要为灰、深灰色厚层块状白云质灰岩与白色石膏岩互层，偶夹灰色薄-中层介屑灰岩。

3)雷三段。雷三段沉积期，随着海平面的上升，沉积环境由蒸发台地过渡为局限台地环境。下部为膏质潟湖沉积，岩性为石膏岩、深灰色灰岩和膏质灰岩；上部为云质潟湖沉积，岩性主要以灰色厚层灰质白云岩和灰、深灰色厚层白云岩为主，夹灰白色、灰色膏质白云岩。

(4)雷四段。雷四段沉积早期发育蒸发台地膏盐湖沉积，岩性主要为白色厚层石膏层夹灰白色白云岩；沉积晚期，次一级海平面快速变化，导致沉积微相变换频繁，主要为云坪-砂屑滩的韵律组合。雷四段上部地层底部岩性为浅灰色、灰色膏云岩夹灰色薄层状泥质白云岩或白色薄层状石膏层；顶部为云坪和砂屑滩沉积，云坪环境沉积了一套灰色白云岩和砂质白云岩，砂屑滩岩性主要为灰色亮晶白云岩和砂屑白云岩。

2. 沉积相横向分布特征

中三叠世末印支运动早幕，盆地内出现大隆大拗格局，古隆起的发展造成盆地内中-下三叠统的部分缺失，核部剥蚀至嘉陵江组三段，川西广大地区形成拗陷格局，雷四上亚段地层保存较好。

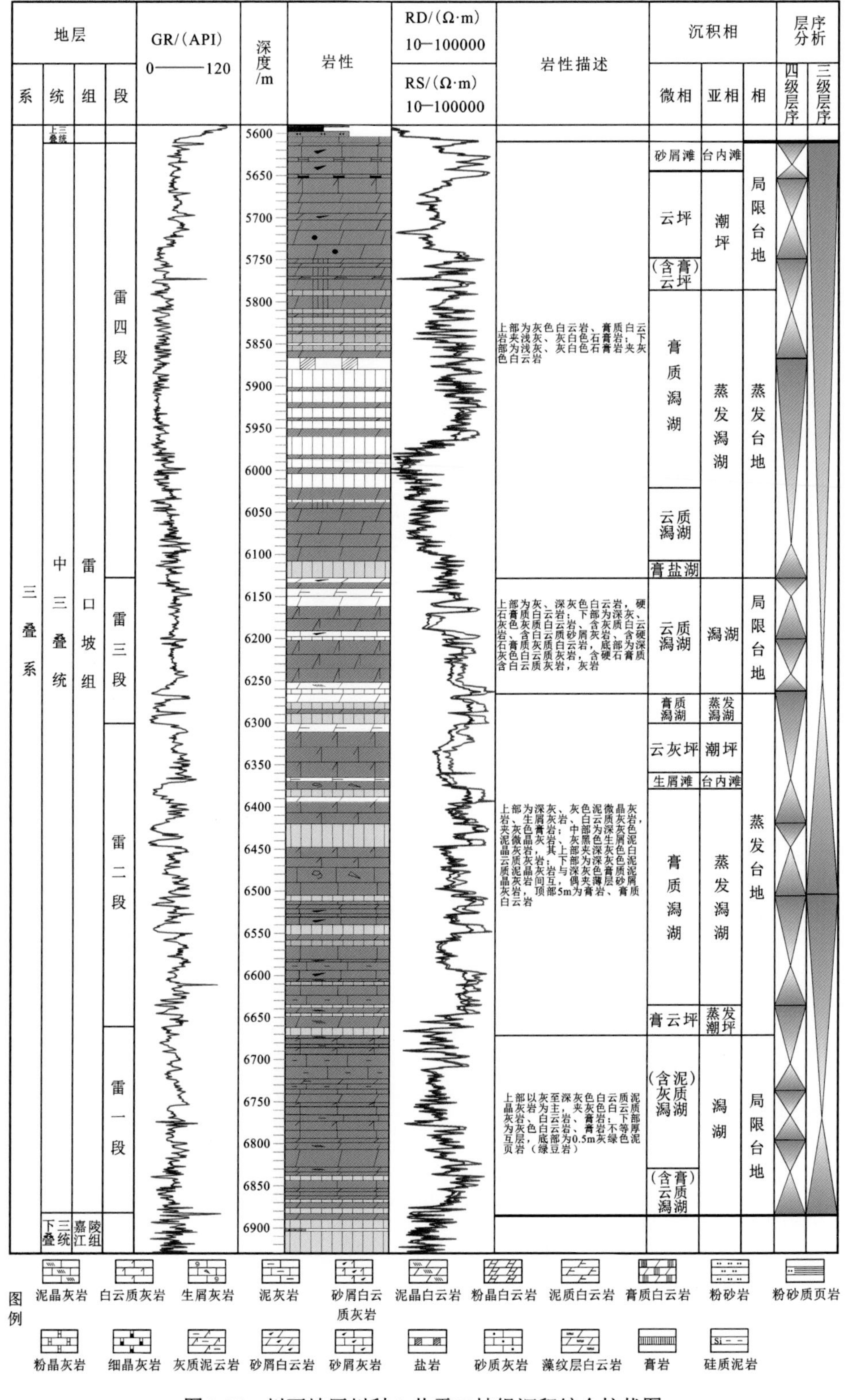

图 3.25　川西地区川科 1 井雷口坡组沉积综合柱状图

1) 川西地区雷口坡组沉积相横向分布特征

在单井(露头)沉积相划分的基础上，对四川盆地西部地区雷口坡组沉积微相进行连井对比分析，明确雷口坡组沉积相的变化规律。此处以南西-北东向连井剖面大参井—苏码1井—永胜1井—回龙1井—关基井—元坝27井—金溪1井为例进行简要阐述。

根据南西-北东向对比剖面(图3.26)可以看出，雷口坡组沉积期，横向上，蒸发潟湖湖盆中心由川东北向川西南方向迁移，最终在川西南地区沉积了厚达数百米的膏盐岩；蒸发潮坪和潮坪在各个时期均围绕蒸发潟湖或膏盐湖广泛发育，横向展布稳定。纵向上，沉积微相在西南部由上至下为颗粒滩+潮坪和蒸发潮坪+蒸发潟湖组合，在中-东北部为蒸发潟湖+蒸发潮坪和蒸发潟湖+潮坪组合。海侵体系域主要发育局限台地沉积，高水位体系域主要发育蒸发台地沉积，三级海平面的变化对古地理演化有重要影响。

SQ1 海侵体系域沉积时期，盆地西南部主要为泥云坪沉积；盆地中部—东北部为大范围的膏质潟湖沉积，湖盆长轴呈北东-南西向。在该层序高水位体系域沉积时期，海平面自东向西逐渐下降，在盆地西南缘大参井一带发育台地边缘浅滩沉积，随着浅滩的持续沉积，水体逐步变浅并间断性暴露，在浅滩的上部开始发育潮坪沉积；海水的退却导致盆地中部和北部的膏质潟湖向膏盐湖和膏云坪演化，膏质潟湖中心快速的蒸发作用导致海水被迅速蒸干而演变为膏盐湖，膏质潟湖周缘浅水区则逐渐暴露向膏云坪演化。

SQ2 海侵体系域沉积时期，随着海平面再次上升，盆地西南部的潮坪再次被淹没，在顶部发育浅滩沉积，由于浅滩的生长速率高于海平面上升速度，浅滩开始出露于水面并向潮坪转化；盆地中部—东北部，海平面的上升使得大部分地区被淹没，沉积环境向局限台地转化，灰坪大面积展布；此时，次级海平面的变化和气候条件共同对盆内东北部部分地区的沉积相产生了重要影响，形成膏质潟湖沉积。在该层序高水位体系域沉积时期，海水自东向西逐渐退出，形成了以大参井—永胜1井—关基井为中心的膏盐湖沉积，在膏盐湖的四周发育膏云坪、云坪沉积。

2) 川西地区雷四上亚段沉积相横向分布特征

雷四上亚段沉积前，主要为蒸发潮坪、膏质潟湖亚相沉积，以含膏白云岩、膏岩与微晶白云岩不等厚互层为特征；随后雷四上亚段沉积早期，海平面有所上升，但水体仍然较浅，川西广大区域整体处于潮间带上部，广泛发育多套云坪、藻云坪沉积微相组合，藻类繁盛，此时膏岩不发育，主要为微-粉晶白云岩、含藻白云岩夹藻砂屑白云岩，纵向上呈多层叠置，横向分布较稳定(图 3.27)。雷四上亚段沉积中-晚期，海平面进一步上升，川西地区整体由潮间上带演变为潮间下带，局部水体加深甚至演变为潮下带，以潮间下带—潮下带藻砂屑灰岩、晶粒灰岩沉积为主，且在川西龙门山前地区横向变化小，展布较稳定，厚度在25m左右，向东到德阳以东地区，厚度有所减薄(图3.27)。

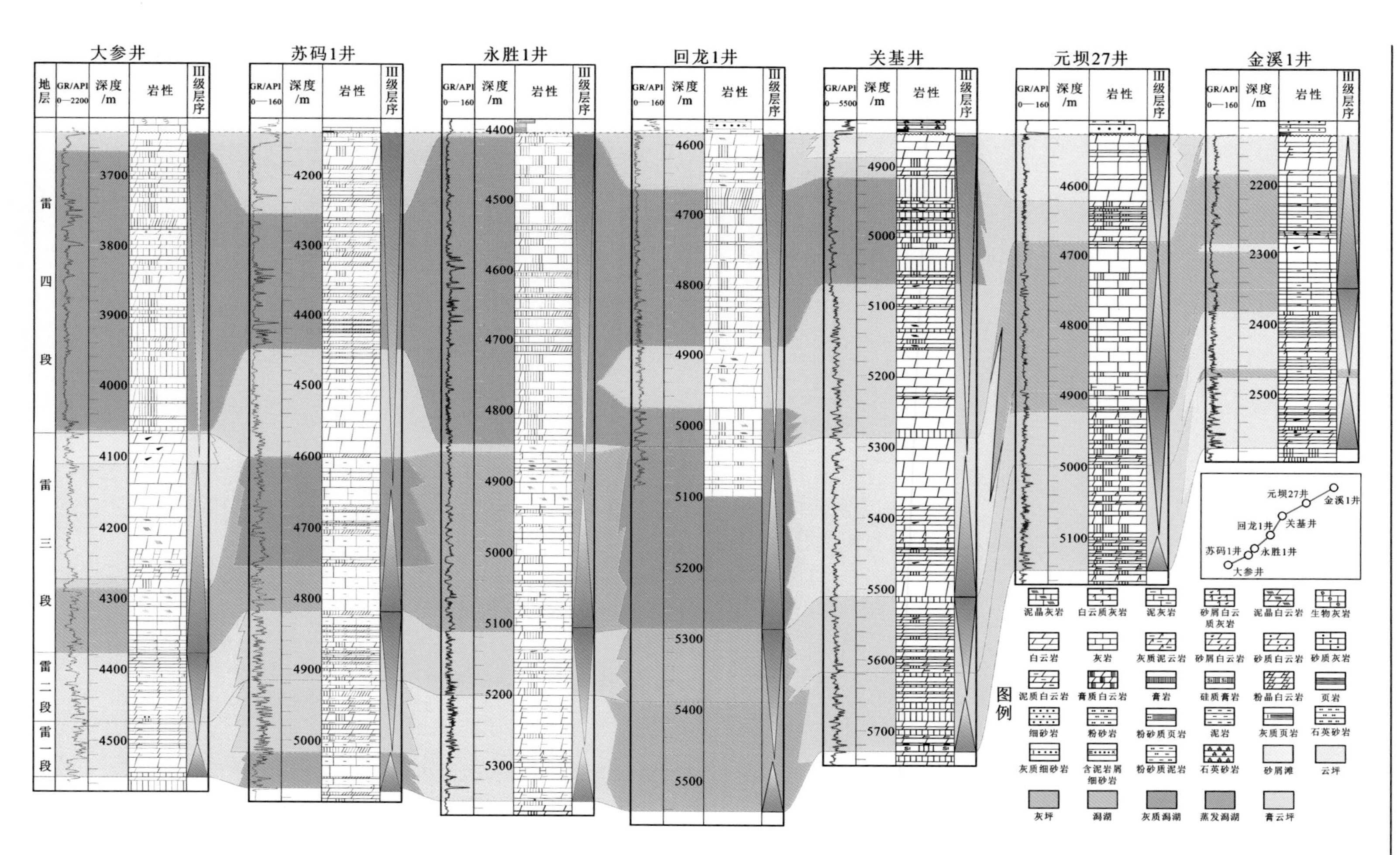

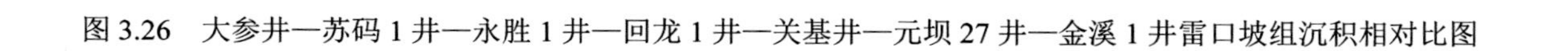
图 3.26　大参井—苏码 1 井—永胜 1 井—回龙 1 井—关基井—元坝 27 井—金溪 1 井雷口坡组沉积相对比图

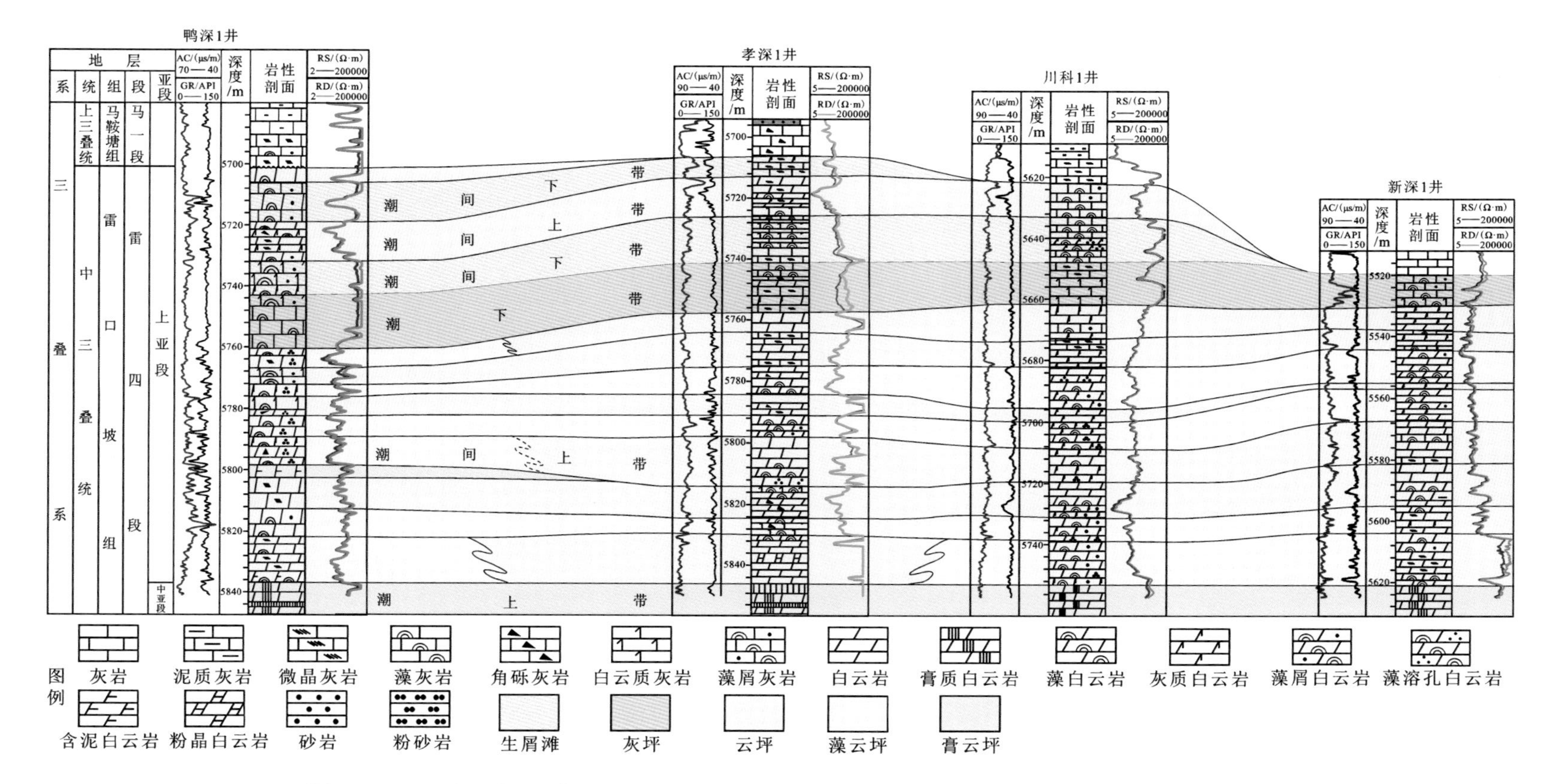

图3.27　川西地区鸭深1井—孝深1井—川科1井—新深1井中三叠统雷四上亚段沉积相对比图

3.3.5 沉积相平面展布特征

雷口坡组沉积期，四川盆地总体呈东高西低的地势。早期，全盆地沉积了一套火山碎屑岩(绿豆岩)，随构造活动趋于静止，水体逐渐加深，受盆地东部泸州—开江水下古隆起、盆地西南部康滇古陆及盆地西北部台缘古岛链和浅滩的影响，盆地内总体为一个蒸发型浅海沉积环境。通过前述层序特征研究发现，雷口坡组发育了两个完整的Ⅲ级海侵、海退旋回，雷一段、雷二段为第一旋回，雷三段、雷四段为第二旋回。

1. 雷一时

雷一时，四川盆地迎来了一次海侵，以现今华蓥山断裂为界，盆地东部和东南部受江南古陆及泸州—开江水下古隆起的影响，川东和蜀南地区地势相对较高，水体较浅，发育台内滩及灰质潟湖等沉积；盆地中西部及川北广大地区地势相对较低，为一个局限的沉积环境，属于局限-蒸发潟湖相沉积，以发育膏盐湖、云质膏盐湖为主[图 3.28(a)]。潟湖边缘部位及内部微古地貌高地水动力条件由弱变强，往往发育一些薄层台内浅滩沉积。

聚焦到川西地区，主要发育泥质潟湖、潮下带和潮间带等沉积。其中，盆地西南缘受康滇古陆影响，在川西南雅安—峨边—筠连一带地区，主要沉积了一套紫红色粉砂岩，可见灰、黄灰色页岩、钙质页岩与灰岩不等厚互层，沉积厚度 70～115m；绵竹—江油—川参 1 井一线，处于上扬子西部边缘，受龙门山古岛链的影响，地势也相对较高，发育台内颗粒滩沉积；汉旺、黄连桥、川参 1 井等野外露头剖面和钻井均见亮晶砂屑白云岩、砂屑灰质白云岩、藻屑白云岩、鲕粒白云岩等台内浅滩相沉积。

2. 雷二时

雷二时与雷一时沉积相平面特征大致相当[图 3.28(b)]，海平面逐渐下降，比雷一时海平面低，水体相对更浅。加之盆地西缘浅滩的发育，导致盆地内部海水循环进一步受限，蒸发作用变强，岩相特征较雷一时变化明显。其主要表现为膏盐岩沉积增多，发育了广阔的以膏盐岩沉积为标志的蒸发潟湖和蒸发潮坪沉积，沉积物主要为灰色、深灰色白云岩，灰白色膏质白云岩与硬石膏岩不等厚互层，间夹薄层灰质白云岩及白云质灰岩。川西地区主要为潮间带沉积，局部地区发育砂屑滩，如眉山一带发育砂屑白云岩、砂屑灰岩，厚度 18～35m。

3. 雷三时

雷三时，四川盆地迎来继雷一时后的又一次海侵，海平面上升，水体有所加深。但对于整个四川盆地来说，该期是雷口坡期的一个重要成滩期[图 3.28(c)]。绵竹—江油—北川—汉旺一带发育大量浅滩，沉积灰色亮晶砂屑白云岩、砂屑灰质白云岩、浅灰色藻屑白云岩、鲕粒白云岩、深灰色泥-微晶白云岩等，颗粒岩沉积厚度 45～155m，如北段上寺剖面、射 1 井、江油中坝雷三段的鲕粒、砂屑滩沉积厚达 90m 以上，且在中坝构造获得油气。

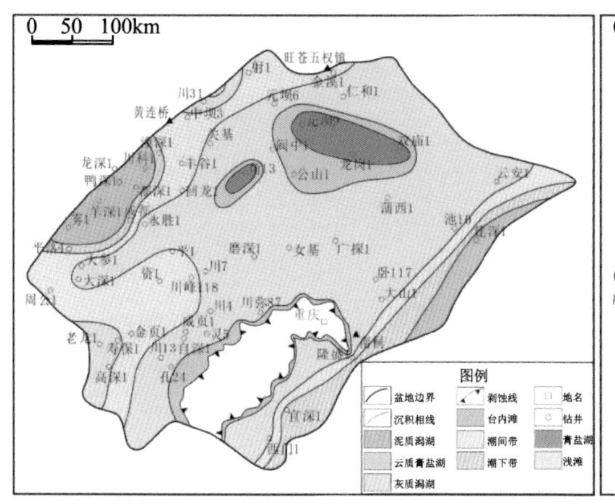

(a)四川盆地雷口坡期雷一时沉积相平面展布特征

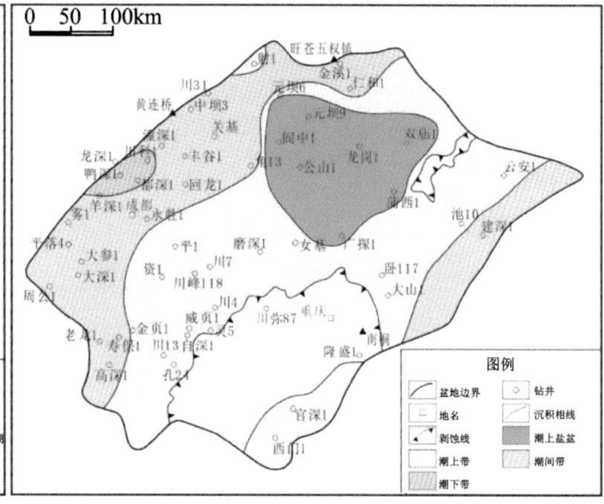

(b)四川盆地雷口坡期雷二时沉积相平面展布特征

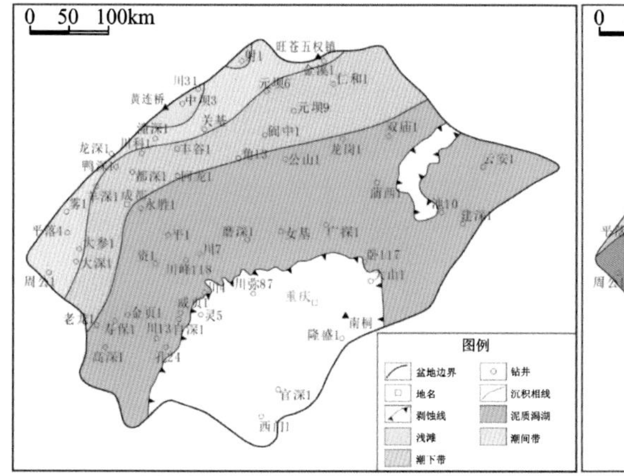

(c)四川盆地雷口坡期雷三时沉积相平面展布特征

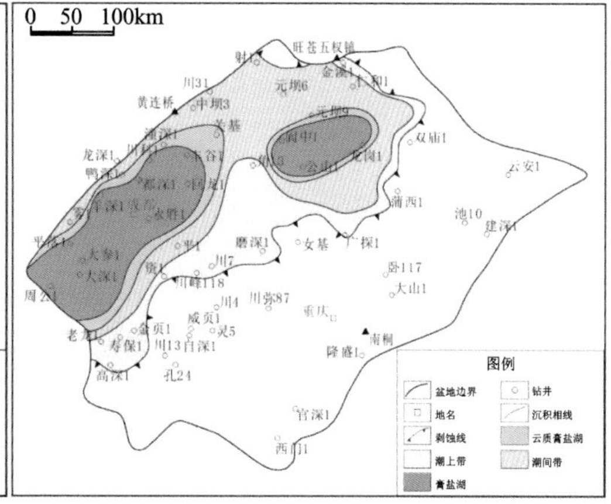

(d)四川盆地雷口坡期雷四$^{1-2}$时沉积相平面展布特征

图3.28　四川盆地雷口坡组各段沉积期沉积相平面展布特征

西部浅滩的存在，致使川西地区仍然为一个相对局限的沉积环境。但此时由于广海海水间歇性的补给，盆地内部海水盐度较雷二时有所降低，以碳酸盐岩沉积为主，大部分地区主要为潟湖亚相沉积，岩性以深灰色泥-微晶白云岩、灰岩及白云质灰岩为主，由于潟湖内水体循环差、蒸发作用强、盐度高，各种生物大量死亡，湖盆底部形成弱氧化-还原环境，有利于大量有机质保存及烃源岩形成。

4. 雷四时

雷四时为海退期，海平面下降，盆地内沉积环境闭塞，以大套膏质白云岩、膏岩发育为特征。

盆地西缘宝兴—彭州—德阳—绵阳—马角坝—北川通口—绵竹汉旺一带发育浅滩相，沉积灰白色砂屑白云岩、浅灰色厚层状含孔亮晶藻迹白云岩、亮晶砂屑白云岩、灰色中层状微晶含泥白云岩、藻屑白云岩、灰白色块状含云砂屑灰岩、细-粉晶白云岩等。例如，北段江油黄连桥、中段绵竹汉旺藻砂屑滩、砂屑滩分别厚35m、40m。

纵向上，雷四时早期(雷四 $^{1-2}$ 时)，蒸发作用最为强烈，在川西地区一带形成了一个大型膏盐湖，以厚大膏盐岩沉积为主，夹部分深色微晶白云岩；雷四时中期，蒸发作用逐渐减弱，海水逐渐淡化，以蒸发潮坪亚相沉积为主，岩性主要为膏盐岩、微晶白云岩互层，向上逐渐变化为微晶白云岩夹膏岩[图 3.28(d)]；雷四时晚期(雷四 ^{3} 时)，迎来了雷口坡期次一级海侵，川西地区沉积环境演化为局限台地潮坪相，岩性主要为微晶白云岩、藻白云岩、灰质白云岩、白云质灰岩和(藻屑)砂屑灰岩，为白云岩储层发育奠定了物质基础。

雷四 ^{3} 亚段(雷四上亚段)为川西雷口坡组潮坪相碳酸盐岩气藏的产气层段，本书将其进一步细分为雷四 ^{3} 亚段沉积早期[图 3.29(a)]和雷四 ^{3} 亚段沉积中、晚期[图 3.29(b)]，具体微相特征分布如下。

雷四 ^{3} 时早期，平面上，川西地区由西向东依次为潮下带—潮间带—潮上带，其中，都江堰一带主要为潮下带—潮间下带泥灰坪、灰坪微相沉积区，彭州—什邡一带主要为潮间带(藻)云坪微相，为白云岩储层发育的有利微相，向东过渡为潮上带。

雷四 ^{3} 时中、晚期，在海平面达到最高位之后开始下降，整体沉积环境又逐渐变成潮间上带，发育横向分布稳定的云坪—藻云坪微相，沉积厚度十余米，与其下部具有相似的沉积特征；最后经历一次短暂的潮间下带藻砂屑滩—潮间上带藻云坪沉积过程。

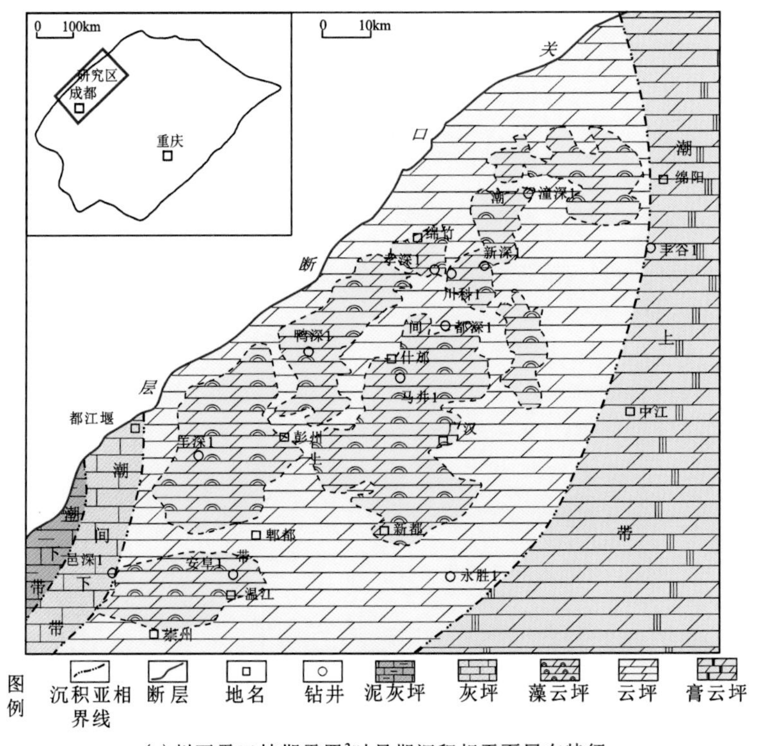

(a) 川西雷口坡期雷四 ^{3} 时早期沉积相平面展布特征

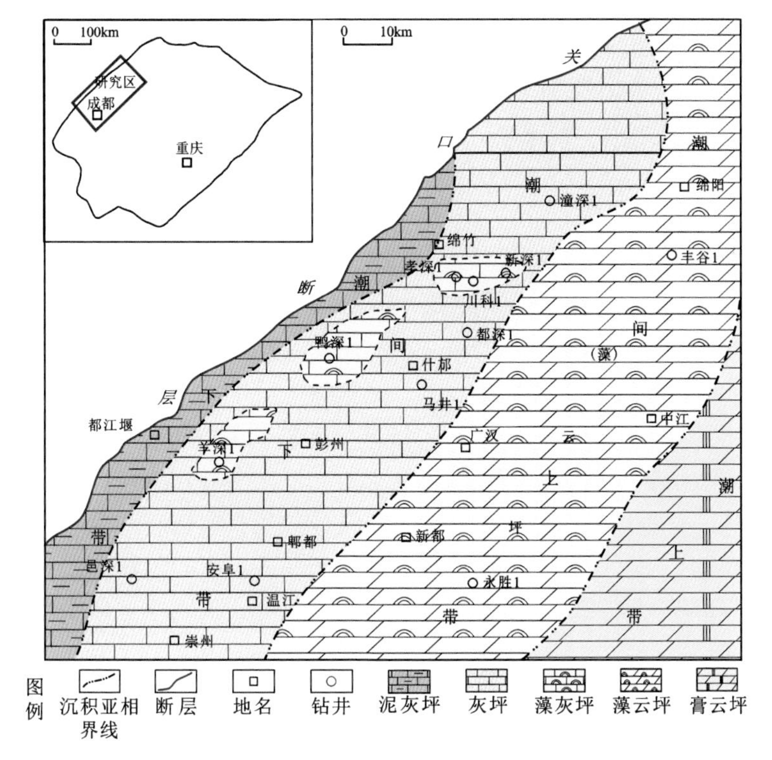

(b)川西雷口坡期雷四^{3}时中、晚期沉积相平面展布特征

图3.29　川西地区雷口坡期雷四^{3}时沉积相平面展布特征

第4章　烃源岩特征及评价

关于雷口坡组气藏主力气源的认识一直以来都是众多学者研究的热点和重点，有研究认为川西地区雷口坡组碳酸盐岩有机质丰度较低，自身烃源岩规模和质量不足以单独形成大气田，因而推测雷口坡组气源为下寒武统(孙玮等，2017)或上二叠统烃源岩(Wu et al.，2017)，但缺乏气源对比的直接证据；也有学者认为雷口坡组烃源岩有机质丰度低主要是因为生烃转化率较高，其自身具有较好的生烃潜力(杨克明，2016)，生烃强度高，具备形成大中型气田的气源条件(谢刚平，2015)。因此，有必要在对川西地区雷口坡组天然气开展地球化学特征分析的基础上，进行天然气成因鉴别和气源对比，并对不同层系潜在烃源岩有机地球化学特征和展布特征进行全面分析，明确其生烃潜力。这不仅有助于揭示雷口坡组天然气成藏和富集机理，而且对系统客观地评价不同层系烃源岩也具有积极意义。

4.1　气 源 对 比

4.1.1 天然气地球化学特征

1. 天然气组分特征

1)烃类组分

从川西地区典型钻井雷四段天然气组分数据统计情况来看(表 4.1)，天然气以烃类气体为主，其中 CH_4 含量很高，重烃气含量很低，甚至低于检出下限。其中，CH_4 含量分布在79.11%～93.68%，平均值为88.31%，绝大部分大于89.00%；C_2H_6 含量普遍小于1.00%，主要分布在0.10%～0.37%，平均值为0.194%；C_3H_8 含量普遍小于0.10%，平均值为0.004%。

表 4.1　川西地区雷四段典型钻井天然气组分统计表

井号	烃类组分/%				主要非烃组分/%		
	CH_4	C_2H_6	C_3H_8	C_{4+}	CO_2	N_2	H_2S
彭州 1	90.21	0.10	0.00	0.00	4.56	1.51	3.52
鸭深 1	89.06	0.12	0.00	0.00	5.76	1.12	3.77
羊深 1	89.28	0.12	0.00	0.00	5.07	1.40	4.03
彭州 103	79.11	0.17	0.00	0.00	19.06	0.45	1.17
马井 1	93.51	0.21	0.00	0.00	3.84	0.43	1.89
川科 1	93.68	0.37	0.02	0.00	4.84	0.57	0.47
新深 1	83.34	0.27	0.01	0.11	10.27	0.50	5.44

川西地区雷四段天然气干燥系数($C_1/C_{1\sim4}$)较大，绝大多数分布在0.990以上，表现出典型的高演化干气特征(图4.1)。

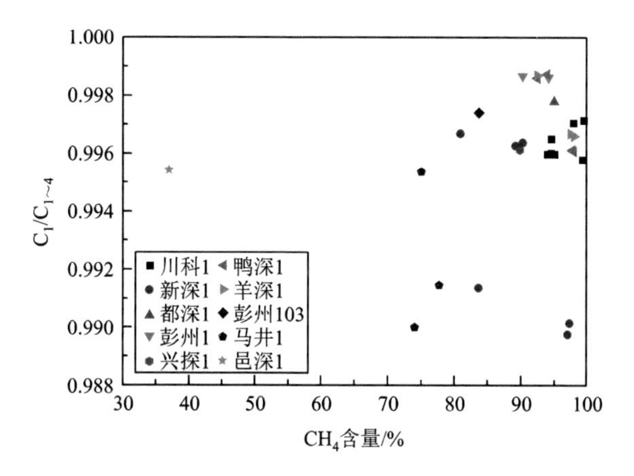

图4.1　川西地区雷四段天然气CH_4含量与干燥系数相关图

注：$C_1/C_{1\sim4}$表示CH_4含量与重烃含量的比值。

2)非烃组分

川西地区雷四段典型钻井天然气中非烃组分主要为CO_2、N_2和H_2S，其中N_2含量基本小于1.50%，平均值为0.85%。H_2S含量最高可达5.44%，多数小于5.00%，平均值为2.90%，其中川科1井天然气中H_2S含量普遍小于1.00%。CO_2含量变化范围较广，最高可达19.06%(表4.1)。部分气样CO_2含量较高而H_2S含量相对较低，主要是源自储层受酸化压裂改造影响而生成大量的CO_2，其余样品整体表现出H_2S含量和CO_2含量的正相关关系，反映出雷口坡组天然气经历了硫酸盐热化学还原作用(thermochemical sulfate reduction，TSR)改造的趋势(图4.2)。

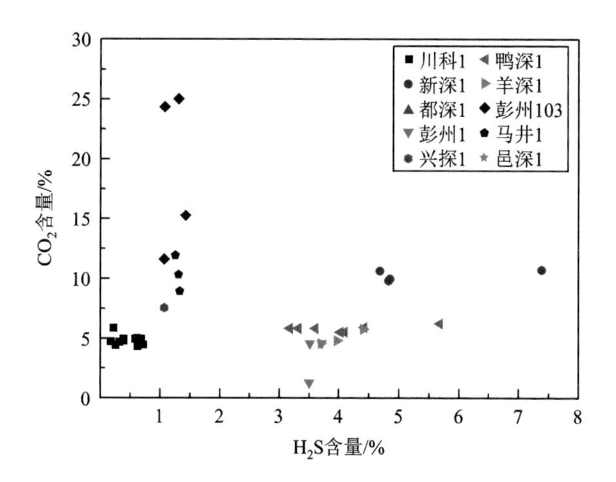

图4.2　川西地区雷四段天然气H_2S和CO_2含量相关图

2. 天然气碳、氢、氦同位素特征

川西地区雷四段天然气甲烷碳同位素组成较轻，$\delta^{13}C_1$ 值为−35.1‰～−29.6‰，$\delta^{13}C_2$ 值为−34.8‰～−29.6‰，均小于−28.0‰(图 4.3)。由于重烃气含量偏低，仅少数样品测得了丙烷碳同位素比值(−32.6‰～−24.4‰)，甚至部分样品未测得乙烷碳同位素比值。甲烷和乙烷碳同位素比值之间整体表现出正序特征($\delta^{13}C_1 < \delta^{13}C_2$)，也有少数气样发生了甲烷、乙烷碳同位素比值的部分倒转($\delta^{13}C_1 > \delta^{13}C_2$)。

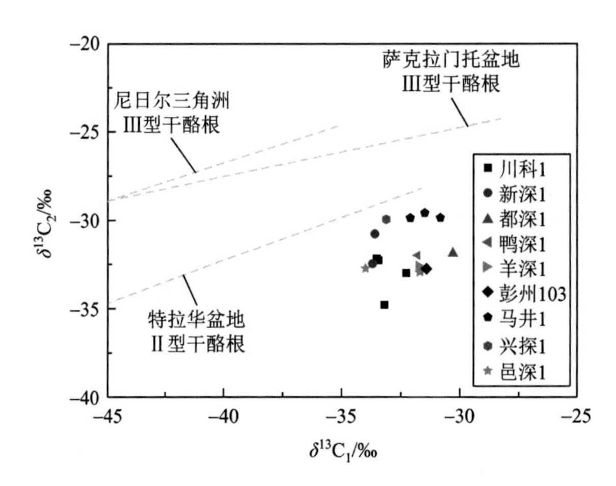

图 4.3　川西地区雷四段天然气 $\delta^{13}C_2$-$\delta^{13}C_1$ 交会图(图版据 Rooney et al.，1995)

在氢同位素组成特征方面，川西地区雷四段天然气甲烷氢同位素比值为−164‰～−136‰，除一个样品小于−160‰外，其余均大于−160‰。乙烷由于含量偏低，因此仅有3个样品测得氢同位素组成数据，分别为−131‰、−102‰和−97‰。甲烷碳、氢同位素比值之间表现出明显的正相关性，反映出成熟度趋势(图 4.4)。

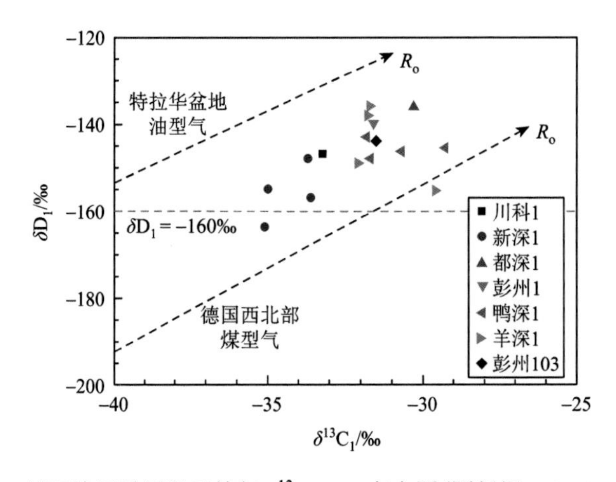

图 4.4　川西地区雷四段天然气 $\delta^{13}C_1$-δD_1 交会图(图版据 Schoell，1980)

徐永昌等(1996)根据我国东部油气区天然气中幔源挥发分的氦、氩同位素特征提出了“横人字形”模式，幔源天然气与壳源天然气以明显的 $^3He/^4He$ 比值差异而在 $^3He/^4He$-$^{40}Ar/^{36}Ar$ 相关图上表现出不同的分布趋势。川西地区新深1井、都深1井、鸭深1井、羊深1井和彭州103井雷四段天然气 $^{40}Ar/^{36}Ar$ 比值均大于295.5，$^3He/^4He$ 比值为 10^{-8} 量级，均明显小于空气值 1.4×10^{-6}，表现出壳源天然气的典型特征，没有显著幔源组分的参与(图4.5)。

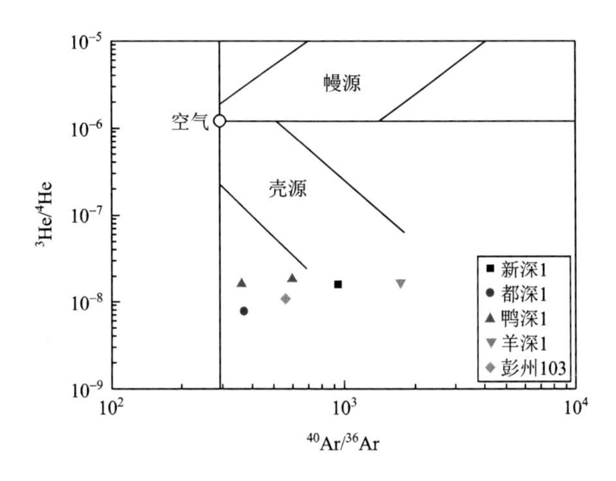

图4.5 川西地区雷四段天然气 $^3He/^4He$-$^{40}Ar/^{36}Ar$ 交会图(图版据徐永昌等，1996)

3. 天然气成因类型

川西地区雷四段天然气具有较高的甲烷碳同位素比值，在伯纳德(Bernard)图版上表现出典型热成因气的特征，与生物成因气具有较低的 $\delta^{13}C_1$ 值明显不同(图4.6)。根据原始有机质类型不同，可以概括性地将热成因气划分为油型(腐泥型)气和煤型(腐殖型)气两大类。不管是油型气还是煤型气，其甲烷、乙烷碳同位素比值均随烃源岩热演化程度的增大而逐渐增大(戴金星等，1992)；在 $\delta^{13}C_1$ 值相近的情况下，煤型气比油型气具有更高的 $\delta^{13}C_2$ 值，因此在二者相关图上表现出不同的分布趋势(Rooney et al.，1995)。川西地区雷四段天然气样品在甲烷和乙烷碳同位素比值相关图上表现出与特拉华盆地Ⅱ型干酪根生成的天然气一致的特征，表现出典型油型气的特征，与尼日尔三角洲和萨克拉门托盆地Ⅲ型干酪根生成的天然气具有明显不同的分布趋势(图4.3)。

乙烷等重烃气碳同位素具有较强的原始母质继承性，因而常被用于鉴别煤型气和油型气，一般认为，油型气的 $\delta^{13}C_2$ 值和 $\delta^{13}C_3$ 值分别小于−28‰和−25‰，而煤型气的 $\delta^{13}C_2$ 值和 $\delta^{13}C_3$ 值则分别大于−28‰和−25‰。川西地区雷四段天然气 $\delta^{13}C_2$ 值均明显低于−28‰，与典型油型气特征一致(图4.7)。

陆相成因天然气 δD_1 值一般低于海相成因天然气，四川盆地海相和陆相成因天然气的 δD_1 值基本以−160‰为界(于聪等，2014)。川西地区雷四段天然气除一个样品低于−160‰外，其余均大于−160‰，表现出典型海相来源油型气的特征(图4.4、图4.7)。

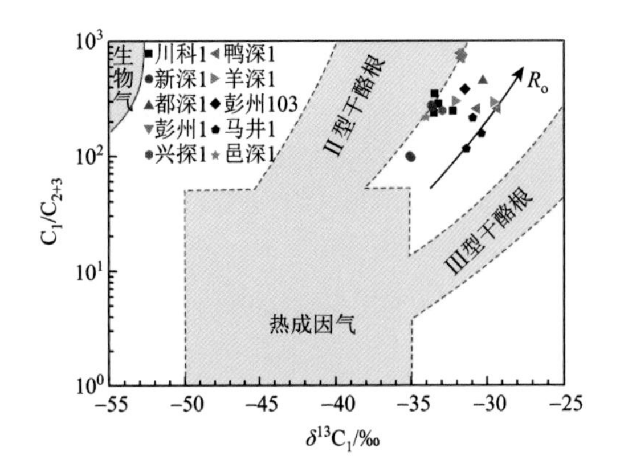

图 4.6　川西地区雷四段天然气 C_1/C_{2+3}-$\delta^{13}C_1$ 交会图(图版据 Bernard et al.，1978)

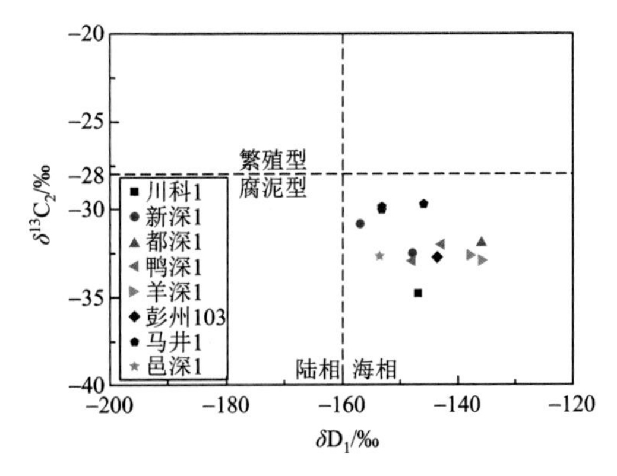

图 4.7　川西地区雷四段天然气 $\delta^{13}C_2$-δD_1 交会图

在干酪根裂解和原油裂解过程中，C_1/C_2 和 C_2/C_3 比值随演化程度升高表现出不同的变化趋势，据此 Prinzhofer 和 Huc(1995)利用 $\ln(C_1/C_2)$ 和 $\ln(C_2/C_3)$ 的关系来鉴别干酪根裂解气和原油裂解气。李剑等(2017)通过热模拟实验进一步揭示了原油裂解和干酪根裂解过程中 $\ln(C_1/C_2)$ 和 $\ln(C_2/C_3)$ 的变化趋势。川西地区雷四段天然气在 $\ln(C_2/C_3)$ 和 $\ln(C_1/C_2)$ 相关图上均沿原油裂解气趋势线分布，表明其主体为原油裂解气(图 4.8)。

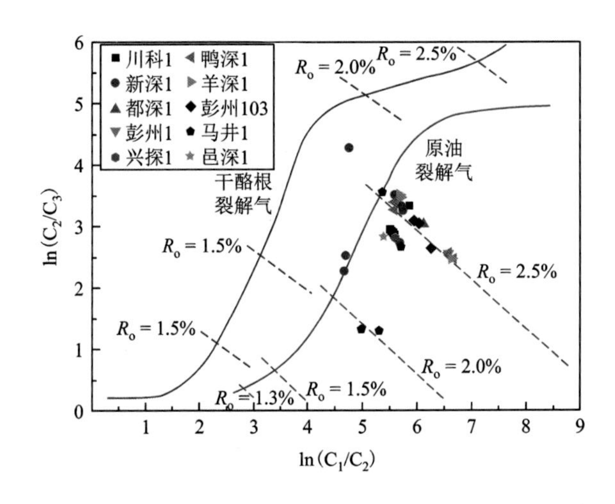

图 4.8　川西地区雷四段天然气 $\ln(C_2/C_3)$-$\ln(C_1/C_2)$ 交会图(图版据李剑等，2017)

川西地区雷四段天然气中 CO_2 整体具有较高的碳同位素比值，主体在−3‰～3‰，表现出无机成因特征(图 4.9)。自雷口坡组沉积以来，川西拗陷基本处于持续深埋状态，直到白垩纪末才发生区域性的抬升，在最大埋深期地层温度最高可达 200～220℃，但该温度不足以使碳酸盐岩发生热分解，该区在中三叠世以来也不具备岩浆作用等可能导致碳酸盐岩发生分解的热源。四川盆地东北部高含 H_2S 天然气研究表明，H_2S 溶于水会使得地层水呈酸性，从而使得碳酸盐岩储层发生溶蚀并产生具有高碳同位素比值特征的 CO_2(刘全有等，2009)。因此，川西地区雷四段天然气中具有高 $\delta^{13}C$ 值特征的 CO_2 主要来自碳酸盐岩储层在酸性地层水作用下发生的溶蚀，而部分样品具有异常高的 CO_2 含量(>20%)，主要源自这些气样是试气阶段所采集，储层受酸化压裂改造的影响生成了大量的 CO_2。

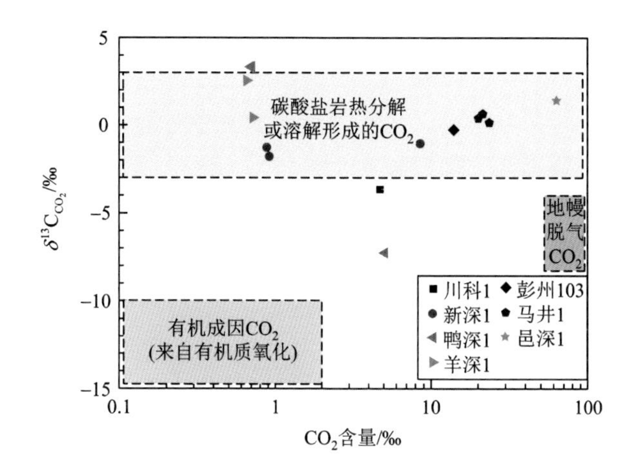

图 4.9　川西雷四段天然气 $\delta^{13}C_{CO_2}$-CO_2 含量交会图(图版据 Zhang et al.，2008)

根据 H_2S 含量和烷烃气含量计算可得，川西地区雷四段天然气酸性指数 GSI[即 $H_2S/(H_2S+\Sigma C_nH_{2n+2})$，表示 H_2S 在天然气中所占的比例]均小于 0.1，处于 TSR 改造的初级阶段，即处于以重烃气为主的 TSR 阶段(Liu et al.，2013)。此外，川西地区雷口坡组天然气甲烷含量和 H_2S 含量之间没有明显的正相关性(图 4.10)，表明 TSR 改造作用未波及甲烷，即川西地区雷四段天然气仅达到了以重烃气为主的 TSR 改造初级阶段，未达到以甲烷为主的 TSR 改造高级阶段。

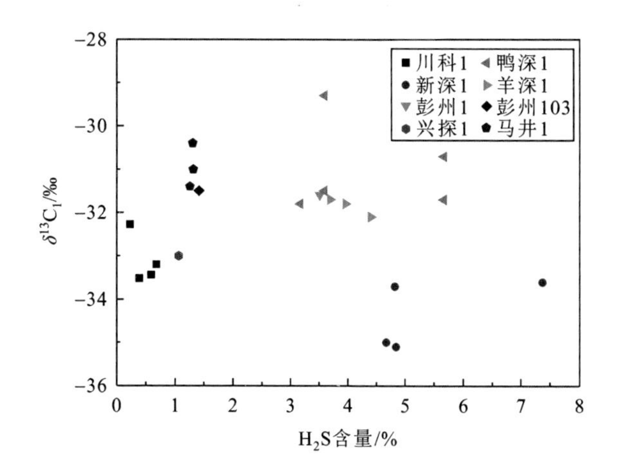

图 4.10　川西雷四段天然气 $\delta^{13}C_1$-H_2S 含量交会图

4.1.2 天然气来源

通过气-气对比、气-源对比及天然气成熟度对比分析，进一步确定雷口坡组天然气的来源。

1. 气-气对比

通过对比不同层系烃源岩生成的天然气的特征，即气-气对比，揭示川西地区雷四段天然气与相应层位烃源岩的亲缘性，为气源对比提供有效的约束。四川盆地典型陆、海相气藏具有不同的天然气来源，川西新场构造带须二段气藏天然气一般被认为是主要来自上三叠统马鞍塘组—小塘子组烃源岩，而川中安岳气田龙王庙组气藏天然气则被认为是主要来自下寒武统筇竹寺组烃源岩，因此将川西地区雷四段天然气与新场须二段和安岳龙王庙组天然气进行了对比分析。

在烷烃气碳同位素组成方面，川西地区雷四段天然气与新场须二段和安岳龙王庙组天然气甲烷碳同位素比值分布范围基本接近，整体在–35‰～–30‰，但乙烷碳同位素比值具有明显的差异，如新场须二段天然气 $\delta^{13}C_2$ 值均高于–29‰，安岳龙王庙组天然气 $\delta^{13}C_2$ 值整体小于–33‰，而川西地区雷四段天然气 $\delta^{13}C_2$ 值整体在–33‰～–29‰(图 4.11)。在烷烃气氢同位素组成方面，新场须二段天然气 δD_1 值整体小于–160‰，整体表现出以煤型气为主体的特征，并受到了部分油型气混合的影响；安岳龙王庙组天然气 δD_1 值则均大于–140‰，表现出典型海相油型气特征；而川西地区雷四段天然气 δD_1 值则介于–164‰～–136‰，与新场须二段天然气和安岳龙王庙组天然气具有明显的差异(图 4.11)。因此，烷烃气碳、氢同位素组成表明，川西地区雷四段天然气与新场须二段和安岳龙王庙组天然气不具有同源性，即川西地区雷四段天然气主体并非来自上三叠统马鞍塘组—小塘子组或下寒武统筇竹寺组烃源岩。

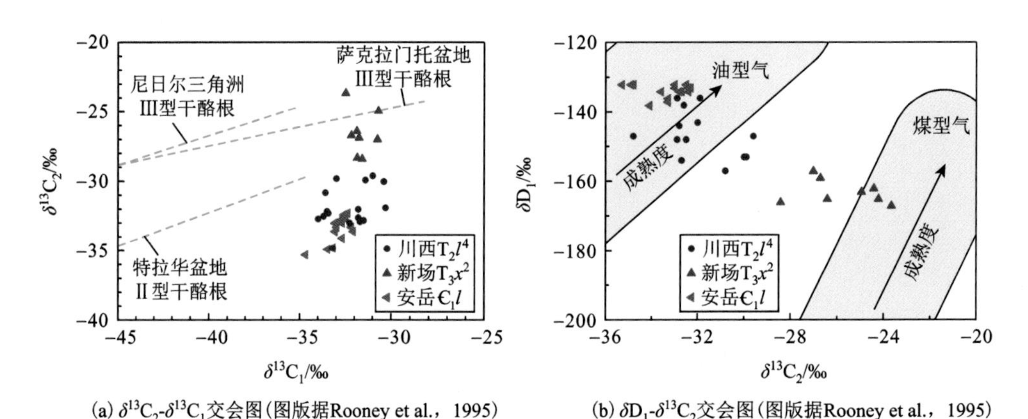

(a) $\delta^{13}C_2$-$\delta^{13}C_1$交会图(图版据Rooney et al.，1995)　(b) δD_1-$\delta^{13}C_2$交会图(图版据Rooney et al.，1995)

图 4.11　川西地区雷四段、新场须二段和安岳龙王庙组天然气碳、氢同位素特征对比

2. 气-源对比

原油裂解成气过程中，除了形成天然气外，还会形成副产物沥青，如川东北普光气

田飞仙关组储层中发育有大规模的沥青就是古油藏发生大规模裂解的产物。对储层沥青特征的分析也可以为气源对比提供有益的信息。

对川西地区雷口坡组而言，储层中沥青的发育规模非常有限，从宏观的岩心尺度统计情况来看，尽管安阜1、羊深1、邑深1等井岩心中均发现了固体沥青，但其规模非常小，仅在局部发育(图4.12)。在微观的显微镜下可以观察到马井1、彭州103等井沿缝合线发育部分储层沥青(图4.13)，但从整体来看，沥青发育的规模仍然比较有限。这表明，川西地区雷口坡组储层虽然经历过一定程度的原油聚集和裂解，但规模较为有限，未经历大规模的古油藏形成过程，与川东北长兴组—飞仙关组中发育大规模的储层沥青有着明显不同。

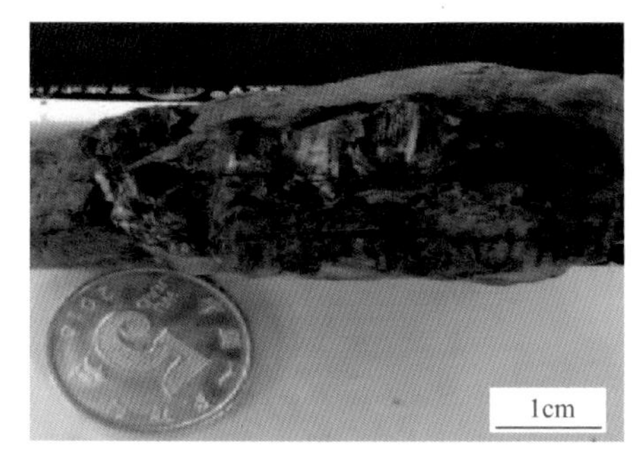

(a)安阜1井雷口坡组沥青宏观特征

(b)羊深1井雷口坡组沥青宏观特征

图4.12 川西雷口坡组储层沥青宏观特征

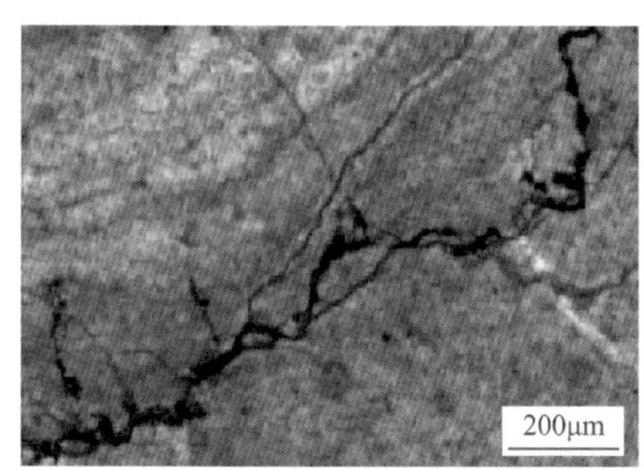

(a)缝合线沥青，藻白云岩，马井1井，6196.25m(-)

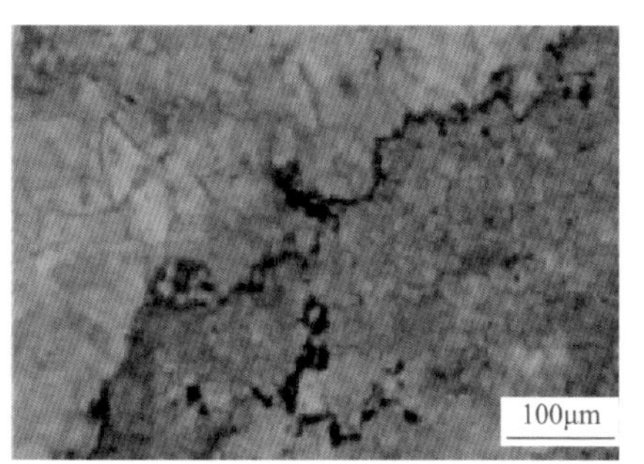

(b)缝合线沥青，藻白云岩，马井1井，6186.00m(-)

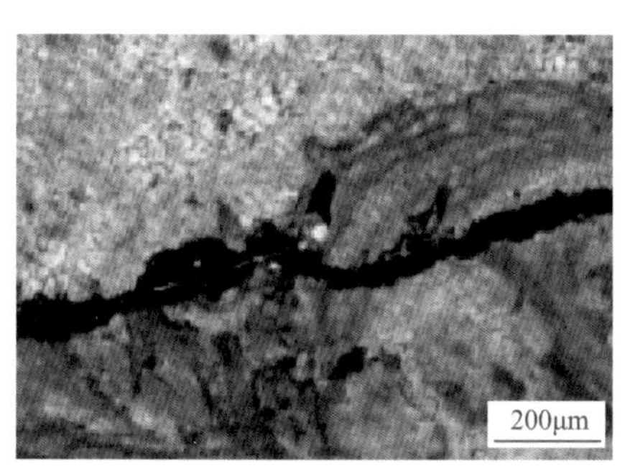

(c)缝合线沥青，藻白云岩，马井1井，6196.38m(-)

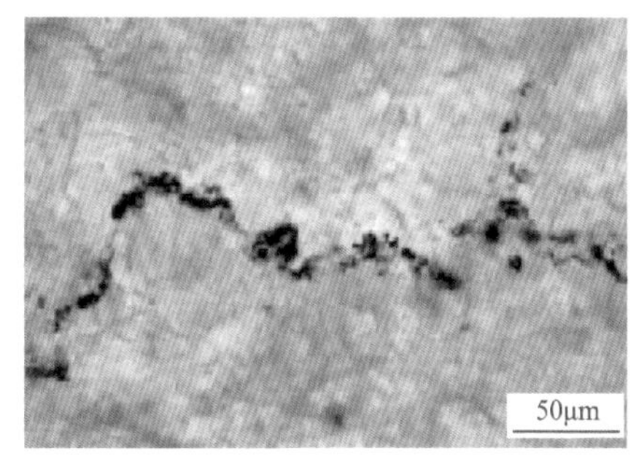

(d)缝合线沥青，泥晶白云岩，彭州103井，6018.50m(-)

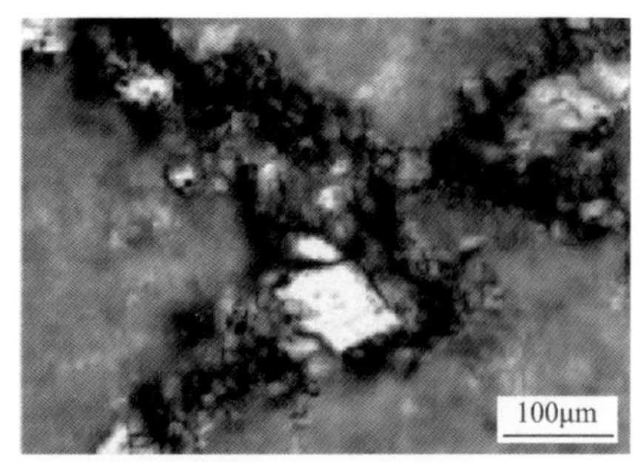

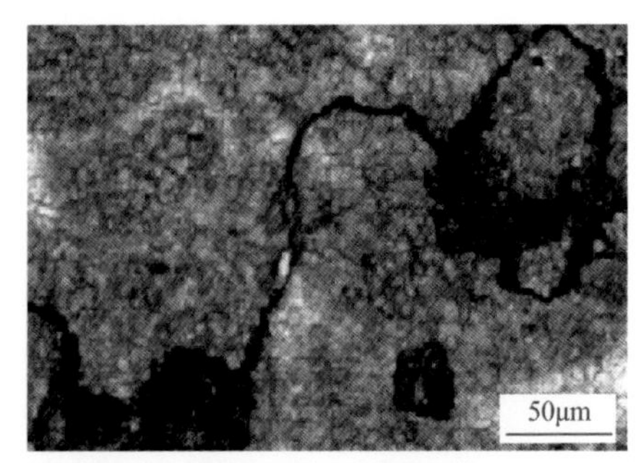

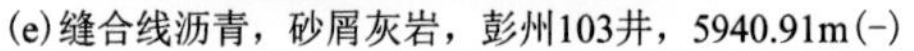

(e) 缝合线沥青，砂屑灰岩，彭州103井，5940.91m(-)　　(f) 缝合线沥青，鲕粒白云岩，彭州115井，6276.30m(-)

图 4.13　川西雷口坡组储层沥青微观特征

新深 1 井雷四段储层沥青与雷三段灰色白云质灰岩具有相似的生物标志化合物组合特征，表现在：①孕甾烷与升孕甾烷、重排甾烷含量低，规则甾烷含量相对较高；②C_{27}、C_{28}、C_{29} 规则甾烷呈近对称的“V”字形；③三环萜烷含量低，五环萜烷含量高，全系列构成曲线相似；④伽马蜡烷(Ga)含量丰富。这些综合反映了该井雷四段储层沥青源自雷三段烃源岩(图 4.14)。

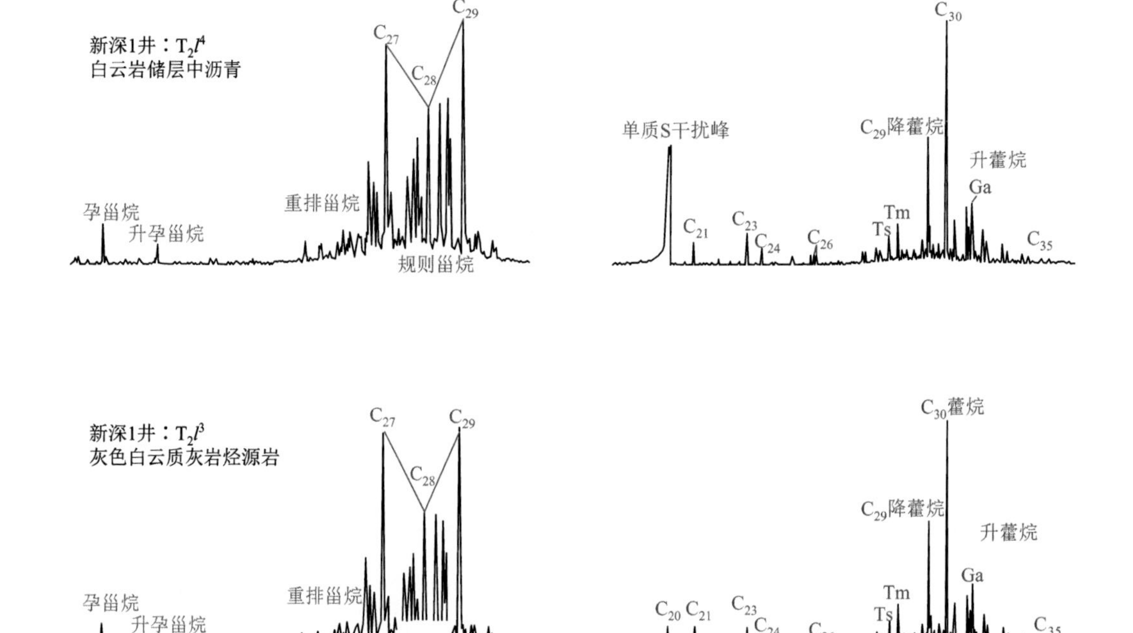

图 4.14　新深 1 井雷四段储层沥青与雷三段烃源岩饱和烃色谱质谱分析图

川西地区雷口坡组井下沥青样品实测沥青反射率(R_b)普遍大于 3.0%，计算所得等效镜质体反射率 $R_o>2.0\%$，表明沥青均处于过成熟阶段。因此，井下雷口坡组储层沥青样品均为热裂解成因的焦沥青。通常认为，碳酸盐岩烃源岩和泥质烃源岩在生物标志化合物参数方面，如 $C_{35}S/C_{34}S$ 藿烷比值和 C_{29}/C_{30} 藿烷比值具有一定的差异。对川西地区雷口坡组而言，黄连桥和马鞍塘等野外剖面的雷口坡组储层沥青样品，由于热演化程度相对较低，从沥青生物标志化合物参数对比来看，其主体仍表现出来自碳酸盐岩烃源岩的特征，即来自雷口坡组自身；而井下储层沥青和碳酸盐岩烃源岩样品由于受到过高的成熟度影响，其 $C_{35}S/C_{34}S$ 藿烷比值和 C_{29}/C_{30} 藿烷比值均较低，发生了趋同于泥质烃源岩的现象，导致指标失效(图 4.15)。因此，川西地区雷口坡组储层沥青可能主要来自雷口坡组自身碳酸盐岩烃源岩。

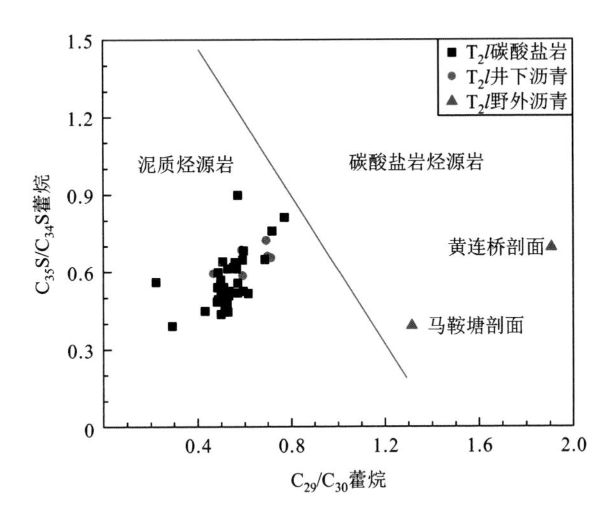

图 4.15 川西雷口坡组储层沥青 $C_{35}S/C_{34}S$ 藿烷比值与 C_{29}/C_{30} 藿烷比值相关图

碳同位素分馏特征研究表明，原油的 $\delta^{13}C$ 值一般比烃源岩干酪根小 1～2 个千分点，比热蚀变形成的沥青小 2～3 个千分点，因此这类固体沥青的 $\delta^{13}C$ 值通常比烃源岩干酪根大 1 个千分点左右(朱扬明等，2012)。雷口坡组储层沥青 $\delta^{13}C$ 值为−27.5‰～−25.2‰，整体略大于龙潭组和雷口坡组烃源岩干酪根 $\delta^{13}C$ 值，小于马鞍塘组和小塘子组烃源岩干酪根 $\delta^{13}C$ 值，并显著大于下寒武统筇竹寺组烃源岩干酪根 $\delta^{13}C$ 值(图 4.16)。这表明雷口坡组储层沥青与上二叠统龙潭组和雷口坡组烃源岩具有较好的亲缘性，而与上三叠统马鞍塘组、小塘子组及筇竹寺组烃源岩不具备显著的亲缘性。

川西地区雷四段天然气为原油裂解气，乙烷的 $\delta^{13}C$ 值比龙潭组和雷口坡组烃源岩干酪根 $\delta^{13}C$ 值小 3～5 个千分点，表现出较好的亲缘性(图 4.16)。筇竹寺组烃源岩生成的天然气应当比其干酪根具有更小的乙烷 $\delta^{13}C$ 值，而雷四段乙烷的 $\delta^{13}C$ 值普遍大于筇竹寺组烃源岩干酪根的值；马鞍塘组—小塘子组烃源岩为偏腐殖型(图 4.16)，其产气特征主要为干酪根直接降解生成煤型气，与雷口坡组典型原油裂解气有明显不同。因此，筇竹寺组、马鞍塘组、小塘子组烃源岩与雷四段天然气不具有明显的亲缘性。

由此可见，川西地区雷四段天然气和储层沥青在碳同位素组成方面均与上二叠统龙潭组和雷口坡组自身烃源岩具有较好的亲缘性，而筇竹寺组、马鞍塘组、小塘子组烃源岩则没有显著贡献。结合沥青发育规模和藿烷比值特征认为，雷四段天然气主要来自上二叠统龙潭组泥质烃源岩，雷口坡组碳酸盐岩烃源岩也有一定的贡献。

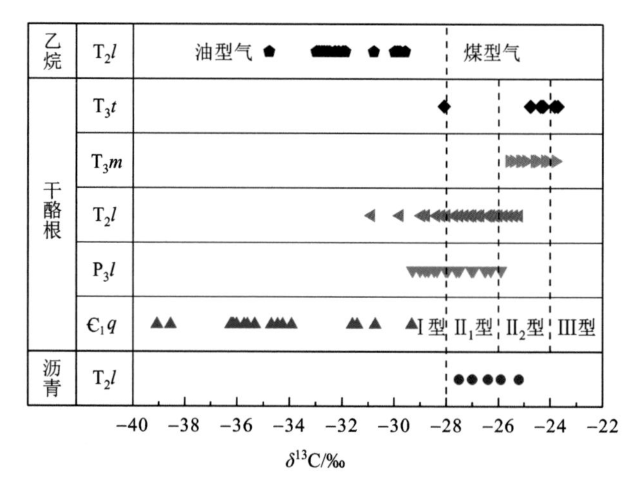

图 4.16　川西地区雷四段天然气乙烷、储层沥青和不同层位烃源岩干酪根碳同位素对比（据吴小奇等，2020）

3. 天然气成熟度对比

甲烷碳同位素比值可以反映烃源岩的热演化程度，因此烃源岩成熟度与根据天然气计算所得 R_o 进行对比是进行气源对比的一种重要手段。许多学者根据统计提出了不同的 $\delta^{13}C_1$-R_o 经验公式，如 Stahl（1977）根据美国得克萨斯州西部油型气提出的 $\delta^{13}C_1$-R_o 经验公式（$\delta^{13}C_1 \approx 17 \times \lg R_o - 42$）主要反映高演化阶段瞬时成气的特征，戴金星等（1992）根据我国含油气盆地大量数据统计提出的油型气 $\delta^{13}C_1$-R_o 经验公式（$\delta^{13}C_1 \approx 15.8 \times \lg R_o - 42.2$）反映了高演化阶段连续或累积生气的特征（刘文汇和徐永昌，1999）。随着热演化程度的逐渐增大，瞬时生成的天然气其碳同位素比值逐渐增大，而累积模式生成的天然气尽管碳同位素比值也同样表现出增大的趋势，但增加幅度明显小于瞬时模式生成的天然气（Rooney et al.，1995）。

川西地区雷口坡组天然气甲烷碳同位素比值为−35.10‰～−29.30‰，平均值为−32.10‰。根据戴金星等（1992）提出的油型气累积聚气模式计算所得 R_o 值为 2.81%～6.55%，平均值为 4.44%；而根据 Stahl（1977）提出的油型气瞬时聚气模式计算所得 R_o 值为 2.55%～5.59%，平均值为 3.89%（表 4.2）。

表 4.2　川西地区雷口坡组天然气 $\delta^{13}C_1$ 值和不同模式计算所得 R_o 值

数值类型	$\delta^{13}C_1$/‰	R_o/%（累积模式）	R_o/%（瞬时模式）
最小值	−35.10	2.81	2.55
最大值	−29.30	6.55	5.59
平均值	−32.10	4.44	3.89

如果雷口坡组天然气来自雷口坡组自身碳酸盐岩烃源岩，其天然气聚集模式应为

累积聚气，而按照累积聚气模式计算所得的 R_o 值明显高于雷口坡组现今的成熟度(R_o = 2.5%～3.5%)，这表明雷口坡组天然气中有更高演化程度烃源岩的贡献。根据瞬时聚气模式计算所得 R_o 值与现今川西中上二叠统烃源岩热演化程度(中二叠统烃源岩 R_o = 3.25%～4.75%，上二叠统烃源岩 R_o = 3.0%～4.5%)基本一致，表明雷口坡组天然气主体来自中上二叠统烃源岩，天然气由中上二叠统烃源岩生成的原油在高演化阶段发生裂解所形成，雷口坡组气藏主体由原油裂解气直接充注形成，而并未在雷口坡组中先形成古油藏后发生裂解。

上述气源认识基本适用于川西拗陷龙门山前带、新场构造带及马井构造等雷四段构造型气藏。对于川西斜坡带的气源认识可能还存在一定差异，随着上三叠统马一段致密灰岩尖灭，斜坡带的雷四上亚段储层可沿地层上倾方向直接与马鞍塘组—小塘子组泥质烃源岩侧向对接，从而具备较为有利的雷口坡组自身烃源岩+马鞍塘组—小塘子组烃源岩双源供烃条件。从绵阳斜坡带永兴 1 井雷四段天然气碳、氢同位素测试结果(表 4.3)来看，甲烷碳同位素比值为–35.1‰～–34.7‰，对比川西其他地区雷四段天然气的成熟度相对较低。乙烷碳同位素比值为–30.1‰～–29.9‰，表现出油型气特征。甲烷氢同位素比值为–150.3‰～–149.7‰，与典型海相油型气特征一致。

表 4.3 绵阳斜坡带雷口坡组天然气碳、氢同位素比值及计算所得 R_o 值

层位	深度/m	$\delta^{13}C_1$/‰	$\delta^{13}C_2$/‰	δD_1/‰	油型气 R_o/%
雷四上亚段	5715～5723	–34.7	–29.9	–149.7	2.98
		–35.1	–30.1	–150.3	2.81

根据戴金星等(1992)提出的典型油型气 $\delta^{13}C_1$-R_o 经验公式，计算气源岩成熟度 R_o = 2.81%～2.98%，这一数值与现今绵阳斜坡带雷口坡组自身烃源岩热演化程度(R_o = 2.40%～2.80%)和马鞍塘组—小塘子组烃源岩热演化程度(R_o = 2.70%～2.91%)均较为接近，结合地层接触关系及输导条件综合分析认为，气源主要为雷口坡组自身烃源岩和马鞍塘组—小塘子组烃源岩。

综上所述，川西地区雷口坡组四段天然气总体为混源气，主体来自中上二叠统烃源岩；雷口坡组自身碳酸盐岩烃源岩也有一定的贡献，而在斜坡带气源则主要为雷口坡组自身碳酸盐岩烃源岩及马鞍塘组—小塘子组泥质烃源岩。

4.2 二叠系烃源岩

4.2.1 有机地球化学特征

1. 有机质丰度

川西地区广元上寺、北川通口、大邑大飞水、什邡金河等二叠系剖面的烃源岩样品测试分析结果表明，中、上二叠统烃源岩样品的总有机碳(TOC)含量整体大于0.2%，主体分布区间为0.2%～0.8%(图4.17)。

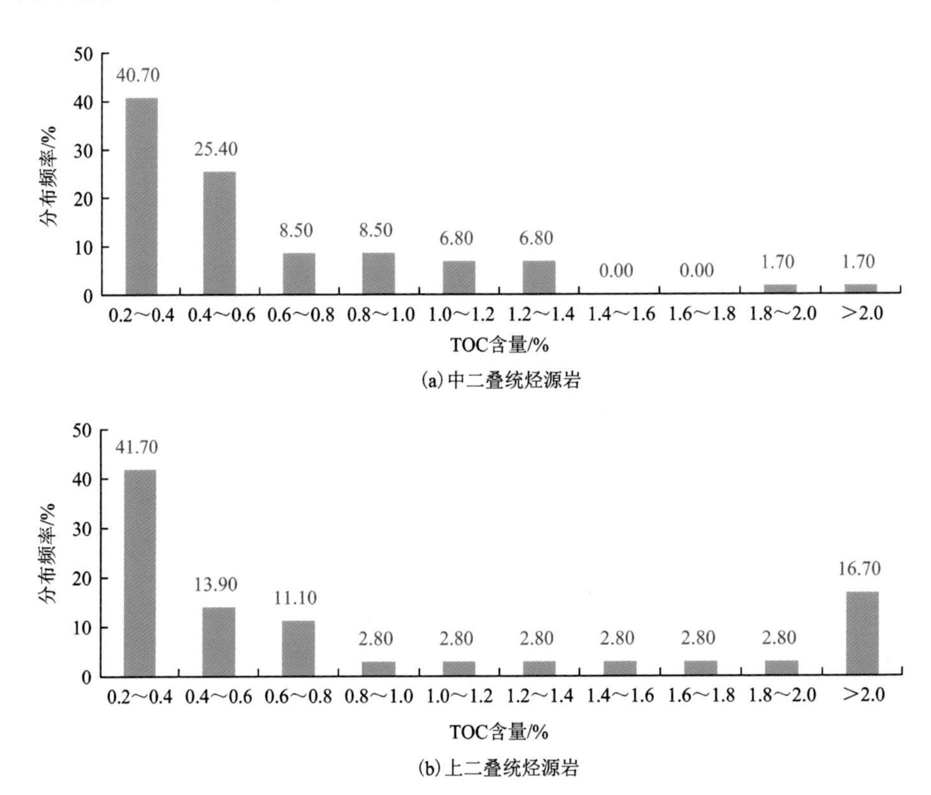

图4.17　川西地区中、上二叠统烃源岩总有机碳分布频率图

2. 有机质类型

1)干酪根碳同位素分析

干酪根碳同位素分析表明，中二叠统碳酸盐岩烃源岩干酪根类型以Ⅰ型、Ⅱ型为主，上二叠统烃源岩干酪根类型以Ⅰ型、Ⅱ型为主(图4.18)。

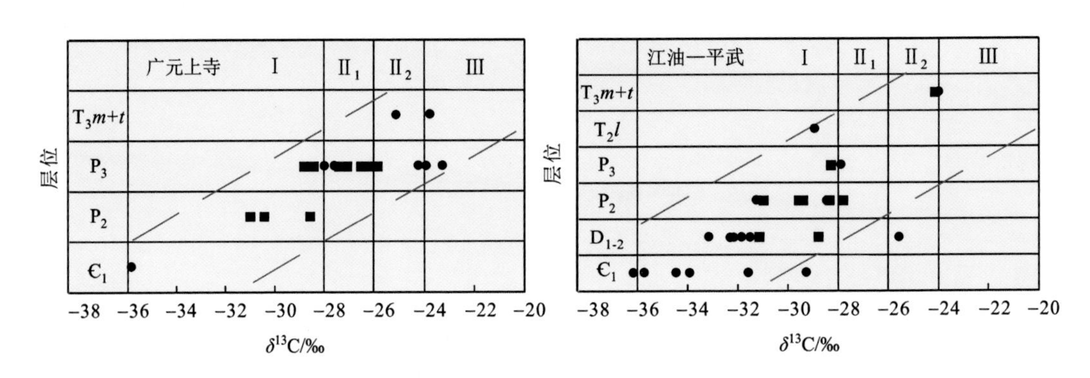

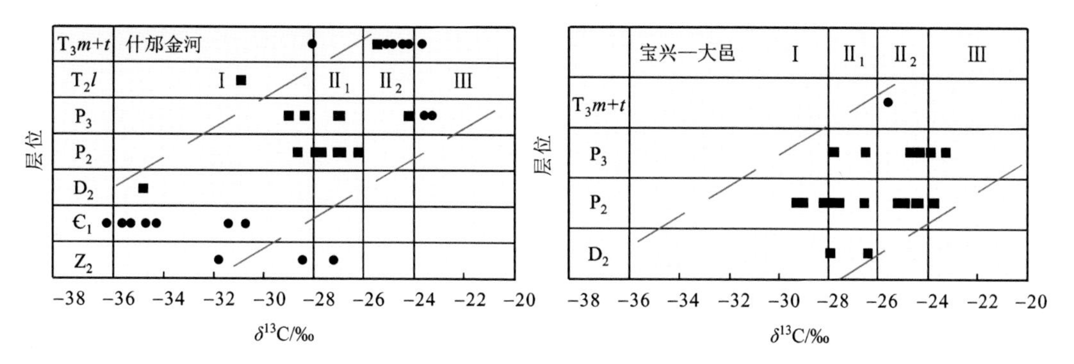

图4.18 川西地区海相烃源岩干酪根碳同位素分布与有机质类型图

广元上寺剖面：中二叠统烃源岩 $\delta^{13}C$ 值为–30.99‰～–28.60‰，干酪根类型为Ⅰ型。上二叠统烃源岩 $\delta^{13}C$ 值为–28.82‰～–23.32‰，大部分小于–26.00‰，干酪根类型以Ⅰ～$Ⅱ_1$型为主。

江油—平武剖面：中二叠统烃源岩 $\delta^{13}C$ 值为–31.30‰～–27.88‰，干酪根类型主要为Ⅰ型。上二叠统烃源岩 $\delta^{13}C$ 值为–28.35‰～–27.94‰，干酪根类型以Ⅰ型为主。

什邡金河剖面：中二叠统烃源岩 $\delta^{13}C$ 值为–28.65‰～–26.50‰，干酪根类型以$Ⅱ_1$型为主。上二叠统烃源岩 $\delta^{13}C$ 值为–29.01‰～–23.32‰，碳酸盐岩烃源岩干酪根类型以Ⅰ～Ⅱ型为主，泥质岩烃源岩干酪根类型为Ⅲ型。

宝兴—大邑剖面：中二叠统烃源岩 $\delta^{13}C$ 值为–29.3‰～–23.97‰，干酪根类型以Ⅱ型为主。上二叠统烃源岩 $\delta^{13}C$ 值为–27.81‰～–23.33‰，干酪根类型以$Ⅱ_1$～$Ⅱ_2$型为主。

2) 生物标志化合物分析

广元上寺剖面：中-上二叠统烃源岩总体上是 C_{29} 胆甾烷含量占优势，有机质类型属于Ⅱ～Ⅲ型[图4.19(a)]；江油—平武剖面：中-上二叠统烃源岩 C_{29} 胆甾烷含量占优势，有机质类型属于$Ⅱ_2$～Ⅲ型[图4.19(b)]；什邡金河剖面：中-上二叠统烃源岩 C_{29} 胆甾烷含量占优势，有机质类型属于Ⅱ～Ⅲ型[图4.19(c)]；宝兴—大邑剖面：中-上二叠统烃源岩 C_{27} 胆甾烷含量占优势，有机质类型属于Ⅰ～$Ⅱ_1$型[图4.19(d)]。

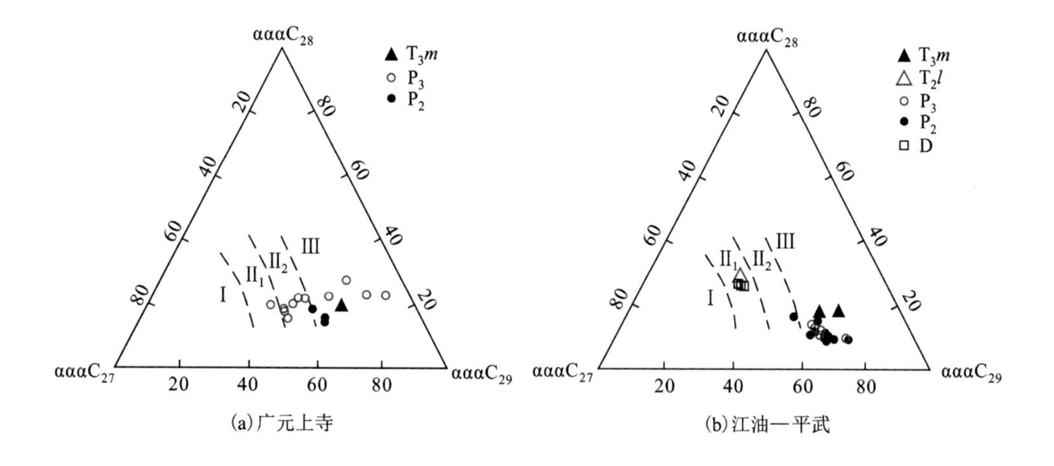

(a)广元上寺 (b)江油—平武

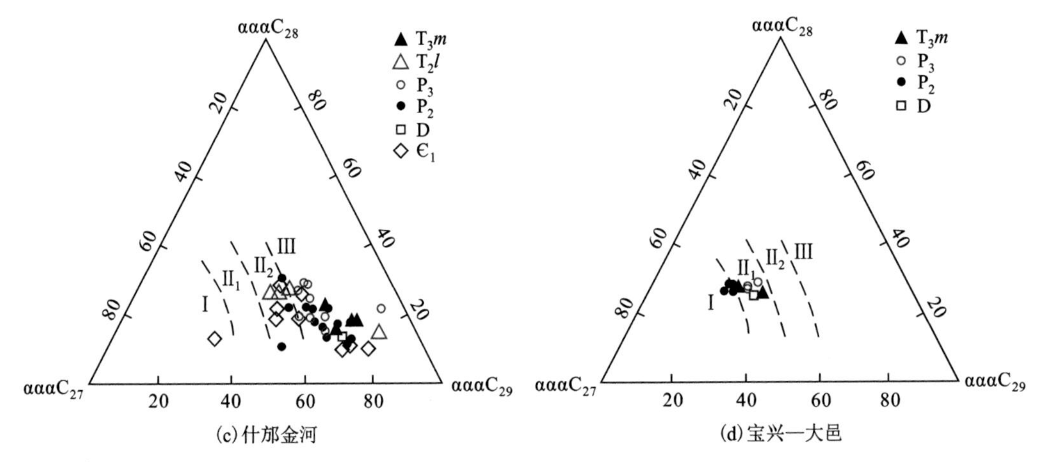

图 4.19　川西地区海相烃源岩甾烷 C_{27}～C_{29} 组成三角图

3) 显微组分分析

有机地球化学、有机岩石学综合研究表明，中二叠统碳酸盐岩烃源岩有机质类型主要为Ⅰ～Ⅱ1型，中二叠统泥质烃源岩有机质类型主要为Ⅱ1～Ⅱ2型，上二叠统碳酸盐岩烃源岩有机质类型主要为Ⅰ～Ⅱ1型，上二叠统泥质烃源岩有机质类型主要为Ⅱ1～Ⅲ型(表 4.4)。

表 4.4　川西地区二叠系烃源岩有机显微组分统计表

剖面	层位	岩性	腐泥组/%	壳质组/%	镜质组/%	惰质组/%	次生组分/%	类型指数TI/%	样品数/件	主要类型
广元上寺	P_3	泥质岩	12.5～96.0	3.0	0.5～42.5	1.0～54.5	14.5～98.5	−84.88～92.25	9	Ⅰ～Ⅱ1
		碳酸盐岩	76.5～85.5		0.5	1.0～8.5	13.5～17	74.88～91.25	4	Ⅰ～Ⅱ1
	P_2	碳酸盐岩	47.5～95.5				4.5～52.5	73.75～97.75	3	Ⅰ～Ⅱ1
江油—平武	P_3	泥质岩	34.5～74.5				25.5～63.5	64.25～87.25	2	Ⅰ～Ⅱ1
		碳酸盐岩	43.5～86.5				13.5～100.0	50.00～93.25		Ⅰ～Ⅱ1
	P_2	泥质岩	38.5～56.5	13.5	26.5	2.0～6.0	15.5～41.5	27.15～75.25	2	Ⅱ1～Ⅱ2
		碳酸盐岩	34.0～87.5		6.5	2.0～12.5	10.5～100.0	32.00～93.75		Ⅰ～Ⅱ1
什邡金河	P_3	泥质岩		3.5	72.5～76.5	23.5～24.0		−80.90～−76.60	2	Ⅲ
		碳酸盐岩					100.0	50.00	12	Ⅱ1
	P_2	碳酸盐岩	45.5				54.5-100.0	50.0～72.75	19	Ⅱ1
宝兴—大邑	P_3	泥质岩		1.0	32.5	66.5		−90.38	1	Ⅲ
		碳酸盐岩	12.5				87.5～100.0	50.00～56.25	8	Ⅱ1
	P_2	泥质岩	52.5				47.5	76.25	1	Ⅱ1
		碳酸盐岩	1.0～57.5			2.0～4.0	38.5～100.0	49.75～72.75	17	Ⅱ1

广元上寺剖面：上二叠统泥质岩为Ⅰ～Ⅱ1型，碳酸盐岩为Ⅰ～Ⅱ1型；中二叠统碳酸盐岩为Ⅰ～Ⅱ1型。

江油—平武剖面：上二叠统泥质岩为Ⅰ～Ⅱ1型，碳酸盐岩为Ⅰ～Ⅱ1型；中二叠统泥质岩为Ⅱ1～Ⅱ2型，碳酸盐岩为Ⅰ～Ⅱ1型。

什邡金河剖面：上二叠统泥质岩为Ⅲ型，碳酸盐岩为Ⅱ1型；中二叠统碳酸盐岩为Ⅱ1型。

宝兴—大邑剖面：上二叠统泥质岩为Ⅲ型，碳酸盐岩为Ⅱ$_1$ 型；中二叠统泥质岩为Ⅱ$_1$ 型，碳酸盐岩为Ⅱ$_1$ 型。

3. 有机质成熟度

川西地区绝大部分中、上二叠统烃源岩已达到过成熟演化阶段，其中，中二叠统烃源岩 R_o 为 1.55%～4.25%，平均值为 2.62%；上二叠统烃源岩 R_o 为 1.50%～4.00%，平均值为 2.43%。

4.2.2　烃源岩展布

1. 中二叠统烃源岩

中二叠统以碳酸盐岩烃源岩为主，在川西全区均有分布，厚度由西缘向拗陷中心增厚，大部分地区厚度大于 250m(图 4.20)。中二叠统碳酸盐岩烃源岩 TOC 含量在绵竹—安州一带最高，大于 1.2%，向南逐渐降低。

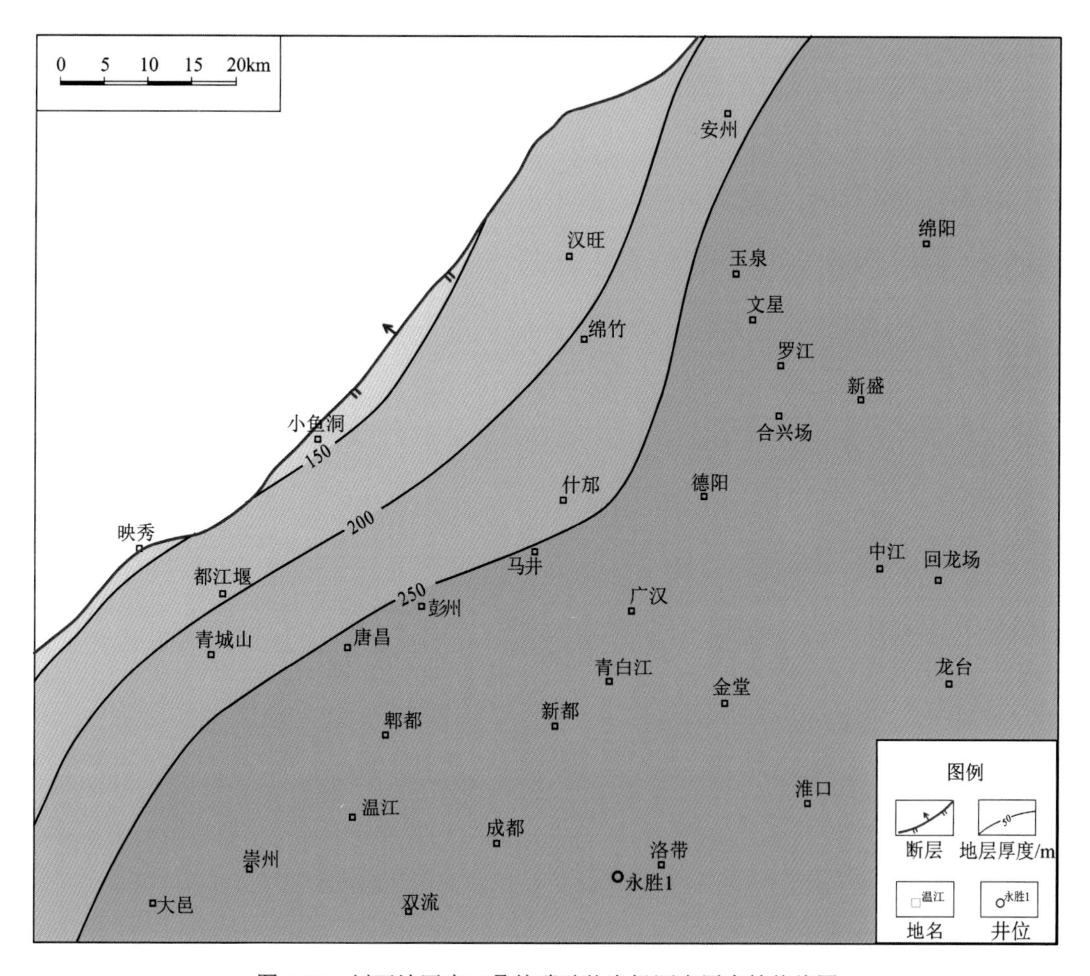

图 4.20　川西地区中二叠统碳酸盐岩烃源岩厚度等值线图

2. 上二叠统烃源岩

川西地区上二叠统烃源岩以龙潭组泥质岩为主，厚度为 30～60m，自西向东逐渐增厚，在龙门山前龙潭组烃源岩厚度达 30m 左右，在绵阳斜坡区龙潭组烃源岩厚度最大，介于 50～60m(图 4.21)。龙潭组烃源岩 TOC 含量平面分布由西向东逐渐增大，从 1.5%增大到 2.5%，中江—回龙场一带含量最高。

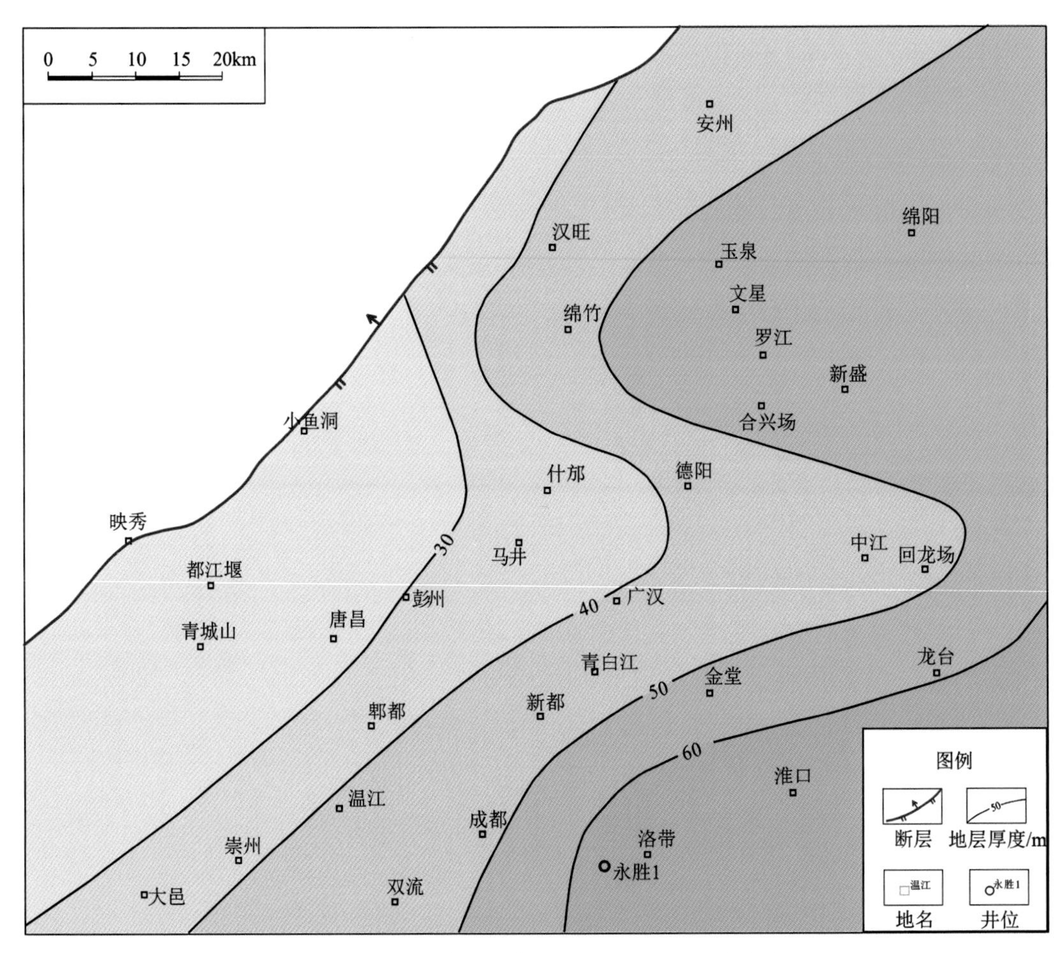

图 4.21 川西地区上二叠统龙潭组烃源岩厚度等值线图

4.2.3 二叠系烃源岩综合评价

烃源岩的质量包括烃源岩厚度、空间展布、有机质丰度、类型、成熟度等多个评价指标，但最终体现在烃源岩的生烃强度上，因此，将生烃强度作为烃源层质量的定量表征指标，并根据生烃强度大小，进一步划分为 I 类(好)、II 类（较好)、III类(一般)区。

1. 中二叠统烃源岩

根据生烃强度，中二叠统烃源岩 I 类烃源区分布于绵阳地区，该区碳酸盐岩烃源岩厚度大于250m，TOC含量大于1.0%；泥质烃源岩厚度为2～5m，TOC含量大于1.2%，生烃强度约为$60\times10^8m^3/km^2$。Ⅱ类烃源区位于德阳—广汉一带，碳酸盐岩烃源岩厚度为250m，TOC含量为0.8%～1.0%；泥质烃源岩厚度为5～10m，TOC含量为0.8%～1.2%，生烃强度为45×10^8～$55\times10^8m^3/km^2$。Ⅲ类烃源区分布于成都—彭州地区，该区碳酸盐岩烃源岩厚度为150～200m，TOC含量为0.6%～0.8%；泥质烃源岩厚度为8～12m，TOC含量大于1.0%，生烃强度为30×10^8～$45\times10^8m^3/km^2$（图4.22）。

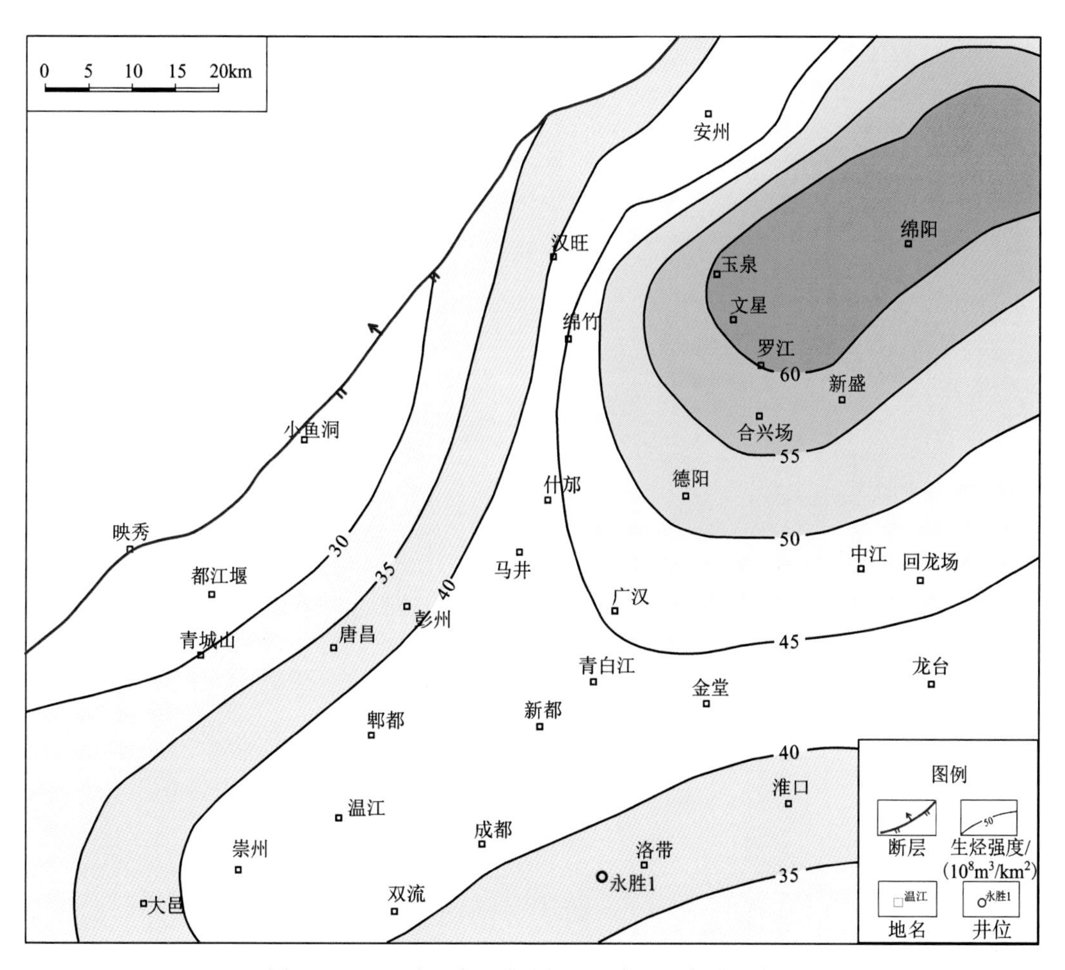

图4.22　川西地区中二叠统烃源岩生烃强度等值线图

2. 上二叠统烃源岩

上二叠统TOC含量普遍较高，主体为1.5%～3.0%，整体表现出自西北向东南逐渐增大的特征；在绵阳斜坡区龙潭组烃源岩TOC含量主体为1.0%～1.5%。上二叠统烃源岩生烃强度整体较高，为16×10^8～$26\times10^8m^3/km^2$，且表现出自西北向东南方向逐渐增大的特征(图4.23)。

Ⅰ类烃源区分布于成都以东地区，泥质烃源岩厚度为40～50m，TOC含量大于2.5%，生烃强度大于$26\times10^8m^3/km^2$。

Ⅱ类烃源区分布于梓潼、中江、成都和邛崃一带。泥质烃源岩厚度为 30～50m，TOC 含量为 1.5%～2.0%，生烃强度为 18×10^8～$24\times10^8m^3/km^2$。

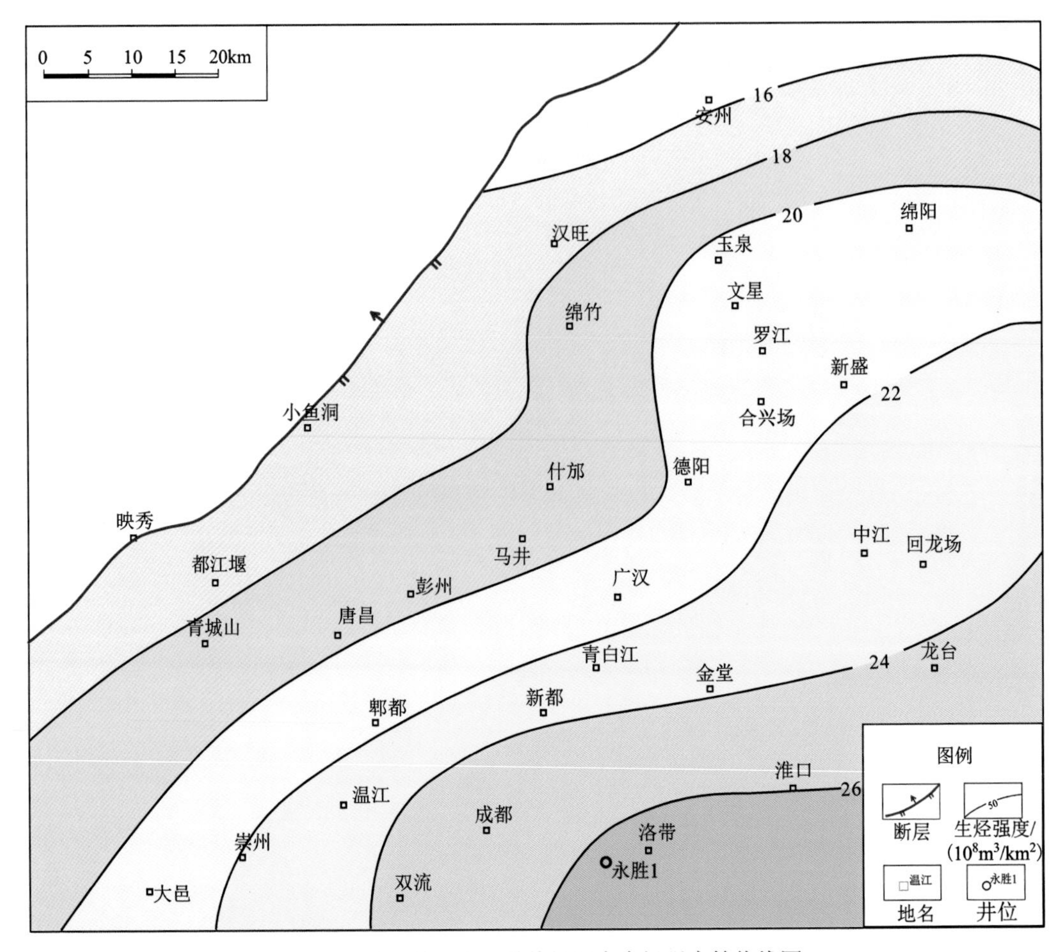

图 4.23　川西地区上二叠统烃源岩生烃强度等值线图

Ⅲ类烃源区分布于彭州—绵竹沿龙门山前带，泥质烃源岩厚度小于 20m，TOC 含量为 1.0%～1.5%，生烃强度为 16×10^8～$18\times10^8m^3/km^2$。

综合分析评价表明，川西拗陷二叠系烃源岩生烃潜力巨大，可以为雷口坡组气藏提供充足的天然气气源。

4.3　雷口坡组烃源岩

4.3.1　有机地球化学特征

1. 有机质丰度

川西拗陷雷口坡组碳酸盐岩实测残余 TOC 含量为 0.02%～1.72%(图 4.24)，平均值仅为0.17%，整体有机质丰度偏低，1297个样品中TOC含量低于0.20%的样品有1026个，而高于0.40%的达标样品仅有81个，达标率仅为6.25%，其平均值为0.64%。采用1.25的系数进行有机质丰度恢复后的TOC含量为0.03%～2.16%，平均值仅为0.21%，其中TOC含量超过0.50%的样品为81个，平均值为0.80%。这表明，雷口坡组碳酸盐岩原始有机质丰度整体偏低，局部仍然发育相对高有机质丰度(TOC含量≥0.50%)层段，但发育规模十分有限。

越来越多的学者认为低有机质丰度碳酸盐岩烃源岩含有一定量的有机酸盐，常规的TOC分析测试方法不能完全反映烃源岩真实的有机质丰度，有机酸盐在高演化阶段具有不可忽视的生烃潜力(刘文汇等，2017；赵恒等，2019)。通过有机酸盐分析更能够反映烃源岩真实的TOC含量。

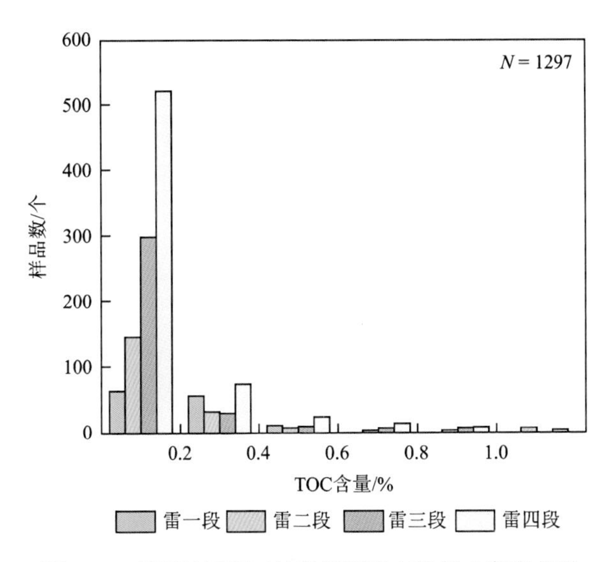

图4.24　川西地区雷口坡组烃源岩有机质丰度直方图

雷口坡组碳酸盐岩烃源岩的有机酸盐TOC含量测试结果显示，含有机酸盐的TOC含量明显增大，增幅为1.87%～193.30%(表4.5)。进一步的生烃热模拟实验结果显示有机酸盐具有相对更高的产烃率。有机酸盐的生烃对于四川盆地雷口坡组以生气为主的低丰度碳酸盐岩烃源岩来说具有非常重要的意义。

表4.5　川西地区雷口坡组烃源岩含有机酸盐TOC测试与常规TOC测试结果对照表

样品号	样品岩性	层位	常规TOC含量/%	含有机酸盐TOC含量/%	差值/%	增幅/%
pz1-5808	白云质藻灰岩	雷四段	0.10	0.1234	0.0234	23.40
pz1-5862	浅灰色白云岩	雷四段	0.60	0.6112	0.0112	1.87
pz1-5900	灰色膏质白云岩	雷四段	0.28	0.3787	0.0987	35.25
pz1-5960	深灰色膏质白云岩	雷四段	0.15	0.2844	0.1344	89.60
xas1-5714	灰色白云岩	雷四段	0.21	0.2395	0.0295	14.05
xas1-5726	深灰色白云质灰岩	雷四段	0.04	0.1110	0.0710	177.50
xas1-5800	灰色灰质白云岩	雷四段	0.13	0.2282	0.0982	75.54

续表

样品号	样品岩性	层位	常规 TOC 含量/%	含有机酸盐 TOC 含量/%	差值/%	增幅/%
xas1-5835	深灰色白云岩	雷四段	0.20	0.5866	0.3866	193.30
xas1-5885	深灰色白云岩	雷四段	0.32	0.7400	0.4200	131.25
xas1-5904	深灰色膏质白云岩	雷四段	0.32	0.3437	0.0237	7.41
xas1-6096	深灰色膏质白云岩	雷四段	0.35	0.6218	0.2718	77.66
xas1-6165	深灰色白云岩	雷四段	0.48	0.6453	0.1653	34.44
xs1-5626	灰色粉晶白云岩	雷四段	0.24	0.3683	0.1283	53.46
xs1-6131	灰色白云质灰岩	雷四段	0.14	0.2955	0.1555	111.07
xs1-6137	灰色白云质灰岩	雷四段	0.20	0.3862	0.1862	93.10
ds1-6178	深灰色灰质白云岩	雷四段	0.29	0.4555	0.1655	57.07
JH-7	灰黑色泥质灰岩	雷四段	0.21	0.3385	0.1285	61.19

通过扫描电镜和能谱分析发现，雷口坡组烃源岩样品中存在一定数量的乙酸钙、草酸钙和硬脂酸钙等有机酸盐(图 4.25、图 4.26)，生烃热模拟实验的结果认为这类有机酸盐具有相对更高的产烃率，如硬脂酸钙的总产烃率可达 495kg/t，成烃转化率平均可达 24.7%(图 4.27、图 4.28)。

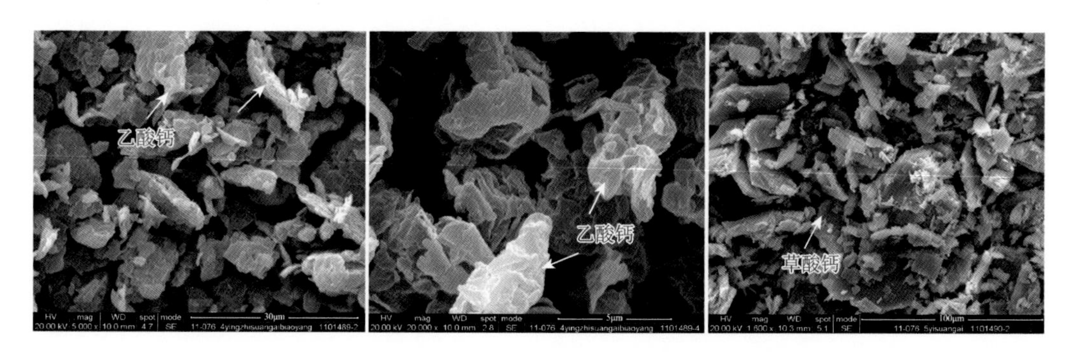

图 4.25　川西雷口坡组烃源岩样品中的有机酸盐(扫描电镜图像)

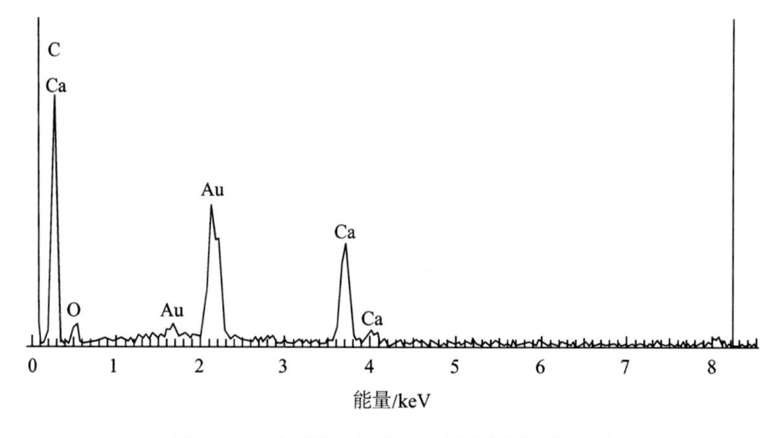

图 4.26　川西雷口坡组烃源岩样品能谱分析

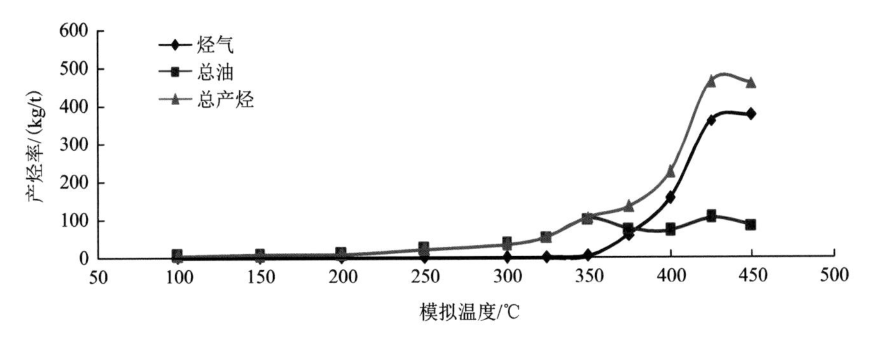

图 4.27 硬脂酸钙模拟产烃率曲线

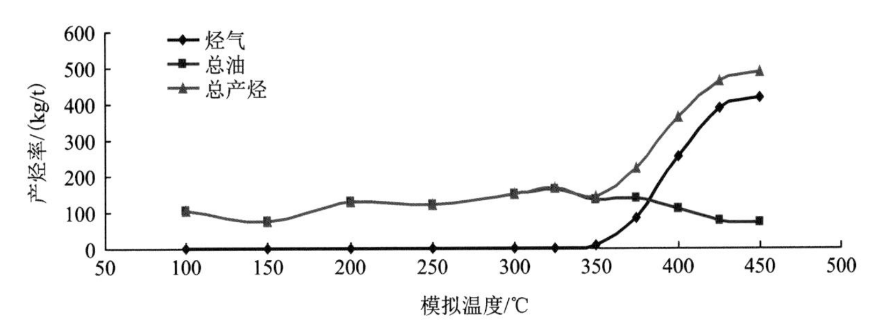

图 4.28 硬脂酸钙 + 乙酸钙模拟产烃率曲线

2. 有机质类型

1) 干酪根碳同位素分析

根据野外及钻井样品测试分析，雷口坡组烃源岩干酪根碳同位素比值($\delta^{13}C_{PDB}$)为−34.91‰～−25.25‰，干酪根类型以Ⅰ型为主，少数表现为Ⅱ$_1$型，个别为Ⅱ$_2$型(表 4.6)。

表 4.6 川西雷口坡组烃源岩干酪根碳同位素分析数据表

样品号	样品岩性	层位	$\delta^{13}C_{PDB}$/‰	干酪根类型
JH-7	灰黑色泥质灰岩	雷三段	−31.62	Ⅰ
pz1-5808	白云质藻灰岩	雷四段	−30.54	Ⅰ
pz1-5862	浅灰色白云岩	雷四段	−27.31	Ⅱ$_1$
pz1-5900	灰色膏质白云岩	雷四段	−28.42	Ⅰ
pz1-5960	深灰色膏质白云岩	雷四段	−29.02	Ⅰ
xas1-5714	灰色白云岩	雷四段	−30.90	Ⅰ
xas1-5726	深灰色白云质灰岩	雷四段	−30.70	Ⅰ
xas1-5800	灰色灰质白云岩	雷四段	−31.85	Ⅰ
xas1-5835	深灰色白云岩	雷四段	−34.46	Ⅰ
xas1-5904	深灰色膏质白云岩	雷四段	−26.89	Ⅱ$_1$
xas1-6096	深灰色膏质白云岩	雷四段	−25.25	Ⅱ$_2$
xas1-6165	深灰色白云岩	雷三段	−26.04	Ⅱ$_1$

续表

样品号	样品岩性	层位	$\delta^{13}C_{PDB}$/‰	干酪根类型
xas1-6223	深灰色泥晶白云岩	雷四段	−27.90	II_1
xs1-5626	灰色粉晶白云岩	雷四段	−34.81	I
xs1-6131	灰色白云质灰岩	雷三段	−33.40	I
xs1-6137	灰色白云质灰岩	雷三段	−34.91	I
ds1-6178	深灰色灰质白云岩	雷四段	−32.75	I

2) 显微组分分析

统计川西雷口坡组露头及钻井碳酸盐岩烃源岩54件样品显微组分测试结果并计算类型指数 TI 值为 12.5%～98.03%，表现为II_2、II_1和 I 型烃源岩，样品数量占比统计以II型为主(表 4.7)。

表 4.7　川西雷口坡组烃源岩显微组分分析统计表

取样位置	样品岩性	腐泥组/%	壳质组/%	镜质组/%	惰质组/%	次生组分/%	类型指数TI/%	样品数/件	类型
回龙 1 井	碳酸盐岩	75.00～88.24	0～2.94	8.82～25.00	0	0～100	49.50～83.09	8	I～II_1
新深 1 井	碳酸盐岩	85.71	0	7.14	7.14	0	73.21	1	II_1
孝深 1 井	碳酸盐岩	0～50.00	0	0～50.00	0	0～100	12.50～50.00	8	II_1～II_2
川科 1 井	碳酸盐岩	0	0	0	0	0～100	50.00	19	II_1
龙深 1 井	碳酸盐岩	14.50～44.50	0	0～13.50	0	54.50～100	33.12～72.75	8	II_1～II_2
潼深 1 井	碳酸盐岩	0～40.00	40.00～100.00	0～20.00	0	0	45.00～50.00	2	II_1
大飞水	碳酸盐岩	92.86	3.57	3.57	0	0	91.96	1	I
什邡金河	碳酸盐岩	0～20.00	0～60.00	0～20.00	0	0～100	35.00～50.00	5	II_1～II_2
黄连桥	碳酸盐岩	84.62～98.88	0～7.69	1.12～7.69	0	0～100	84.62～98.03	2	I

结合各项测试分析结果及沉积相资料综合分析认为雷口坡组烃源岩有机质类型主要为II_1型，兼有 I 、II_2型。

3. 有机质成熟度

川西雷口坡组烃源岩井下样品中测得的反射率均为沥青反射率，针对沥青反射率(R_b)与镜质体反射率(R_o)的相关关系国内外已有不少学者作了探讨，本书选用自然演化系列换算公式 $R_o = 0.6569R_b + 0.003364$，将沥青反射率换算成为等效镜质体反射率。结果表明：龙深 1 井雷口坡组烃源岩 R_o 为 2.90%～3.31%，川科 1 井雷口坡组烃源岩 R_o 为 2.17%～3.21%，新深 1 井雷口坡组烃源岩 R_o 为 1.98%～2.48%，孝深 1 井雷口坡组烃源岩 R_o 为 2.20%～2.60%，回龙 1 井雷口坡组烃源岩 R_o 为 2.11%～3.09%，彭州 1 井雷口坡组烃源岩 R_o 为 3.13%～3.36%，鸭深 1 井雷口坡组烃源岩 R_o 为 2.42%～2.49%，羊深 1 井雷口坡组烃源岩 R_o 为 2.18%～2.68% 。

通过盆地模拟，川西地区雷口坡组烃源岩现今的 R_o 为 2.10%～3.40%。其中，川西龙门山前中段、南段的大邑—聚源—金马—鸭子河一带向东到成都凹陷的温江—新繁—马井地区，有机质成熟度最高，R_o 达到 3.2%以上，向东、向北有逐渐减小的趋势。

因此，从整体上看，川西雷口坡组烃源岩演化程度均较高，R_o 都大于 2.0%，处于过成熟演化阶段。

4.3.2　烃源岩展布

通过统计川西地区雷口坡组碳酸盐岩烃源岩样品的 TOC 含量和相应的岩性，相比其他岩性，含膏碳酸盐岩 TOC 含量大于 0.2%的样品数占总样品的比例明显更高，且平均 TOC 含量也相对更高，为相对更好的烃源岩。因此，以钻井资料为基础，结合含膏碳酸盐岩形成的咸化环境沉积相展布，认为雷口坡组烃源岩平面上在川西拗陷中南段广泛分布，在龙门山前带和新场构造带厚度较大，彭州—什邡一带和中江—新盛以东地区厚度最大，可达 100m 以上，广汉斜坡带南部和新场构造带以北地区厚度减薄，一般小于 80m(图 4.29)。

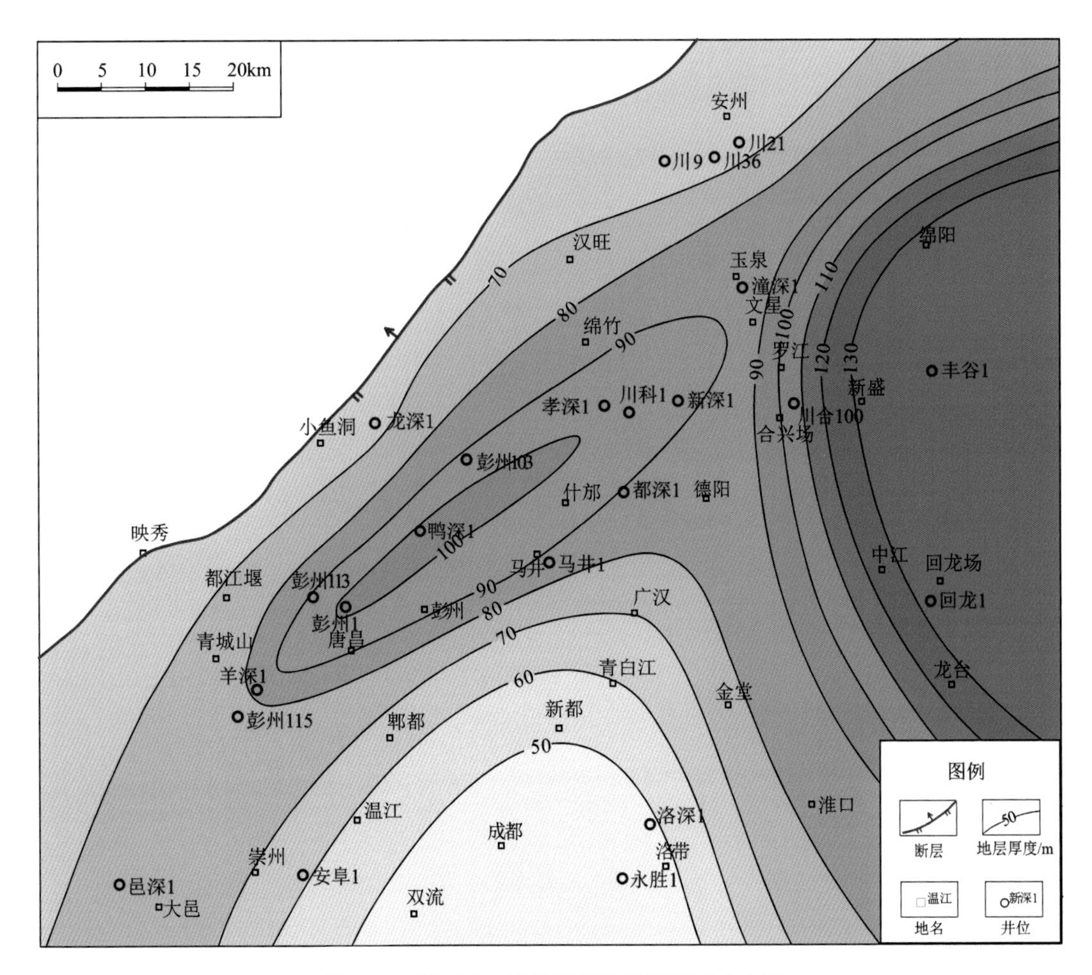

图 4.29　川西雷口坡组烃源岩厚度平面分布图

4.3.3　雷口坡组烃源岩综合评价

TSM 盆地模拟计算出川西地区雷口坡组烃源岩在白垩纪末期的生烃强度。白垩纪末以来，川西地区由于地壳抬升，烃源岩已基本上停止生烃，因此，白垩纪末期的生烃强度即为现今的生烃强度。

综合考虑雷口坡组烃源岩的特点，将生烃强度大于 $8\times10^8m^3/km^2$ 的评价为Ⅰ类烃源区，生烃强度为 $4\times10^8\sim8\times10^8m^3/km^2$ 的评价为Ⅱ类烃源区，生烃强度小于 $4\times10^8m^3/km^2$ 的评价为Ⅲ类烃源区。

Ⅰ类烃源区位于龙门山前带唐昌—什邡地区和新场构造东部中江—绵阳地区(图 4.30)，烃源岩厚度一般大于 100m，TOC 含量平均大于 0.4%，生烃强度为 $8\times10^8\sim10\times10^8m^3/km^2$。

Ⅱ类烃源区主要分布在龙门山前大邑—绵竹—安州一带和郫都—德阳—罗江一线，烃源岩厚度为 70～90m，TOC 含量平均为 0.3%，生烃强度为 $4\times10^8\sim8\times10^8m^3/km^2$。

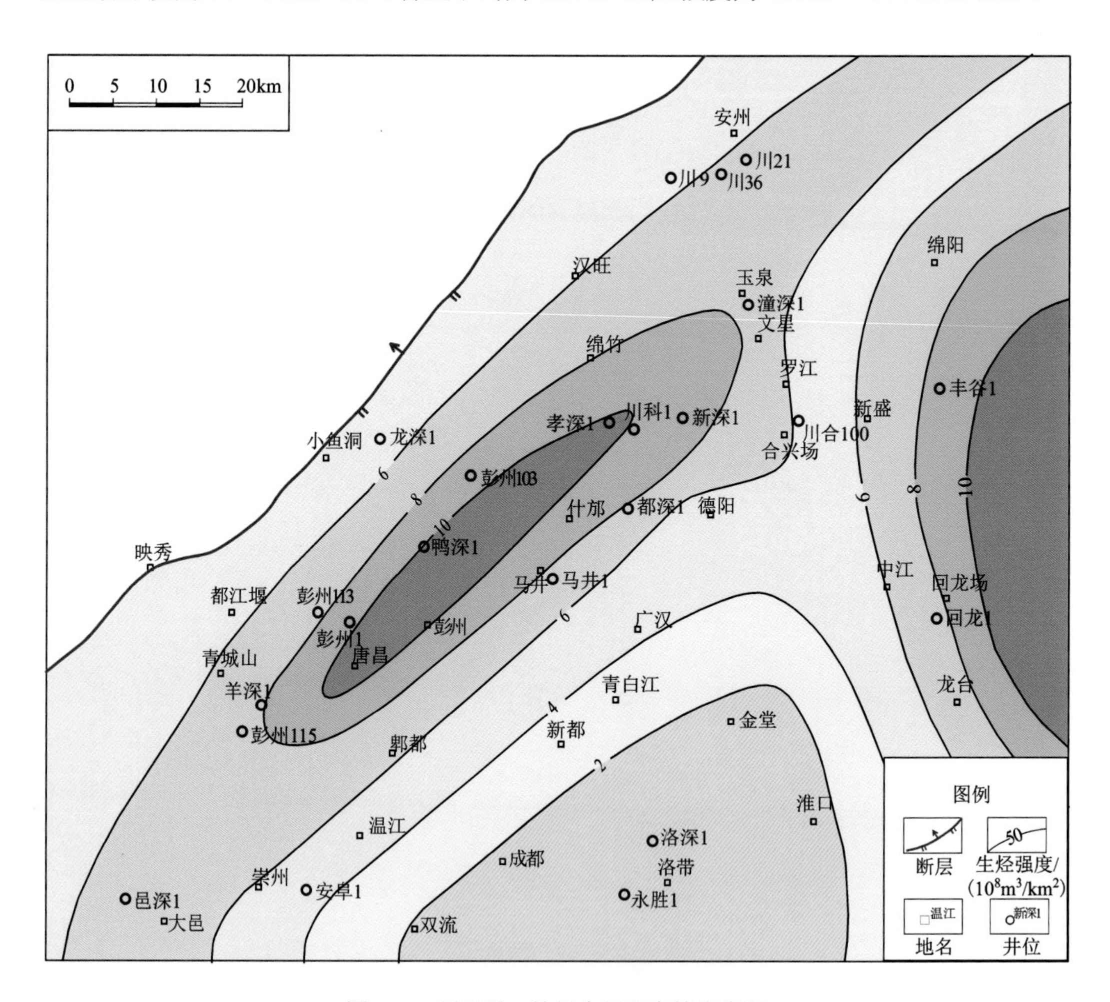

图 4.30　川西雷口坡组生烃强度等值线图

Ⅲ类烃源区仅分布在广汉以南和绵阳以北的区域，烃源岩厚度小于 50m，TOC 含量小于 0.3%，生烃强度小于 $4\times10^8 m^3/km^2$。

4.4　马鞍塘组—小塘子组烃源岩

4.4.1　有机地球化学特征

1. 有机质丰度

通过对邑深 1、安阜 1、丰谷 1 等海相过路井系统采样，共采集马鞍塘组—小塘子组黑色页岩样品 68 个，但由于岩屑样品的局限性，仅得测试分析结果 48 个，其中马鞍塘组数据 19 个，小塘子组数据 29 个。结合前人的相关数据，汇总整合了川西地区各钻井马鞍塘组、小塘子组 TOC 含量特征，结果表明，马鞍塘组 TOC 含量总体偏低，平均约为 1.0%，小塘子组相对较高，平均约为 1.6%。在平面上，TOC 含量表现出自西向东逐渐降低的特征。

总体上看，川西地区马鞍塘组—小塘子组烃源岩样品实验分析所得 TOC 含量普遍较低，这与马鞍塘组、小塘子组烃源岩热演化程度过高有关。

2. 有机质类型

烃源岩样品显微组分分析表明(图 4.31)，研究区马鞍塘组、小塘子组烃源岩显微组分在区域上存在一定的差异。除川西拗陷东坡地区有机质类型具有腐殖型(Ⅲ型)以外，其他地区均主要表现出$Ⅱ_1$型干酪根和$Ⅱ_2$型干酪根混合的特征，龙门山前中段、成都凹陷以南Ⅰ型干酪根较为多见。总体上看，整个川西拗陷马鞍塘组、小塘子组有机质类型以海陆过渡相沉积的Ⅱ型为主，龙门山前中段，以及成都凹陷以南逐渐表现出腐泥组成分增多的趋势，而川西拗陷东坡地区干酪根显微组分中镜质组和惰质组成分占比逐渐增大，表现出偏腐殖型有机质的特征。

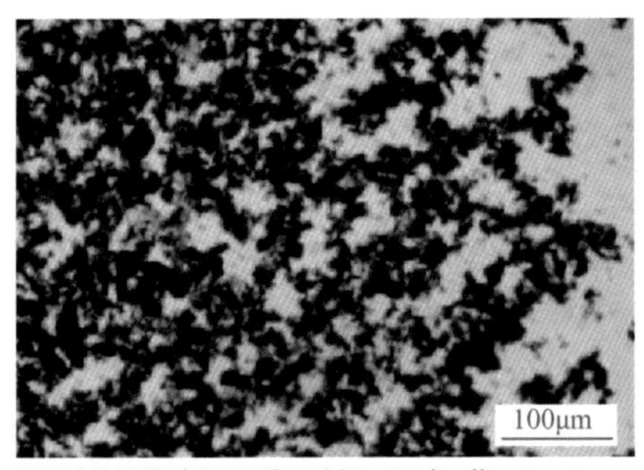

(a)马鞍塘组Ⅲ型干酪根，回龙1井，4576m

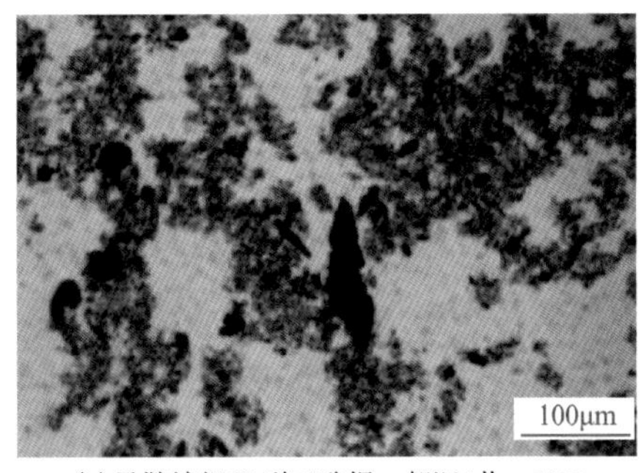

(b)马鞍塘组$Ⅱ_1$型干酪根，都深1井，6108m

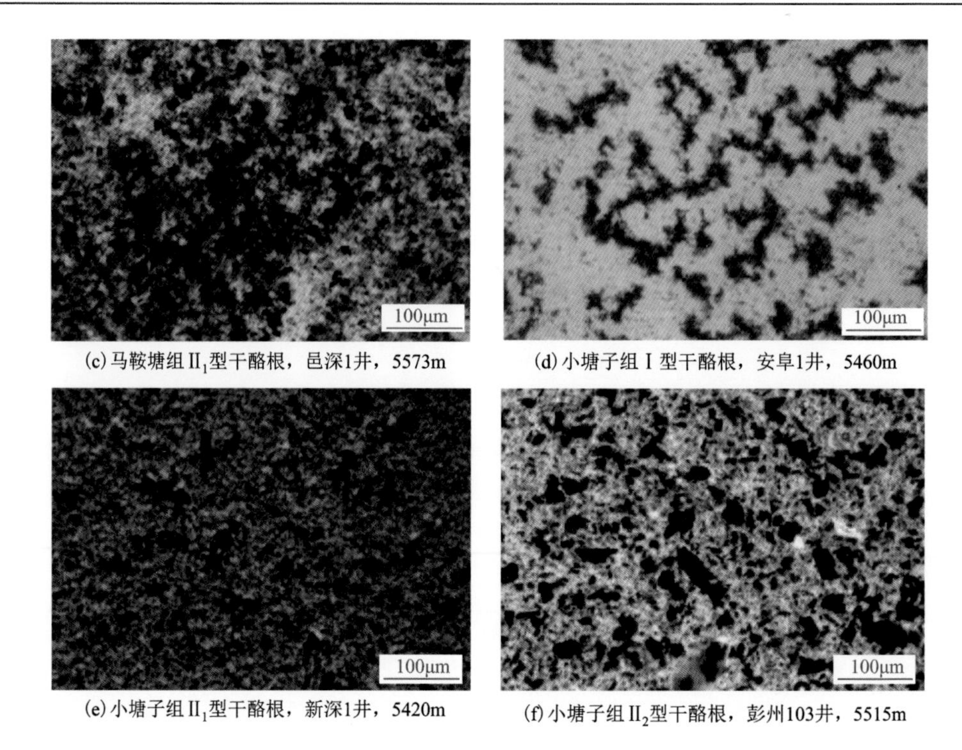

(c) 马鞍塘组 II_1型干酪根，邑深1井，5573m　　(d) 小塘子组 I 型干酪根，安阜1井，5460m

(e) 小塘子组 II_1型干酪根，新深1井，5420m　　(f) 小塘子组 II_2型干酪根，彭州103井，5515m

图 4.31　川西地区马鞍塘组—小塘子组干酪根显微组分对比图

3. *有机质成熟度*

对川西地区马鞍塘组、小塘子组烃源岩的镜质体反射率(R_o)进行系统采样分析，结合前人研究成果，结果表明 R_o 普遍高于 2.0%，除安州、洛带、中江—回龙地区外，其他区域烃源岩热演化程度较高，R_o 普遍大于 2.3%；聚源—金马地区热演化程度最高，R_o 超过 3.0%。因此，马鞍塘组、小塘子组烃源岩整体处于过成熟演化阶段。

4.4.2　烃源岩展布

川西拗陷上三叠统马鞍塘组—小塘子组烃源岩岩性为黑色页岩，这套烃源岩在川西拗陷厚度整体介于 50～380m，且整体表现出自西向东逐渐变薄的特征。龙门山前安州、都江堰一带最厚，可达 350m；新场构造带、广汉斜坡带、绵阳斜坡带变薄，厚度为 80～200m(图 4.32)。

4.4.3　马鞍塘组—小塘子组烃源岩综合评价

生烃强度计算表明，川西拗陷马鞍塘组—小塘子组烃源岩生烃强度主体为 $5\times10^8\sim100\times10^8\mathrm{m}^3/\mathrm{km}^2$，整体表现出自西向东逐渐降低的特征；在都江堰—彭州和安州一带最高，生烃强度可达 $50\times10^8\mathrm{m}^3/\mathrm{km}^2$ 以上；新场构造带、广汉斜坡带和绵阳斜坡带生烃强度主体在 $10\times10^8\sim40\times10^8\mathrm{m}^3/\mathrm{km}^2$，具备较强的生烃能力(图 4.33)。

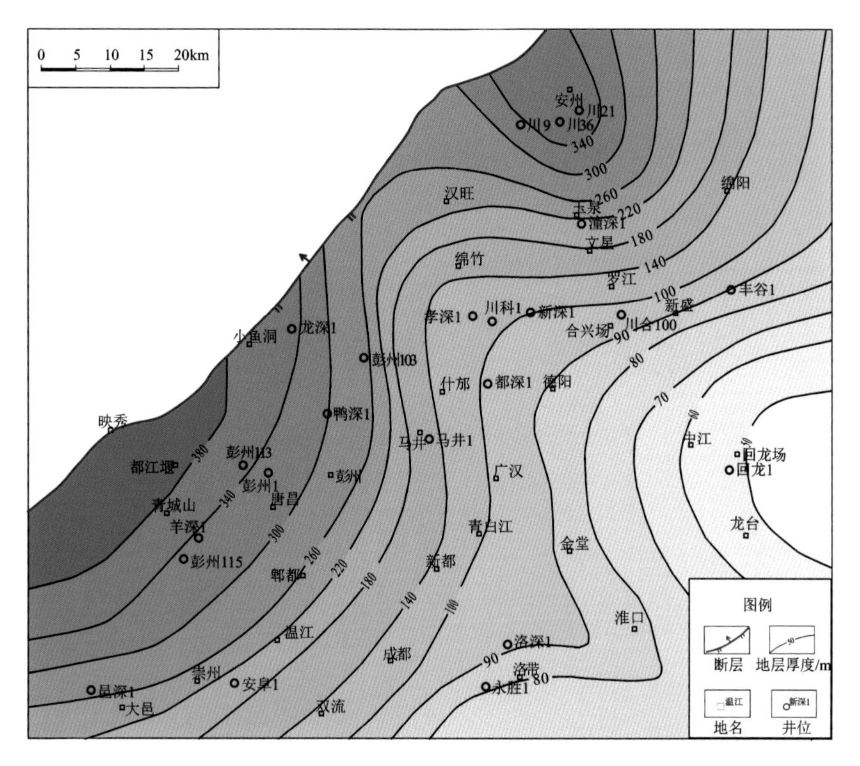

图4.32　川西地区上三叠统马鞍塘组—小塘子组烃源岩厚度平面分布图

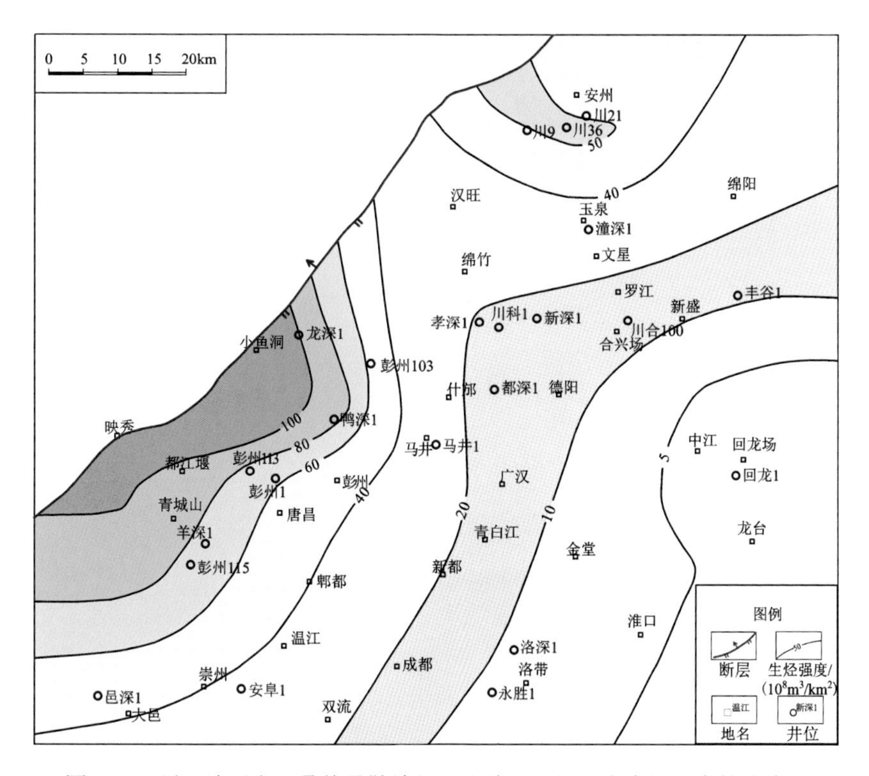

图4.33　川西地区上三叠统马鞍塘组—小塘子组烃源岩生烃强度等值线图

第5章　潮坪相白云岩储层形成机理

基于储层发育的主控因素不同，碳酸盐岩储层大致可以划分为四个主要的端元储层类型，即相控型礁滩相储层、岩溶储层、白云岩储层和白垩储层。礁滩相储层单层厚度大，横向展布主要受控于高能沉积相带(骨架礁、障积礁、灰泥丘、生屑滩、鲕粒滩、砂屑滩)的分布，沉积相对储层物性具有明显控制作用。岩溶储层的形成则主要由于碳酸盐岩对成岩作用具有强烈敏感性，在开放的成岩体系中(近地表大气淡水成岩环境及断层、裂缝沟通的半开放的成岩体系)，成岩流体不饱和且保持较高流体通量，发生强烈的水岩作用，溶蚀物质被带出后形成大量的次生孔隙(溶孔、扩溶缝/孔等)，从而多形成孔洞型储层，进一步可以分为表生岩溶储层和“断溶体”储层。白云岩储层是由白云石化作用形成的储层，早期基于“等摩尔交代”研究论认为白云石化作用能增加储层的孔隙度。近年来，随着对白云石化机理认识的不断加深，认为白云岩中的孔隙主要是对沉积原生孔隙和溶蚀作用形成孔隙的继承和调整(赵文智等，2014)。白垩储层的储集空间主要是灰泥岩微孔，为浮游钙质藻类(颗石球)或作为其组成的片状晶体之间的孔隙，典型的白垩储层主要分布在深海或远洋沉积物中。然而，自然界由单一端元形成的储层较少，大多数的储层都是介于这些端元储层之间的过渡类型，如礁滩相储层叠加白云石化、白云岩储层叠加岩溶作用等。以往四川盆地雷口坡组主要以滩相储层和岩溶储层为主要勘探对象，随着勘探实践的不断深入，发现在中-低能潮坪相中发育(藻)白云岩储层，虽然单层厚度薄，但纵向多层叠置，累计厚度大，横向分布较稳定，呈“千层饼”状分布，是一种新的相控型储层类型，本章主要对其特征和形成机理进行探讨。

5.1　储 层 特 征

潮坪相白云岩储层在川西地区雷四段局限台地潮坪环境的潮间-潮上带藻席(微生物席)内广泛发育，纵向主要发育在雷四上亚段，大致可以划分出3套岩性组合(图5.1)：下部岩性段，即下储层发育段，为白云岩段，由多个云坪-藻云坪岩性组合构成，是优质的储层发育层段，厚 69～83m；中部岩性段，即隔层段，为藻砂屑灰岩、泥微晶藻灰岩段，厚 20～25m，电阻率高，孔隙度普遍小于 1%，是典型的致密层段；含白云质藻灰岩、上部岩性段，即上储层发育段，下部以白云岩为主，上部发育灰质白云岩、白云质灰岩、灰岩，白云岩类累计厚度 20～35m。受中三叠世末印支早期运动的影响，地层遭遇不同程度剥蚀，雷口坡组四段潮坪相白云岩储层具有由西向东变薄直至尖灭的分布特征，储层在川西气田(彭州地区)累计厚 75～100m，向东马井地区累计厚度减薄至 66m 左右，新场地区厚 60～76m，在新场以东—金堂以东—洛带一线尖灭(实钻回龙 1 井、洛深 1 井和丰谷 1 井等雷四上亚段剥蚀殆尽)。

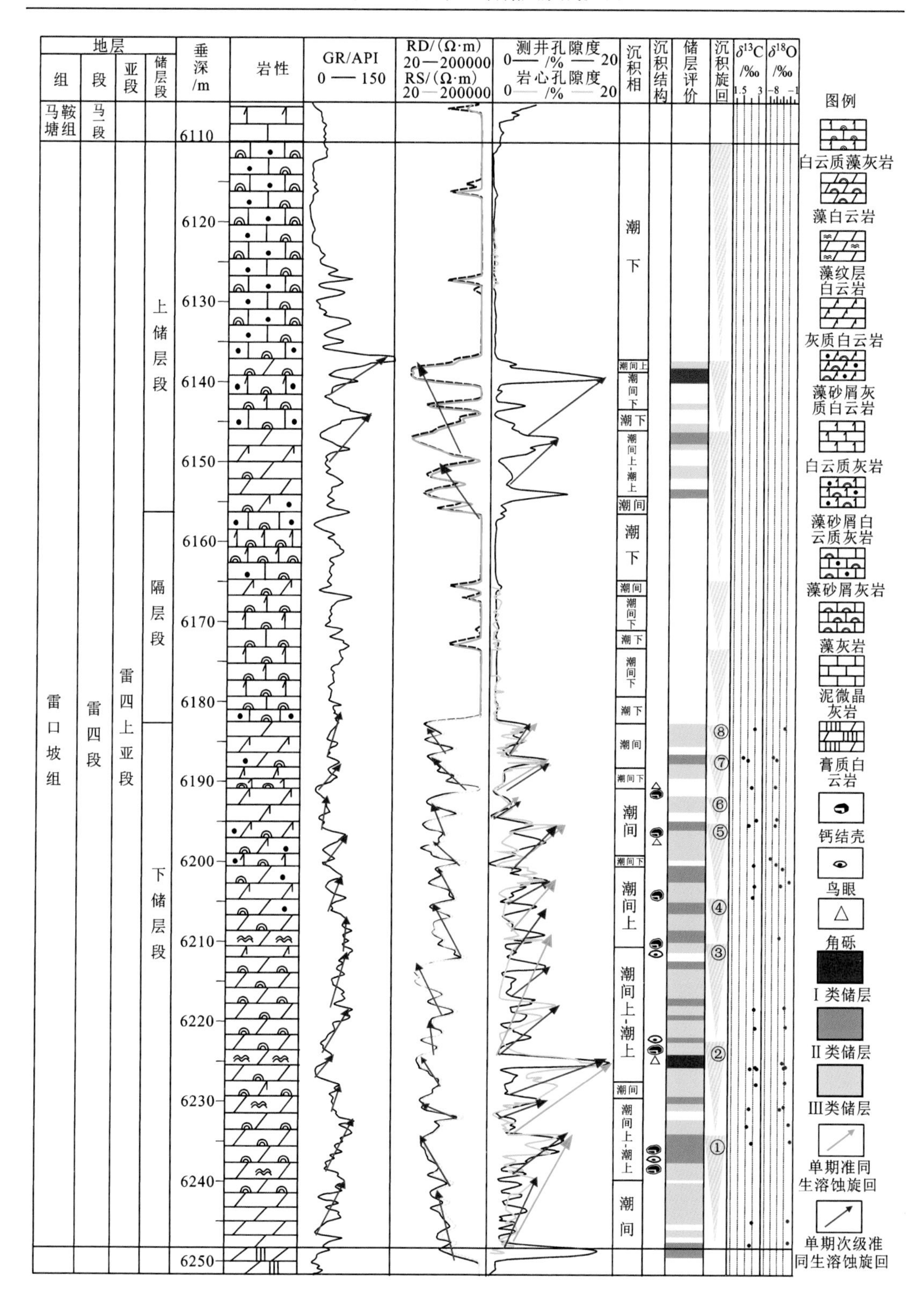

图5.1　川西地区雷四上亚段储层综合柱状图

5.1.1 储层岩石学特征

1. *岩石类型*

川西地区雷四上亚段潮坪相碳酸盐岩发育的岩石类型较多，主要为灰岩和白云岩两大类。

灰岩类以藻灰岩、泥-粉晶灰岩、砂屑灰岩、白云质灰岩和生屑灰岩为主，其中藻灰岩含量最高，按生物在岩石中的赋存状态，进一步细分为藻残余灰岩、藻凝块灰岩、藻砂屑灰岩、藻纹层灰岩和藻黏结灰岩等；其次为重结晶作用形成的微(粉)晶灰岩，砂屑灰岩、白云质灰岩和生屑灰岩含量较少。灰岩、含云灰岩和白云质灰岩主要发育在上储层段上部[图 5.2(a)]，占总样品数的 79.17%，在下储层段发育较少，占总样品数的 33.50%[图 5.2(b)]。灰岩多为非储层，仅发育少量薄层裂缝型储层。

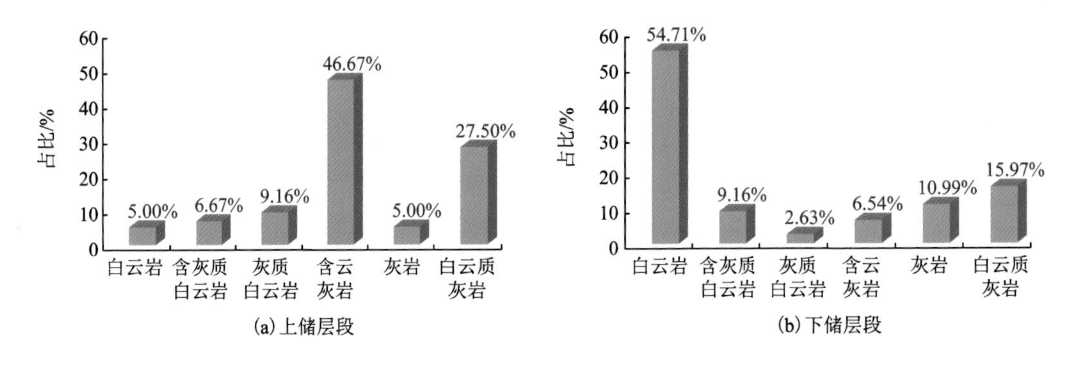

图 5.2　川西地区雷四上亚段储层段岩石类型对比

白云岩类是研究区雷四上亚段最重要的储集岩类，根据结构发育特征，划分为保留(或残余)原始结构的藻类白云岩[藻纹层白云岩、藻凝块白云岩、藻黏结白云岩和少量砂(砾)屑白云岩、残余砂(砾)屑白云岩]和晶粒结构白云岩(泥-微晶白云岩、细-粉晶白云岩)。白云岩在上储层段发育较少，主要集中分布在上储层段下部，其中白云岩占 5.00%，含灰质白云岩占 6.67%，灰质白云岩占 9.16% [图 5.2(a)]。白云岩为下储层段主要储集岩类，白云岩占 54.71%，含灰质白云岩占 9.16%，灰质白云岩占 2.63%。

2. *储层岩石学特征*

在岩石结构、构造和矿物组成特征描述的基础上，对比各类岩石的厚度和物性特征(表 5.1)，认为晶粒白云岩中的泥-微晶白云岩、细-粉晶白云岩和藻类白云岩中的藻纹层白云岩、藻砂屑藻凝块白云岩、(含)藻砂屑微粉晶白云岩这几类岩石不仅厚度大，而且物性好，是优质孔隙型储层的主要岩石类型；其次为(含)灰质白云岩，储集性能中等；(含)

白云质灰岩和微晶(藻砂屑)灰岩储集性能较差，为非储层。

表 5.1　川西地区雷四上亚段不同岩性的孔隙度和渗透率

岩性		孔隙度/% [最小值～最大值/平均值(样品数)]	渗透率/mD [最小值～最大值/平均值(样品数)]
白云岩类	泥-微晶白云岩	2.00～23.70/8.28(25)	0.0009～8.950/1.71(25)
	细-粉晶白云岩	2.31～15.78/5.19(63)	0.007～18.400/2.79(79)
	(含)藻砂屑微粉晶白云岩	2.19～20.21/5.86(53)	0.006～13.500/2.93(56)
	藻砂屑藻凝块白云岩	2.20～18.85/5.29(60)	0.004～14.400/3.43(59)
	藻纹层白云岩	2.00～13.77/5.61(42)	0.005～19.700/3.84(37)
过渡岩类	(含)灰质白云岩	2.01～10.95/3.82(15)	0.003～3.790/0.38(15)
	(含)白云质灰岩	0.07～3.89/1.35(8)	0.001～0.207/0.05(8)
灰岩类	微晶(藻砂屑)灰岩	0.09～4.13/0.62(61)	0～19.400/1.54(41)

1)白云岩类

(1)晶粒白云岩。

川西地区雷四上亚段晶粒白云岩主要形成于云坪环境。按照晶粒大小可将晶粒白云岩细分为泥-微晶白云岩和细-粉晶白云岩，其特征如下。

泥-微晶白云岩：白云石晶体晶粒尺寸小于 0.05mm，分布均匀，晶体较脏，多为自形晶，晶面平直，晶间孔较发育，其次为晶间溶孔。微晶白云岩储集性能最好[图 5.3(a)和(b)]，平均孔隙度为 8.28%，最大孔隙度为 23.70%，渗透率为 0.0009～8.950mD，平均为 1.71mD(表 5.1)，在川西地区上储层段稳定分布，平均厚约 8m，是上储层段主要储集岩类，在下储层段较少见。

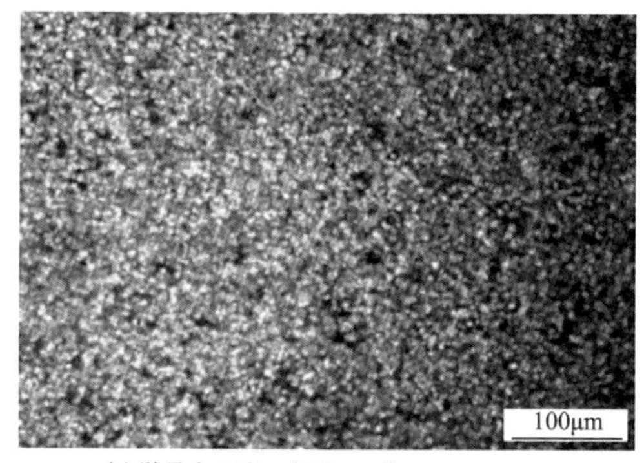

(a)微晶白云岩，彭州115井，6331.81m，铸体薄片，×200(-)

(b)自形-半自形微晶白云岩，晶间孔发育，彭州103井，5952.00m，扫描电镜

(c) 细-粉晶白云岩，晶间(溶)孔发育，鸭深1井，5768.32m，铸体薄片，×100(-)

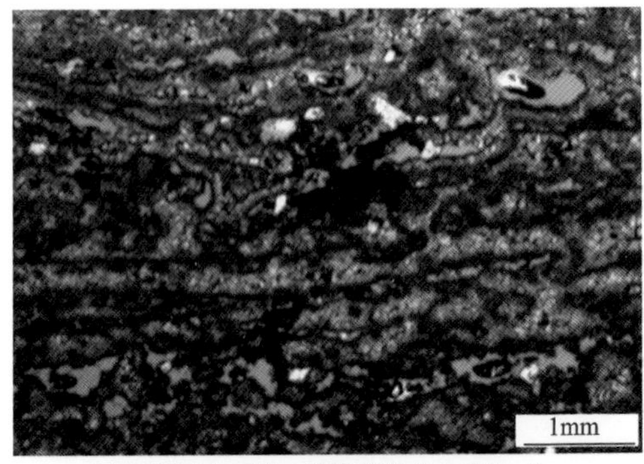

(d) 藻纹层白云岩，窗格孔发育，羊深1井，6219.96m，铸体薄片，×25(-)

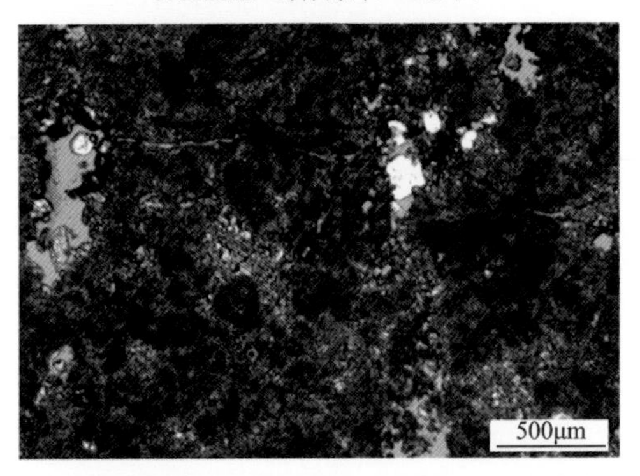

(e) 藻砂屑藻凝块白云岩，粒间、藻间溶孔、溶缝发育，羊深1井，6234.10m，铸体薄片，×20(-)

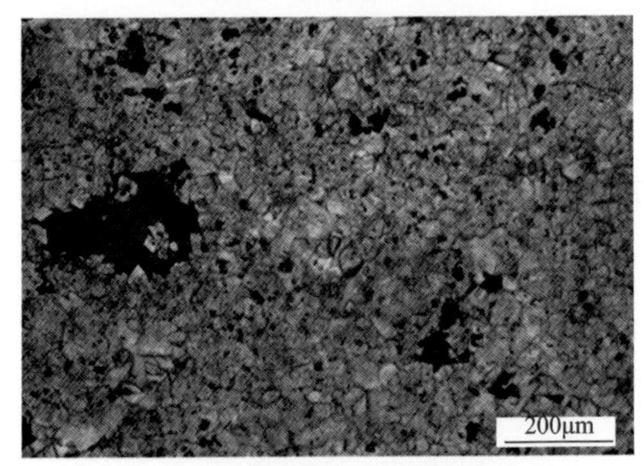

(f) 微粉晶含灰质白云岩，羊深1井，6195.50m，铸体薄片，×100(-)

(g) 藻砂屑藻凝块白云岩，蜂窝状溶孔及小溶洞发育，羊深1井，6200.00m，岩心

(h) 藻砂屑灰岩，水平裂缝发育，岩心呈“薄饼状”，鸭深1井，5729.97m，岩心

图 5.3　川西地区雷四上亚段储层特征

细-粉晶白云岩：白云石晶体晶粒尺寸为0.05～0.15mm，以平直晶面半自形-自形晶为主[图 5.3(c)]，晶体大小及分布均匀，晶面较脏，受溶蚀作用改造明显，晶间孔和晶间溶孔发育，平均孔隙度为5.19%，平均渗透率为2.79mD(表 5.1)。在下储层段中下部层段产出，为主要储集岩类，下储层段中上部呈夹层状出现，上储层段少见。细-粉晶白云岩在新场、大邑、马井地区发育较厚，彭州地区(川西气田一带)略薄。

(2) 藻类白云岩。

藻纹层白云岩：矿物成分以白云石为主，含量＞95%，暗层由泥晶白云石和蓝藻、藻砂屑、藻凝块组成，亮层为微-粉晶白云石[图 5.3(d)]。暗层和亮层非等距离分布，亮层中发育顺层状孔洞，主要为藻间溶孔、窗格孔和晶间溶孔。藻纹层白云岩储集性能最好，平均孔隙度为 5.61%，平均渗透率为 3.84mD(表 5.1)，是川西地区雷四上亚段最主要的储集岩之一。纵向上主要分布于下储层段中上部，下储层段下部和上储层段较少见。平面上主要发育在彭州地区(川西气田一带)，新场、大邑及马井地区欠发育。

藻砂屑藻凝块白云岩：藻砂屑、藻凝块大小为 0.10～0.75mm[图 5.3(e)]，含量 20.00%～85.00%，形状不规则，还可见少量藻球粒和藻迹；基质主要由微-粉晶白云石组成，含量 30.00%～60.00%，局部可见少量方解石(含量<15%)，呈斑块状或胶结物状分布。储集空间以藻粒间溶孔和晶间溶孔为主，储集性能较好，平均孔隙度为 5.29%～5.86%，平均渗透率为 2.93～3.43mD(表 5.1)。藻砂屑藻凝块白云岩在整个储层段均有发育，但不单独成段产出，常与晶粒白云岩交互发育于下储层段下部，与藻纹层白云岩交互发育于下储层上部，在上储层段少量发育。平面上在整个川西地区都较发育。

2) 过渡岩类

(1) (含)灰质白云岩。

(含)灰质白云岩在整个川西地区均有发育，但发育程度较低。矿物成分以微-细晶白云石为主，含量为 60.00%～90.00%，白云石晶型多为半自形-自形晶，常见残余藻丝体和藻砂屑结构发育。方解石含量为 15.00%～35.00%，常呈连晶胶结物状不均匀分布于白云石晶间[图 5.3(f)]或交代白云石。储集空间以晶间(溶)孔为主，少量晶内溶孔。其储集性能一般，平均孔隙度为 3.82%，平均渗透率为 0.38mD(表 5.1)，多为III类储层。纵向上，多呈夹层状分布于下储层段的中下部。不同地区发育程度差异明显，从彭州地区(川西气田一带)到新场地区该岩类出现频率逐渐变高。而同一地区，如彭州地区(川西气田一带)在构造高部位钻井中这类岩石占比较少，而在构造低部位钻井中占比明显增大。

(2) (含)白云质灰岩。

矿物成分以泥-微晶方解石为主，含量为 50.00%～90.00%，白云石含量为 10.00%～40.00%，以粉晶为主，常呈斑状或沿缝合线一侧出现，常见残余藻丝体和藻砂屑结构发育。储集空间主要为裂缝和溶缝，及少量不规则溶孔和粒间溶孔。储集性能较差，平均孔隙度为 1.35%，平均渗透率为 0.05mD(表 5.1)，发育少量孔隙-裂缝型III类储层。纵向上，主要分布在上储层段中上部和底部及下储层段上部。

3) 灰岩类

矿物成分以泥-微晶方解石为主，含量>92.00%，颗粒含量为 50.00%～80.00%，主要为藻砂屑、藻凝块、藻球粒等。该类岩石孔隙不发育，储集性能差，偶见少量粒间溶孔，局部裂缝、溶缝较发育，平均孔隙度为 0.62%，平均渗透率为 1.54mD(表 5.1)。藻砂屑灰岩多形成储层中的隔夹层，少量形成裂缝型III类储层。纵向上，其主要分布在隔层段，在上储层段上部、下储层段顶部和下部也有少量发育。从彭州地区(川西气田一带)到新场地区，藻砂屑灰岩形成的致密隔层和夹层分布稳定性变差。

综上所述，川西地区雷四上亚段的上储层段孔隙型储层，岩性以泥-微晶白云岩为主，其次为藻砂屑藻凝块白云岩，少量裂缝型储层岩性以藻砂屑灰岩为主。下储层段储层岩性较复杂，以藻纹层白云岩、藻砂屑藻凝块白云岩、微-粉晶白云岩为主，其次为含灰质白云岩；区域上，不同地区岩性组合略有差异，彭州地区(川西气田一带)下储层段以藻纹层白云岩和藻砂屑藻凝块白云岩为主，马井和新场地区藻纹层白云岩欠发育，以藻砂屑藻凝块白云岩和微-粉晶白云岩为主，并且微-粉晶白云岩占比有增大的趋势。

5.1.2 储层孔隙类型

研究区雷四上亚段岩心溶蚀孔洞发育，结合岩石薄片观察统计表明，储集空间按成因可分为三类：第一类是组构选择性孔隙，包括晶间孔、晶间溶孔、窗格孔、藻间溶孔、粒间溶孔等；第二类是非组构选择性孔隙，包括各类溶蚀孔洞；第三类是溶(裂)缝，主要由构造缝、沉积-成岩缝组成。

1. 组构选择性孔隙

1) 晶间孔、晶间溶孔

晶间孔与晶间溶孔主要发育在研究区雷四上亚段白云石化程度中等-强的白云岩中[图 5.3(a)～(c)、(f)]，晶间孔孔径相对较小，一般为 0.02～1mm，孔隙呈不规则的多边形，晶粒岩晶形以自形-半自形为主，晶面平直，晶间孔孔隙边缘也较平直，呈棱角状分布。晶间溶孔是在晶间孔基础上进一步溶蚀扩大而形成的，进一步改善了储层储集性能，孔径大小一般为 0.01～0.9mm，面孔率主要集中在 0.5%～10.0%，其大小和形态不受原岩控制，多为不规则孔隙，分布不均匀。晶间孔与晶间溶孔通常伴生出现，纯粹由晶间孔组成的储层很少。晶间孔和晶间溶孔在上、下储层段中均有发育，镜下出现频率为 23.0%～37.0%，是川西地区雷四上亚段发育最广、最重要的储集空间之一。

2) 窗格孔

窗格孔又称为网格构造，孔隙多为椭圆形或圆形，也有部分为不规则形态，具有呈层状非连续分布特征。该类孔隙主要发育在与藻有密切关系的颗粒白云岩中，发育主控因素包括颗粒桥接、生物扰动、沉积物收缩和有机质腐烂等，后期常受溶蚀作用改造。研究区窗格孔主要发育于藻纹层白云岩和少量残余结构的纹层状微-粉晶白云岩中，具定向分布[图 5.3(d)]，孔隙大小为 0.02～0.4mm，面孔率主要集中在 1.0%～9.0%，这类孔隙在镜下出现频率约为 8.0%，窗格孔发育程度较高的储层段主要为 I 类储层。窗格孔主要发育在下储层段，上储层段中较少见。在彭州地区(川西气田一带)较发育，马井和新场地区欠发育。

3) 藻间溶孔

藻间溶孔多是在藻间的白云岩晶间孔及藻间窗格孔溶蚀作用改造下形成的，孔隙具有较高的继承性。孔隙分布多受藻与藻颗粒分布的控制，常呈不规则状分布，也可见层状或定向分布，在藻砂屑藻凝块呈黏结状分布的白云岩中较常见[图 5.3(e)]，孔径为 0.01～0.65mm，面孔率主要集中在 1.0%～5.0%。藻间溶孔主要发育在下储层段中，镜下出现频率为 16.7%～26.7%，上储层段中发育较少，在整个川西地区均较发育。

4) 粒间溶孔

粒间溶孔多发育在藻砂屑藻凝块白云岩、藻球粒白云岩中[图 5.3(e)]，孔径为 0.01～0.40mm，面孔率主要集中在 0.5%～8.0%。粒间溶孔分布不均匀，孔隙大小差异较大，镜下出现频率主要集中在 3.3%～15.8%。由微溶缝沟通，易形成低孔高渗储层。这类孔隙主要发育在下储层段，在整个川西地区均较发育。

2. 非组构选择性孔隙

溶蚀孔洞主要为处于较高位置的沉积物在准同生期海平面下降时露出水面，暴露在大气淡水淋滤环境中，流体沿裂缝或溶孔扩溶形成。溶蚀孔洞主要发育于各类颗粒白云岩及藻白云岩中，孔径大于 2mm[图 5.3(g)]，孔洞形态不规则，洞壁可见少量白云石、方解石及石英生长，洞内偶见萤石、天青石等半充填。溶蚀孔洞主要发育在下储层段，整个川西地区都可见。

3. 溶(裂)缝

裂缝是在构造作用或沉积、成岩过程中岩石形成的破裂，可形成一定的储集空间，同时也可作为流体的运移通道。川西地区雷四上亚段储层的裂缝和溶缝均较发育，以低角度缝和水平缝为主[图 5.3(h)]，有少量中-高角度缝及网状缝。构造缝多为有利储集空间，缝面光滑，扩溶缝缝面相对粗糙，常与晶间溶孔伴生。裂缝发育至少有四期，早期裂缝均被充填，第四期裂缝在埋藏期多被溶蚀扩大，可形成有效储渗空间。岩心观察表明，上储层段灰岩中低角度缝较发育，缝长多为 40～160mm，缝宽 0.2～1.2mm，多为细-中缝，连续-半连续，取心灰岩类岩石多破碎呈薄饼状，可形成薄层的裂缝型储层；上储层段白云岩中，则以微裂缝发育为主。下储层段白云岩中以溶缝发育为主，镜下多出现缝宽为 0.01～0.15mm 的微缝，面缝率为 0.5%～2.0%。

5.1.3　孔喉结构特征

通过大量岩心样品压汞实验数据统计，对不同类型储层的孔喉结构特征进行研究(表 5.2)，同时结合类平均孔径(压汞分析中大于等于 0.0735μm 的孔径占比)与饱和度中值喉道半径(R_{50})参数，对储层孔隙和喉道级别进行划分与评价(表 5.3、图 5.4～图 5.7)。

表 5.2　川西地区雷四上亚段储层孔隙结构参数表

孔隙度/%	渗透率/mD	排驱压力/MPa	中值压力/MPa	最大喉道半径/μm	中值喉道半径/μm	类平均孔径/%
≥10	0.440～167.000 13.103	0.011～0.748 0.381	0.076～1.953 0.748	0.98～67.43 11.86	0.384～9.890 2.171	42.0～97.0 84.4
5～<10	0.044～10.300 1.850	0.007～10.200 0.516	0.820～186.000 36.000	0.60～103.00 15.00	0.004～5.300 0.390	15.0～89.0 51.0
2～<5	0.004～18.200 1.300	0.140～7.300 1.300	3.300～91.200 18.800	0.10～5.30 1.80	0.008～0.230 0.076	3.0～78.0 40.5

注：横线下方数值表示平均值。

表 5.3　孔隙及喉道分级标准

孔隙分级	类平均孔径/%	喉道分级	R_{50}/μm
大孔隙	≥60	粗喉道	≥1.00
中孔隙	30～<60	中喉道	0.40～<1.00
小孔隙	10～<30	细喉道	0.03～<0.40
微孔隙	<10	微喉道	<0.03

孔隙度≥10%的储层：储层的孔隙结构具有分选好、粗歪度特征(图 5.4)，排驱压力为 0.011～0.748MPa，平均值为 0.381MPa；中值压力为 0.076～1.953MPa，平均值为 0.748MPa；最大喉道半径为 0.98～67.43μm，平均值为 11.86μm；中值喉道半径为 0.384～9.890μm，平均值为 2.171μm；类平均孔径(≥0.0735μm 的孔径占比)为 42.0%～97.0%，平均值为 84.4%(表 5.2)，属于大孔粗喉-大孔中喉型储层(图 5.7)。

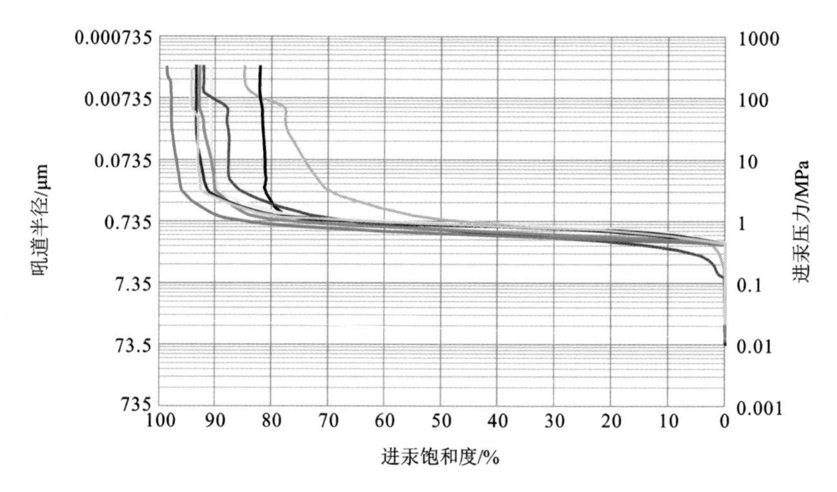

图 5.4　孔隙度≥10%的储层典型毛管压力曲线图

孔隙度为 5%～<10%的储层：储层的孔隙结构分选中等-好、中歪度(图 5.5)；渗透率为 0.044～10.300mD，平均值为 1.850mD；排驱压力为 0.007～10.200MPa，平均值为 0.516MPa，中值压力为 0.820～186.000MPa，平均值为 36.000MPa，最大喉道半径为 0.60～103.00μm，平均值为 15.00μm，中值喉道半径为 0.004～5.300μm，平均值为 0.390μm，类平均孔径(≥0.0735μm 的孔径占比)为 15.0%～89.0%，平均值为 51.0%(表 5.2)，属于以中孔细喉型、中孔微喉型为主的储层，夹有大孔中喉型和大孔细喉型储层(图 5.7)。

孔隙度为 2%～<5%的储层：储层的孔隙结构分选中-差、细歪度(图 5.6)。渗透率为 0.004～18.200mD，平均值为 1.300mD；排驱压力为 0.140～7.300MPa，平均值为 1.300MPa，中值压力为 3.300～91.200MPa，平均值为 18.800MPa，最大喉道半径为 0.10～5.30μm，平均值为 1.80μm，中值喉道半径为 0.008～0.230μm，平均值为 0.076μm，类平均孔径(≥0.0735μm 的孔径占比)为 3.0%～78.0%，平均值为 40.5%(表 5.2)，属于以中孔细喉型储层为主，夹有大孔细喉型和小孔微喉型储层(图 5.7)。

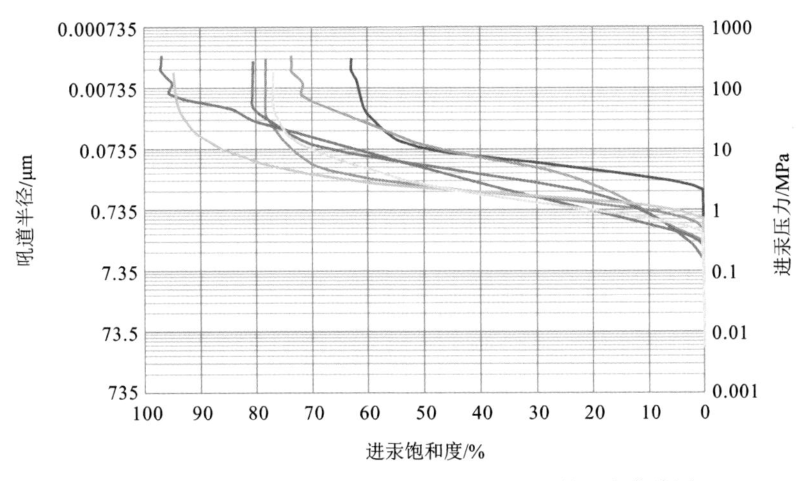

图 5.5　孔隙度为 5%～<10%的储层典型毛管压力曲线图

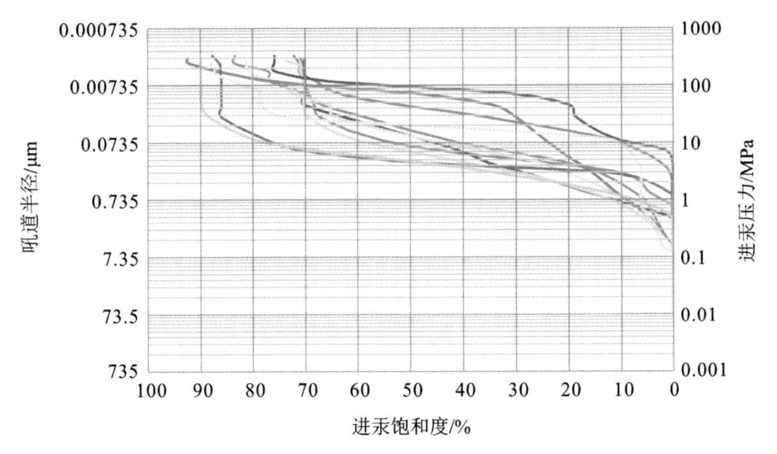

图 5.6　孔隙度为 2%～<5%的储层典型毛管压力曲线图

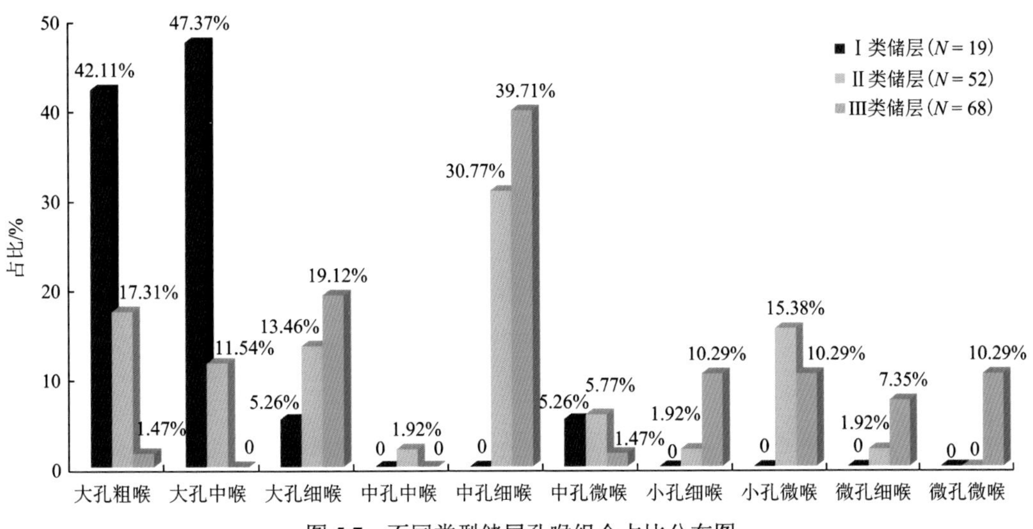

图 5.7　不同类型储层孔喉组合占比分布图

5.1.4 储层物性特征

1. 总体物性特征

大量样品的物性实测数据统计结果表明，川西地区雷四上亚段储层孔隙度为 0.03%～23.70%，平均孔隙度为 3.41%，孔隙度小于 2%的样品占 42.56%，孔隙度为 2%～<5%的样品占 37.08%，孔隙度为 5%～<10%的样品占 14.45%，孔隙度大于等于 10%的样品占 5.91%(图 5.8)。储层渗透率分布在 0.0009～710.00mD，平均渗透率为 5.22mD，渗透率小于 0.01mD 的样品最多，占 45.64%；其次为渗透率 0.1～<1mD 和 0.01～<0.1mD 的样品，分别占 23.30%和 21.39%；渗透率大于等于 1mD 的样品仅占 9.67%(图 5.9)。

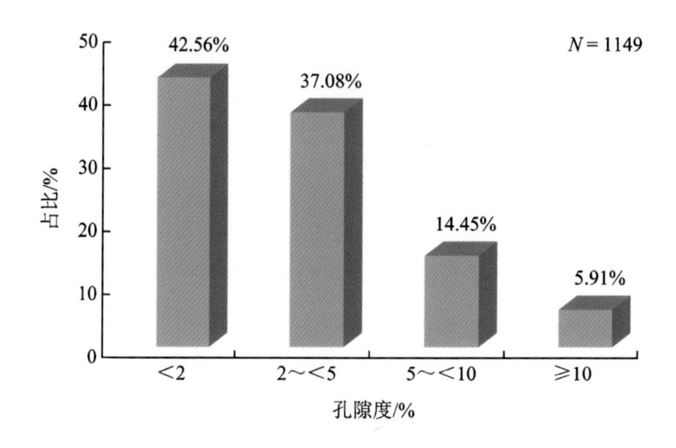

图 5.8　川西地区雷四上亚段储层孔隙度直方图

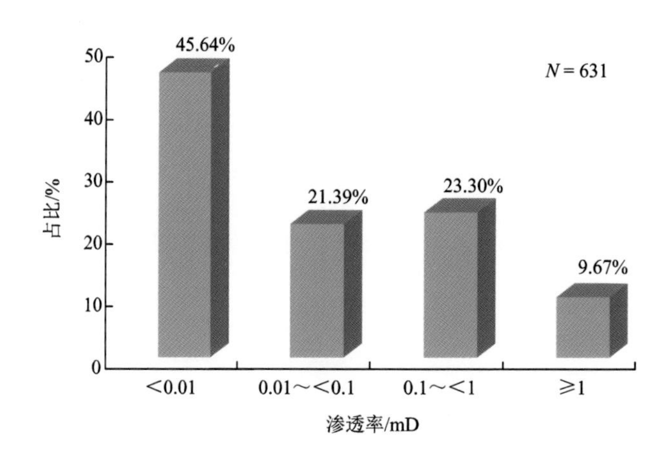

图 5.9　川西地区雷四上亚段储层渗透率直方图

根据“四川盆地碳酸盐岩储层评价标准”，结合川西地区雷口坡组实际情况(孔隙度≥2%时被认为是有效储层)，川西地区雷四上亚段潮坪相白云岩储层属于低孔低渗储层。

2. 纵向发育特征

上储层段物性特征：该段储层孔隙度为 0.09%～23.72%，平均孔隙度为 3.58%。其中 66.49%的样品孔隙度小于 2%，其次为孔隙度 2%～<5%和孔隙度大于等于 10%的样品，分别占 16.22%和 10.80%，孔隙度为 5%～<10%的样品最少，占 6.49%[图 5.10(a)]；98 件渗透率样品测试显示，渗透率为 0.0009～19.40mD，平均渗透率为 1.27mD，其中渗透率小于 0.01mD 及 0.01～<0.1mD 的样品最多，分别占 36.54%和 35.58%；其次为渗透率 1～<10mD 和 0.1～<1mD 的样品，分别占 14.42%和 11.54%；渗透率大于等于 10mD 的样品仅占 1.92%[图 5.10(b)]。若剔除孔隙度小于 2%的样品，川西地区雷四上亚段上储层段的有效储层孔隙度为 2.01%～23.70%，整体平均孔隙度为 8.38%；不同区块上储层段孔隙度有一定差异，新场地区最高，平均孔隙度为 9.24%，其次为彭州地区(川西气田一带)平均孔隙度为 8.19%，大邑地区最低，平均孔隙度为 7.52%(表 5.4)。有效储层渗透率为 0.0015～8.950mD，整体平均渗透率为 1.41mD；彭州地区(川西气田一带)平均渗透率最高为 1.65mD，其次为新场地区，平均渗透率为 0.62mD，而大邑地区最低，平均渗透率为 0.02mD(表 5.4)。

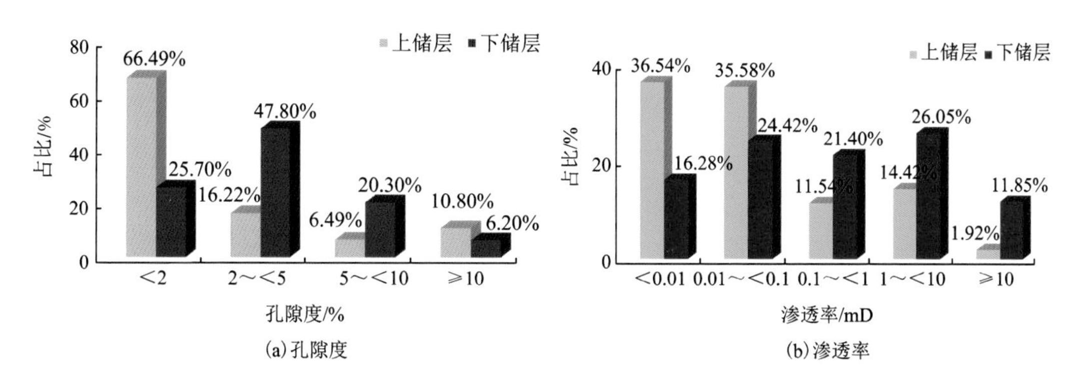

图 5.10　川西地区雷四上亚段储层物性统计直方图

表 5.4　川西地区各区块雷四上亚段有效储层物性特征

区块	储层段	有效储层孔隙度/%			有效储层渗透率/mD		
		最小	最大	平均	最小	最大	平均
彭州地区	上储层段	2.01	23.70	8.19	0.0090	8.950	1.65
	下储层段	2.00	20.21	5.03	0.0012	49.900	3.39
新场地区	上储层段	2.02	21.10	9.24	0.0090	3.737	0.62
	下储层段	2.20	15.06	8.87	0.1360	21.618	6.61
马井地区	上储层段	—	—	—	—	—	—
	下储层段	2.02	12.10	4.13	0.0031	37.400	4.85

续表

区块	储层段	有效储层孔隙度/%			有效储层渗透率/mD		
		最小	最大	平均	最小	最大	平均
大邑地区	上储层段	4.72	9.19	7.52	0.0015	0.031	0.02
	下储层段	2.14	14.31	4.37	0.0100	13.80	3.19

下储层段物性特征：该段储层孔隙度为0.07%～20.21%，平均孔隙度为3.89%。其中47.80%的样品孔隙度在2%～＜5%，其次为孔隙度小于2%和孔隙度为5%～＜10%的样品，分别占25.70%和20.30%，孔隙度大于等于10%的样品最少，占6.20%[图5.10(a)]；443件渗透率样品测试显示，渗透率为0.00073～710.00mD，平均渗透率为7.33mD，剔除裂缝影响，储层渗透率在0.00073～49.900mD，平均渗透率为3.22mD，其中渗透率为1～＜10mD及0.01～＜0.1mD的样品最多，分别占26.05%和24.42%；渗透率为0.1～＜1mD及小于0.01mD的样品，分别占21.40%和16.28%；渗透率大于等于10mD的样品最少，占11.85%[图5.10(b)]。若剔除孔隙度小于2%的样品，川西地区雷四上亚段下储层段的有效储层孔隙度为2.00%～20.21%，整体平均孔隙度为5.16%。新场地区平均孔隙度最高，为8.87%；其次为彭州地区(川西气田一带)，平均孔隙度为5.03%；大邑地区平均孔隙度为4.37%；马井地区最低，平均孔隙度为4.13%(表5.4)。有效储层渗透率为0.0012～49.900mD(剔除裂缝影响样品)，平均渗透率为3.88mD。新场地区平均渗透率最高，为6.61mD；其次为马井地区，平均渗透率为4.85mD；彭州地区(川西气田一带)平均渗透率为3.39mD；大邑地区最低，平均渗透率为3.19mD(表5.4)。

3. 孔渗关系

孔隙度与渗透率(孔渗)关系图[图5.11(a)]反映，上储层段部分样品孔渗相关性差，说明裂缝或溶缝对储层储集性的改造非常明显，即该部分基质碳酸盐岩如果没有经过后期溶蚀作用改造，难以形成优质储集体，这类数据主要来自灰岩样品；另一部分样品具有较好的孔渗相关关系，反映储层品质主要取决于基质碳酸盐岩的孔渗性，为典型的孔隙型储层，这类数据以白云岩样品为主，是上储层段主要储层类型。

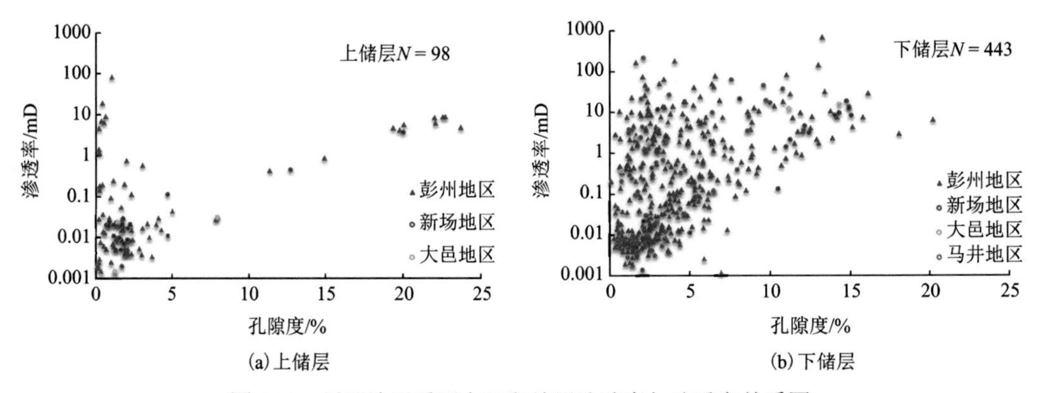

(a)上储层　　(b)下储层

图5.11　川西地区雷四上亚段储层孔隙度与渗透率关系图

下储层段样品孔隙度与渗透率相关性较好[图 5.11(b)]，绝大多数有效储层样品渗透率随孔隙度增大而增大，仅有小部分样品可能受裂缝影响，表现为低孔高渗的特征。下储层段主要发育孔隙型和裂缝-孔隙型储层，少量发育裂缝型储层。

5.1.5　储层分类评价

储层评价研究的目的是寻找、认识、改造储层，充分发挥储层能量，以达到提高勘探开发效益的目的。因此，对储层进行合理、客观的评价和分类具有十分重要的意义。研究区雷四上亚段储层埋深大，储层岩石类型及孔隙类型多样，经历了复杂成岩作用改造，利用大量分析测试数据，从储层基本特征研究入手，系统开展了川西地区雷四上亚段储层分类评价。

1. 储集下限

储集下限的确立是储层分类评价的关键。由于研究区雷四上亚段测试、稳产资料较少，因此，本书中对储集下限的确定主要通过已有的储层含水饱和度与孔隙度关系图版，结合地层压力数据和压汞资料对其进行综合分析。

研究区雷四上亚段气层的含水饱和度主要在 30%以下，而从现今雷四上亚段气层的地层压力测试资料来看，雷四段气藏原始地层压力为 63.57～67.81MPa，气藏原始地层压力系数为 1.11～1.12，为常压气层。

根据川西地区埋藏史和生排烃史研究认为，雷四段气藏主要成藏阶段对应的地层埋深超过 6200m，地层压力约 70MPa。对于气藏的成藏过程来说，油气从烃源岩中排出，进行二次运移、聚集的过程，实际上是一个不断突破储层临界压力的过程。对雷四段气藏而言，烃类要聚集成藏，就需突破约 70MPa 的临界压力，因此在研究中可以利用压汞实验中的进汞压力近似代表需要突破的地层压力，而汞则代表烃类。当进汞压力大于 70MPa 时，进汞饱和度类似于含气饱和度，由于雷四段气藏气层的含气饱和度下限为 70%(图 5.12)，因此，取进汞压力 70MPa 左右时，进汞饱和度 70%为下限，通过进汞饱和度和储层渗透率关系分析，确定出雷四上亚段储层渗透率下限为 0.04mD(图 5.12)。

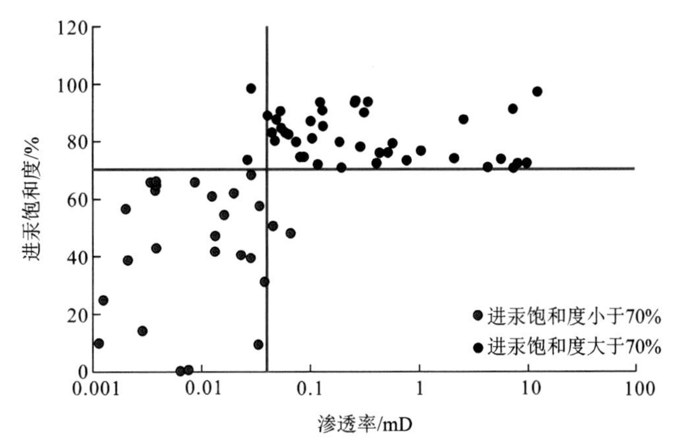

图 5.12　川西地区雷四上亚段储层进汞饱和度与渗透率关系图

2. 储层分类评价标准

在研究区雷四上亚段储集下限已确定的基础上，参考四川盆地碳酸盐岩储层渗透率分类评价方案，结合不同类型储层孔渗关系特征，建立了川西地区雷四上亚段碳酸盐岩储层分类评价标准(表 5.5)。将研究区雷四上亚段碳酸盐岩储层分为裂缝型、孔隙型和裂缝-孔隙型三大类(表 5.5)。其中，裂缝型储层按照渗透率的大小，可进一步分为四类：Ⅰ类储层渗透率≥10mD，孔隙度≥4.5%；Ⅱ类储层渗透率 1～＜10mD，孔隙度为 2%～＜4.5%；Ⅲ类储层渗透率 0.25～＜1mD；非储层渗透率小于 0.25mD。孔隙型储层同样也可分为四类：Ⅰ类储层渗透率≥1mD，孔隙度≥10%；Ⅱ类储层渗透率 0.25～＜1mD，孔隙度 7.5%～＜10%；Ⅲ类储层渗透率 0.04～＜0.25mD，孔隙度 4%～＜7.5%；非储层渗透率＜0.04mD，孔隙度＜4%。对于裂缝-孔隙型储层分类而言，在考虑孔隙度、渗透率的同时，还需考虑裂缝的发育状况，可将其分为以下四种类型：渗透率≥1mD，孔隙度≥7%时，无论裂缝发育与否，均为Ⅰ类储层；渗透率 0.25～＜1mD，孔隙度 4.5%～＜7%时，裂缝发育区为Ⅰ类储层，裂缝不发育区为Ⅱ类储层；渗透率 0.04～＜0.25mD，孔隙度 2%～＜4.5%时，裂缝发育区为Ⅱ类储层，裂缝不发育区为Ⅲ类储层；当渗透率＜0.04mD、孔隙度＜2%时，裂缝发育区为Ⅲ类储层，裂缝不发育区为非储层(表 5.5)。

表 5.5　川西地区雷四上亚段碳酸盐岩储层分类评价标准

<table>
<tr><th colspan="2" rowspan="2">渗透率/mD</th><th colspan="2">裂缝型储层</th><th colspan="2">孔隙型储层</th><th colspan="3">裂缝-孔隙型储层</th></tr>
<tr><th>孔隙度/%</th><th>储层类型</th><th>孔隙度/%</th><th>储层类型</th><th>孔隙度/%</th><th>裂缝发育程度</th><th>储层类型</th></tr>
<tr><td rowspan="2">≥1</td><td>≥10</td><td>≥4.5</td><td>Ⅰ</td><td rowspan="2">≥10</td><td rowspan="2">Ⅰ</td><td rowspan="2">≥7</td><td>发育</td><td>Ⅰ</td></tr>
<tr><td>1～＜10</td><td>2～＜4.5</td><td>Ⅱ</td><td>不发育</td><td>Ⅰ</td></tr>
<tr><td colspan="2" rowspan="2">0.25～＜1</td><td rowspan="6">＜2</td><td rowspan="2">Ⅲ</td><td rowspan="2">7.5～＜10</td><td rowspan="2">Ⅱ</td><td rowspan="2">4.5～＜7</td><td>发育</td><td>Ⅰ</td></tr>
<tr><td>不发育</td><td>Ⅱ</td></tr>
<tr><td colspan="2" rowspan="2">0.04～＜0.25</td><td rowspan="4">非储层</td><td rowspan="2">4～＜7.5</td><td rowspan="2">Ⅲ</td><td rowspan="2">2～＜4.5</td><td>发育</td><td>Ⅱ</td></tr>
<tr><td>不发育</td><td>Ⅲ</td></tr>
<tr><td colspan="2" rowspan="2">＜0.04</td><td rowspan="2">＜4</td><td rowspan="2">非储层</td><td rowspan="2">＜2</td><td>发育</td><td>Ⅲ</td></tr>
<tr><td>不发育</td><td>非储层</td></tr>
</table>

3. 不同类型储层孔渗关系

川西地区雷四上亚段储层孔渗关系复杂，部分样品受裂缝改造后低孔高渗特征明显，孔渗相关性较差。因此，在对储层岩心裂缝进行系统观察描述、统计及铸体薄片鉴定的基础上，结合裂缝发育状况及成因研究，可将研究区雷四上亚段储层岩石样品分为三类：第一类为主要发育构造缝的储层岩石样品，第二类为主要发育沉积-成岩缝的储层岩石样品，第三类为不发育裂缝的储层岩石样品。

根据类型划分结果，分别建立了川西地区雷四上亚段不同类型储层孔隙度与渗透率的相关关系。从不同类型储层孔渗关系来看，不发育裂缝的储层样品孔渗关系明显较好(图5.13)，相关系数平方值(R^2)达0.6275；发育沉积-成岩缝的储层样品同样具有相对较好的孔渗关系，相关系数平方值(R^2)为0.5378；发育构造缝的储层样品孔渗关系差，其储层类型主要为裂缝型。

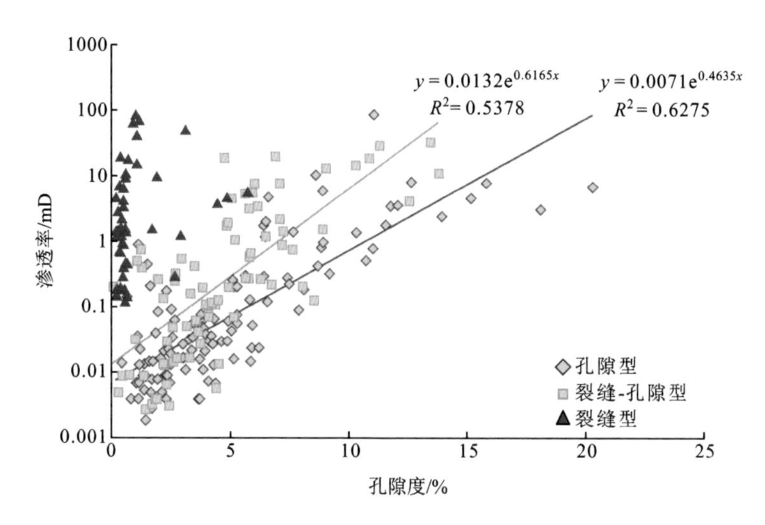

图5.13 川西地区雷四上亚段不同类型储层孔隙度与渗透率关系图

4. 不同类型储层发育情况

川西地区雷四上亚段孔隙型、裂缝-孔隙型及裂缝型储层发育情况统计结果显示[图5.14(a)]，以孔隙型储层为主，占62.79%，裂缝-孔隙型储层和裂缝型储层相对较少，分别占20.00%和17.21%。雷四上亚段储层整体上以III类储层为主，占比为42.32%，其次为I类储层，占比为30.70%，II类储层占比为26.98%[图5.14(b)]。

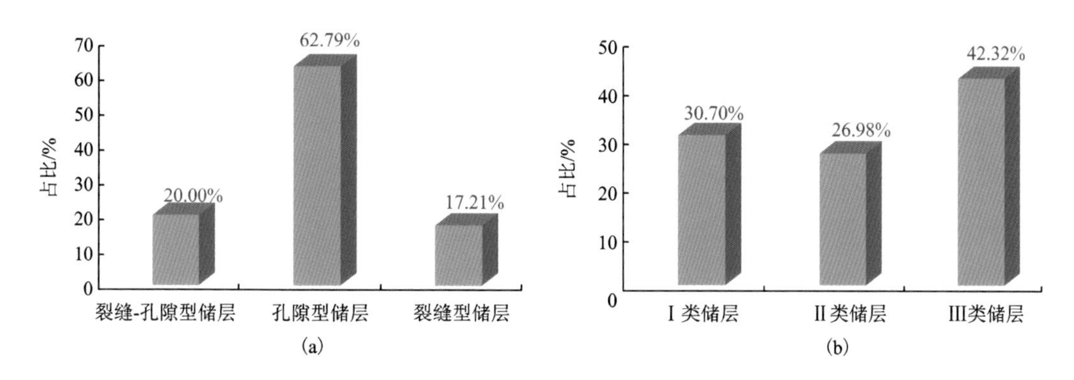

图5.14 川西地区雷四上亚段不同类型储层发育分布情况

雷四上亚段储层岩性纵向发育特征显示，上储层段岩性以含云藻(砂屑)灰岩、藻

灰岩、藻砂屑灰岩为主，其次为泥-微晶白云岩、藻砂屑藻凝块白云岩；下储层段以藻白云岩、晶粒白云岩为主。从储层分类来看[图 5.15(a)]，上储层段以Ⅲ类储层为主，占 74.07%，其次为Ⅱ类储层，占 18.52%，Ⅰ类储层发育较少，仅占 7.41%；下储层段Ⅰ类储层占 34.05%，Ⅱ类储层占 28.19%，Ⅲ类储层占 37.76%[图 5.15(b)]。根据上、下储层段不同类型储层的发育情况来看，上储层段以孔隙型储层为主，占 62.96%，发育 33.34%的裂缝型储层[图 5.16(a)]；下储层段主要发育孔隙型储层，占 63.36%，裂缝-孔隙型和裂缝型储层发育相对较少[图 5.16(b)]。

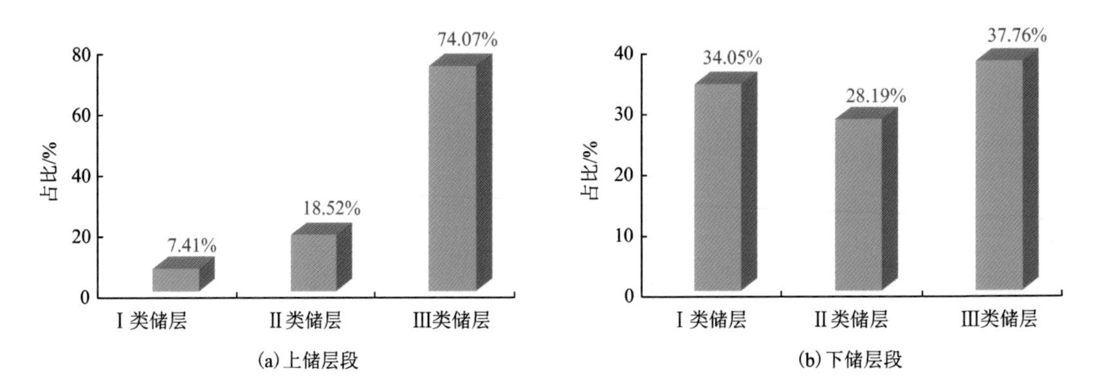

图 5.15　川西地区雷四上亚段不同储层级别分布直方图

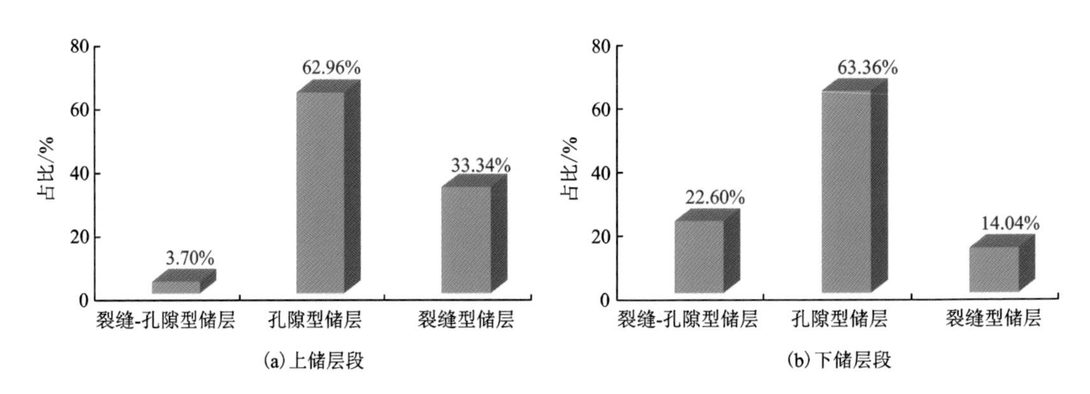

图 5.16　川西地区雷四上亚段不同储层类型分布直方图

5.1.6　储层分布特征

在储层分类评价研究的基础上，利用测井解释孔隙度作为Ⅰ、Ⅱ、Ⅲ类储层的划分标准，对川西地区雷四上亚段开展单井储层测井评价与储层分布特征研究。

研究结果表明，川西地区雷四上亚段储层由西向东、由西向南方向，即由彭州地区向大邑地区、马井和新场地区储层逐渐变薄(图 5.17)。其中，彭州地区(川西气田一带)储层累计厚度为 75～100m，大邑地区储层累计厚度约为 60m，马井地区储层累计厚度约为 66m，新场地区储层累计厚度为 60～76m，在新场以东—金堂以东—洛带一线以东地区已由回龙 1 井、洛深 1 井和丰谷 1 井实钻揭示，该区内雷四上亚段已剥蚀殆尽，因而缺失储层。

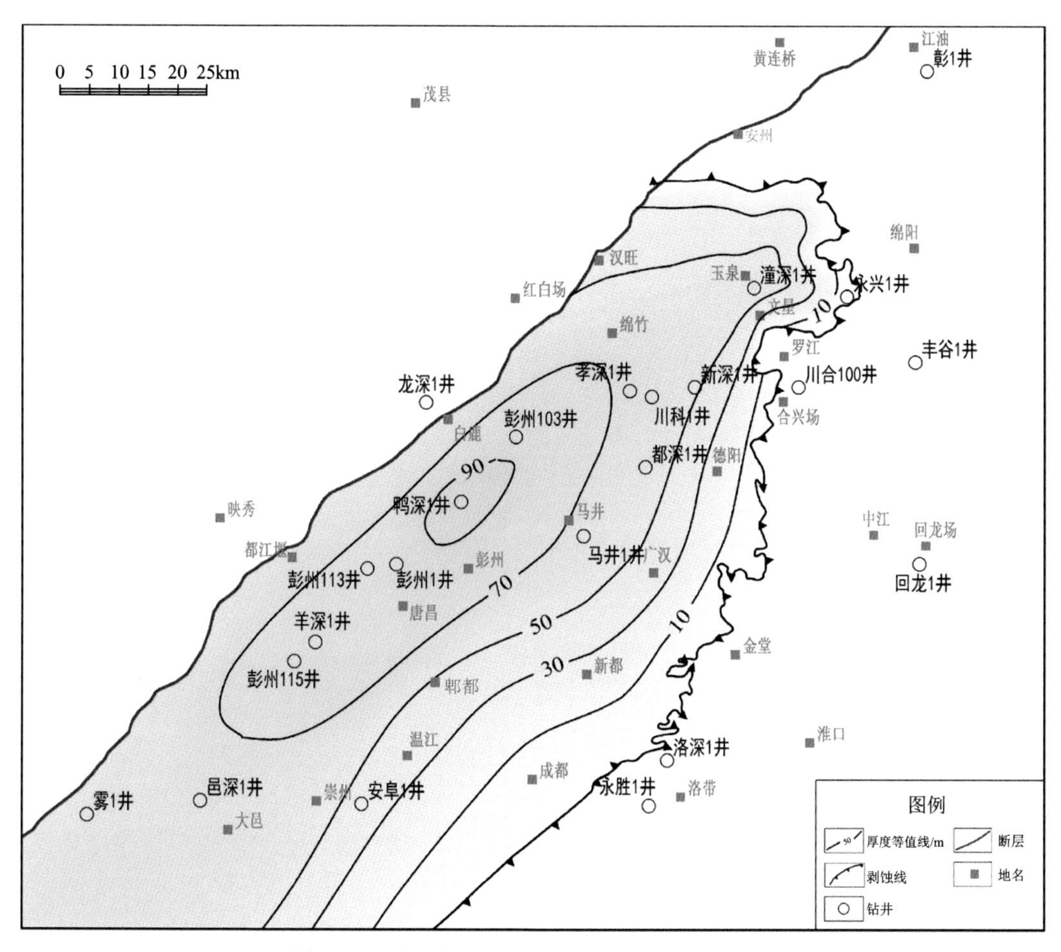

图 5.17　川西地区雷四上亚段储层厚度等值线图

如前文所述，川西地区雷四上亚段发育两个储层段，上、下两套储层段发育厚度和物性特征在研究区横向上存在明显差异。

川西地区雷四上亚段上储层段累计厚度为 0～35m(图 5.18)，其中彭州地区(川西气田一带)储层最厚，累计厚度为 12～31m，其次为大邑地区储层，累计平均厚度约为 15m；新场地区储层累计厚度为 0～18m(新深 1 井及以东地区上储层缺失)，马井地区储层较薄，累计平均厚度约为 5m。上储层段中储集性能较好的 I 类、II 类优质储层在川西地区的累计平均厚度为 8～12m，占上储层段储层总厚的比例为 4%～67%(图 5.19)。在彭州地区(川西气田一带)，这套优质储层主要分布在上储层段中下部，虽然厚度不大，但纵向上分布相对集中，横向上分布较为稳定。这套储层在彭州地区川西气田部署的 2 口水平井均测试获得高产工业气流。新场地区这套优质储层主要分布在上储层段中上部，川科 1 井在该套优质储层以日产气 $10\times10^4m^3$，已稳定生产了 10 年，足以证明潮坪相白云岩储层具有分布稳定、储集性能好的特征。

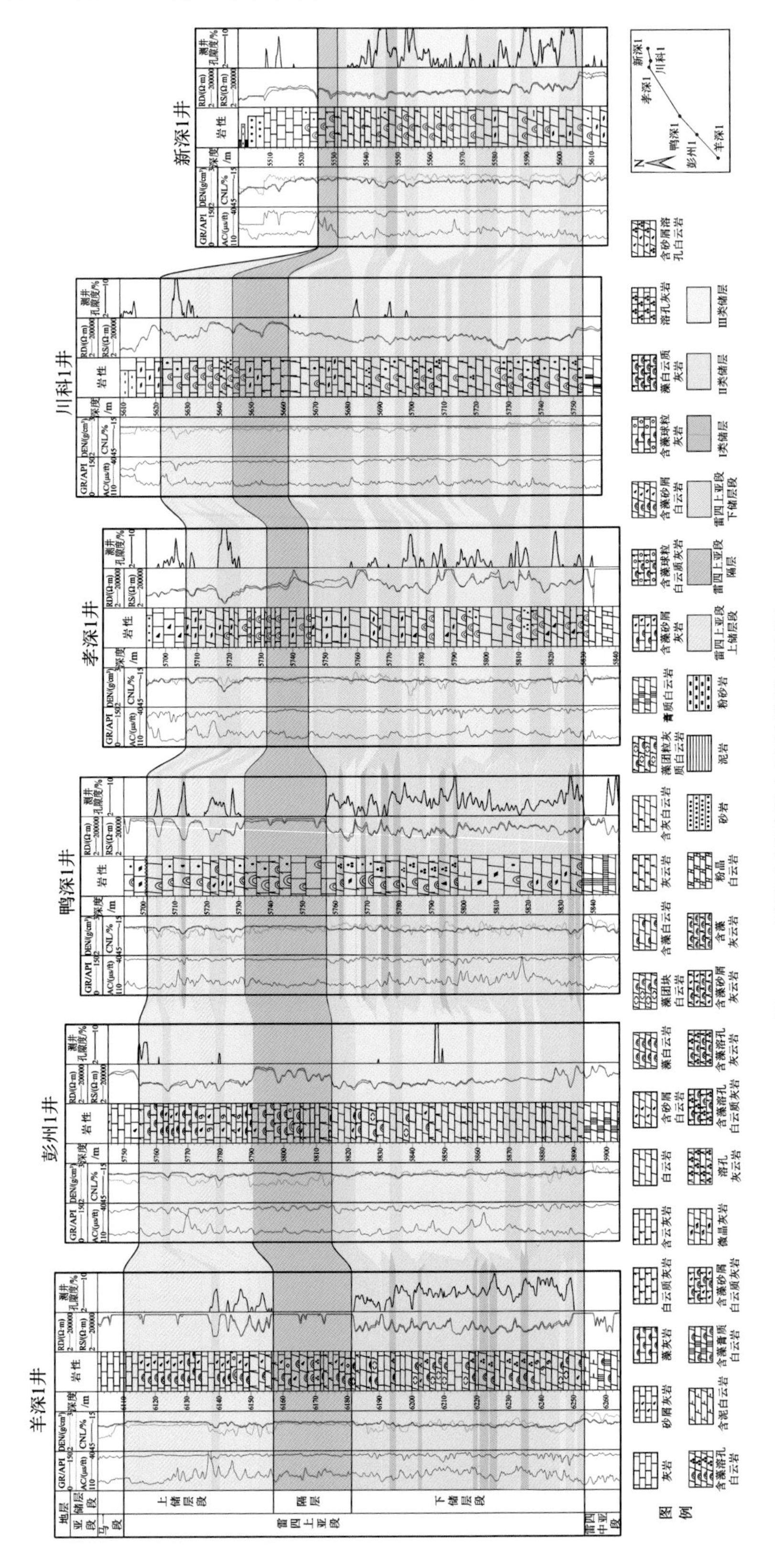

图 5.18　川西地区雷四上亚段储层对比图

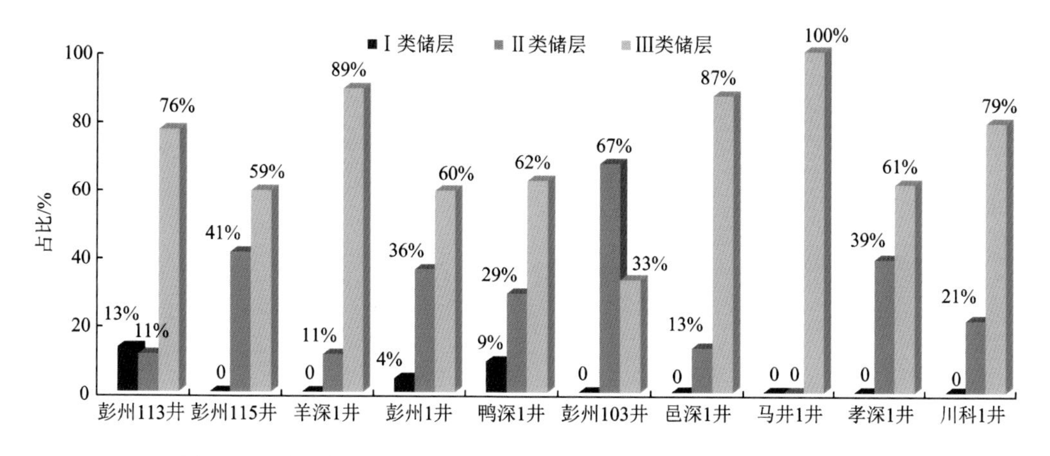

图5.19　川西地区雷四上亚段上储层段各类储层累计厚度占比直方图

下储层段是川西地区雷四上亚段的主力产层段。研究区内下储层段累计厚度为35～78m(图5.18)，横向上分布较稳定。其中，彭州地区(川西气田一带)储层累计厚度为50～75m，累计平均厚度为65m；大邑地区储层累计平均厚度约为62m；新场和马井地区储层变薄，新场地区储层累计厚度为35～68m，累计平均厚度为51m，马井地区储层累计厚度为45～63m，累计平均厚度为54m。储集性能较好的Ⅰ类和Ⅱ类优质储层累计厚度为2～65m，占下储层段总厚的4%～79%(图5.20)。下储层段的优质储层横向上厚度变化较大，非均质性强。统计显示，下储层段优质储层在彭州地区(川西气田一带)最厚，向大邑、马井和新场地区逐渐变薄。同一构造，优质储层主要分布在构造高部位，构造低部位优质储层欠发育或不发育。例如，彭州地区川西气田构造高部位部署的羊深1井和鸭深1井优质储层累计厚度可达60m以上，部署在构造低部位的彭州103井的优质储层累计厚度仅为18m，彭州113井、彭州115井优质储层不发育。纵向上，优质储层分布较零散，多呈单层厚1～6m的薄层夹于Ⅲ类储层中，呈交互、叠置的“千层饼”状分布(图5.18)。

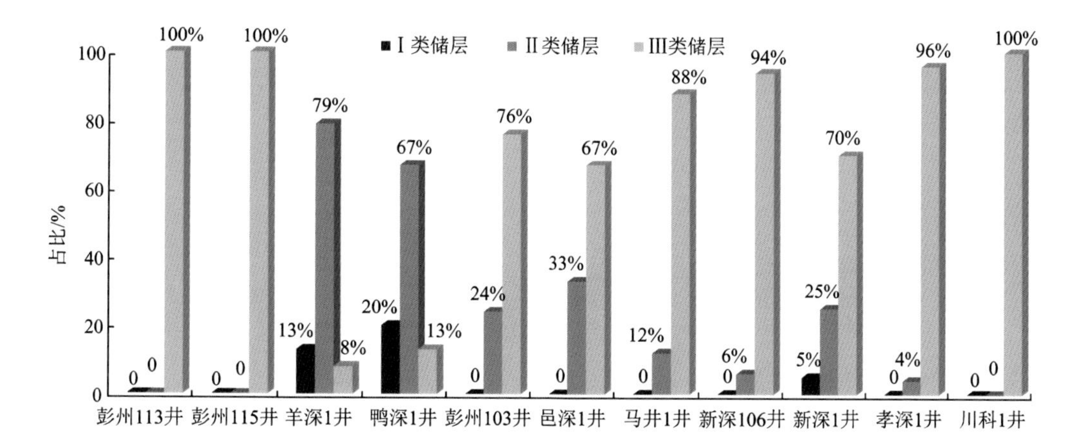

图5.20　川西地区雷四上亚段下储层段各类储层累计厚度占比直方图

5.2　储层成岩作用

碳酸盐岩储层孔隙演化复杂且多变，储集空间的形成往往是多类型、多期次成岩作用叠加的结果，因此研究成岩作用对储层改造过程尤为重要(黄擎宇等，2013)。川西地区雷四上亚段储层经历了“准同生—浅埋藏—中埋藏—深埋藏”四个成岩阶段叠加改造，成岩作用类型多、成岩过程复杂，结合岩心(屑)观察、薄片鉴定、阴极发光、碳氧同位素、白云石有序度、电子探针、包裹体测温、扫描电镜及能谱分析等实验测试资料，针对川西雷四上亚段储层开展了成岩演化研究。

5.2.1　主要成岩作用类型

碳酸盐岩的成岩作用包括物理成岩作用、化学成岩作用和生物成岩作用三类；根据对储层孔隙形成和改造所起的利弊作用关系，可分为建设性成岩作用和破坏性成岩作用。从目前取得的研究认识来看，川西地区雷四上亚段储层经历的建设性成岩作用有白云石化作用、溶蚀作用、破裂作用、泥晶化作用等，经历的破坏性成岩作用有压实(压溶)作用、去白云石化作用、胶结(充填)作用等。

1. 建设性成岩作用

1) 白云石化作用

未白云石化之前，潮坪相主要发育藻灰岩、藻砂屑灰岩、藻纹层灰岩和藻凝块灰岩，藻间孔、粒间孔、窗格孔等原生孔隙发育，在沉积期具有较高的孔隙度，进入浅埋藏期，受压实作用影响藻砂屑、藻凝块等被压扁且具定向排列，原始储集空间遭到破坏，地层迅速致密化(谭秀成等，2015)。在封闭环境中，白云岩晶格结构较灰岩具有更强的支撑能力，且所受胶结作用较弱(Tan et al.，2011)，能较好地保持储集空间。因此，早期白云石化作用是储集空间保持的关键。

研究区雷四上亚段储集岩主要为厚层状白云岩，根据白云石的产状、结构、构造及地球化学特征，可将区内白云石化作用划分为准同生白云石化、浅埋藏白云石化和中-深埋藏白云石化(图 5.21)。

(1)准同生白云石化。研究区为潮坪环境，海水被特大潮汐或风暴潮带到炎热的潮上带，在毛细管浓缩(蒸发泵)作用下，海水逐渐蒸发、浓缩，盐度增大，首先沉淀文石、石膏，同时消耗大量的Ca^{2+}，从而使表层水的Mg/Ca比值大大提高。下伏沉积物在这种高盐度、高Mg/Ca比值的浓缩海水交代下发生白云石化：$Mg^{2+} + 2CaCO_3 \longrightarrow CaMg(CO_3)_2 + Ca^{2+}$。潮间带靠海一侧和海平面以下区域，当海水循环受限，且蒸发作用较强时，海水同样具有很高的Mg/Ca比值，当这些高Mg/Ca比值的海水通过渗透性较好的、尚未固结成岩或成岩较弱的早期沉积物时，即发生渗透回流白云石化作用。由于其主要发生在海平面以下地层，浓缩海水可以为白云石化提供源源不断的Mg^{2+}，因此，渗透回流模式形成的白云岩展布面积较大(图 5.21)。准同生白云石化作用形成的白云石以泥-微晶为主，

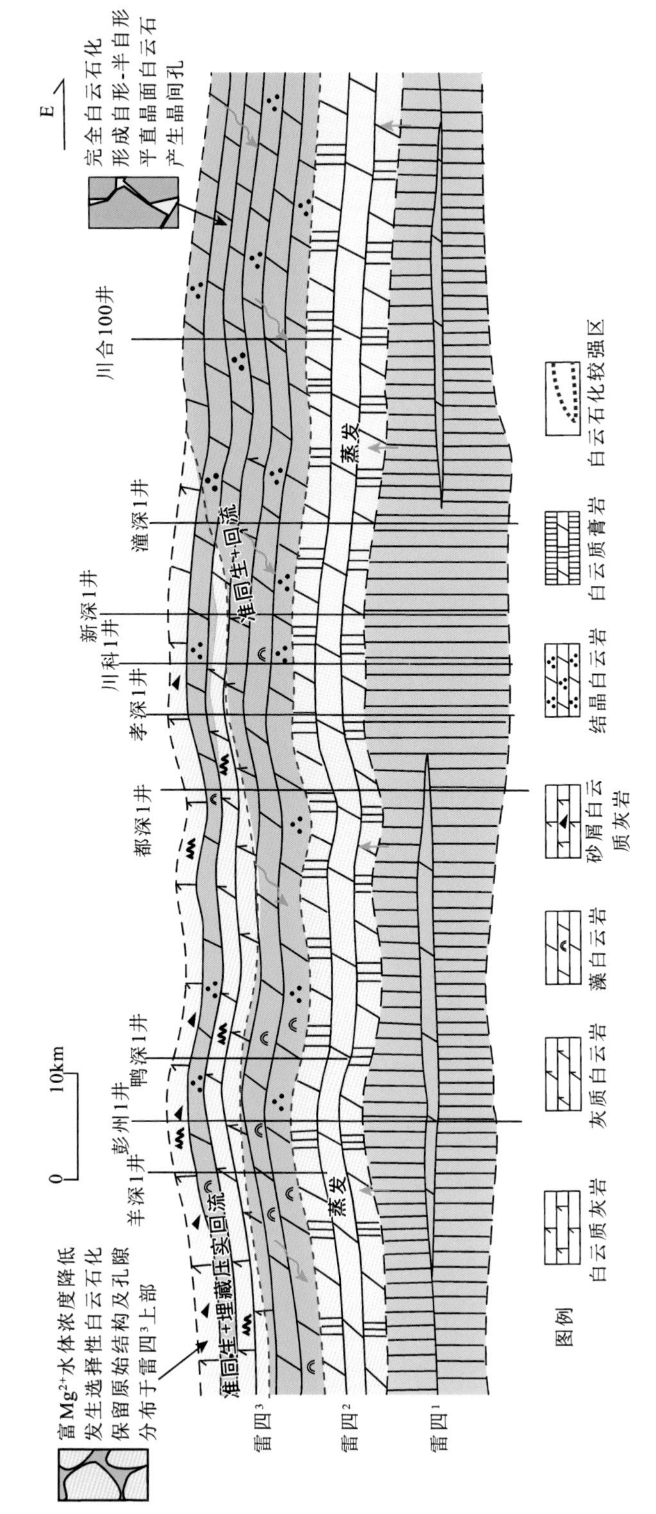

图5.21 川西地区雷四上亚段成岩早期准同生-渗透回流白云石化模式图

晶体以非平直晶面为主，晶面混浊，晶体紧密镶嵌接触[图 5.22(a)和(b)]，晶间孔和晶缘缝不发育，阴极射线下发光较暗。

(2)浅埋藏白云石化。束缚于孔隙中的高盐度海水在上覆岩层的压实作用下释放，并沿孔隙和成岩缝运移，早期白云岩接受浅埋藏白云石化的改造，改造过程中白云岩原始结构遭到破坏，泥-微晶白云岩重结晶形成的细-粉晶白云岩是研究区主要的储集岩类，晶体以平直晶面自形晶的菱面体为主[图 5.22(c)]，表面粗糙，常具“雾心亮边”的特征。阴极射线下，晶体中心(雾心部分)发光相对较暗，发褐色光或不发光，晶体边部(亮边部分)发橘红色光[图 5.22(d)]。

(3)中-深埋藏白云石化。由于构造运动产生了大量的断裂、裂缝，在部分沟通深部热流体的断裂附近发生热液溶蚀作用和热液白云石化。该阶段白云石化作用在川西地区较弱，主要在溶蚀孔洞和溶缝见中-粗晶、巨晶鞍形白云石充填或交代[图 5.22(e)]，鞍形白云石晶体较明亮，晶面呈弧形，有时与黄铁矿、天青石、石英[图 5.22(f)]和萤石共生，往往含有较高 Fe^{2+}而成为富铁白云石，为再埋藏成岩期热液交代或沉淀(充填物)的产物。

(a)微晶含灰白云岩，羊深1井，6186.58m，阴极发光照片，×100(-)

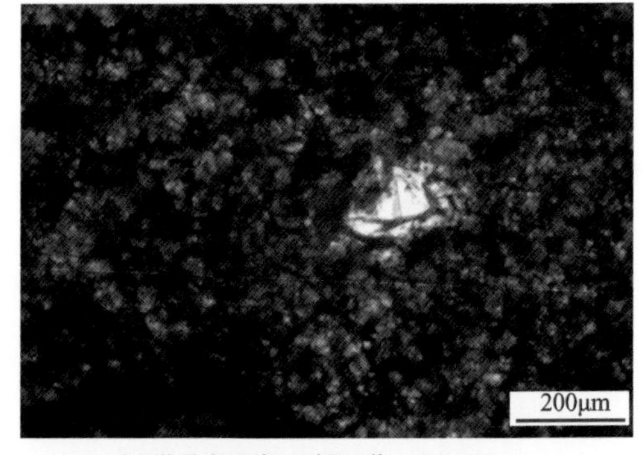

(b)微晶白云岩，鸭深1井，5774.98m，单偏光照片，×100(-)

(c)含孔粉晶白云岩，鸭深1井，5778.96m，扫描电镜照片，×300(+)

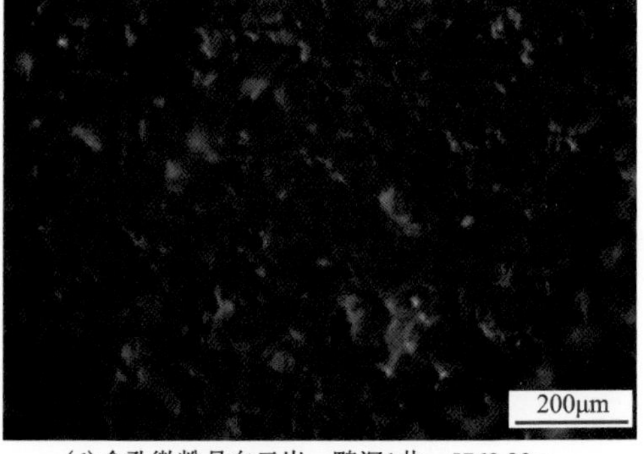

(d)含孔微粉晶白云岩，鸭深1井，5768.29m，阴极发光照片，×100(-)

(e) 热液作用形成的鞍形白云石，羊深1井，6216.21m，铸体薄片，×40(-)

(f) 热液作用形成的马鞍状白云石和自生石英，龙深1井，5986.36m，铸体薄片，×200(+)

图 5.22 川西地区雷四上亚段白云石化作用特征

2) 溶蚀作用

川西地区雷口坡组溶蚀作用发育，是改善储层物性的重要成岩作用之一(田瀚等，2018)。通过岩石薄片观察，根据溶蚀孔隙和被溶矿物特征，结合溶蚀作用发生时间的先后，可分为准同生溶蚀作用、表生溶蚀作用和埋藏溶蚀作用。其中，准同生溶蚀作用对雷四上亚段储层改善最为重要，埋藏溶蚀作用主要起到叠加改造早期孔隙的作用，表生溶蚀作用相对较为少见。

(1) 准同生溶蚀作用。通过雷四上亚段岩心的系统观察，发现大量准同生期暴露标志，如鸟眼构造、渗流豆粒、皮壳构造等。渗流豆粒和钙结壳层的出现，指示该地区出现过旋回型的小型暴露面。钙结壳层溶蚀孔洞欠发育，而在钙结壳层之下的微-粉晶白云岩、藻白云岩、藻砂屑白云岩层孔洞密集发育且多数孔隙具有层状定向分布的特征。镜下可观察到平行于层面的溶蚀面、体腔溶孔、铸模孔、窗格孔[图 5.23(a)]等早期溶蚀孔隙发育。部分准同生溶蚀形成的孔隙在浅埋藏期被微-粉晶白云石充填，结合现今保存的孔隙和恢复被充填的孔隙，认为准同生期溶蚀产生了 15%～20%的孔隙，对本区优质储层的形成贡献明显。

(a) 鸟眼-窗格孔，鸭深1井，5787.04m，铸体薄片，×25(-)

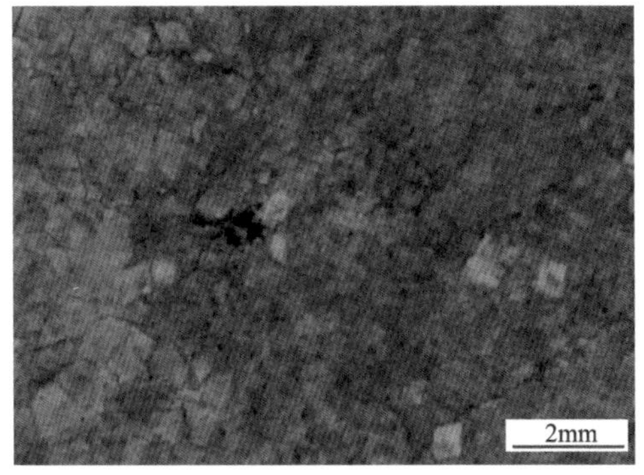

(b) 白云石溶碎成粉末状，彭州1井，5819.00m，普通薄片，×40(-)

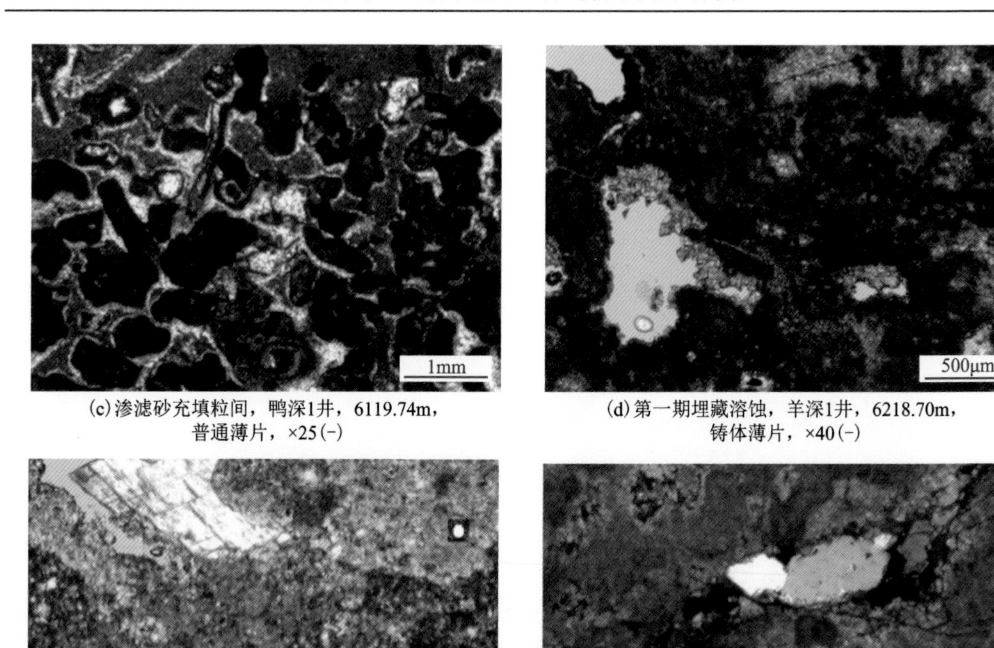

(c) 渗滤砂充填粒间，鸭深1井，6119.74m，普通薄片，×25(-)

(d) 第一期埋藏溶蚀，羊深1井，6218.70m，铸体薄片，×40(-)

200μm

(e) 第二期埋藏溶蚀，鸭深1井，5785.56m，铸体薄片，×100(-)

200μm

(f) 第三期埋藏溶蚀，羊深1井，6233.92m，铸体薄片，×100(+)

图 5.23　川西地区雷四上亚段溶蚀作用特征

(2) 表生溶蚀作用。尽管受中三叠世末印支早期运动的影响，研究区雷口坡组地层部分遭受过剥蚀，但由于其整体处于古岩溶下斜坡岩溶凹地，剥蚀量较少(0～20m)，古表生岩溶作用弱，加之白云岩在大气淡水环境中抗溶性较强，表生溶蚀作用在晶粒白云岩中主要表现为晶间孔微溶蚀，以及在白云石表面溶成麻坑或白云石晶体被溶后解体成碎粒，甚至成粉末[图 5.23(b)]。在藻砂屑藻凝块和藻纹层白云岩中，主要表现为对早期孔隙的弱改造，有利于白云石晶间孔隙的保存。对于尺度较大的孔隙，如鸟眼-窗格孔及雷四上亚段上储层段灰岩中的孔、洞、缝易被渗流粉砂及溶塌角砾充填破坏[图 5.23(c)]，后期依靠埋藏期溶蚀改造，形成有效储集空间。

(3) 埋藏溶蚀作用。在经历相对短时间的表生溶蚀作用改造后，雷四上亚段进入了漫长的埋藏成岩阶段。通过被溶矿物特征及流体包裹体均一温度分析表明，雷四上亚段储层主要经历了三期埋藏溶蚀作用，第一期被溶矿物主要是表生期充填的渗流砂及表生期改造的碎裂岩石等低温充填物[图 5.23(d)]，对应流体温度为 90～120℃；第二期被溶矿物为埋藏期形成的细-粗晶自形或鞍状白云石[图 5.23(e)]及对前期溶蚀孔隙的改造，对应流体温度为 130～170℃。第一、第二期溶蚀分别发生在晚三叠世雷口坡组中下部烃源岩开始生烃阶段及早侏罗世雷口坡组晚生烃高峰，溶蚀流体主要是雷口坡组有机质在成熟生烃、烃类运移过程中，烃类发生脱羧基释放的 CO_2 溶于地层水而形成的酸性流体，当这种酸性流体沿着准同生溶蚀、表生溶蚀孔及构造运动产生的裂缝运移时，将对岩石进一步溶蚀并产生大量的次生溶蚀孔缝。这些孔缝大多保存至油气大规模充注时期，是储集岩中最为有效的孔缝类型。同时，由于雷四段还发育膏岩，易于发生 TSR 作用，彭州地区(川西气田一带)采集的部分样品孔隙中可见少量粒状黄铁矿和硫磺充填，同时伴生有嵌晶方解石或波状消光的白云石充填溶孔，说明含 H_2S 流体可能对储层也进行了溶蚀改造，同时还伴生更为明显的充填作用，对储层以破坏作用为主。第三期溶蚀主要与热液有关，对应流体温度为 180～210℃，部分溶孔被石英、硅质、萤石、流状白云石等半充填[图 5.23(f)]。

3) 破裂作用

川西地区雷四上亚段储层经历的成岩演化过程复杂，除了构造作用所形成的破裂缝外，还发育在应力裂缝的基础上进一步溶蚀而成的溶蚀缝(图 5.24)，与雷四段顶不整合面形成时的应力作用和溶蚀作用有关。

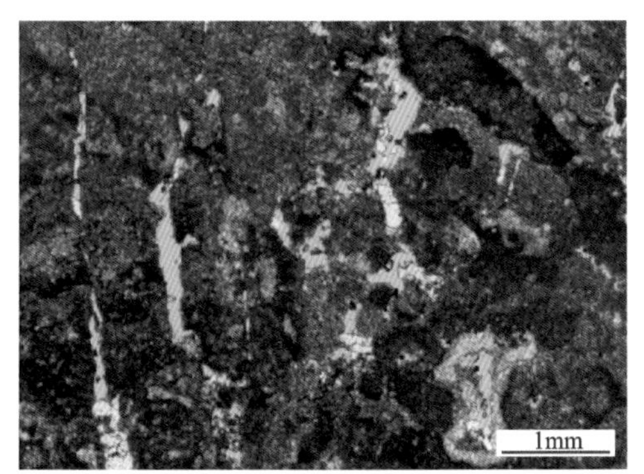

(a) 藻砂屑云岩，沉积-成岩缝，羊深1井，6218.9m，铸体薄片，×25(-)

(b) 构造裂缝切割顺层缝，鸭深1井，5788.95m，铸体薄片，×40(-)

图 5.24　川西地区雷四上亚段破裂作用特征

岩心和岩石薄片观察显示，上述两种成因裂缝具有不一样的发育特征，与沉积、成岩过程有关的裂缝往往以低角度缝为主，或是沿颗粒边缘发育，亦可见由白云石化造成的岩石体积减小所形成的收缩缝，同时，沿裂缝往往伴生孔隙溶蚀扩大现象，部分被后期胶结物充填；而与构造破裂有关的裂缝则以高角度缝为主，不同的构造期次会形成不同期次的裂缝，裂缝间呈明显的相互切割关系，甚至呈簇状、网状发育特征；从形成期次来看，相对较早期形成的裂缝往往被方解石全充填，相对较晚期形成的裂缝则多为未充填或半充填，既可作为储集空间，也可作为流体运移的通道，对川西地区雷四上亚段储层渗透性的改善及油气的运移具重要意义。

4) 泥晶化作用

泥晶化边是蓝藻或真菌固着颗粒生长并钻孔后逃逸或死亡留下的空管被泥晶碳酸盐灰泥充填并钙化而成的。尽管泥晶化作用不能直接产生次生孔隙，但由于它富有机质、抗溶蚀，由它形成的泥晶套在后期粒内溶孔或铸模孔的形成中起到构架作用或建设性作用。川西地区雷四上亚段碳酸盐岩中虽发育大量蓝藻，但并没有发育大规模泥晶化作用，这主要与生屑等颗粒不发育有关。

2. 破坏性成岩作用

1) 压实(压溶)作用

在碳酸盐岩的成岩过程中，压实作用一直发生着，它是使岩石储集物性变差的主要成岩作用之一，具有作用强度大、持续时间长的特点，通常表现为早(期)强、晚(期)弱的特点。碳酸盐岩压实作用主要表现为基质、颗粒紧密堆积，具定向排列[图 5.25(a)]，颗粒常呈点、线，甚至凹凸状接触，沉积物孔隙水不断排出，孔隙度不断降低，体积不断减小，岩石密度不断增大及颗粒变形、破裂。压溶作用是压实作用的继续，又称化学压实作用，缝合线是其典型的产物之一。

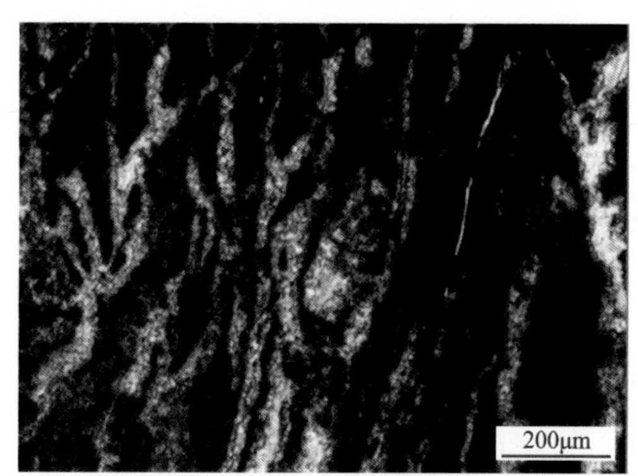

(a) 塑性颗粒压扁呈定向排列，羊深1井，6225.97m，普通薄片，×100(-)

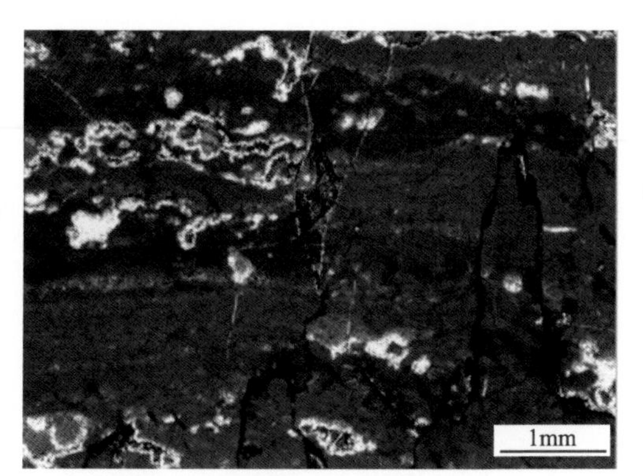

(b) 缝合线，含灰泥晶白云岩，鸭深1井，5743.79m，铸体薄片，×25(-)

图 5.25　川西地区雷四上亚段压实(压溶)作用特征

在川西地区雷四上亚段地层中，压实、压溶作用主要发生在泥晶灰岩和泥晶白云岩中，形成的缝合线多呈锯齿状[图 5.25(b)]，锯齿起伏程度为 2～5cm。缝合线是早期埋藏形成的，在后期构造活动中容易再次开启，可成为油气运移的通道。而晶粒白云岩和颗粒白云岩由于其抗压实能力相对较强，受压实、压溶作用改造较弱。

2) 去白云石化作用

川西地区雷四上亚段上部去白云石化作用强烈而普遍。根据去白云石化作用形成的方解石晶型特征，本书认为，研究区存在两种去白云石化作用：一种为形成泥-微晶方解石[图 5.26(a)]的去白云石化作用，方解石微量元素常具无铁、无锰的特征，阴极射线下发土黄色光，说明这类去白云石化作用在大气淡水环境，细-粉晶白云石被溶碎以后发生，这种类型的去白云石化作用很好地保存了白云石的碎粒形态，为体积对体积的交代，对孔隙破坏作用小。另一种为双晶纹发育，具波状消光特征的嵌晶方解石的去白云石化作用[图 5.26(b)]，其微量元素 FeO 含量为 220×10^{-6}～380×10^{-6}、MnO 含量为 190×10^{-6}～430×10^{-6}，阴极射线下发棕色光或不发光，应形成于古表生以后的再埋藏环境，这种去白云石化作用对孔隙破坏严重，孔隙大部分被充填，该种去白云石化作用的强度主要受裂缝发育程度控制。

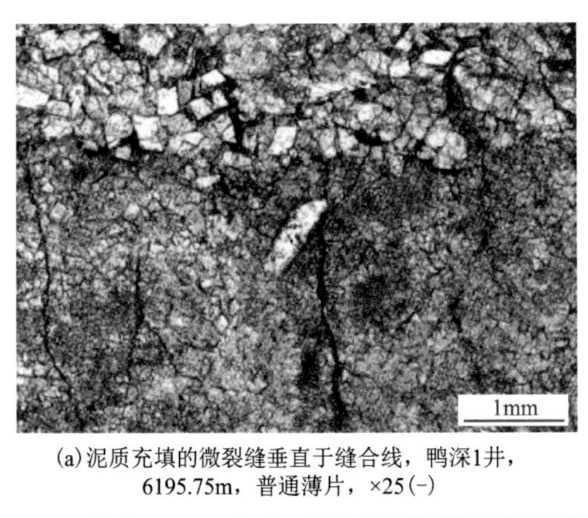

(a)泥质充填的微裂缝垂直于缝合线，鸭深1井，6195.75m，普通薄片，×25(-)

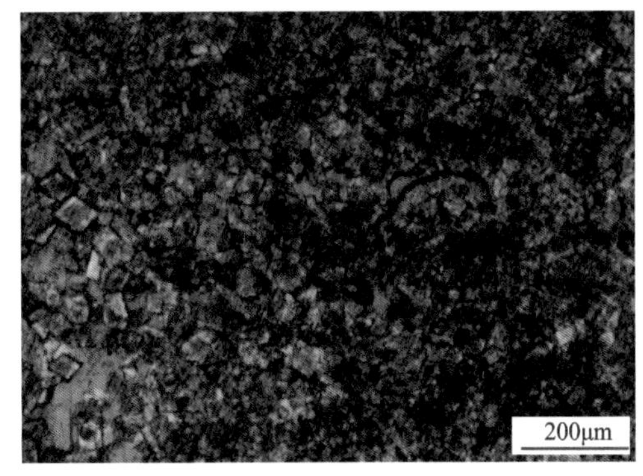

(b)去白云石化作用，少量具菱形晶的方解石，羊深1井，6182.54m，普通薄片，×100(-)

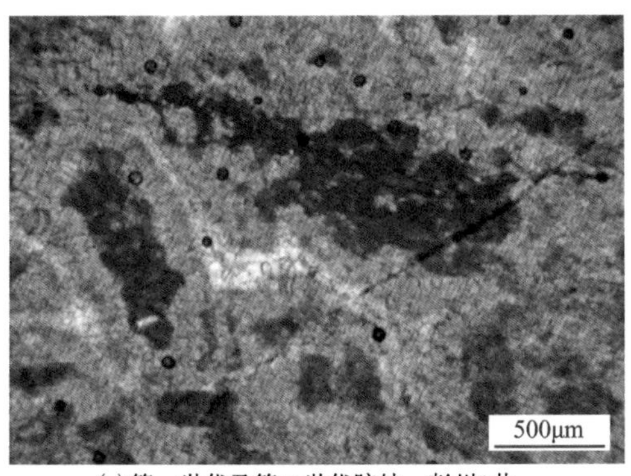

(c)第一世代及第二世代胶结，彭州1井，5822.40m，普通薄片，×40(-)

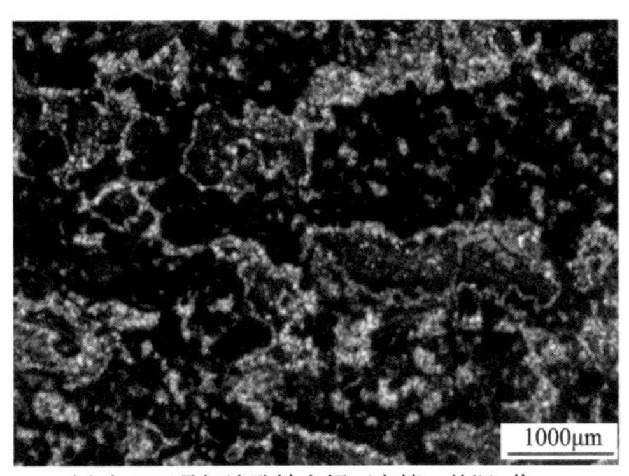

(d)白云石晶间溶孔被方解石充填，羊深1井，6180.50m，铸体薄片，×50(-)

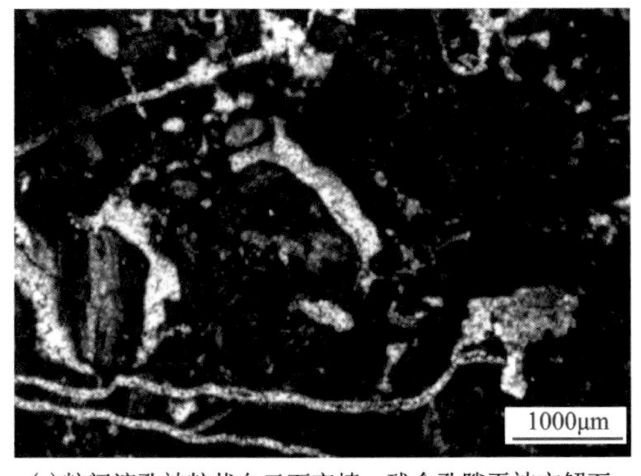

(e)粒间溶孔被粒状白云石充填，残余孔隙再被方解石充填，羊深1井，6200.82m，铸体薄片，×50(-)

(f)微粉晶含灰质白云岩，白云石晶间溶孔被方解石充填，羊深1井，6180.50m，铸体薄片，×100(-)

图 5.26　川西地区雷四上亚段胶结(充填)作用、去白云石化作用特征

通常，去白云石化程度越强，岩石损失的孔隙越多。白云石化作用可形成近 13%的晶间孔，去白云石化后会相应损失近 13%的孔隙。这也就是去白云石化形成的灰岩或白云质灰岩孔隙不发育的主要原因。

3)胶结(充填)作用

胶结(充填)作用是碳酸盐岩的重要成岩作用之一，也是对碳酸盐岩孔隙破坏最严重的成岩作用之一。根据胶结物成分、晶形、结构及地球化学特征，可将雷四上亚段储集岩的胶结(充填)作用分成四种类型：海底胶结作用、浅埋藏胶结作用、淡水胶结(充填)作用、再埋藏胶结作用。

(1)海底胶结作用。镜下纤状、针状、刃状或叶片状的文石或镁方解石(部分已白云石化形成白云石)垂直于颗粒等厚环边栉壳状生长，厚 0.005～0.050mm，构成第一世代胶结物[图 5.26(c)]。这种胶结物，阴极射线下发褐色光或不发光(与颗粒发光特征接近)；受大气水改造的发橘红色光。电子探针微量元素分析，其常具无铁、无锰或低铁锰的特征。海底胶结作用主要发生在上储层段，如羊深 1 井上储层段的颗粒灰岩中，海底胶结作用使原生粒间孔减少 10%～15%，下储层段中这期胶结作用不明显。

(2)浅埋藏胶结作用。藻砂屑藻凝块、藻纹层白云岩中，藻间溶孔、鸟眼-窗格孔、粒间溶孔中常见微-粉晶粒状白云石生长，孔隙被完全充填[图 5.26(d)和(e)]，阴极射线下环边白云石胶结物发褐色光，发光颜色与基质白云石相似，而且在环边白云石生长的围岩上，可发橘红色光，环边白云石电子探针微量元素分析 FeO 含量为 $0\sim390\times10^{-6}$、MnO 含量为 $50\times10^{-6}\sim430\times10^{-6}$，为无铁-微含铁白云石，形成于中、低温，还原-弱还原的浅埋藏成岩环境。浅埋藏胶结作用对藻类白云岩早期孔隙破坏较大，使孔隙度降低 5%～10%；晶粒白云岩中该期胶结作用表现为白云石的共轴生长，以白云石亮边形式出现，阴极射线下发橘红色光。

(3)淡水胶结(充填)作用。垮塌堆积和渗流砂充填是淡水胶结(充填)作用的标志，包括白云岩风化后残余自形晶的白云石、微粒白云石、粉末状风化物杂乱堆积，以及灰岩溶蚀孔洞缝中内堆积的分选较差的溶蚀围岩角砾及微晶-粉末状溶蚀残余物。除渗流砂充填外，剩余孔隙中可见少量粉-细晶方解石和细-中晶方解石充填，这类方解石胶结物在阴极射线下发褐色光或不发光，电子探针微量元素分布具“三无”(无钠、无铁、无锰)特征，为无铁方解石，形成于大气淡水环境。研究区这期淡水胶结(充填)作用分布不均匀，在藻类白云岩中普遍可见[图 5.26(d)]，但分布局限，破坏部分藻类白云岩早期残余孔隙。

(4)再埋藏胶结作用。见大量连晶或嵌晶方解石，少量嵌晶白云石、石英、萤石充填于前期蚀孔、洞、缝内。其中，嵌晶方解石在阴极射线下不发光，少量发褐黑色光，电子探针微量元素分析 FeO 含量为 $20\times10^{-6}\sim1200\times10^{-6}$、MnO 含量为 $80\times10^{-6}\sim570\times10^{-6}$，为微含铁-含铁方解石；激光碳氧同位素分析 $\delta^{13}C_{PDB}$ 为–0.36‰～1.66‰，$\delta^{18}O_{PDB}$ 为–9.67‰～–5.34‰。碳同位素低负值表明成岩流体中碳来源于印支早期构造抬升运动造成的淡水下渗，氧同位比值与第一期胶结物相比明显负偏，说明下渗的淡水封存于孔隙中进入埋藏环境沉淀胶结。嵌晶方解石对晶粒白云岩的晶间(溶)孔破坏严重[图 5.26(f)]，是晶粒白云岩孔隙度下降的主要原因，在藻类白云岩储层中该期胶结物不均匀分布进一步加剧了储层非均质性。

总体上看，研究区内雷四上亚段上储层段颗粒灰岩受海底胶结作用破坏，孔隙基本消失，后期由于溶蚀改造作用较弱，溶蚀孔隙型储层不发育，多发育裂缝型储层；而上、下储层段中的白云岩储层，海底胶结作用不明显，早期孔隙大量保存，而且晶粒白云岩和藻类白云岩中胶结作用对孔隙的影响不同。其中，浅埋藏白云石胶结充填是藻类白云岩孔隙下降的主要阶段，对晶粒白云岩孔隙影响不大；淡水胶结(充填)作用包括晶粒方解石胶结和渗流砂充填，晶粒方解石胶结较少，以渗流砂充填为主，主要破坏部分藻类白云岩早期残余孔隙，但分布局限，在晶粒白云岩中较少见；再埋藏含铁嵌晶方解石胶结是晶粒白云岩孔隙变差的主要原因，在藻类白云岩储层中该期胶结物不均匀分布进一步加剧了储层非均质性。

5.2.2 成岩演化序列与孔隙演化

通过上述各成岩作用类型及特征的研究，结合构造演化背景分析认为，川西地区雷四上亚段潮坪相碳酸盐岩经历了海底→准同生→浅埋藏→中-深埋藏等成岩环境。在此基础上，建立了研究区雷四上亚段潮坪相白云岩储层的成岩序列和孔隙演化模式(图5.27、图5.28)。

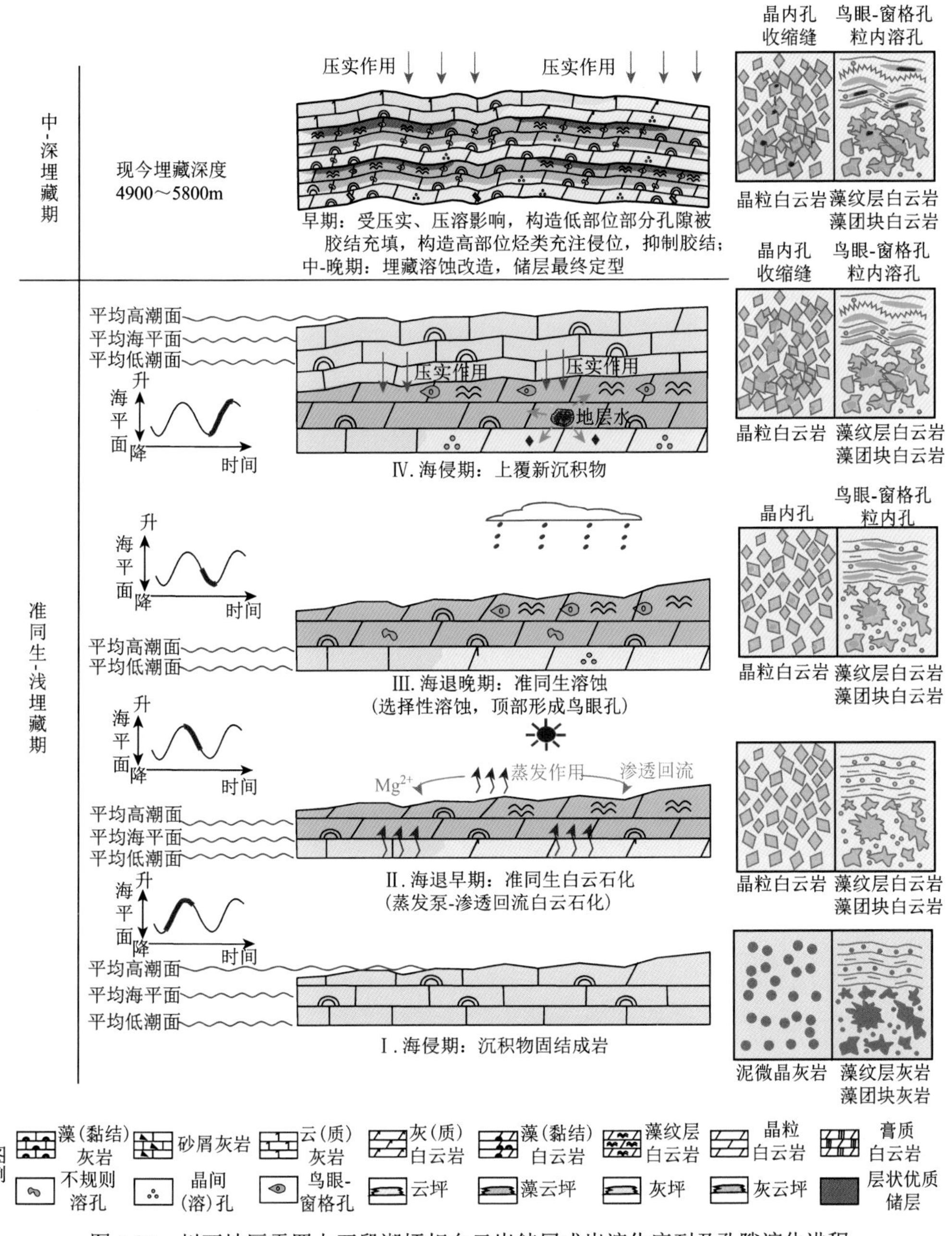

图5.27 川西地区雷四上亚段潮坪相白云岩储层成岩演化序列及孔隙演化进程

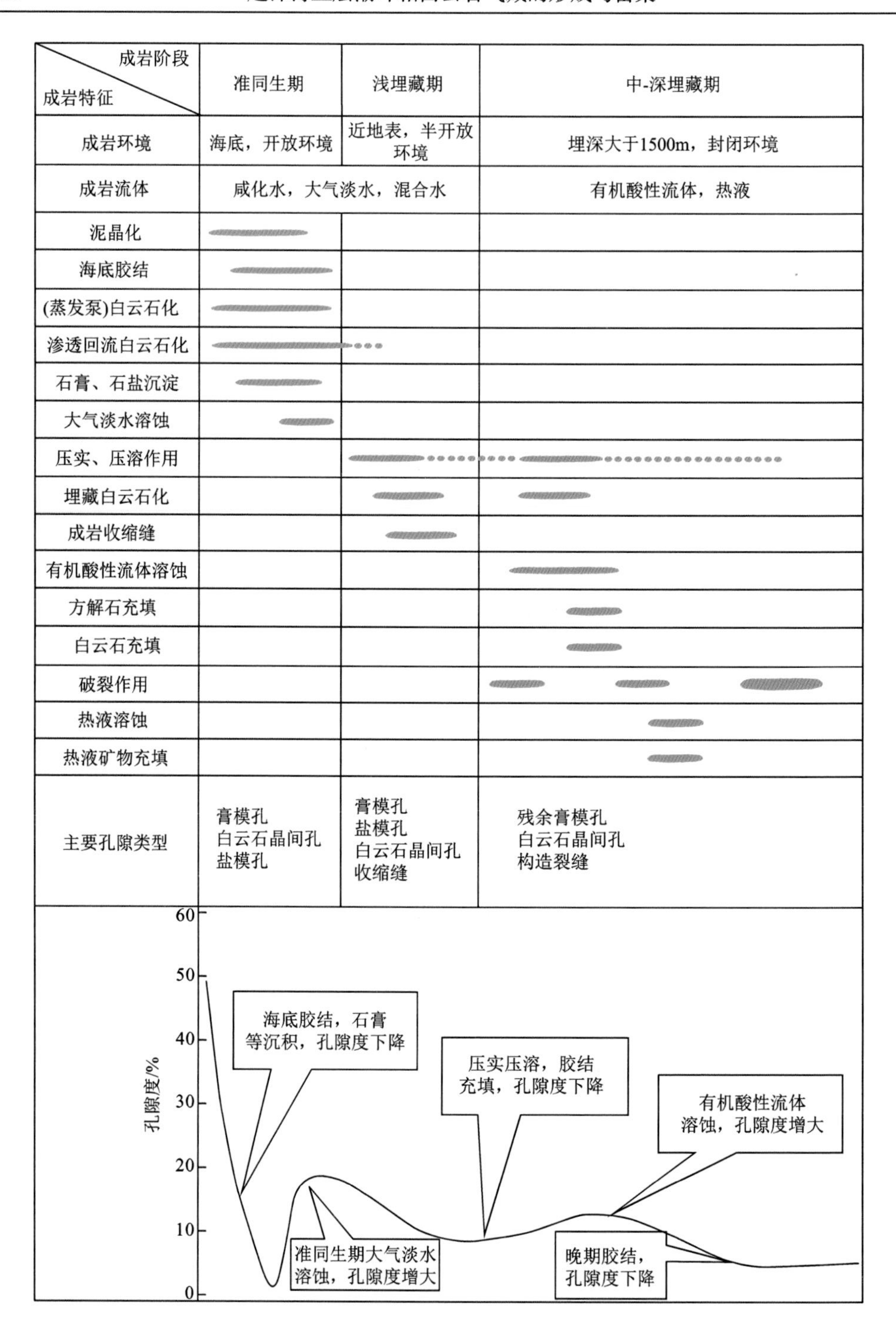

图 5.28　川西地区雷四上亚段潮坪相白云岩储层孔隙演化模式

1) 准同生成岩阶段

准同生成岩阶段沉积物还未完全脱离沉积水体，雷四上亚段白云岩处于稳定的蒸发潮坪环境，海水盐度逐渐增大，并伴随石膏的沉淀，消耗大量的 Ca^{2+} 和 SO_4^{2-} ，从而使水体中的 Mg/Ca 比值大大提高，突破白云石化的化学动力学屏障，迅速交代灰泥或颗粒沉积物形成白云石(图 5.27)，由于交代作用进行速度快，形成了大量保留原始结构的含膏、膏质泥-粉晶白云岩和颗粒白云岩。但海平面的频繁振荡运动，受短期海平面下降的影响，微古地貌高地露出海面，使固结或半固结的白云岩经常暴露，遭受准同生期的大气水溶蚀作用，形成粒内溶孔和少量膏模孔。

该阶段主要的成岩作用类型有泥晶化作用、海底胶结作用、准同生期(蒸发泵)白云石化作用、渗透回流白云石化作用和大气淡水溶蚀作用等(图 5.28)。其中，由生物作用引起的泥晶化形成的泥晶套及第一期纤状白云石胶结，主要为破坏性成岩作用，占据了大量孔隙空间，但同时也提高了颗粒的抗压性能，具有保护残余粒间孔的作用；白云石化作用为建设性成岩作用，一方面可调整孔隙类型，形成大量的晶间孔，另一方面则是其较灰岩具有更高的抗压性，使早期孔隙更容易得以保存；大气水溶蚀作用是极为重要的建设性成岩作用，可使储层形成大量的次生溶蚀孔隙。

在这一阶段，潮上带文石泥和泥晶方解石的准同生期(蒸发泵)白云石化作用及潮间-潮下带文石泥和高镁方解石泥渗透回流白云石化作用形成的泥-微晶砂屑白云岩和藻黏结白云岩原始孔隙度可达 40%～60%。早期的海底胶结作用使原本疏松的颗粒转变为弱-半固结状态，但也占据了相当部分的原始孔隙空间，储层孔隙度保持在 25%左右。而未发生白云石化作用，又缺乏大气淡水淋滤改造的岩层，孔隙度下降至 5%以下。

2) 浅埋藏成岩阶段

浅埋藏成岩阶段，随着沉积基底不断沉降，上覆沉积物不断增加，沉积物和孔隙水由开放环境进入半封闭-封闭环境。随着埋深的增加，温度、压力不断增高，但由于碳酸盐岩固结成岩时间早，埋深较浅，因此，压实作用并不明显。白云石化仍是这一阶段重要的成岩作用。在海底潜流环境中，孔隙水可在地下水头的压力或密度差的作用下发生横向流动或下渗扩散，随着地层温度的逐步升高，孔隙水逐步演化为白云石化流体，其中封存的大量 Mg^{2+}为白云石化作用提供了物质来源，使得原始沉积物不断被白云石交代，形成粉-细晶、自形-半自形、晶间孔隙发育的白云岩。

在这一阶段，由于孔隙流体活跃和浓缩，胶结作用发育，占据早期孔隙空间，微晶石英也可能在这一阶段沉淀。同时，由于沉积物脱水收缩和石膏脱水转化为硬石膏，成岩收缩缝发育。主要的储集空间组合为白云石晶间孔和成岩收缩缝(图 5.27、图 5.28)。

胶结作用是这一阶段储层孔隙度下降的主要原因，而白云石化作用能较好保持储层孔隙，在两者的共同作用下，早期形成的含孔微-粉晶(藻)白云岩孔隙度下降至 10%～25%。而由白云石化作用形成的细晶白云岩发育较多的晶间孔隙，孔隙度可达 15%。

3) 中-深埋藏成岩阶段

中-深埋藏成岩阶段，沉积物已脱离氧化环境。由于较大的埋深和较高的温度、压力，压溶作用较为发育，由其形成的缝合线可作为流体或烃类运移的通道；埋藏白云石化是这一阶段另一种重要的成岩作用类型，通常表现为对早期形成白云石的重结晶，使原本较小的晶粒重结晶为更大的晶粒，对储层改造不明显；随着埋藏深度的进一步加深，当下伏烃源岩进入生排烃阶段后，由有机质成熟脱羟基产生的有机酸性流体对原有孔洞缝进一步溶蚀改造形成深埋次生溶蚀孔洞缝体系，并发生强烈的晚期充填作用。同时，在后期构造作用控制下，大量构造裂缝产生，储层渗透性得到显著改善。另外，由于还受到断裂沟通的下伏热液的影响，雷四上亚段储集岩在局部可见到各种热液矿物的沉淀。这一阶段主要沉淀矿物有粗晶方解石、鞍形白云石、萤石、石英及天青石等。该成岩阶段主要的孔隙组合为充填后残余白云石晶间孔、晶间溶孔和构造裂缝等(图 5.27)。

压实、压溶作用和晚期自生矿物的充填是储层孔隙度下降的主要因素，有机酸性流体溶蚀作用是储层孔隙改善的重要原因，热液溶蚀作用影响相对较小(图 5.28)。在三者共同作用下，含孔微-粉晶白云岩孔隙度最终主要保持在 2%～10%，部分可接近 20%，细晶白云岩孔隙度则主要保持在 2%～8%。

5.3　储层地球化学特征及白云石化机理

白云石化作用的核心是成岩流体与岩石相互作用过程(万友利等，2020)，白云石化流体来源、交代过程和成因等一系列问题一直是碳酸盐岩领域的研究热点和寻找规模储层的重要基础地质问题。无论哪种模式的白云石化机制，流体的参与是其不可缺少的关键环节，较高的水岩比是大范围的白云石化作用及块状白云岩形成的基础。对应不同的白云石化模式，白云石化流体可以是正常海水、经过蒸发浓缩或改造的海水、大气淡水与海水形成的混合水、地层水及来自深部的热液等，由它们交代形成的白云岩，或多或少地留下其地球化学烙印，因此常常利用白云岩的地球化学特征来解释其成因。

5.3.1　白云石有序度

白云石的有序度可能与白云石的结晶程度、$CaCO_3$ 摩尔分数、白云石化程度及结晶温度有关。温度是影响白云石有序度的关键因素，压力对白云石有序度的影响较弱(郑重和王勤，2020)。一般来说，与蒸发泵、渗透回流等准同生白云石化有关的白云石有序度较低，与埋藏白云石化作用有关的白云石有序度较高，与大气淡水/海水的混合水白云石化作用有关的白云石的有序度可能在这二者之间。

研究区雷四上亚段白云石有序度主要分布在 0.440～0.875，平均值为 0.642，约 73%的样品有序度分布在 0.7 以下，总体显示低有序度的特征，反映了白云岩主要形成于早期成岩阶段的特点。部分白云石有序度可在 0.8 以上，接近 0.9，呈较高有序度的特征，显示其经过了埋藏期间的地球化学及结构调整，形成了相对趋于化学计量的(标准的)白云岩(图 5.29)。

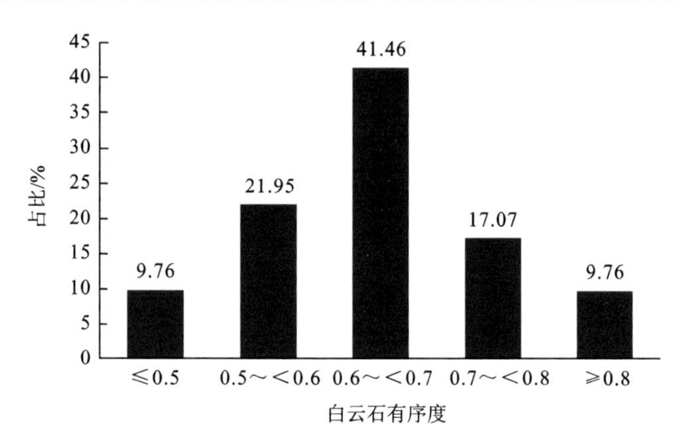

图 5.29　川西地区雷四上亚段白云石有序度分布图

5.3.2　阴极发光特征

阴极发光广泛应用在白云石化作用研究中(王珏博等，2016)，能较直观反映出矿物中铁(Fe)和锰(Mn)元素的含量。研究区雷四上亚段大部分白云岩具有较弱的阴极发光性或基本不发光[图 5.30(a)和(b)]，这与其较低的 Mn、Fe 含量有关，显示其对海源流体较强的继承性，说明海源流体在雷四上亚段碳酸盐岩的成岩过程中发挥了主导作用。根据不同样品阴极发光相对强度，可将研究区雷四上亚段碳酸盐岩发光定性分为两级：①较强发光性。阴极发光图像显示，原始结构保留完整的微-粉晶白云岩具有相对较强的阴极发光[图 5.30(c)和(d)]，显示其白云石化过程中可能存在大气淡水的参与，大气淡水所带入的 Mn 是其 Mn 含量相对较高的原因。因此，这类白云岩的形成过程应在相对开放的氧化条件下进行，准同生期的蒸发泵和渗透回流可能是其主要的白云石化机制。而大气淡水的参与作用相对有限，因为研究区该类岩石虽然具有相对较高的 Mn 含量，但就其绝对量而言，其含量仍较低。大部分阴极发光较强的白云岩孔隙发育也相对较好，且在孔隙中充填阴极发光强度相对最高的白云石，说明这些白云石的沉淀过程应与大气淡水密切相关。②弱或无发光性。成岩作用改造强烈、基本不保留原始结构的白云岩或结晶白云岩，阴极发光明显较弱(接近对海水有较好代表性的微晶灰岩)，

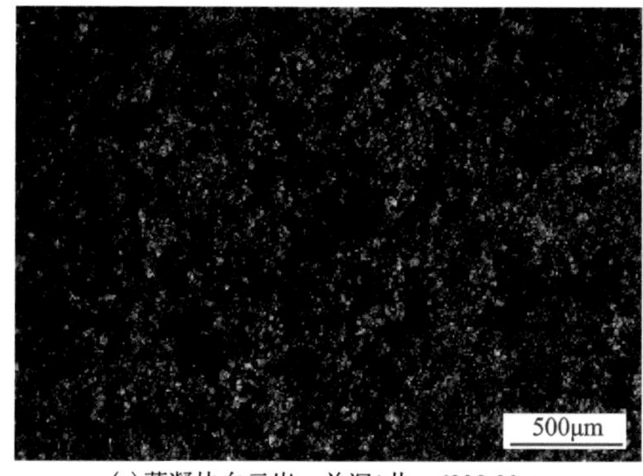

(a)藻凝块白云岩，羊深1井，6238.99m，普通薄片，×40(-)

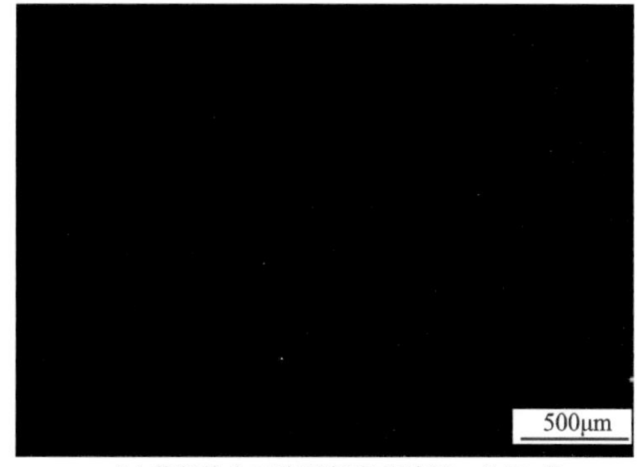

(b)藻凝块白云岩阴极发光特征，羊深1井，6238.99m，×40(-)

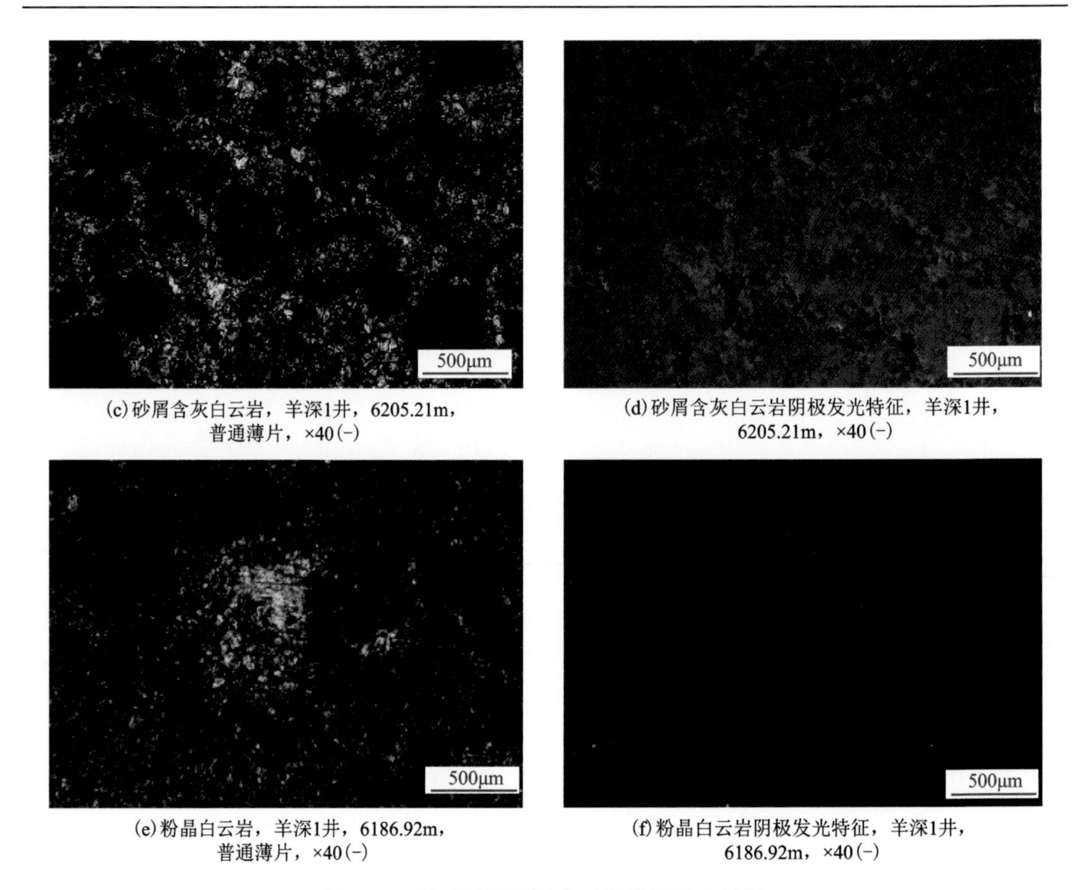

(c)砂屑含灰白云岩，羊深1井，6205.21m，普通薄片，×40(-)

(d)砂屑含灰白云岩阴极发光特征，羊深1井，6205.21m，×40(-)

(e)粉晶白云岩，羊深1井，6186.92m，普通薄片，×40(-)

(f)粉晶白云岩阴极发光特征，羊深1井，6186.92m，×40(-)

图 5.30　川西地区雷四上亚段阴极发光特征

显示该类白云石形成过程中缺少大气淡水的影响，形成环境较为封闭，其白云石化流体可能与同期海水有关，因为该类白云岩具有和微晶灰岩类似的阴极发光和 Mn 含量特征[图 5.30(e)和(f)]。

综合上述分析来看，研究区雷四上亚段原始结构保存较好的白云岩，微-粉晶白云岩主要形成于氧化环境，准同生期的白云石化作用可能是其形成的重要原因。而原始结构保留不完整的白云岩或是晶粒白云岩(研究区主要为细晶白云岩)则可能代表了埋藏期的改造或是浅埋藏期的白云石化。

5.3.3　同位素特征

1. 锶同位素特征

海水中锶(Sr)同位素组成在各时期都存在全球均一化现象(Veizer，1989)，白云岩 $^{87}Sr/^{86}Sr$ 特征可反映其白云石化流体性质及形成环境。选取川西地区雷四上亚段不同类型碳酸盐岩样品进行了锶同位素测试，结果显示含灰质角砾白云岩锶同位素比值($^{87}Sr/^{86}Sr$ 比值)为 0.70796531～0.70822517，平均值为 0.70809524；灰质白云岩锶同位素比值为 0.70800482～0.70828647，平均值为 0.708145645；微-粉晶白云岩锶同位素比值为

0.70769418～0.70860496，平均值为 0.708053288；细晶白云岩锶同位素比值为 0.70766867～0.70804869，平均值为 0.70785868；微-粉晶含灰质白云岩锶同位素比值为 0.70803917～0.70815375，平均值为 0.70809175；微-粉晶灰岩锶同位素比值为 0.70767768～0.70841992，平均值为 0.707994543；微晶灰岩锶同位素比值为 0.70773198～0.70786212，平均值为 0.707783923；泥-微晶灰岩锶同位素比值为 0.70760187～0.70792323，平均值为 0.7077538；白云质灰岩锶同位素比值为 0.70770698～0.70808516，平均值为 0.707897657。不同类型碳酸盐岩 $^{87}Sr/^{86}Sr$ 比值主要介于 0.70760187～0.70860496，平均值为 0.70798537，比值分布范围较宽，但多数样品比值分布较为集中，指示研究区雷四上亚段成岩流体虽然具有不同来源，但流体的来源总体相对单一。上述测试结果显示，各类碳酸盐岩锶同位素比值基本都分布在同期海水锶同位素比值分布区间(0.70758～0.70836)。因此，研究认为成岩流体与同期海水密切相关，仅极少数样品锶同位素比值高于和低于近同期海水锶同位素比值，反映在白云石化过程中，可能还存在少量陆源成岩流体和深部热液流体混入。

泥-微晶灰岩、白云质灰岩和含云灰岩具有明显较低的锶同位素比值，而通过不同结晶程度白云岩的对比来看，灰质白云岩→含灰质白云岩→微-粉晶白云岩→细晶白云岩的 $^{87}Sr/^{86}Sr$ 比值逐渐变小，反映了研究区雷四上亚段白云石化过程总体上应处于一个相对开放的环境，在海水的背景下，一定的大气淡水加入造成锶同位素比值变大，这与前文中通过白云石有序度和阴极发光特征取得的认识是一致的。结晶程度相对最好的细晶白云岩 $^{87}Sr/^{86}Sr$ 比值相对最小(平均值为 0.70785868)，且与灰岩类样品锶同位素比值较为接近，显示细晶白云岩成岩流体更为单一，成岩环境更为封闭，成岩流体应主要与埋藏背景下囚禁的同期-近同期海水有关。

2. 碳氧同位素特征

白云岩的碳同位素组成受前驱碳酸盐岩矿物影响较明显(李蓉等，2017)。对川西地区雷四上亚段不同类型白云岩和灰岩进行全岩碳氧同位素分析，不同类型白云岩 $\delta^{13}C_{PDB}$ 值的分布范围为−2.49‰～6.10‰，平均值为 3.12‰，$\delta^{18}O_{SMOW}$ 值为−7.01‰～−1.06‰，平均值为−4.48‰。古盐度 Z 值在 130 左右，最高可达 138.02，平均值为 131.45，对应平均古地温为 37.29℃。灰岩类样品(泥-微晶灰岩、含云灰岩等) $\delta^{13}C_{PDB}$ 值的分布范围为−0.70‰～3.93‰，平均值为 1.92‰，$\delta^{18}O_{SMOW}$ 值为−7.36‰～−4.41‰，平均值为−5.88‰。古盐度 Z 值的分布范围为 122.20～133.08，平均值为 128.30。

以上实验结果表明，雷四上亚段白云石形成温度不高(21.54～47.64℃)，推测白云石化作用主要发生在地表、近地表，或者非常浅的埋藏环境中。白云岩 Z 值明显大于灰岩，指示研究区雷四上亚段白云石化流体应为整体偏咸的海水或卤水，形成于相对局限-蒸发环境。

由灰质白云岩、微-粉晶白云岩至细晶白云岩，氧同位素呈现逐渐偏负的特征，表现为白云岩成岩环境蒸发程度逐渐增强、形成温度较高的特征。大多数白云岩样品碳同位素分布区间与灰岩分布区间接近，进一步指示了成岩流体的海相流体信号。有少量样品碳同位素显著偏正(5‰左右或以上)，推测为早期有机质的硫酸盐还原作用所导致，另外白云石化流体的蒸发背景也可能是导致白云岩碳同位素正偏移的原因之一。样品中还存在少量碳同位素显著偏负特征，为成岩过程中有机酸性流体注入导致，显示了埋藏期间，烃源岩成熟时释放的有机酸性流体对其产生了较为明显的影响。

3. 常微量元素特征

铁(Fe)、锰(Mn)、锶(Sr)、钠(Na)等微量元素作为碳酸盐岩沉积、成岩环境和成岩流体指示标志，在不同成因的白云岩中的含量是不同的(Walker et al.，1989)，因此微量元素分布特征对于确定川西地区雷口坡组潮坪相碳酸盐岩成因具有重要指示作用。

1) Fe-Mn 组合

海相碳酸盐岩的成岩过程是一个 Mn、Fe 富集的过程。因此，碳酸盐岩的成岩过程总体上具有 Mn、Fe 含量增加的趋势。研究区雷四上亚段灰岩 Fe 含量主要介于 158.89～182.50μg/g，不同类型白云岩 Fe 含量主要介于 255.00～515.00μg/g；灰岩 Mn 含量主要介于 14.89～16.17μg/g，不同类型白云岩 Mn 含量主要介于 22.91～25.85μg/g。白云岩中 Fe、Mn 含量明显高于灰岩，这与碳酸盐岩的成岩过程中 Fe、Mn 含量的理论变化趋势一致(图 5.31)。此外，白云岩中 Fe、Mn 含量绝对值整体呈现较低值特征，说明川西地区雷四上亚段白云石化流体主要为海相来源背景。

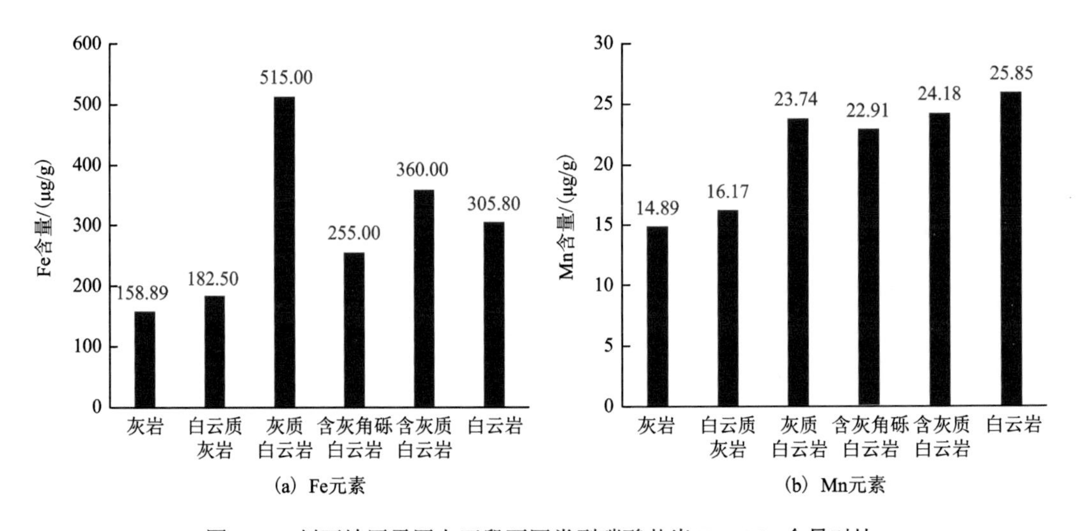

图 5.31　川西地区雷四上亚段不同类型碳酸盐岩 Fe、Mn 含量对比

针对结晶程度较高的晶粒白云岩和保留原始结构的白云岩开展 Fe 含量对比分析，发现 Fe 含量在这两类白云岩中的变化并不具有明显规律性。白云岩中 Fe 含量除了受氧化还原环境影响外，还和外来流体的影响有关，通过前文分析可知，结晶白云岩形成于埋藏阶段的还原环境，还原条件下可导致 Fe 含量升高，而保留原始结构的白云岩则形成于早成岩阶段的相对开放环境，也可能导致 Fe 含量升高，因此不同结构白云岩并未出现明显的差异。这也进一步说明了研究区雷四上亚段不同结构的白云岩形成于不同的成岩阶段，保留或残余原始结构的白云岩其白云石化过程中可能有大气淡水参与，蒸发泵和渗透回流可能是这类岩石白云石化作用的主要成因。

2) Mg-Ca 组合

研究区雷四上亚段不同类型白云岩 Mg/Ca 比值统计表明，细晶白云岩具有相对较大的 Mg/Ca 比值，反映了随着成岩强度的变大，白云石交代作用越彻底，Mg/Ca 比值逐渐变大。

白云岩中 CaO 和 MgO 含量的变化能反映白云石交代方解石的程度，通过研究区雷四上亚段白云岩 Mg-Ca 交会图可以看出(图 5.32)，Mg、Ca 分布范围较宽，说明研究区存在不同成岩阶段形成的白云岩。

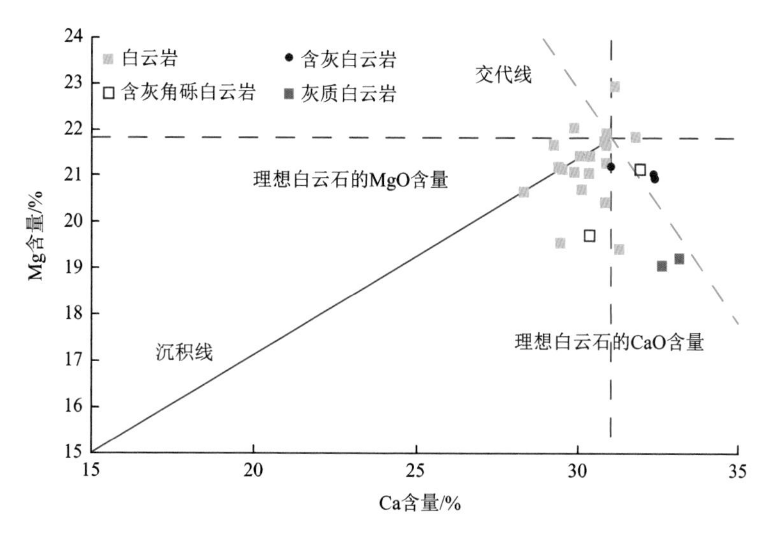

图 5.32　川西地区雷四上亚段不同类型白云岩 Mg-Ca 含量关系

大部分白云岩具有 Mg 含量较低、Ca 含量也相对较低的特征，反映了准同生期白云岩快速结晶的特点，也可能与这类白云岩中含有一定泥质有关。另外，有部分样品具 Mg 含量较低、Ca 含量较高特征，反映了准同生期白云岩结晶速度快的特点，交代过程不彻底。同时，还有少量样品分布在理想白云石 Mg-Ca 区间附近，指示其为埋藏阶段产物，这与前文中白云石有序度的研究结论一致。

4. 稀土元素特征

稀土元素地球化学性质稳定，常被作为流体示踪指标，根据稀土元素配分模式和特征讨论流体来源，在四川盆地(余新亚等，2015；江文剑等，2016)、塔里木盆地(郭春涛和陈继福，2019)和羌塘盆地(万友利等，2020)都取得了较好应用效果。选取川西地区雷四上亚段 41 块样品进行了稀土元素测试，测试数据利用后太古代澳大利亚页岩(Post-Archean Australian shale，PAAS)的稀土元素含量测试结果进行标准化。

1) 稀土元素配分模式

从研究区雷四上亚段不同类型白云岩稀土元素配分模式特征来看(图 5.33)，绝大多数白云岩与微晶灰岩样品的稀土元素配分模式具有较强的可对比性，二者相似的稀土元素配分模式指示成岩流体强烈的继承性。因此，研究认为研究区雷四上亚段多数白云岩是在海水环境或者海水浓缩环境中形成的。

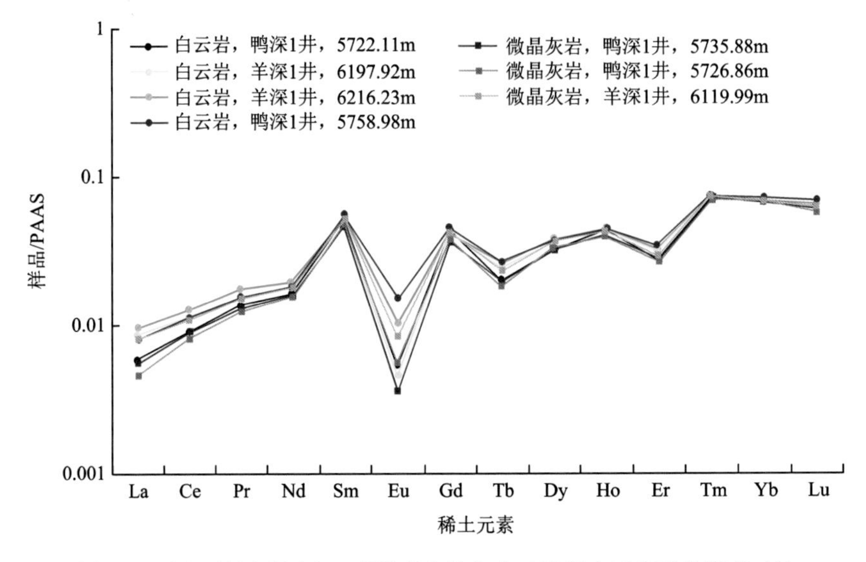

图 5.33　川西地区雷四上亚段微晶灰岩与白云岩稀土元素配分模式对比

2) δCe、δEu、δGd

Ce 由于其敏感的氧化还原性，常与正常海水中其他的三价稀土元素发生分馏作用，可溶解的 Ce^{3+}在氧化条件下会变成较难溶解的、热力学上更稳定的 Ce^{4+}而优先进入沉积物颗粒中，因此，Ce 的负异常程度是水体氧化程度的反映(赵彦彦等，2019)。研究区雷四上亚段 δCe 值主要介于 0.83～0.99，平均值为 0.93，在 Ce/Ce*与 Pr/Pr*相关图上可以看出［图 5.34(a)］，研究区所有样品 Pr/Pr*值均大于 1，表现为 Ce 的负异常，而 Ce/Ce*值均小于 1，为 La 的正异常。同时具备 La 的正异常与 Ce 的负异常是现代海水稀土元素的重要特征，这也从另一方面反映了白云石化流体具有海水来源的特点。

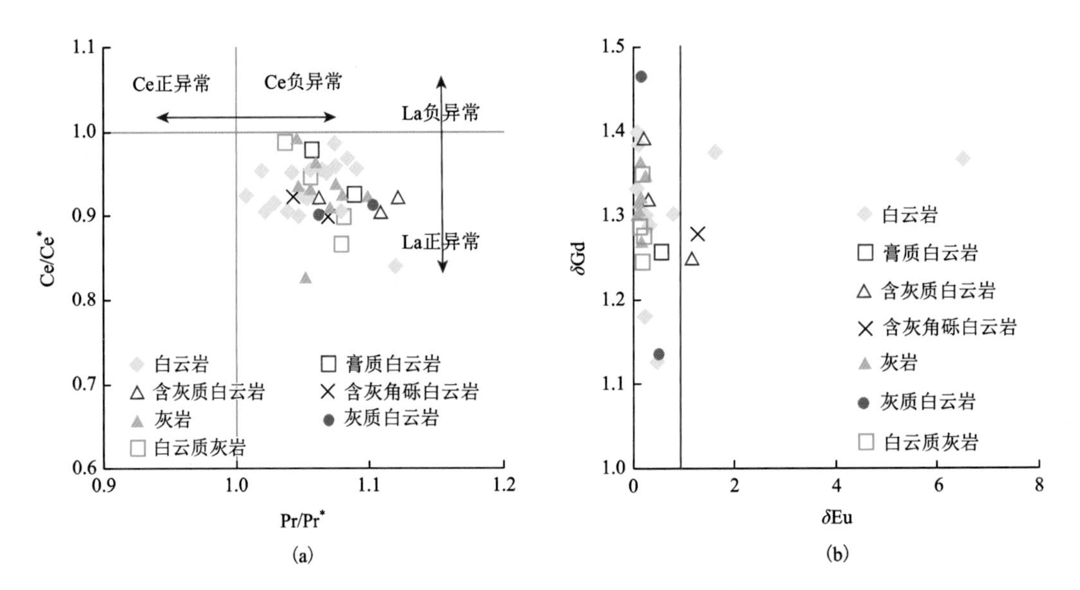

图 5.34　川西地区雷四上亚段不同类型碳酸盐岩 Ce/Ce*与 Pr/Pr*关系及 δGd 与 δEu 关系

从 δGd 分布及 δGd 与 δEu 关系来看［图 5.34(b)］，研究区所有样品的 δGd 值均大于 1，平均值为 1.31，表现出 Gd 的正异常，同样与现代海水的稀土元素特征类似，也反映出研究区雷四上亚段白云石化流体具备海水来源的特征。

5.4　储层形成机理

5.4.1　(藻)云坪是储层发育的基础

沉积作用是储层形成的先决条件。宏观上，沉积微相反映出一定时空范围内相对均一的岩石特征，决定了储层的空间分布；微观上，沉积微相决定了储层的矿物组成和原始孔隙结构，从而影响着后期的成岩演化。前文沉积特征分析表明，中三叠世雷四段沉积期，川西地区总体处于局限的陆表海环境，以广阔的潮坪和潟湖环境为特征，沉积期海水的升降与微幅度的古地貌控制了微相的分布。潮坪沉积环境，水体整体较浅，由于潮间带藻云坪、云坪微相在低海平面期经常暴露，有利于准同生期大气淡水淋滤溶蚀作用的发生，对含藻白云岩、晶粒白云岩进行改造，形成优质孔隙型储层(宋晓波等，2021)。

更为重要的是，高频沉积旋回对储层发育具有明显的控制作用。川西地区雷四上亚段沉积时，由于相对海平面变化频繁，形成了多个向上变浅的高频沉积旋回。其中，潮间带-潮上带区域海平面一次轻微的下降就会造成台地大面积暴露，引起广泛的白云石化和大气淡水淋滤溶蚀作用。高频沉积旋回很大程度上控制了准同生期白云石化和溶蚀作用，形成纵向多层叠置、厚度较薄、平面分布广泛的优质储层。潮间上带的云坪和藻云坪受准同生期溶蚀作用改造，发育大量晶间溶孔和窗格孔。从不同沉积相储层发育情况来看(图 5.35)，潮间上带明显发育较多的 I 类和 II 类储层，而相对低能环境的潟湖则很少发育 I 类和 II 类储层，显示沉积相对有利储层的发育具有明显的控制作用。

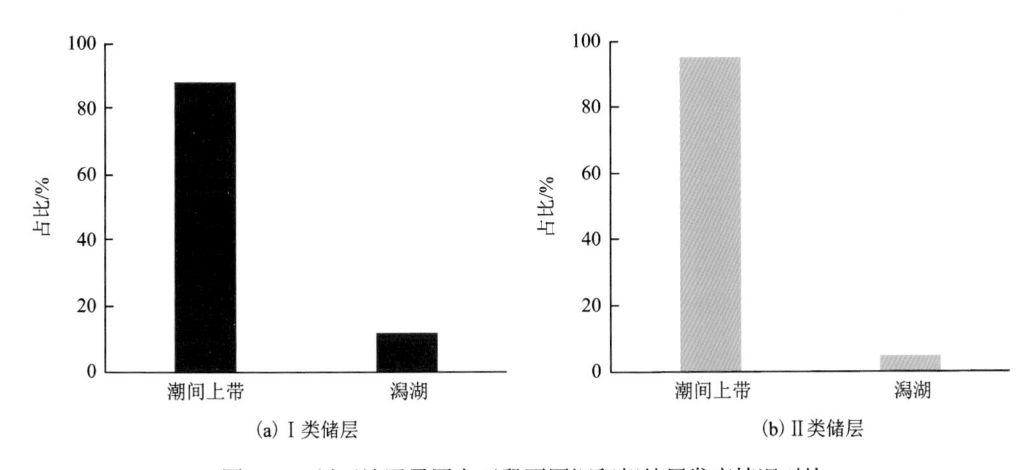

图 5.35　川西地区雷四上亚段不同沉积相储层发育情况对比

5.4.2 准同生期溶蚀是储层发育的关键

雷四上亚段沉积期，研究区地势平缓，受高频层序控制的海平面的降低可致整个平缓陆表海台地暴露出海水面，接受大气淡水的溶蚀改造，形成优质储层，这些优质储层发育厚度较薄，多为5～10m，厚度主要与暴露时间长短有关。研究区准同生溶蚀作用具有单期暴露溶蚀时间短、面积大、多期次的频繁暴露溶蚀的特征。潮坪沉积环境发育的层序结构为典型的向上变浅沉积旋回，但潮上带、潮间带和潮下带由于水体动力条件不同，向上变浅沉积旋回的垂向序列特征差异较大，直接影响了准同生溶蚀作用的强度，进而影响优质储层的分布(图5.36)。

潮下-潮间下部沉积旋回水体相对高能，颗粒较发育，以灰岩为主，可见少量小壳的介形虫和有孔虫伴生，构造以块状层理为主；旋回下部岩性为潮下沉积的微粉晶藻砂屑灰岩，少量可见亮晶胶结；向上过渡为潮间下部沉积的藻砂屑白云质灰岩[图5.36(a)]。由于水体相对较深，较少受大气淡水影响，准同生溶蚀作用较弱，与研究区内Ⅴ级层序TL4-6、TL4-7岩性相对致密，以藻灰岩、藻砂屑灰岩为主，偶见溶孔粉晶白云岩，储层不发育相吻合。这类旋回主要分布在川西地区雷四上亚段上部灰岩段。

潮间中部-潮间上部沉积旋回水体能量中等，旋回下部岩性为潮间中部沉积的藻砂屑灰质白云岩、含灰质白云岩和少量微粉晶白云岩；旋回上部岩性为潮间上部沉积的微粉晶白云岩和大量藻砂屑藻凝块白云岩[图5.36(b)]，发育鸟眼构造、藻叠层构造等典型标志。这类沉积旋回很少出露水面，但可接受大气淡水改造，准同生溶蚀强度中等，局部可见少量暴露标志。溶蚀作用在旋回中上部的藻砂屑藻凝块白云岩和微粉晶白云岩中形成粒间溶孔，少量粒内溶孔和晶间溶孔，形成Ⅲ类储层，旋回底部多为非储层，发育于研究区内Ⅴ级层序TL4-4、TL4-5旋回。这类旋回主要分布在川西地区雷四上亚段下储层段。

潮间上部-潮上沉积旋回水体能量相对较低，旋回下部岩性主要为潮间上部沉积的微粉晶白云岩、藻砂屑藻凝块白云岩；旋回上部岩性为潮上沉积的藻纹层白云岩[图5.36(c)]，可见窗格孔构造。这类旋回海平面变化最频繁，沉积物最容易发生暴露，准同生溶蚀作用最强。旋回顶部可见钙结壳、葡萄状胶结物、渗流豆粒、鸟眼构造、溶塌角砾及渣积层等溶蚀标志，是淡水成岩作用的结果。这类旋回最有利于准同生溶蚀作用发生，形成大量组构选择性孔隙，由溶孔藻白云岩、溶孔粉晶白云岩构成的优质储层(Ⅰ～Ⅱ类)段，主要发育在研究区内Ⅴ级层序TL4-1、TL4-2、TL4-3、TL4-4中上部。这类旋回主要分布在川西地区雷四上亚段下储层段。

潮上沉积旋回长期暴露，水体能量最低，沉积作用较弱，厚度薄(单个旋回厚度一般小于3m)，旋回下部岩性为薄层含藻球粒藻凝块白云岩和含藻纹层泥微晶白云岩，上部为土红色的针孔泥微晶白云岩[图5.36(d)]。准同生暴露溶蚀作用较强，形成粒内孔、铸模孔和晶间溶孔等。这类旋回较少出现，主要发育在雷四上亚段上储层段白云岩夹层中，不单独成段产出，是上储层段薄层优质高孔白云岩储层的主要贡献者，可见于研究区内Ⅴ级层序TL4-1、TL4-2、TL4-3、TL4-4旋回。

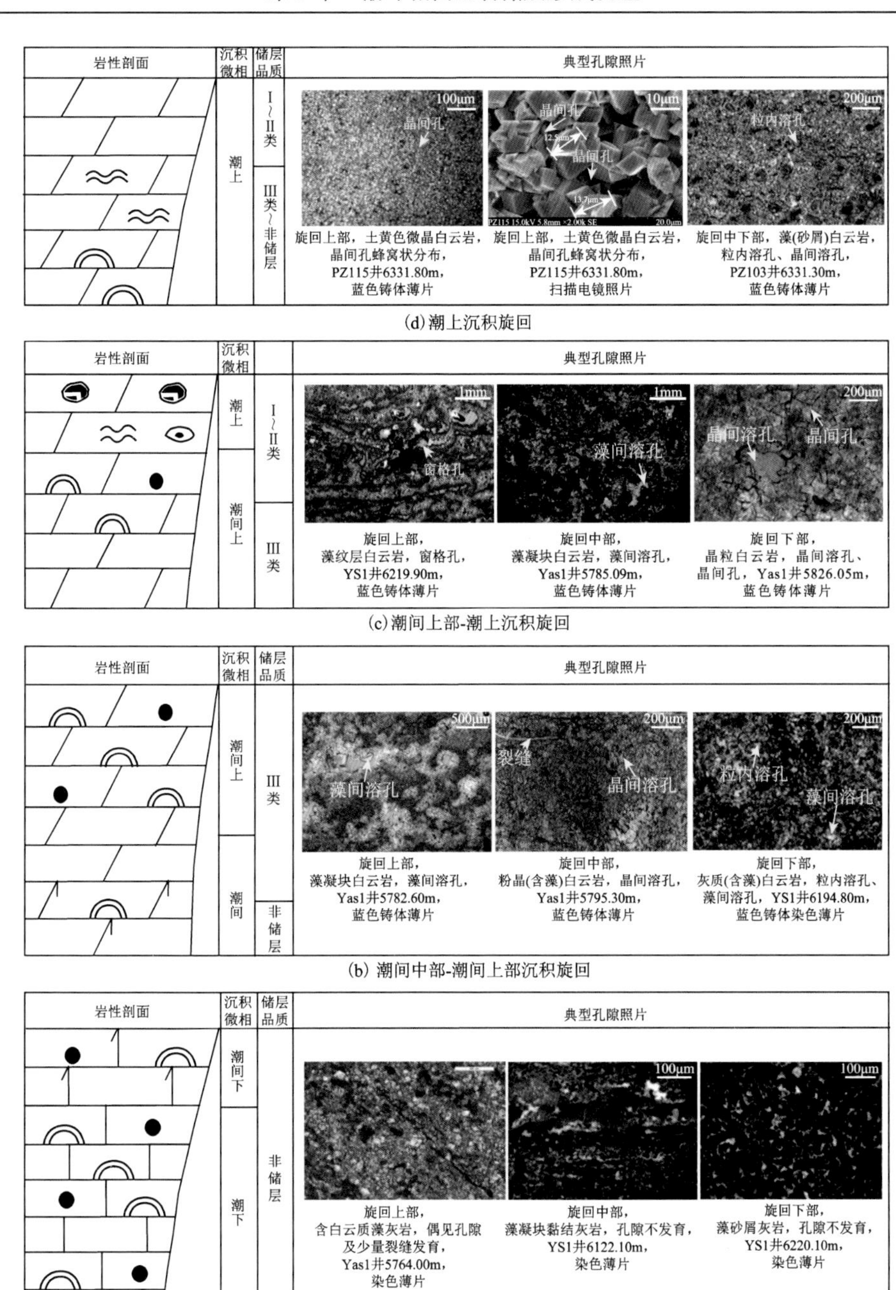

(a)潮下-潮间下部沉积旋回

图例

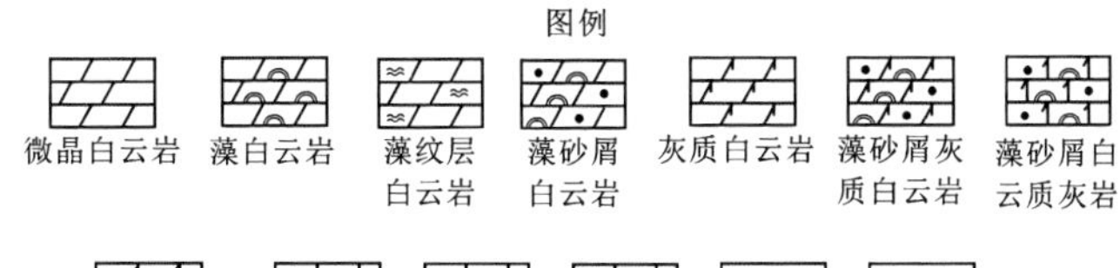

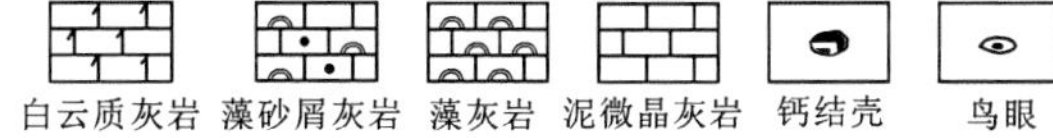

图5.36　川西地区雷四上亚段准同生期溶蚀作用模式

基于上述分析认为，准同生溶蚀作用的发生与高频旋回密切相关。潮间上部-潮上沉积旋回准同生溶蚀作用最强，有利于Ⅰ～Ⅱ类优质储层发育，纵向上，单个沉积旋回内部实测孔隙度变化较大，由旋回顶部向下孔隙度有逐渐变低的特征，这与准同生溶蚀作用由旋回顶面向下变弱有关。统计结果表明，单个沉积旋回厚度5m是准同生溶蚀作用的深度下限。单个沉积旋回厚度越大，则纵向上优质储层连续性越差；相反，单个沉积旋回厚度越小，纵向上优质储层越集中，横向上分布越连续。

5.4.3　晚期埋藏溶蚀提高了储层品质

大量岩石薄片观察发现，经历过海底、浅埋藏、表生大气淡水成岩环境等各种成岩作用改造后，不同孔隙发育程度的雷四上亚段储层进入再埋藏至深埋藏环境。川西地区雷口坡组埋藏期溶蚀具有很强的继承性，镜下观察多是沿着前期保存的孔隙形成扩溶或对前期形成的微裂缝进行过改造，最终形成孔缝连通性较好的优质储层。如前文所述，川西地区雷四上亚段储层主要经历了三期埋藏溶蚀，特别是第一、第二期溶蚀对于储层孔隙的形成最为重要。因此，雷四上亚段储层在先存孔隙的基础上，经历埋藏溶蚀作用的进一步改造，才形成了现今优质溶蚀孔隙型储层。埋藏溶蚀的强度主要取决于先存溶蚀孔洞的保存情况和微裂缝发育情况，先存孔洞保存越好、裂缝越发育的部位，埋藏溶蚀作用就越强烈，越容易形成优质储层。因此，寻找裂缝发育区与先存孔洞保存好的叠置区也就成为了寻找优质储层发育有利区的关键。

第6章 潮坪相碳酸盐岩大气田的形成与富集

川西地区中三叠统雷口坡组潮坪相碳酸盐岩蕴含丰富的天然气资源，通过持续不断的勘探实践，已在龙门山前带、新场构造带、广汉斜坡带及绵阳斜坡带发现一批以川西气田、新场气田等为代表的大、中型潮坪相碳酸盐岩气藏，累计提交探明储量超千亿立方米。关于川西雷口坡组潮坪相碳酸盐岩大气田的形成条件，前期已做过大量的研究和深入探讨(李书兵等，2016；许国明等，2013；胡烨等，2018；宋晓波等2019；王国力等，2022)，结合这些研究成果，本章通过对发现的几个典型气藏特征进行剖析，系统总结天然气的输导通道、成藏期次、成藏模式及主控因素，进而探讨潮坪相碳酸盐岩大气田的形成条件与富集规律。

6.1 典型气藏地质特征

川西地区雷口坡组潮坪相碳酸盐岩气藏具有在构造高部位分布的规律。平面上既有隆起带的规模成藏(如龙门山前带彭州雷四段气藏、新场构造带新场雷四段气藏)，也有斜坡带的成藏富集(如广汉斜坡带马井雷四段气藏、绵阳斜坡带永兴雷四段气藏)，总体上，气藏类型以构造和构造-岩性(地层)气藏为主。

6.1.1 龙门山前带彭州雷四段气藏

彭州雷四段气藏位于龙门山中段前缘由关口断层与彭县断层夹持的石羊镇—金马—鸭子河构造带上，该构造带属于龙门山大型构造带中段的山前隐伏构造带。截至2020年9月底，已有彭州1、鸭深1、羊深1等20余口钻井在彭州地区钻达雷四上亚段潮坪相白云岩，其中彭州1井在雷四段测获$120\times10^4m^3/d$高产工业气流，羊深1井测获$60\times10^4m^3/d$工业气流，鸭深1井测获$49\times10^4m^3/d$工业气流，此外，还有多口长水平段的开发井也测获工业气流。截至2022年12月底，龙门山前带彭州地区的雷四上亚段潮坪相白云岩气藏已提交探明储量超千亿立方米，实现了整体探明。

1. 气藏类型

龙门山前构造带彭州地区雷四段顶部发育多个构造圈闭，其中石羊镇、金马、鸭子河构造圈闭为构造落实的断背斜圈闭。位于石羊镇、金马、鸭子河构造位置较高的钻井的雷四上亚段储层测井解释为气层并测试获高产工业气流，位于构造边部的钻井一般钻遇气水界限具有气水同产或产水的特征。总体上，雷四上亚段气藏底界均未超过构造圈闭范围，由此确定彭州雷四段气藏类型为具有边水的构造气藏(图6.1)。

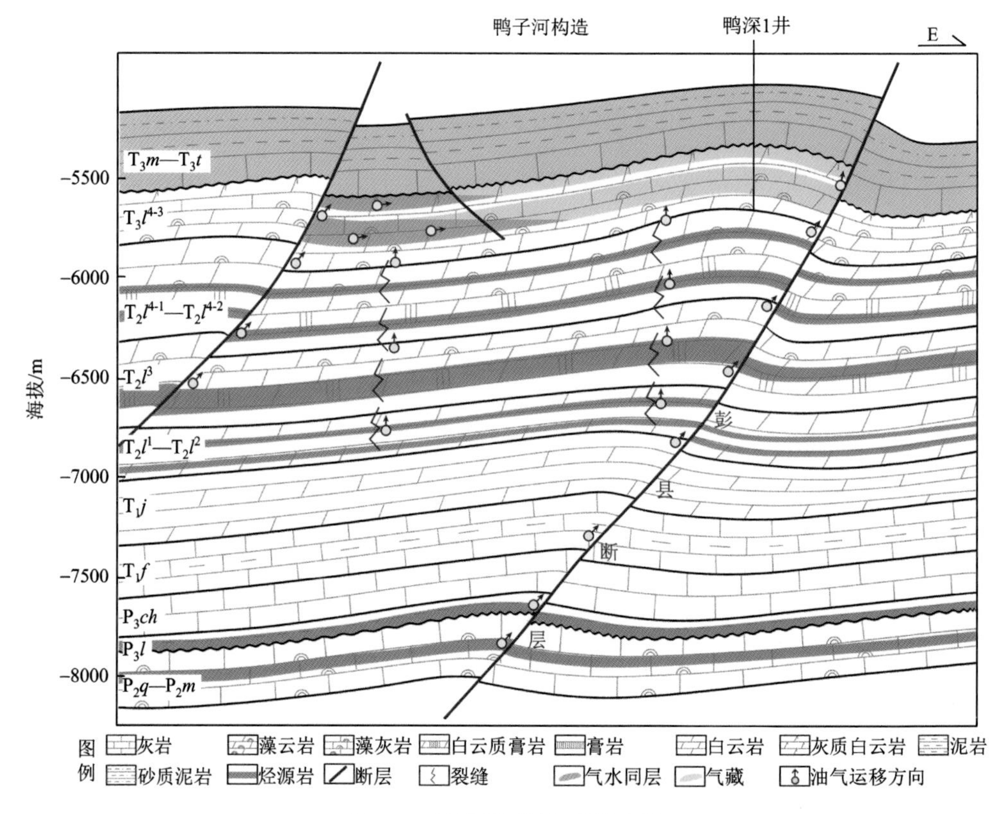

图 6.1　彭州雷四段气藏模式图

2. 气源条件

彭州雷四段气藏的天然气以油型气为主，主要来自雷口坡组碳酸盐岩和上二叠统泥岩这两套腐泥型烃源岩。二叠系与雷口坡组自身烃源岩在龙门山前带彭州地区具有发育厚度大、生烃强度高的特征，其中二叠系烃源岩发育厚度为 70～180m、生烃强度为 30×10^8～$45\times10^8 m^3/km^2$，雷口坡组自身烃源岩发育厚度为 80～100m，生烃强度为 6×10^8～$10\times10^8 m^3/km^2$。由于龙门山前带发育大型断裂，可有效沟通深部二叠系与雷口坡组自身气源，具多源供烃特征(图 6.1)，因此彭州地区雷四上亚段具有充足的气源供给。

3. 储层特征

1) 储层展布

龙门山前带彭州地区雷四段发育潮坪相白云岩溶蚀孔隙型储层，该套储层主要分布在雷四上亚段，纵向上可分为上储层段和下储层段两套(图 6.2)，两者之间存在一套稳定分布的致密灰岩隔层，厚 20～25m。上储层段厚度为 25～35m，岩性以白云岩为主，顶部发育灰质白云岩、白云质灰岩；下储层段厚 69～83m，为纯白云岩段，由多个云坪-藻云坪岩性组合构成，是潮坪相白云岩优质储层的主要发育层段。

2) 储层岩性与储集空间

根据岩心与岩屑观察发现，彭州地区雷四上亚段优质的溶蚀孔隙型储层均发育在白

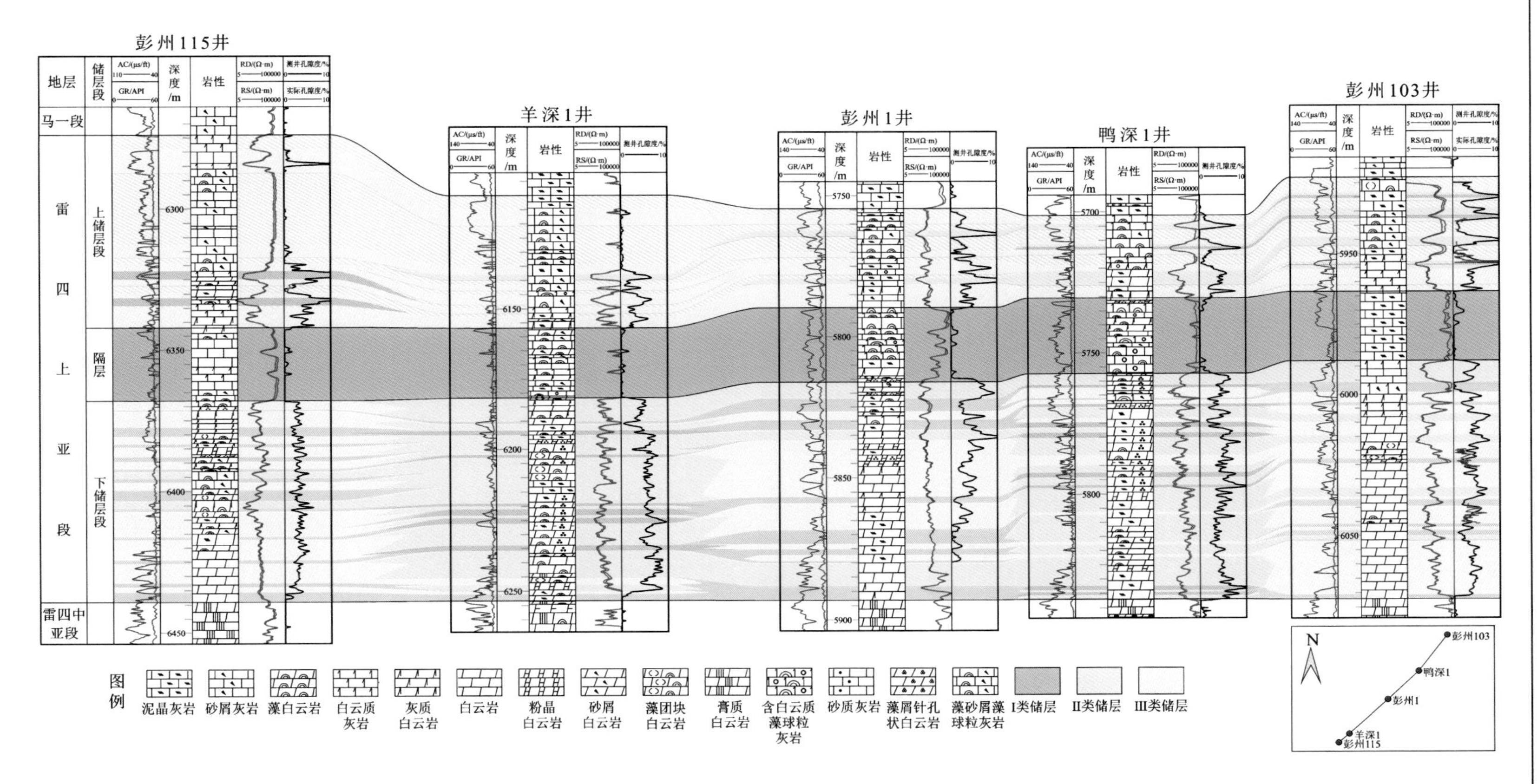

图 6.2　彭州地区雷四上亚段储层横向对比图

云岩中，岩性由微-粉晶白云岩、(含)藻白云岩及(含)灰质白云岩组成，在上、下储层段均有发育，而(含)白云质灰岩与(颗粒)灰岩两类储层则仅在上储层段局部发育。

本地区雷四上亚段储层储集空间类型多样，主要包括晶间溶孔、晶间孔、藻间溶孔(粒间溶孔)、鸟眼-窗格孔、溶(裂)缝、溶洞等(图 6.3)，其中晶间溶孔、晶间孔发育的储层岩石样品具有良好的孔渗关系，其发育程度与储集物性具有较好的正相关性。

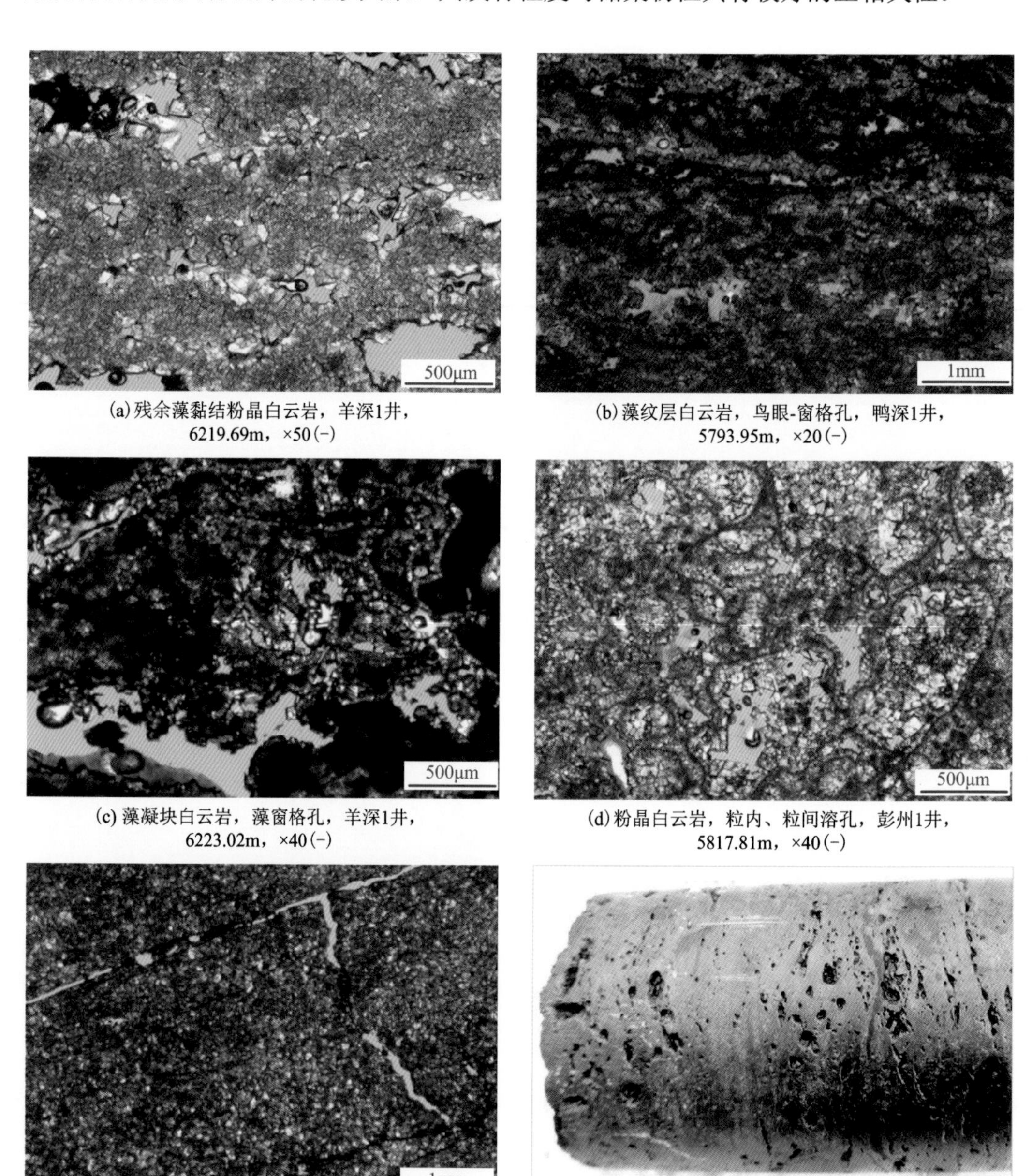

(a)残余藻黏结粉晶白云岩，羊深1井，6219.69m，×50(-)

(b)藻纹层白云岩，鸟眼-窗格孔，鸭深1井，5793.95m，×20(-)

(c)藻凝块白云岩，藻窗格孔，羊深1井，6223.02m，×40(-)

(d)粉晶白云岩，粒内、粒间溶孔，彭州1井，5817.81m，×40(-)

(e)微-晶白云岩，裂缝，羊深1井，6191.74m，×25(-)

(f)粉晶白云岩，“蜂窝状”溶蚀孔发育，鸭深1井，5779.81m，钻井岩心

图 6.3　彭州雷四段气藏储层岩性与储集空间特征

3) 物性特征

通过对气藏范围内的钻井岩心样品实测物性数据的统计分析表明，上储层段孔隙度为0.09%～5.03%，平均值为3.5%；渗透率为0.001～83.5mD，平均值为2.95mD。下储层段孔隙度为0.07%～20.21%，平均值为5.3%；渗透率为0.001～710mD，平均值为7.30mD。总体上，下储层段储集物性优于上储层段。

4. 圈闭特征

龙门山前带彭州地区由南西至北东方向发育石羊镇、金马、鸭子河、云西等构造圈闭(图6.4)。其中，石羊镇构造位于关口断层下盘，彭县断层上盘，主要受控于彭县断层，为北东向展布的短轴背斜，雷四段构造圈闭面积为35km^2，闭合高度为207m；金马构造位于关口断层下盘，彭县断层上盘，主要受控于彭县断层，为北东向展布的短轴背斜，

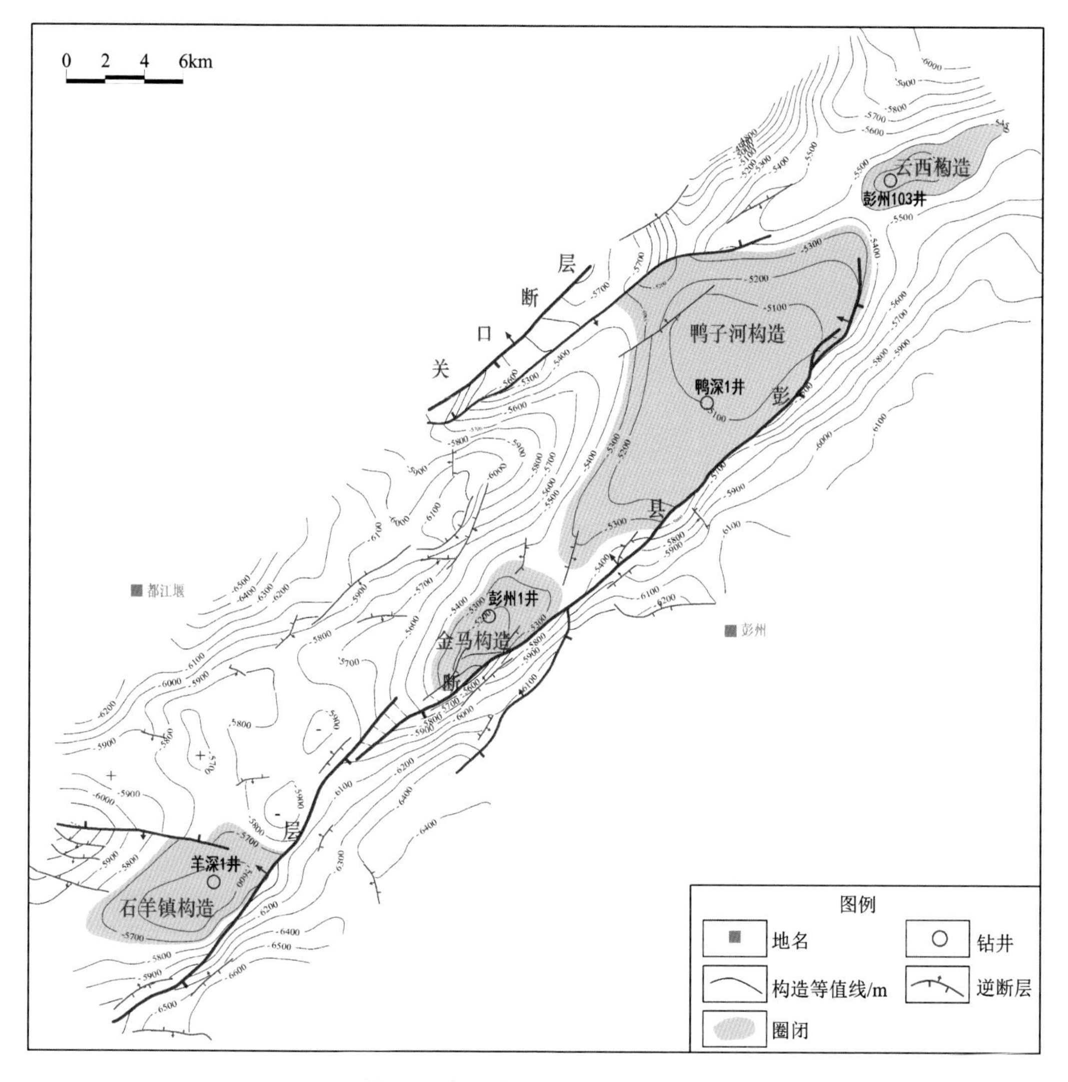

图6.4　彭州地区雷四段构造圈闭图

下储层段顶面构造圈闭面积为 22km^2，闭合高度为 185m；鸭子河构造位于关口断层下盘，彭县断层上盘，同时受控于关口断层与彭县断层，为北东向展布的断背斜，下储层段顶面构造圈闭面积为 126km^2，闭合高度为 346m。目前，位于构造低部位的彭州 103 井在雷四上亚段测试获产天然气 13×10^{4}m^3/d，产水 276m^3/d，而在构造圈闭边界附近的彭州 115 井及构造圈闭外的彭州 113 井的雷四上亚段测井解释含水风险较大，表明彭州雷四段气藏具有明显的构造控藏特征。

5. 运移及保存条件

彭州雷四段气藏所处的龙门山前带发育有大型断裂，其向下断至二叠系，向上断至第四系，可为油气垂向运移提供良好的通道；同时在雷口坡组内部也发育小型断层，主要断开层位为须家河组至雷口坡组，这些断距小于 100m 的小断裂为雷口坡组自身烃源岩生成的油气运移提供输导通道的同时也进一步改善了储层物性。

虽然断裂可以作为天然气运移的有利通道，但这并不意味着彭州地区雷四段油气保存条件丧失。通过对龙门山前带主控断层——彭县断层的断面所受正压力数值进行计算，结果显示压力值大于 7.5MPa，反映断裂在活动期结束后可以快速愈合，从而确保了油气保存条件的延续。作为雷四段气藏直接盖层的雷口坡组内部膏岩、膏质白云岩、白云质泥岩和马鞍塘组—小塘子组海湾相泥质岩在龙门山前带的发育厚度分别为 50～450m 和 180～380m，另外还有累计发育厚度超 3000m 的陆相上三叠统—侏罗系致密碎屑岩为区域性盖层。目前已有多口钻井在彭州雷四段气藏钻获高产工业气流，证实了龙门山前带彭州地区雷四上亚段潮坪相白云岩气藏保存条件是良好的。

6. 成藏主控因素

彭州雷四段气藏位于川西拗陷大型隆起带，是油气运移聚集的指向区，在大断裂与雷口坡组层内裂缝的输导下，具有多源供烃优势，气源供给充足；雷四上亚段储层发育，厚度较大，储集物性好；远离山前破碎带，构造圈闭形态完整，保存条件良好。分析认为，该气藏成藏受构造控制明显，构造背景下优质的潮坪相白云岩孔隙型储层大规模发育是雷四段气藏形成的重要基础，大型构造隆起背景是天然气富集成藏的关键，现今构造圈闭决定气藏的最终分布。

6.1.2 新场构造带新场雷四段气藏

新场雷四段气藏位于川西拗陷新场构造带西段。目前该构造带上针对雷口坡组潮坪相白云岩钻探的完钻井有 4 口，获工业气井 3 口。其中，新深 101D 井获天然气无阻流量超 70×10^{4}m^3/d；新深 1 井获天然气无阻流量超 100×10^{4}m^3/d；特别是川科 1 井试采稳定产气量平均 10×10^{4}m^3/d，截至 2021 年 9 月底，该井已累计产气超过 3×10^{8}m^3。目前，新场雷四段气藏已提交控制储量超 650×10^{8}m^3。

1. 气藏类型

新场雷四段气藏发育受构造、地层双因素控制明显，在该构造高部位的川科 1 井、新深 1 井及新深 101D 等井测试获得高产，在构造低部位的孝深 1 井测试则产水。综合构造特征、储层特征、气水关系等分析认为，该气藏为隆起构造背景下受地层不整合控制的构造-地层气藏(图 6.5)。

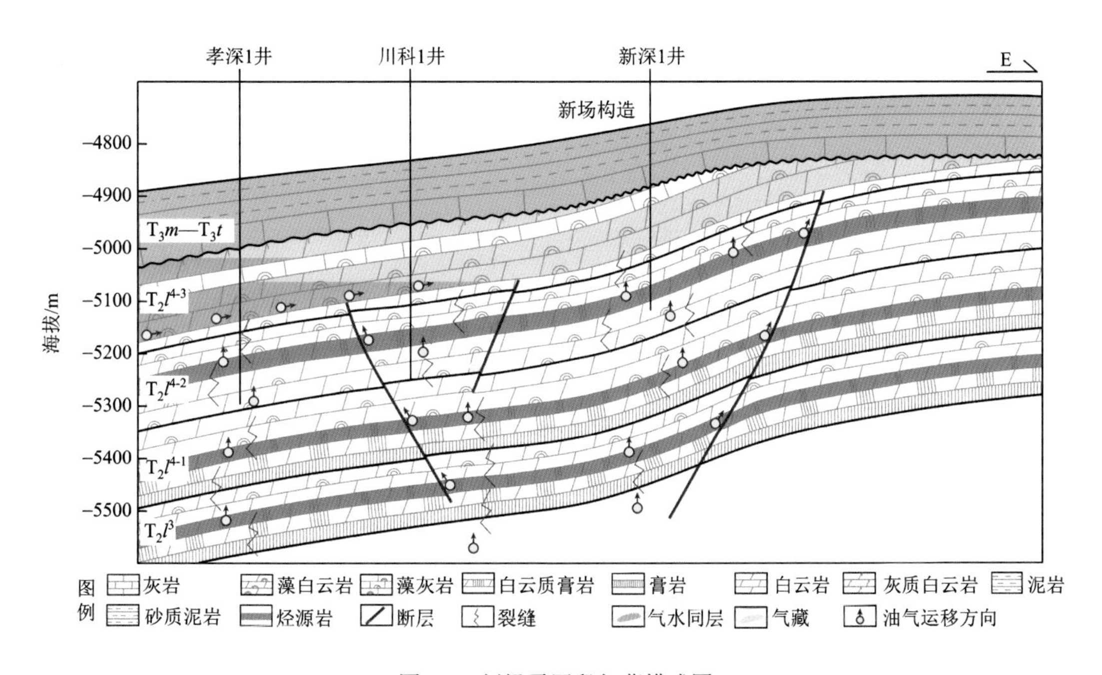

图 6.5　新场雷四段气藏模式图

2. 气源条件

新场地区多口钻井揭示中、下三叠统(嘉陵江组—雷口坡组)发育富含藻类及有机质碳酸盐岩烃源岩。其中，川科 1 井钻揭雷口坡组暗色碳酸盐岩烃源岩(深灰、灰黑色灰岩、泥晶白云岩)累计厚度超过 90m。实验分析表明，新场地区雷口坡组烃源岩样品的平均残余有机碳含量为 0.15%～0.29%，具有一定生烃能力。据川科 1 井和新深 1 井雷口坡组天然气组分分析表明，其 H_2S 含量为 0.26%～7.38%，属于中-高含硫气藏；而新场地区天然气的甲烷和乙烷碳同位素比值($\delta^{13}C_{1\text{-PDB}}$、$\delta^{13}C_{2\text{-PDB}}$)均小于–30‰(表 6.1)，表现出典型的油型气特征，这明显有别于陆相须家河组和侏罗系的煤型天然气；此外，新深 1 井雷四上亚段储层沥青与雷三段烃源岩在生物标志化合物特征方面相似性高，反映良好的亲缘关系；结合新场地区烃源岩、输导体系特征，认为新场雷四上亚段储层可在“接力式”小断层与节理(裂缝)的输导下接受雷口坡组自身和二叠系气源的成藏充注(图 6.5)。经计算，新场地区雷口坡组烃源岩生气强度为 6×10^8～$10\times10^8m^3/km^2$，中、上二叠统烃源岩生气强度超过 $50\times10^8m^3/km^2$，表明成藏气源较为充足。

表 6.1　新场雷四段气藏天然气碳、氢同位素分析数据统计表

井号	样品号	天然气碳、氢同位素比值/‰			
		$\delta^{13}C_{1\text{-PDB}}$	$\delta^{13}C_{2\text{-PDB}}$	$\delta D_{1\text{-SMOW}}$	$\delta D_{2\text{-SMOW}}$
新深 1 井	雷四段 XS1-1	−35.0	—	−155.0	—
	雷四段 XS1-2	−35.1	—	−163.8	—
	雷四段 XS1-3	−33.7	−32.5	−148.0	−102.0
	雷四段 XS1-4	−33.7	−32.5	—	—
新深 101D 井	雷四段 XS101D-1	−32.6	−30.8	−162.0	−109.0
	雷四段 XS101D-2	−32.4	−30.9	−160.0	−110.0
	雷四段 XS101D-3	−32.4	−30.7	−159.0	−111.0
川科 1 井	雷四段 CK1-1	−33.2	−34.8	−147.0	—
	雷四段 CK1-2	−33.4	−32.2	—	—
	雷四段 CK1-3	−33.5	−32.4	—	—
	雷四段 CK1-4	−32.2	−33.0	—	—

3. 储层特征

1) 储层展布

钻井揭示，新场地区雷口坡组潮坪相白云岩溶蚀孔隙型储层主要分布在雷四上亚段，纵向上可进一步分为上、下两个储层段(图 6.6)，两者之间存在一套致密灰岩层，厚度为 0～18m。上储层段厚度为 0～26m，岩性以灰质白云岩、白云质灰岩、(藻屑)砂屑灰岩为主，由西向东逐渐减薄尖灭；下储层段厚度为 65～73m，岩性以白云岩为主，横向上在整个新场地区稳定分布。

2) 储层岩性与储集空间

新场地区雷四上亚段储层岩性以微-粉晶白云岩、藻砂屑藻凝块白云岩和微-粉晶灰质白云岩为主，其次为少量藻砂屑灰岩。微-粉晶白云岩及(含)藻砂屑微-粉晶白云岩累计厚度大，出现频率最高、储集性能最好；藻砂屑藻凝块白云岩、微-粉晶(含)灰质白云岩、藻砂屑灰岩，平均孔隙度为 2%～3%，储集性能中等。

本地区雷四上亚段储层发育的储集空间有晶间孔、晶间溶孔、(藻间)不规则溶孔、溶洞、溶缝、裂缝和粒间溶孔等(图 6.7)。其中，微-粉晶白云岩、微-粉晶(含)灰质白云岩中发育的晶间溶孔是最常见的孔隙类型，其孔隙形状多受晶间孔的控制，面孔率为 0.5%～10%，镜下出现频率为 38%～56%。

3) 物性特征

通过对岩心实测物性数据统计表明，新场雷四段气藏上储层段孔隙度为 0.26%～20.04%，平均值为 4.2%，主要分布在 2%～6%；上储层段渗透率为 0.001～3.737mD，平均值为 0.218mD，主要分布在 0.01～0.1mD。下储层段孔隙度为 0.64%～15.06%，

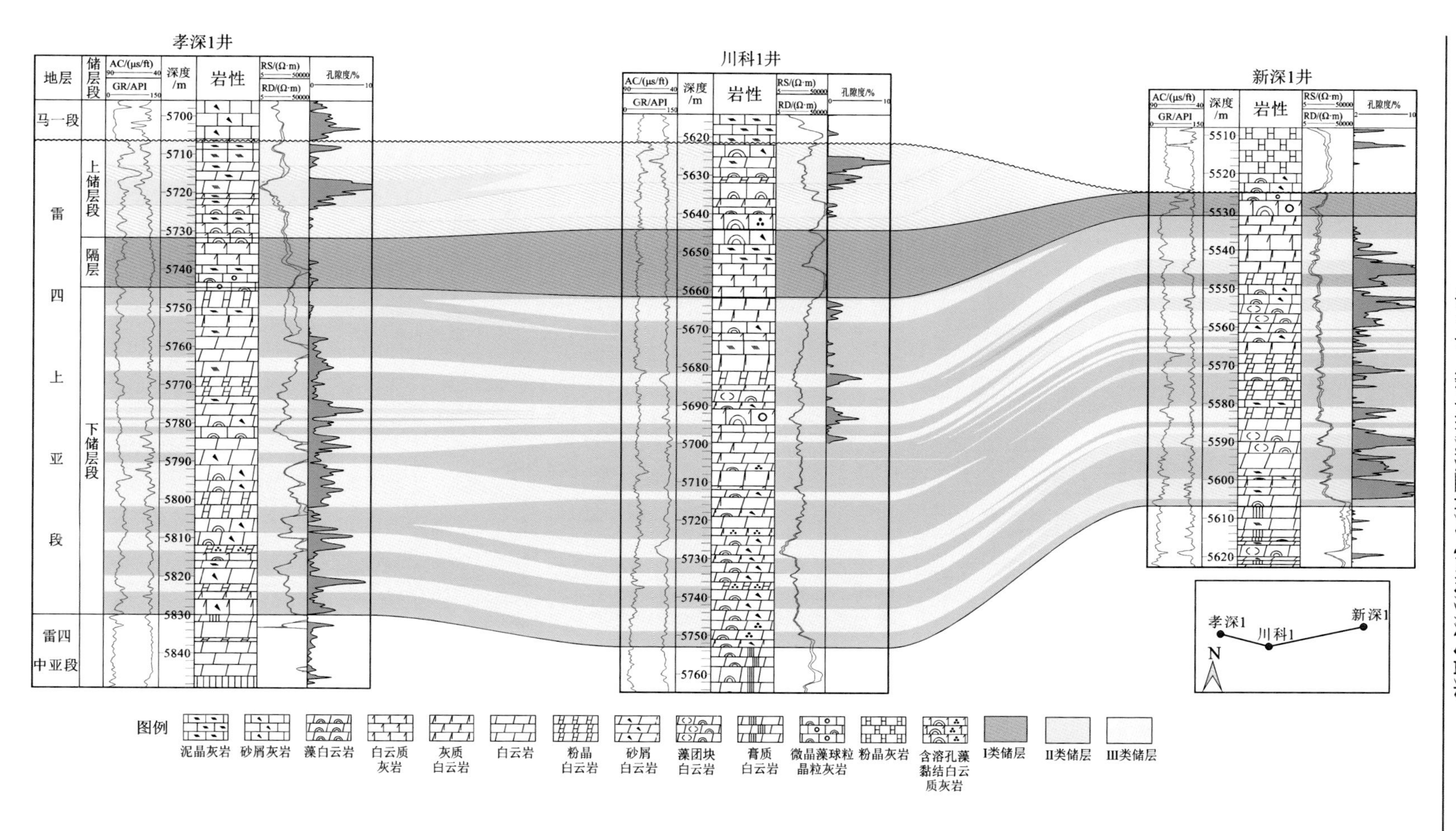

图 6.6　新场构造带雷四上亚段储层横向对比图

(a)粉晶白云岩，晶间溶孔，川科1井，5743m，×100(-)

(b)粉晶白云岩，晶间溶孔，新深1井，5551m，×100(-)

(c)藻纹层灰岩，藻间溶孔，新深1井，5593m，×40(+)

(d)砂屑白云质灰岩，溶蚀孔洞发育，新深1井，5547～5550m，钻井岩心

图 6.7　新场雷四段气藏储集空间特征

平均值为 8.26%，主要分布在 2%～6%和大于 12%两个区间；下储层段渗透率为 0.14～21.62mD，平均值为 8.49mD，主要分布在 1～10mD。总体来看，新场地区雷四上亚段储层主要发育Ⅲ类储层，局部发育Ⅱ～Ⅰ类储层，其中下储层段物性相对优于上储层段。

4. 圈闭特征

新场地区雷口坡组顶面表现为一个大型鼻状构造带，该鼻状构造带与雷四上亚段尖灭线叠合形成了新场雷口坡组四段构造-地层圈闭，圈闭面积为 150km^2。虽然该构造带发育“棋盘格”状节理及众多小断裂，但大型破坏性断裂并不发育，从而确保了圈闭的完整性。通过圈闭形成与油气成藏的匹配关系分析认为，新场鼻状构造带在印支晚期已具雏形，燕山期构造继承性发展，形成了与雷口坡组烃源岩生气高峰期匹配的构造-地层圈闭(图 6.8)，有利于油气运移、聚集成藏。喜马拉雅期，圈闭改造、定型，最终控制现今气藏分布。可见，新场雷四段气藏的形成具有良好的圈闭条件。

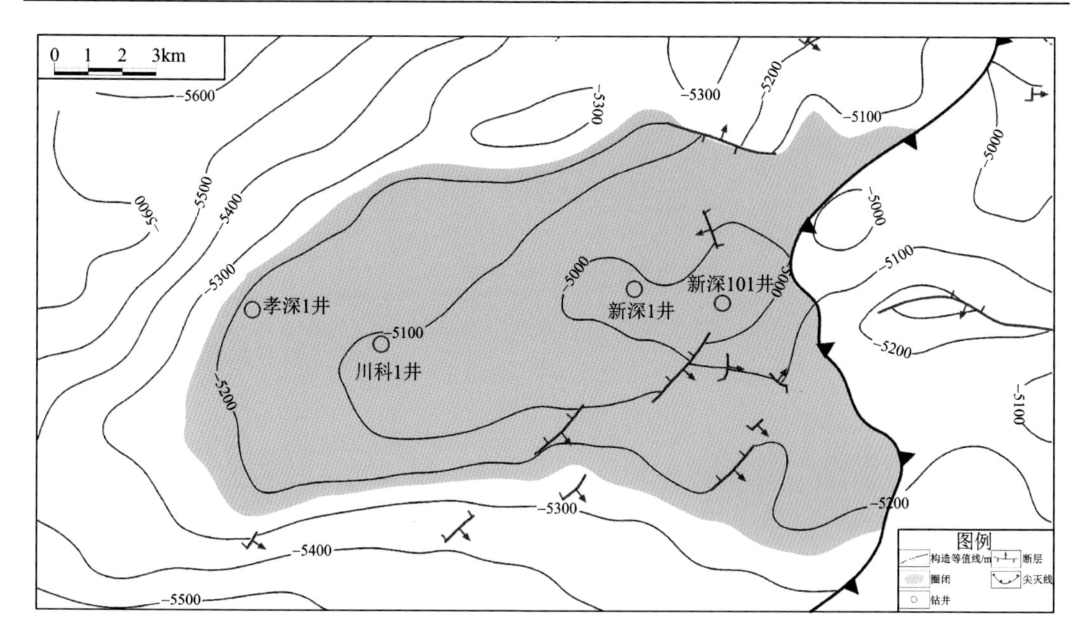

图6.8　新场地区雷四段顶面构造-地层圈闭图

5. 运移及保存条件

新场构造带雷四上亚段天然气成藏具有较好的运移条件，该构造带发育“棋盘格”状节理及众多小断裂和裂缝，纵向发育于雷口坡组内部，向上消减于上三叠统须家河组内部。节理、断裂和裂缝不仅为油气运移提供了良好的通道，同时也较好地改善了储层的储集性能。

根据川科1井、新深1井、孝深1井实钻揭示，新场地区雷口坡组具有良好的封盖条件，发育多套盖层，其中直接盖层马鞍塘组—小塘子组海湾相泥质岩在区内累计发育厚度为250～330m，间接盖层须家河组陆相致密砂岩、泥页岩及煤等在区内累计发育厚度超过1000m。另外，区内大断裂不发育，构造圈闭完整性好，确保了新场地区雷口坡组具有良好的保存条件。

6. 成藏主控因素

新场雷四段气藏烃源条件有利，位于川西拗陷上二叠统及雷口坡组烃源岩生烃中心，发育贯穿二叠系至下三叠统和下三叠统至中三叠统的“接力式”断裂，加上“棋盘格”状节理、雷口坡组层间小断裂及裂缝发育带为油气成藏运移提供了有利输导通道；雷四上亚段发育优质的潮坪相白云岩溶蚀孔隙型储层在新场地区发育厚度较大，含气性好；区域“通天”大断裂不发育，气藏保存条件好；已获高产气井均位于新场构造带高部位且在雷四上亚段尖灭线以内，气藏分布受构造、地层双重地质因素控制。分析认为，新场雷四段气藏成藏主控因素为优质潮坪相白云岩溶蚀孔隙型储层发育，是气藏形成的基础，而构造-地层圈闭发育是油气富集与规模成藏的关键，“棋盘格”状节理、断裂及裂缝发育带为气藏形成提供了有利的油气输导条件。

6.1.3　广汉斜坡带马井雷四段气藏

马井雷四段气藏位于广汉斜坡带的局部鼻状构造——马井构造，目前该构造针对海相雷口坡组的钻井有 2 口，其中马井 1 井钻获天然气无阻流量超 $140\times10^4m^3/d$。截至 2019 年，马井雷四段气藏已提交天然气控制储量约 $120\times10^8m^3$。

1. 气藏类型

马井构造为川西拗陷中段广汉斜坡带向新场构造南翼延伸的一个鼻状构造。位于马井构造高部位的马井 1 井钻揭雷四上亚段气柱高度为 83m，而位于构造边部的马井 112 井则在雷四上亚段储层段测井解释为上部气层、下部气水同层，可见马井雷四段气藏受局部构造控制明显，分析认为该气藏为典型的构造型气藏(图 6.9)。

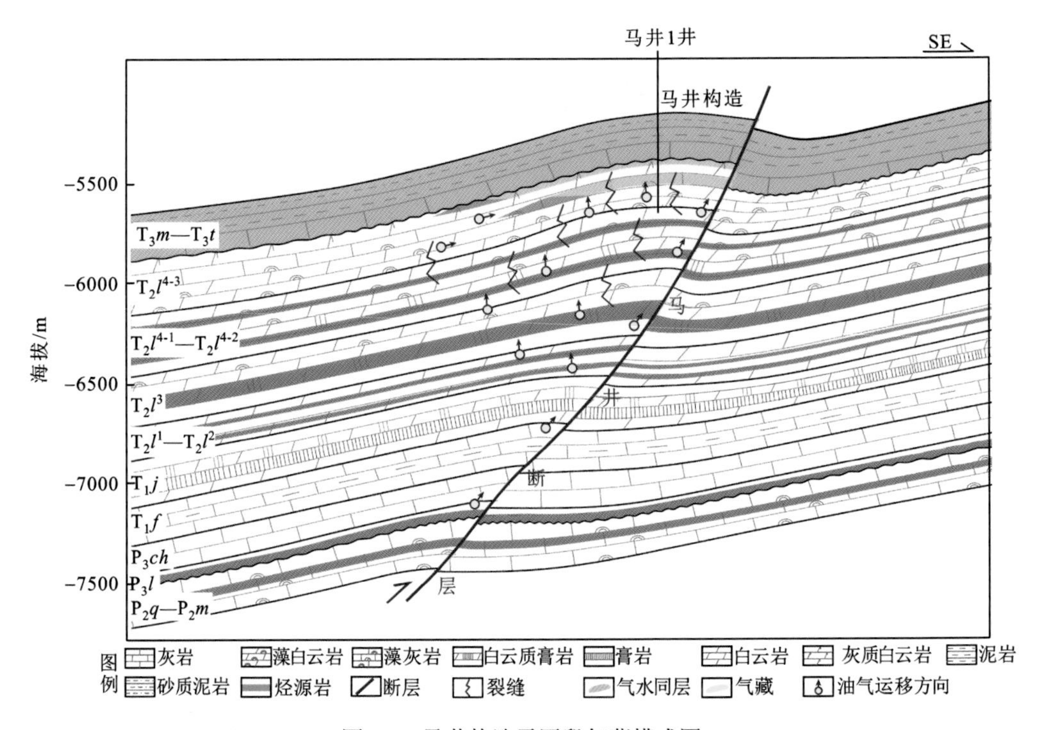

图 6.9　马井构造雷四段气藏模式图

2. 气源条件

天然气碳、氢同位素测试数据显示，马井构造雷四上亚段天然气的乙烷碳同位素比值均小于−28‰(表 6.2)，表现为典型的油型气特征。结合马井地区发育的烃源层系与断裂输导体系分析，认为该构造雷四上亚段天然气主要来源于二叠系和雷口坡组自身烃源岩(图 6.9)。以上两套烃源岩在马井地区的生烃强度分别为 $18\times10^8\sim22\times10^8m^3/km^2$ 和 $6\times10^8\sim8\times10^8m^3/km^2$，确保了马井构造雷四上亚段成藏具有充足的气源条件。

表 6.2　马井雷四段气藏天然气碳、氢同位素分析数据统计表

井号	样品号	天然气碳、氢同位素比值/‰			
		$\delta^{13}C_{1\text{-PDB}}$	$\delta^{13}C_{2\text{-PDB}}$	$\delta D_{1\text{-SMOW}}$	$\delta D_{2\text{-SMOW}}$
马井 1 井	雷四上亚段 MJ-1	−31.4	−29.9	−153.0	—
	雷四上亚段 MJ-2	−31.0	−29.6	−147.0	—
	雷四上亚段 MJ-3	−30.4	−30.0	−153.0	—
	雷四上亚段 MJ-4	−32.0	−28.7	−150.9	−136.8
	雷四上亚段 MJ-5	−30.5	−28.5	−140.8	−140.8

3. 储层特征

1) 储层展布特征

实钻揭示，广汉斜坡带马井地区雷口坡组四段发育潮坪相白云岩溶蚀孔隙型储层。这套储层主要分布在雷四上亚段，纵向上可分为上、下两段(图 6.10)，两者之间存在一套厚 11.4～18.2m 且横向分布稳定的致密灰岩层。其中，上储层段岩性为灰质白云岩、白云质灰岩，累计厚度为 4.9～7.7m，由西向东逐渐减薄尖灭；下储层段为白云岩段，累计厚度为 57～63.3m，横向上分布较稳定，是本地区雷四段气藏的主要储集层段。

2) 储层岩性与储集空间

马井地区雷四上亚段储层岩性主要为藻砂屑/藻纹层白云岩、晶粒白云岩、藻/晶粒灰质白云岩、白云质灰岩、藻灰岩。

通过岩心与薄片观察发现，马井地区雷四上亚段储层各类岩性发育多种类型储集空间，其中藻砂屑/藻纹层白云岩、晶粒白云岩发育的晶间(溶)孔、(藻间)不规则溶孔是最主要的储集空间类型(图 6.11)，其孔隙形态受晶间孔形态影响，孔径一般为 0.01～0.9mm，镜下观察中，最大可达几毫米，面孔率主要集中在 0.4%～3%，平均值为 1.2%，其发育程度与优质储层的形成密切相关。此外，还见少量粒内溶孔、溶缝、裂缝等。

3) 物性特征

根据钻井岩心孔隙度、渗透率实测数据统计分析表明，马井地区雷四上亚段储层孔隙度为 2.00%～12.10%，平均值为 4.13%，中值为 3.71%，储层渗透率为 0.0031～37.4mD，平均值为 4.85mD，为裂缝-孔隙型储层，储层级别主要为Ⅲ类，夹Ⅱ类。

4. 构造及圈闭特征

广汉斜坡带的大型构造圈闭欠发育，整体表现为南东高-北西低的单斜构造，仅在马井地区发育局部断背斜构造圈闭——马井构造圈闭。该构造北缓南陡，雷口坡组四段构造圈闭面积为 31.4km^2，长轴为 15km，短轴为 2.9km，闭合幅度为 148m(图 6.12)。马井构造南东翼被马井断裂切割，断层向上断至侏罗系，向下断至二叠系。除马井构造南东翼发育马井断层之外，区内大部分地区不发育大断裂，有利于海相油气藏的保存。

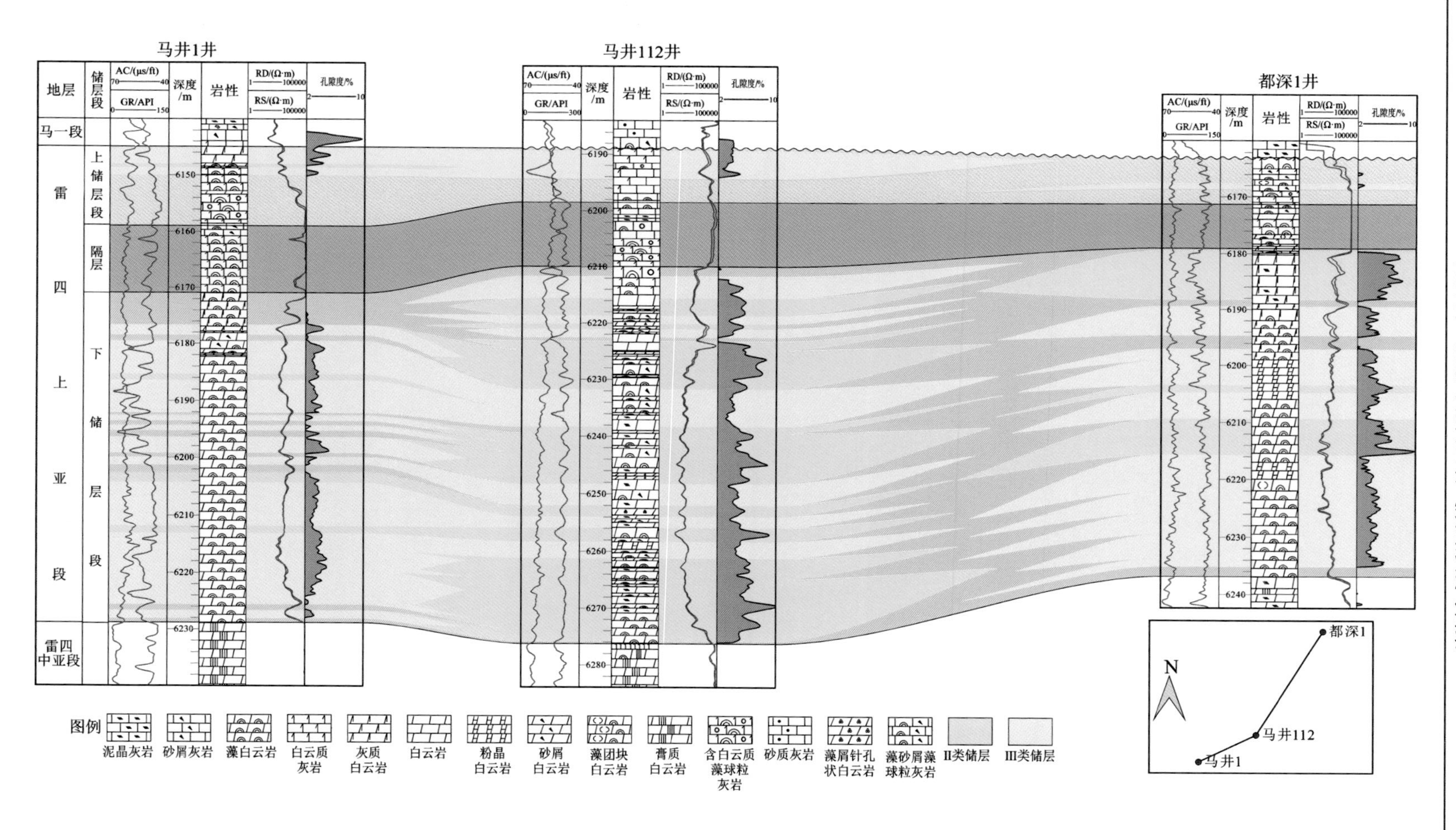

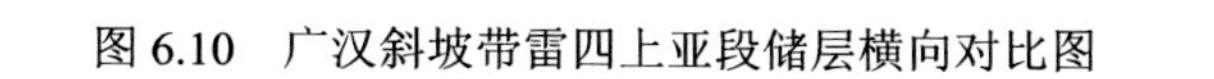
图 6.10　广汉斜坡带雷四上亚段储层横向对比图

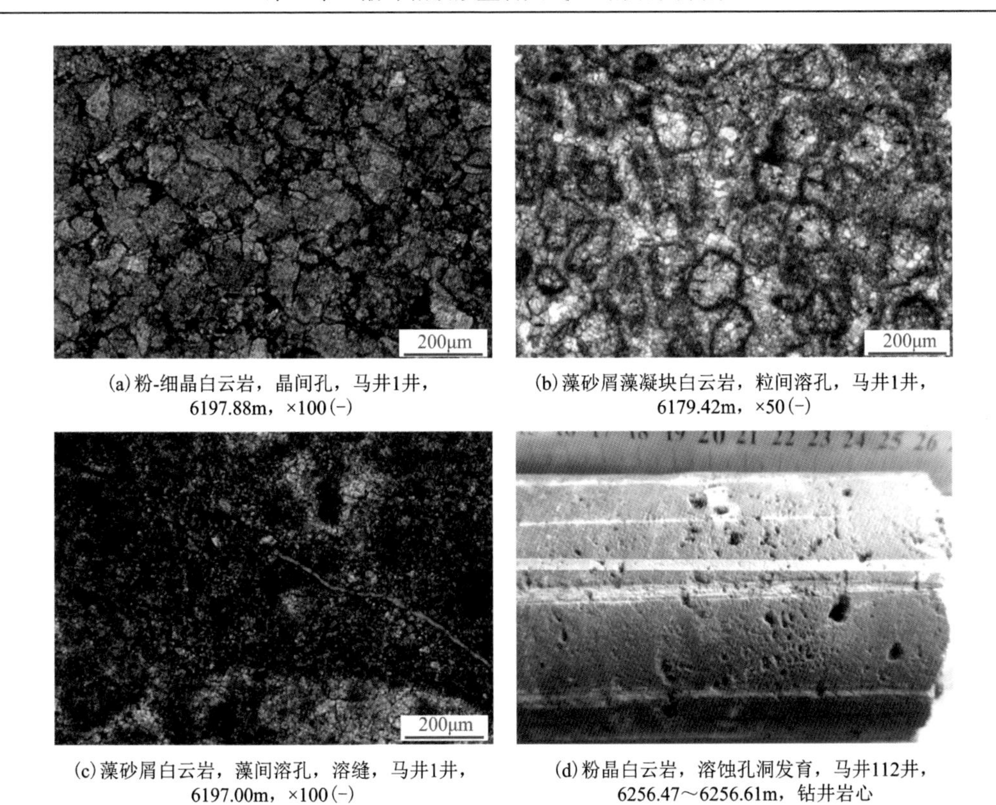

(a)粉-细晶白云岩，晶间孔，马井1井，6197.88m，×100(-)

(b)藻砂屑藻凝块白云岩，粒间溶孔，马井1井，6179.42m，×50(-)

(c)藻砂屑白云岩，藻间溶孔，溶缝，马井1井，6197.00m，×100(-)

(d)粉晶白云岩，溶蚀孔洞发育，马井112井，6256.47～6256.61m，钻井岩心

图6.11　马井地区雷四段气藏储集空间特征

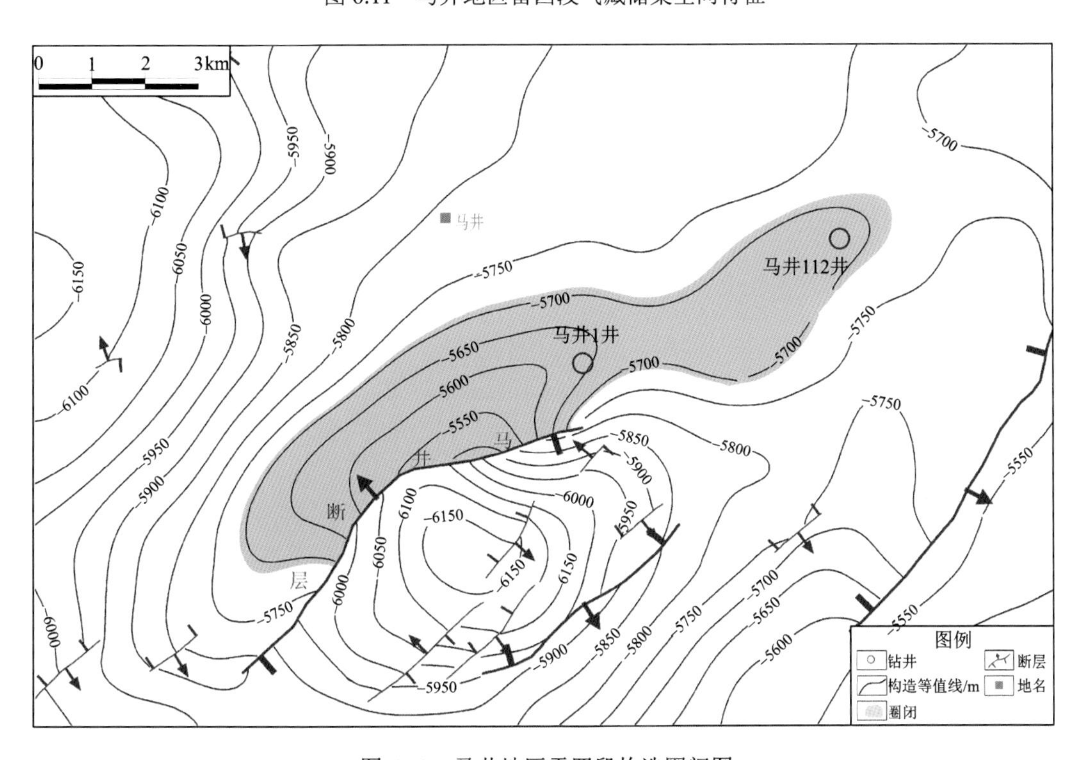

图6.12　马井地区雷四段构造圈闭图

5. 运移及保存条件

地震资料与实钻揭示，马井地区发育断穿二叠系与雷口坡组的马井断层，可以作为沟通二叠系烃源岩和雷口坡组储层的直接输导通道(图 6.9)。同时，雷口坡组还发育层间小断裂及微裂缝，断裂呈北东向分布于新场—马井的广大区域，在改善储集性能的同时也有利于油气运移，为雷口坡组自身气源向雷口坡组储层运移提供了良好通道。因此，马井地区雷口坡组四段上亚段的油气成藏运移条件优越。

虽然马井构造南东翼发育马井断层，但在广汉斜坡带内大部分地区并不发育大断裂，总体上断裂对保存条件的破坏较弱。马井 1 井在雷四上亚段已钻获工业气流，这进一步证实了马井地区雷四段圈闭的有效性未遭到破坏。

6. 成藏主控因素

马井地区雷四上亚段成藏条件优越，气藏位于广汉斜坡带相对高部位，处于油气运移聚集的指向区，在烃源断裂(马井断层)和雷口坡组层间裂缝的输导下，具备深部二叠系和雷口坡组自身烃源岩双源供烃特征，气源充足；马井地区雷四上亚段储层发育，厚度较大，储集性能较好；斜坡带背景下大型“通天”断裂不发育，马井地区局部构造圈闭形态完整，保存条件良好。分析认为，该气藏成藏受构造控制明显，构造背景下发育的优质潮坪相白云岩孔隙型储层是气藏形成的重要基础，烃源断裂与裂缝是天然气运移的有利条件，局部构造圈闭是天然气富集成藏的关键，同时也决定着气藏最终分布。

6.1.4 绵阳斜坡带永兴雷四段气藏

永兴雷四段气藏位于川西拗陷北部绵阳斜坡带永兴地区。绵阳斜坡带内针对海相雷口坡组的钻井有 2 口，均钻遇储集性能良好的雷四上亚段潮坪相白云岩储层，含气性较好，其中永兴 1 井测获 $11\times10^4m^3/d$ 工业气流。截至 2021 年，永兴雷四段气藏已提交天然气预测储量超 $130\times10^8m^3$。

1. 气藏类型

永兴 1 井、潼深 1 井实钻揭示，绵阳斜坡带发育雷四上亚段潮坪相白云岩孔隙型储层且厚度横向对比性较好，但沿斜坡上倾方向逐渐减薄直至尖灭，发育构造-地层圈闭。根据上述两口钻井的测试资料分析，初步确定该雷四段气藏在斜坡低部位存在气水边界，为典型构造-地层气藏(图 6.13)。

2. 气源条件

根据天然气碳同位素分析认为，永兴雷四段气藏天然气的乙烷碳同位素比值小于 −29.9‰(表 6.3)，为典型油型气特征，利用天然气甲烷碳同位素计算气源岩的成熟度 R_o 为 2.81%～2.91%，这与绵阳斜坡带内雷口坡组自身烃源岩及马鞍塘组烃源岩热演化程度接近，结合绵阳斜坡带永兴地区雷四上亚段储层与上覆地层接触关系，以及发育输导

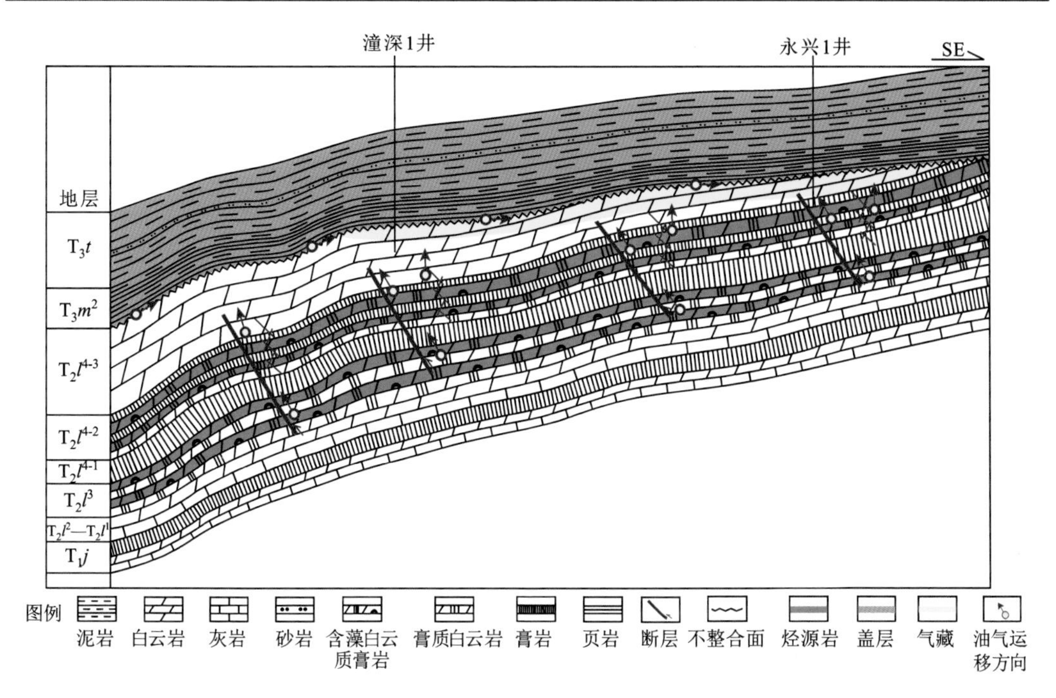

图 6.13　永兴雷四段气藏模式图

体系类型综合分析，认为气源主要来自雷口坡组自身烃源岩，同时上三叠统马鞍塘组—小塘子组烃源岩也存在一定贡献(图 6.13)。以上两套烃源岩在绵阳斜坡永兴地区的发育厚度较大，生烃强度分别为 5×10^8～$8\times10^8m^3/km^2$ 和 20×10^8～$40\times10^8m^3/km^2$，总体上，永兴地区雷四上亚段的成藏气源条件相对较好。

表 6.3　永兴雷四段气藏天然气碳、氢同位素分析数据统计表

井号	样品号	天然气碳、氢同位素比值/‰		
		$\delta^{13}C_{1\text{-PDB}}$	$\delta^{13}C_{2\text{-PDB}}$	$\delta D_{1\text{-SMOW}}$
永兴 1 井	雷四上亚段 YX-1	−34.7	−29.9	−149.7
	雷四上亚段 YX-2	−35.1	−30.1	−150.3

3. 储层特征

1) 储层展布特征

通过沉积、地层划分对比，绵阳斜坡带永兴地区雷四上亚段仅发育下储层段，储层厚度由西向东逐渐变薄、尖灭，纵向上具有多套薄层叠置特征(图 6.14)。潼深 1 井实钻揭示雷四上亚段下储层段累计厚度 58m，往东在尖灭线附近的永兴 1 井实钻揭示储层厚度明显减薄，下储层段厚度仅 8m，但含气性好，经完井测试获工业气流。

2) 储层岩性与储集空间

绵阳斜坡带雷四上亚段储层岩石类型主要有晶粒白云岩、藻(黏结、砂屑)白云岩、灰质白云岩等。

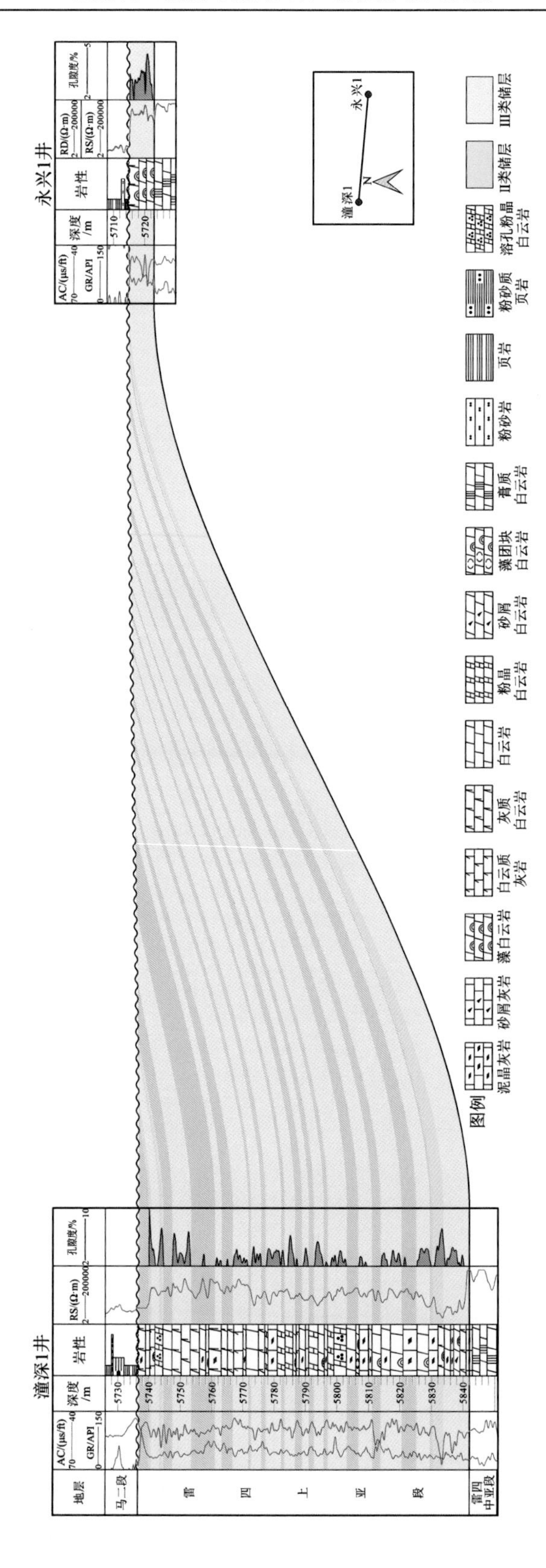

图 6.14 永兴地区雷四上亚段储层横向对比图

通过岩石薄片观察发现，永兴地区雷四上亚段储层发育的储集空间有晶间(溶)孔、(藻)粒间溶孔等(图 6.15)。其中，白云石化程度相对更高的晶粒白云岩、藻(砂屑)白云岩中发育的晶间(溶)孔、粒间溶孔对于本地区雷四上亚段优质储层储集空间的贡献最大，这也是晶粒白云岩、藻(砂屑)白云岩的储集物性相对最高的重要原因。

(a)藻残余粉晶白云岩，晶间溶孔，永兴1井，5716.5m，×50(-)

(b)含灰质粉晶白云岩，晶间溶孔，潼深1井，5744.58m，×50(-)

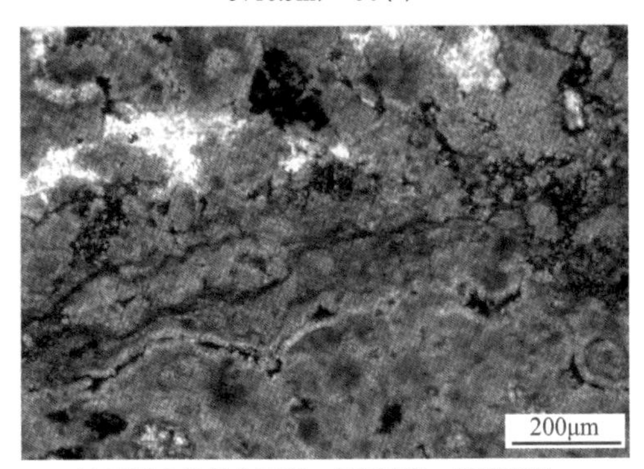

(c)藻残余粉晶白云岩，晶间溶孔、藻间溶孔、粒间溶孔，永兴1井，5714.4m，×20(-)

(d)微-粉晶白云岩，“针状”溶孔、裂缝发育，永兴1井，5714.10～5717.26m，钻井岩心

图 6.15 永兴雷四段气藏储集空间特征

3)物性特征

根据潼深 1 井、永兴 1 井雷四上亚段钻井岩心实测物性数据统计，储层孔隙度为 0.64%～5.87%，平均值为 2.5%，储层渗透率为 0.002～32.9mD，平均值为 0.269mD，中值为 0.190mD。总体上，绵阳斜坡带雷四上亚段潮坪相白云岩储层为低孔隙度、特低渗透率的孔隙型储层，储层级别以III类为主。

4. 圈闭特征

根据三维地震资料连片处理后的构造编图成果揭示，新场构造—绵阳斜坡一带的雷口坡组顶界整体构造走向以北东向为主，永兴地区处于由西向东逐渐抬升的绵阳斜坡带中东部的构造高部位，发育构造-地层圈闭(图 6.16)，圈闭面积为 95km^2。位于该构造-地层圈闭高部位的永兴 1 井已测获工业气流，表明该圈闭具有较好完整性与成藏有效性。

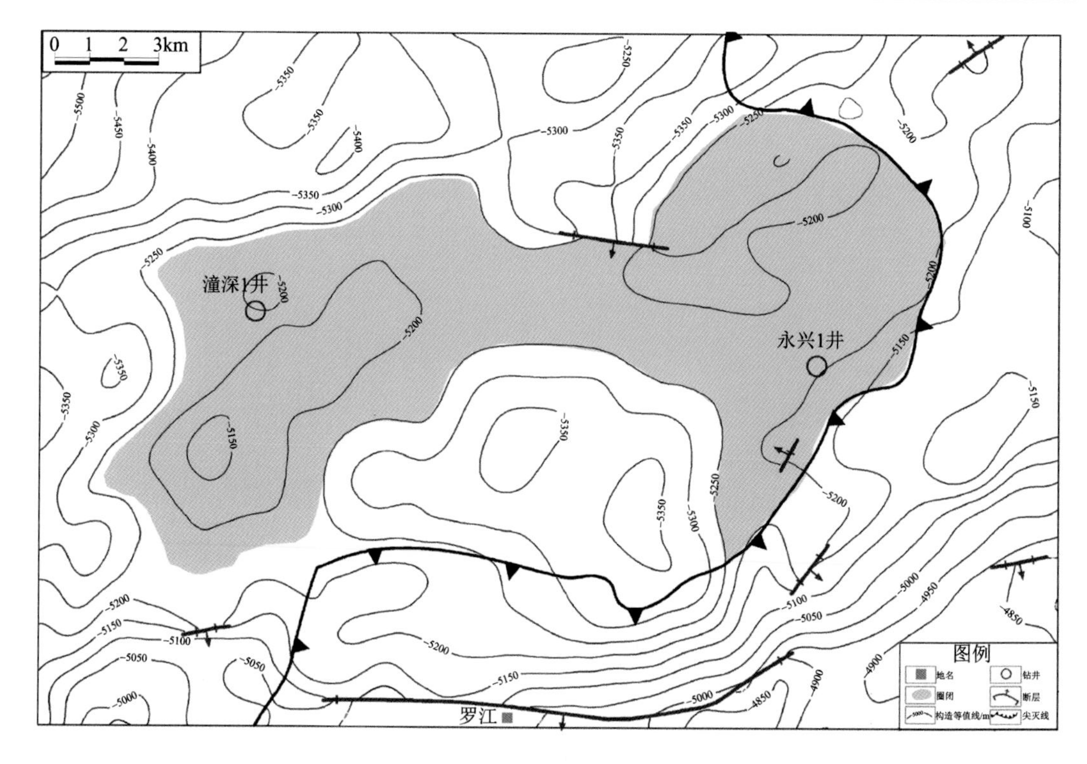

图 6.16 永兴地区雷四段构造-地层圈闭图

5. 运移及保存条件

三维地震资料预测与实钻揭示，绵阳斜坡所受构造挤压变形相对较弱，较大规模断裂不发育。但区带内广泛发育有雷口坡组内部小型断层及裂缝。雷口坡组自身烃源岩与马鞍塘组—小塘子组烃源岩生成的油气通过上述小型断层及其伴生裂缝，以及雷口坡组顶部不整合面构建的复合式输导体系向斜坡带高部位的雷四段构造-地层圈闭进行运移充注，因此该区带具备雷四上亚段天然气成藏必要的输导条件。

绵阳斜坡带雷口坡组之上发育多套盖层，其中须家河组及以上陆相层系发育巨厚的泥页岩、致密砂岩可作为下伏海相气藏良好的区域盖层；上三叠统马鞍塘组—小塘子组致密灰岩和泥页岩发育厚度约 156m，为区内雷四上亚段气藏良好的直接盖层。此外，绵阳斜坡雷四上亚段储层段下伏和侧向地层为雷四中亚段膏盐岩与膏质白云岩，岩性致密，可在斜坡带上倾方向形成良好的侧向封堵。总体上，绵阳斜坡带永兴地区雷四上亚段具有良好的保存与封盖条件。

6. 成藏主控因素

通过对比川西坳陷龙门山前带彭州雷四段气藏、新场构造带新场雷四段气藏，以及广汉斜坡带马井雷四段气藏的气水关系特征及成藏主控因素，认为绵阳斜坡带永兴地区雷四上亚段天然气成藏主要受控于以下三个地质因素：①构造斜坡背景下发育潮坪相白云岩溶蚀孔隙型储层是永兴雷四段气藏形成的基础；②断层、裂缝及不整合面构成复合输导体系是天然气成藏运移的有利通道；③储层发育带与斜坡高部位叠合区发育的构造-地层圈闭是天然气富集成藏的有利部位。

6.2 输导体系类型与输导模式

输导体系指的是含油气盆地中连接烃源岩和圈闭，在油气运移过程中经历的所有通道网络，包括输导层、断裂、不整合面及其组合。由于油气输导系统是油气运聚成藏研究中的关键和核心问题，从20世纪90年代至今已有许多学者依据不同盆地及不同勘探时期的认识对其进行了大量研究(熊琳沛等，2018)。由于研究方法、手段的局限性以及不同含油气区地质条件和勘探程度的差异，不同的学者对于输导体系有着不同的分类与命名原则，有的根据含油气系统基本元素特征及其构造-地层格架样式进行划分(Galeazzi，1998)、有的依据输导体系的输导介质类型进行划分(张照录等，2000)，也有的按照油气运移逻辑关系进行划分(赵忠新等，2002)。在川西拗陷雷口坡组潮坪相白云岩气藏的勘探实践中，众多学者已广泛认识到断裂是该类气藏天然气成藏运移的重要通道(梁世友等，2017；宋晓波等，2019；陈迎宾等，2021；王国力等，2022)，在已有成藏气源分析成果基础上，结合三维地震资料和岩石力学测试结果对区内雷口坡组潮坪相白云岩天然气成藏输导体系特征及输导模式开展了系统而深入的研究。

6.2.1 成藏输导体系类型

前已述及，川西雷口坡组潮坪相白云岩天然气主要来自深部二叠系和雷口坡组自身烃源岩，斜坡带还存在马鞍塘组—小塘子组气源供给，断层、裂缝及不整合面都是天然气运移的有利通道。根据川西拗陷不同次级构造区带断裂发育特征、地层接触关系及沟通气源的距离远近等情况，将雷口坡组潮坪相白云岩的成藏输导体系划分为三种类型：一是烃源断裂直接远源输导体系，以发育直接高效沟通远源二叠系气源与近源雷口坡组自身气源的深大断层为特征，如彭州雷四段气藏和马井雷四段气藏；二是小断层+节理间接远源输导体系，以发育接力式沟通远源二叠系气源和近源雷口坡组气源的二叠系、三叠系内部接力式小断层和雷口坡组顶部“棋盘格”状节理为特征，如新场雷四段气藏；三是不整合+小断层近源输导体系，以发育沟通近源雷口坡组和马鞍塘组—小塘子组气源的内部小断层与不整合面为特征，如永兴雷四段气藏。

1. 烃源断裂直接远源输导体系

通过地震多属性分析(包含倾角、倾角方位角、方差、曲率、边缘检测等)对川西地区开展了详细的构造解释，结果表明龙门山前带的彭州地区和广汉斜坡带的马井地区分别发育规模相对较大、纵向切割层位较多的彭县断层和马井断层，它们均从近地表断达二叠系以下；而在远离背斜区域，断裂发育稀疏、规模较小，如广汉斜坡带上的廖家场断层和西河场断层均只在三叠系内部发育，未能断达膏岩层之下的二叠系，因此三叠系(嘉陵江组与雷口坡组)膏云混杂层产生了上、下构造的差异(图6.17、图6.18)。

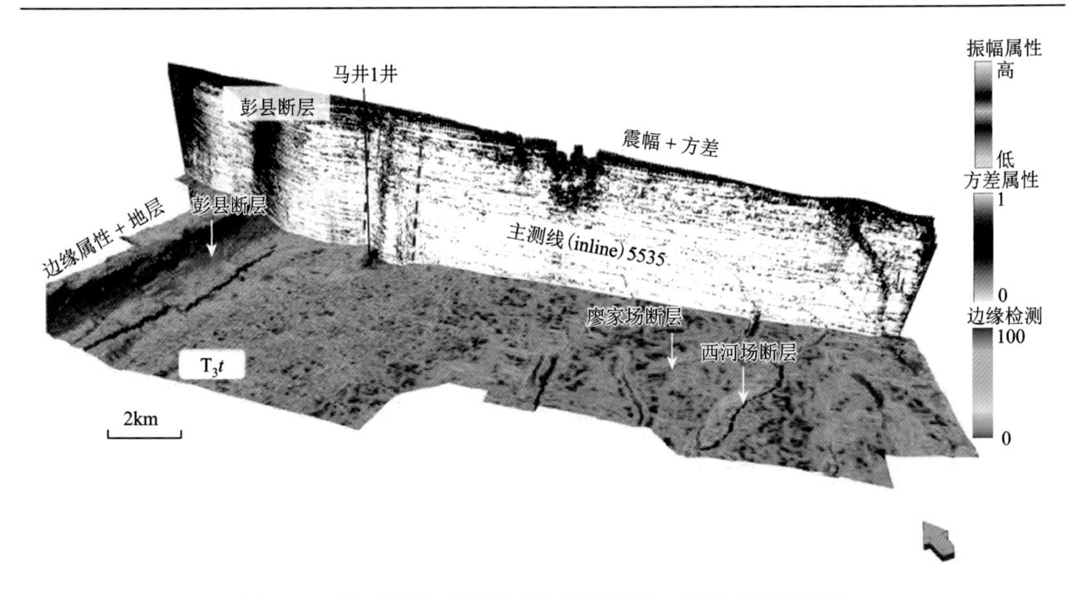

图 6.17　川西彭州、马井地区断裂带样式三维地球物理刻画

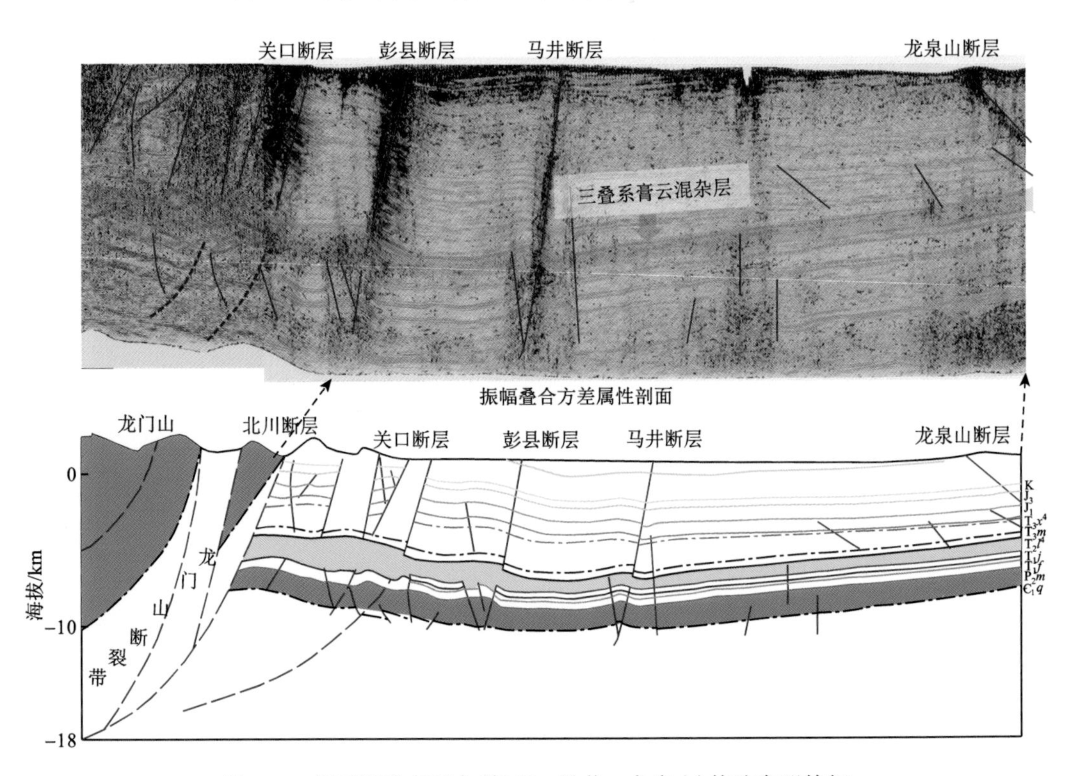

图 6.18　川西拗陷东西向(彭州—马井—龙泉山)构造变形特征

由于膏岩层在构造变形期以塑性变形为主，只有当差应力足够大时才会发生应力-剪胀效应脆性破裂形成裂缝，川西地区龙门山前构造带大部分断裂发育在嘉陵江组—雷口坡组膏岩层之上或膏岩层之下，只有彭州地区的彭县断层和马井地区的马井断层贯穿了膏岩层，上述断裂均从近地表的位置向下断达二叠系以下，因此它们可以有效沟通近源

雷口坡组自身烃源岩及深部远源二叠系烃源岩，从而成为雷口坡组潮坪相白云岩天然气成藏的直接远源输导体系。

通过地震相干体属性分析发现，无论是在断裂破碎带和围岩之间，还是多个断层核之间，随着离核距离的增加，变形强度均呈指数衰减。前人研究结果显示，无论是单核断层还是多核断层，指数模型的拟合效果良好，其拟合优度总体上都在0.9以上(廖宗湖等，2020)，且在多个断层核之间，即使变形强度衰减到最低值，其通常也在围岩的变形强度之上。据此，建立了基于地震相关属性识别和刻画断裂破碎带“断-缝系统描述”的核心理论基础和相关技术流程。其具体操作如下：①在距离破碎带合适的位置选择一条基线，该基线需要平行于所量化的断裂带局部延伸方向。②以该基线为起点作适量测线垂直于断裂带，测线之间的距离不宜过大。③在每条测线上选择一定的间隔取适量的测点。④以测点离基线的距离为横坐标，测点的方差值为纵坐标，制作每条测线随距基线的距离变化，方差值的变化曲线。⑤选择合适的破碎带和围岩的方差值界值(背景值)以确定断层具体宽度(图6.19)。

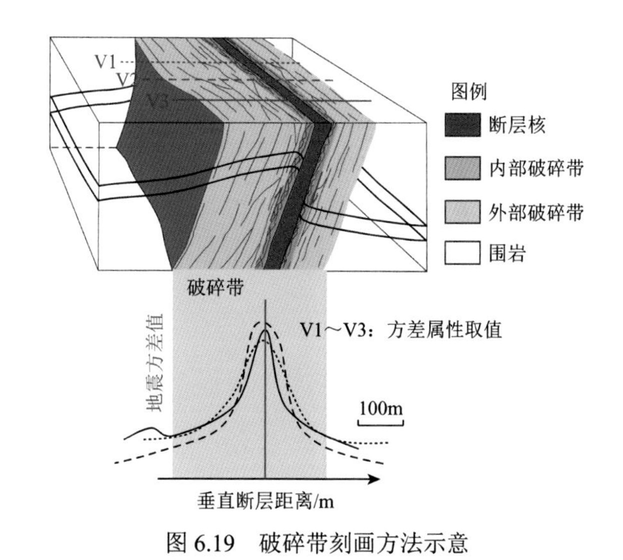

图6.19　破碎带刻画方法示意

纵向上，不同层位不同岩性的断裂带宽度具有差异。由于膏岩层在脆性破裂之前先发生塑性流动，断裂破碎带在膏岩层处宽度最大，彭县断层、马井断层均超过3km，向上或向下宽度逐渐变小(图6.20)，这样的断裂带结构有利于雷口坡组自身烃源岩的排烃和二次运移。

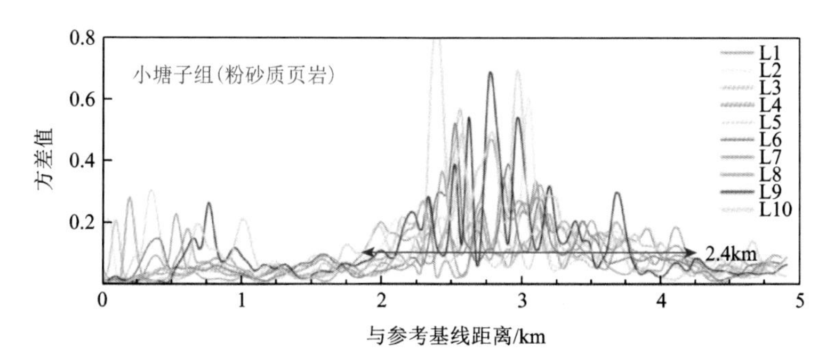

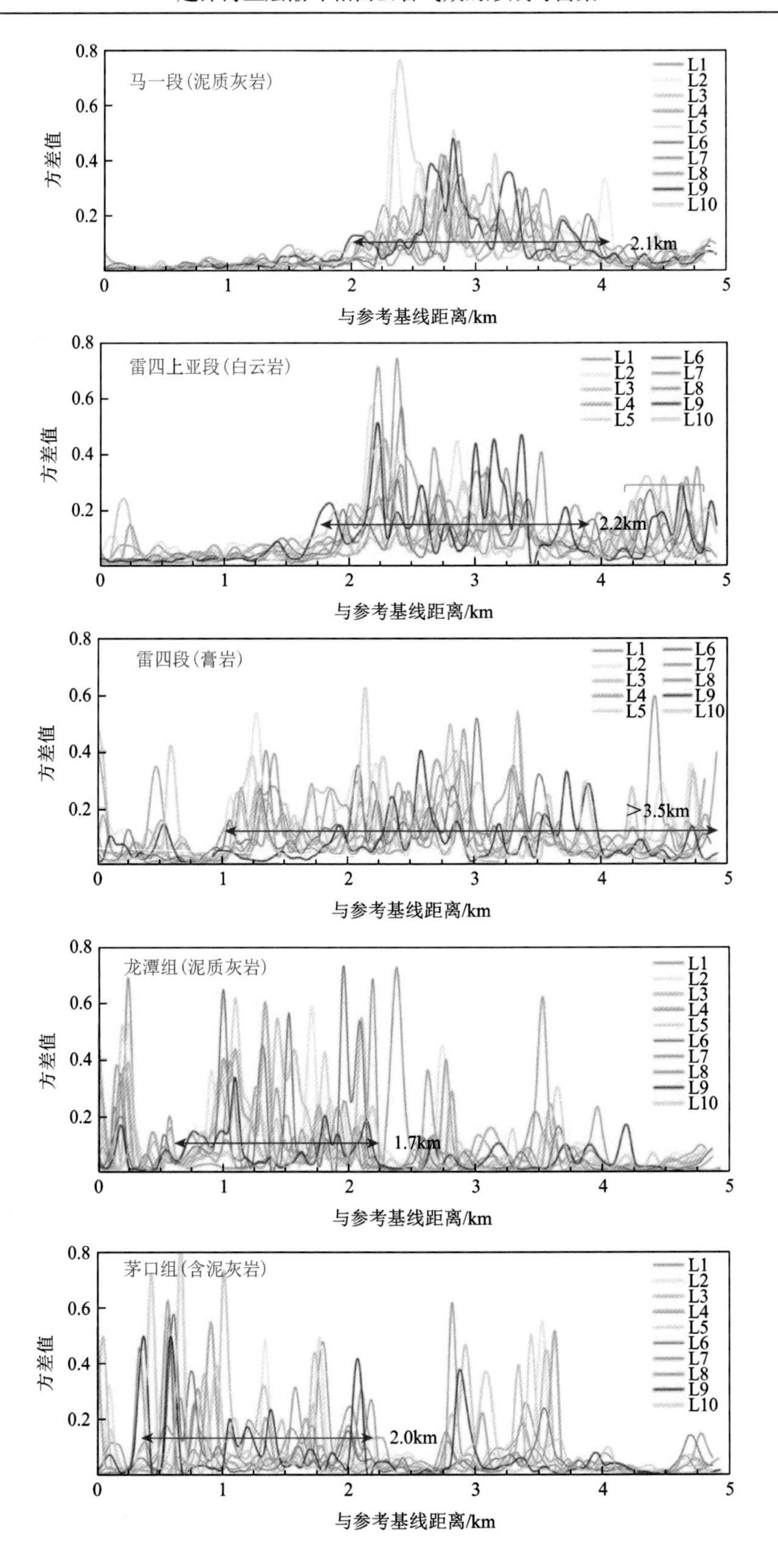
马一段(泥质灰岩)
2.1km
雷四上亚段(白云岩)
2.2km
雷四段(膏岩)
>3.5km
龙潭组(泥质灰岩)
1.7km
茅口组(含泥灰岩)
2.0km
方差值
与参考基线距离/km
L1
L2
L3
L4
L5
L6
L7
L8
L9
L10

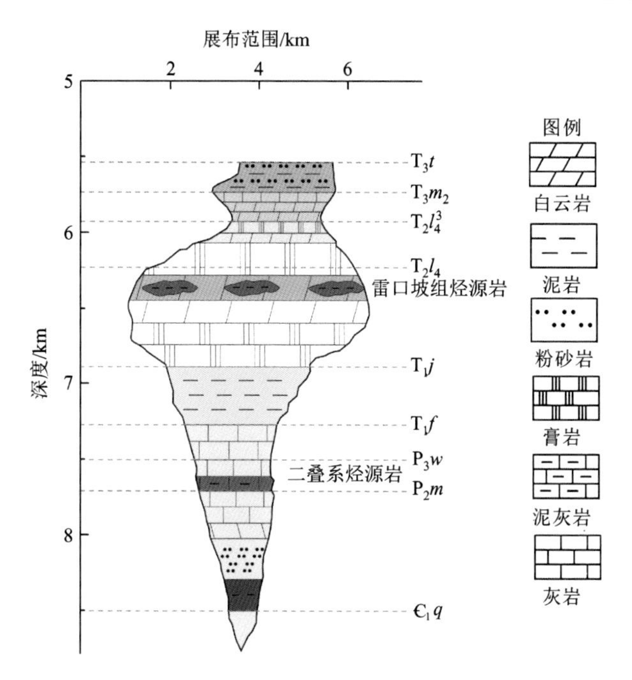

图6.20 彭县断层不同岩性的断裂带宽度刻画

而二叠系烃源岩处的断裂带宽度相对较小，同时也距离上覆储层更远，天然气充注储层穿过的膏岩层厚度更大，因此相对雷口坡组烃源岩具有更小的运聚系数。马井断层的断裂带规模小于彭县断层(图6.21)，雷口坡组烃源岩的运聚难度相对更大。

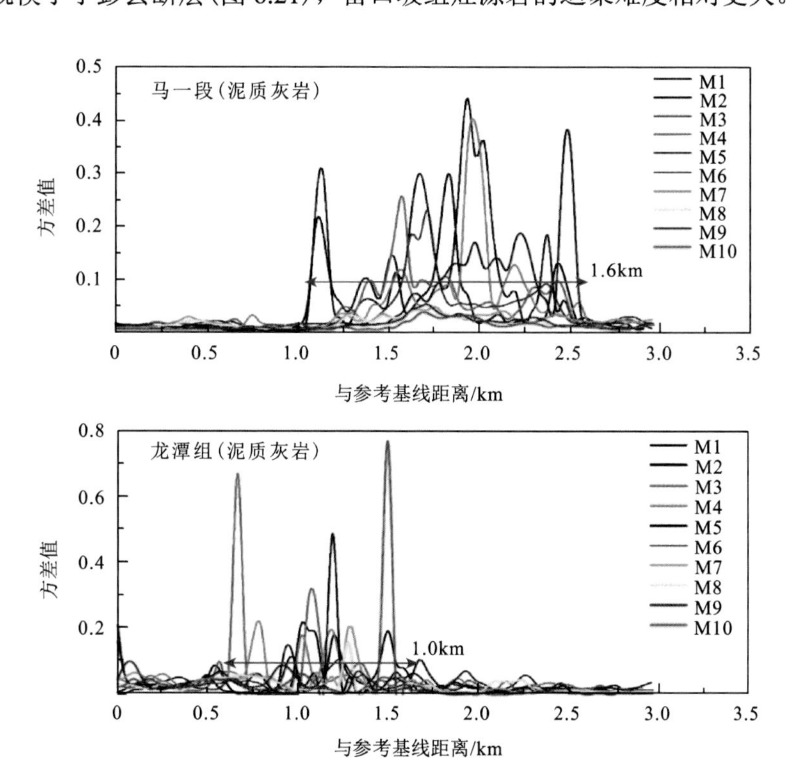

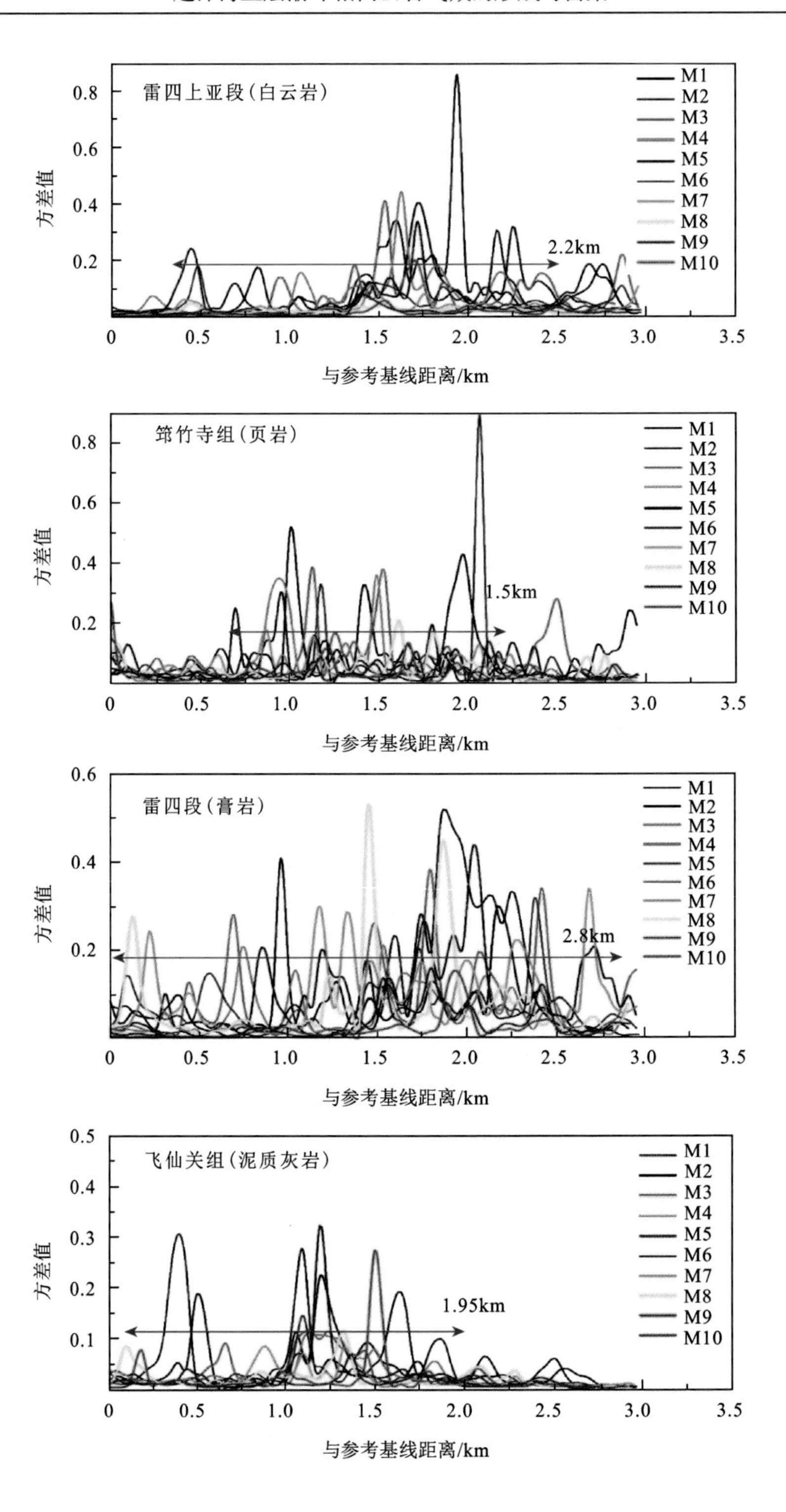

雷四上亚段（白云岩）
2.2km
筇竹寺组（页岩）
1.5km
雷四段（膏岩）
2.8km
飞仙关组（泥质灰岩）
1.95km
方差值
与参考基线距离/km
M1
M2
M3
M4
M5
M6
M7
M8
M9
M10

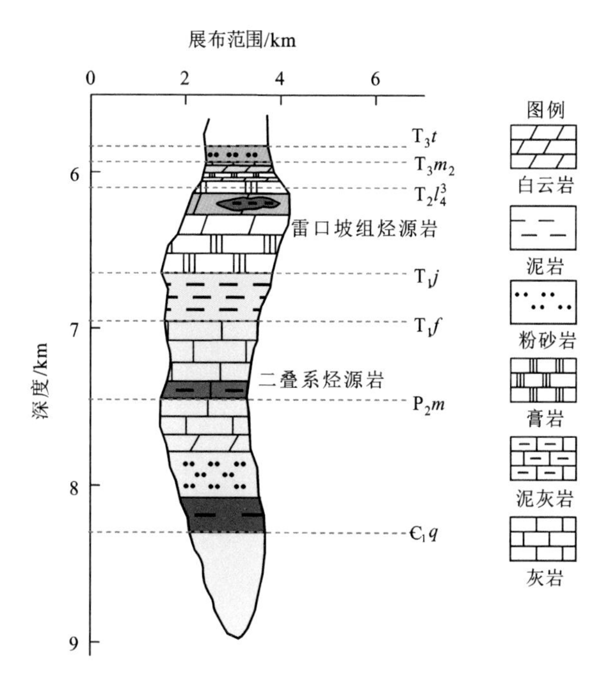

图 6.21　马井断层不同岩性的断裂带宽度刻画

2. 小断层+节理间接远源输导体系

川西拗陷新场构造带发育小断层+节理间接远源输导体系，构造解释结果表明，该构造区带并不发育类似于龙门山前带彭州地区和广汉斜坡带马井地区那种贯穿三叠系膏岩层的大型断层，而是发育下切至二叠系，但向上未完全延伸至雷口坡组的小断层和雷口坡组层内小断层(图 6.22)。

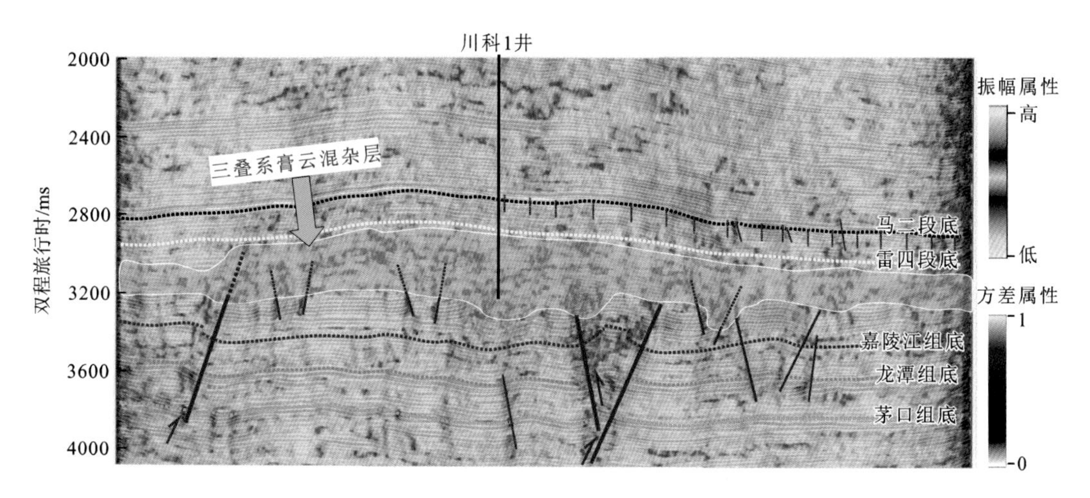

图 6.22　新场地区断层解释剖面图

新场构造带发育以上两种断层不仅可以沟通近源雷口坡组自身气源，同时也可以在纵向上接力式地沟通深部远源二叠系气源。另外，通过曲率地震属性的构造解释表明，新场构造带雷口坡组顶部还发育有“棋盘格”状节理网络(图 6.23)。从构造地质学角度来看，节理与断层或裂缝并无本质上的差异，都是岩层或岩体发生破裂所形成的，可提高储层孔渗性。因此，新场构造带发育的大量节理网络也可以作为天然气运移的有利通道。

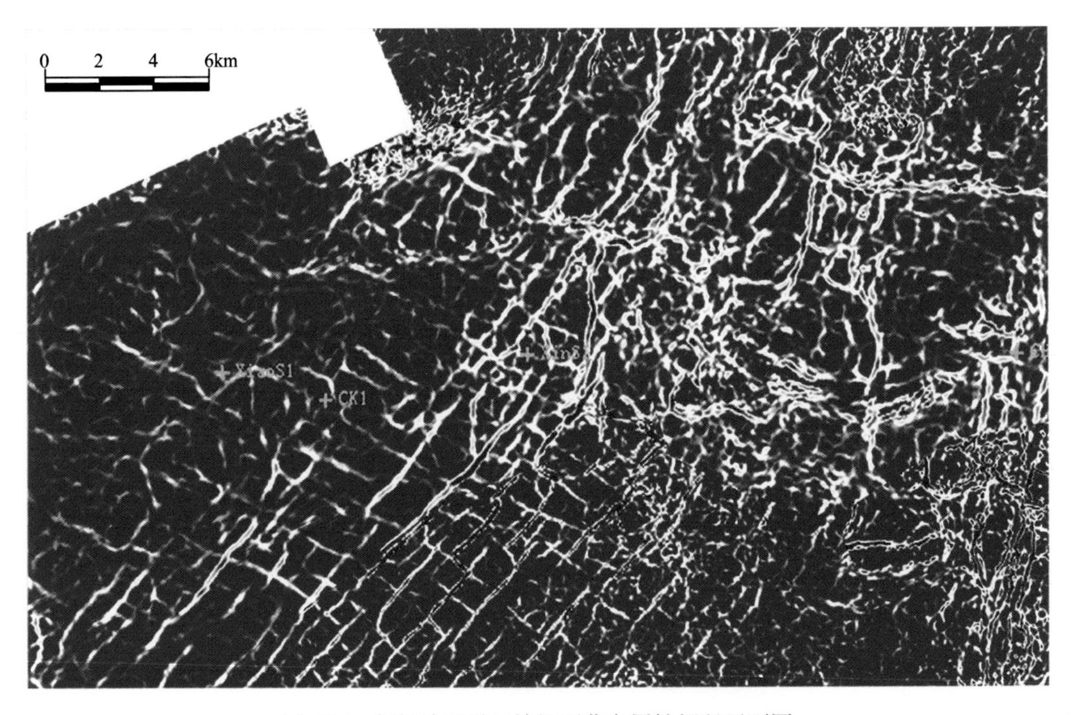

图 6.23　新场地区雷口坡组顶曲率属性解释平面图

3. 不整合+小断层近源输导体系

不整合+小断层近源输导体系发育以绵阳斜坡带永兴地区为典型代表。该地区位于川西拗陷北部绵阳斜坡带高部位，受马一段致密灰岩沿斜坡上倾方向尖灭影响，雷四上亚段潮坪相白云岩储层可与上覆马鞍塘组二段暗色泥页岩(烃源岩)以不整合方式直接侧向对接，因此具有较高孔渗性的不整合面可作为近源马鞍塘组气源向雷口坡组侧向供气的有利输导通道。此外，通过地震资料解释发现，绵阳斜坡带构造挤压变形相对较弱，大型断层并不发育，但在雷口坡组内部发育有一定数量的小断层(图 6.24)，这不仅可以改善储层物性，同时也能沟通近源雷口坡组自身气源。因此，不整合 + 小断层近源输导体系的发育不仅弥补了川西拗陷斜坡带天然气成藏输导条件不足的问题，同时也进一步拓展了雷口坡组潮坪相碳酸盐岩有利勘探区带。

6.2.2　输导介质与输导性能

川西雷口坡组潮坪相碳酸盐岩天然气成藏运移主要依靠断裂输导体系，而断裂输导体系内部的输导介质主要为白云岩、灰岩和膏岩三种岩石类型。

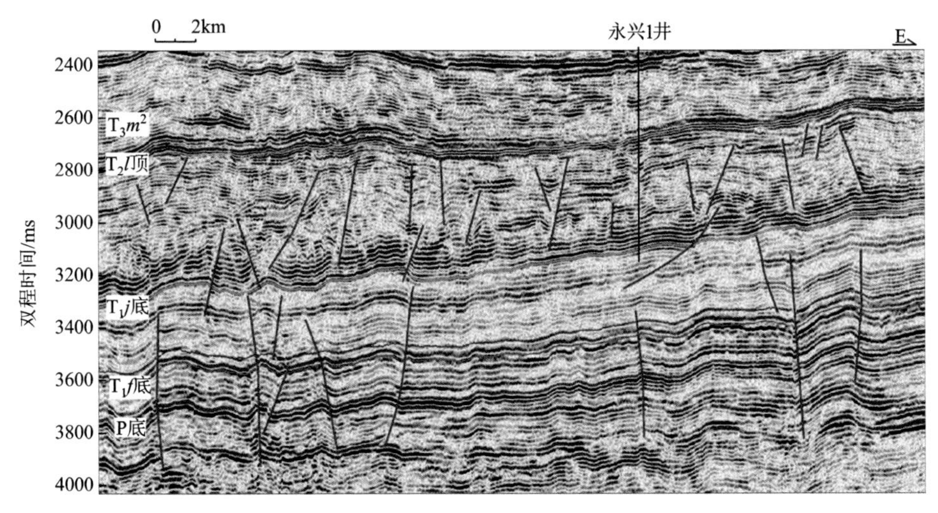

图 6.24　绵阳斜坡带永兴地区断层解释剖面

通常情况下，白云岩和灰岩受到构造应力的影响很容易发生脆性形变，随之产生大量的构造裂缝，形成可供地层流体运移的良好输导层。然而，断裂带内的膏岩则更容易发生塑性形变，在其塑性形变过程中不会形成地层流体运移所必需的有效孔隙，因而无法作为有效的渗流通道。但在川西地区中下三叠统的地层中存在白云岩、灰岩、膏岩互层分布的现象，当膏岩发生塑性变形时，会带动其岩层内的白云岩和灰岩发生滑移破裂，甚至可能出现岩石的角砾化，在应力-剪胀扩张作用下形成可供地层流体渗流的大量裂缝与有效孔隙。在这种情况下，白云岩、灰岩、膏岩混杂破碎带就成了比较理想的地层流体渗流通道(图 6.25)。这种利用裂缝跨越膏岩层的地层流体输导现象并非纯理论模型，其显示案例在英国的博尔比镇的杂卤盐矿和中国的克拉苏构造带地区已有报道(Davison，2009；Zhuo et al.，2014)。

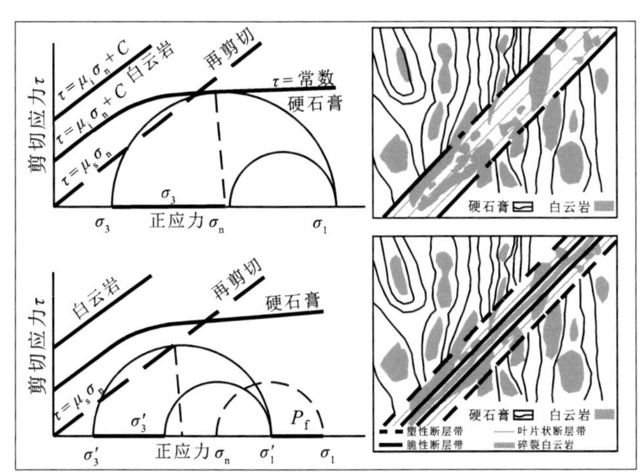

(a)白云岩、灰岩、膏岩混杂带破裂机制(据De Paola et al.，2008)

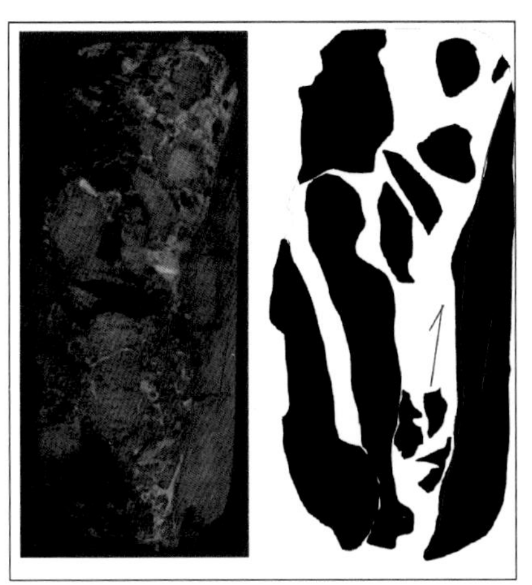

(b) 藻屑白云岩夹硬石膏条带断裂带，龙深1井，6303.9m

图 6.25　白云岩、灰岩、膏岩混杂带形变破裂机制及实例岩心照片

为了更准确地评估白云岩、灰岩、膏岩混杂破碎带的输导性能，在研究过程中进行了三轴压缩渗流实验，测定了应力、应变和渗透率等数据。实验结果表明，在差异应力不断增加的情况下，膏岩和含云膏岩首先发生塑性变形，而白云岩和灰岩则在超高差异应力作用下发生脆性变形并破裂；膏岩、白云岩、灰岩的轴向和体积应变曲线呈现出各自典型的应力-应变曲线特征；膏岩在不同温压耦合条件下，渗透率变化曲线呈现出明显的阶段性；膏岩、白云岩、灰岩在低应力作用下，都表现出应力-应变曲线上凸趋势，岩样呈现出体积缩小、孔隙压缩、渗透率下降的特点。然而，当应变进入剪胀阶段时，岩石内部孔隙持续发展、裂缝大量产生，体积也不断增大，产生应力-剪胀效应，使得岩石的渗透率大幅提升，最高可达数毫达西(图 6.26)(余新亚，2022)。

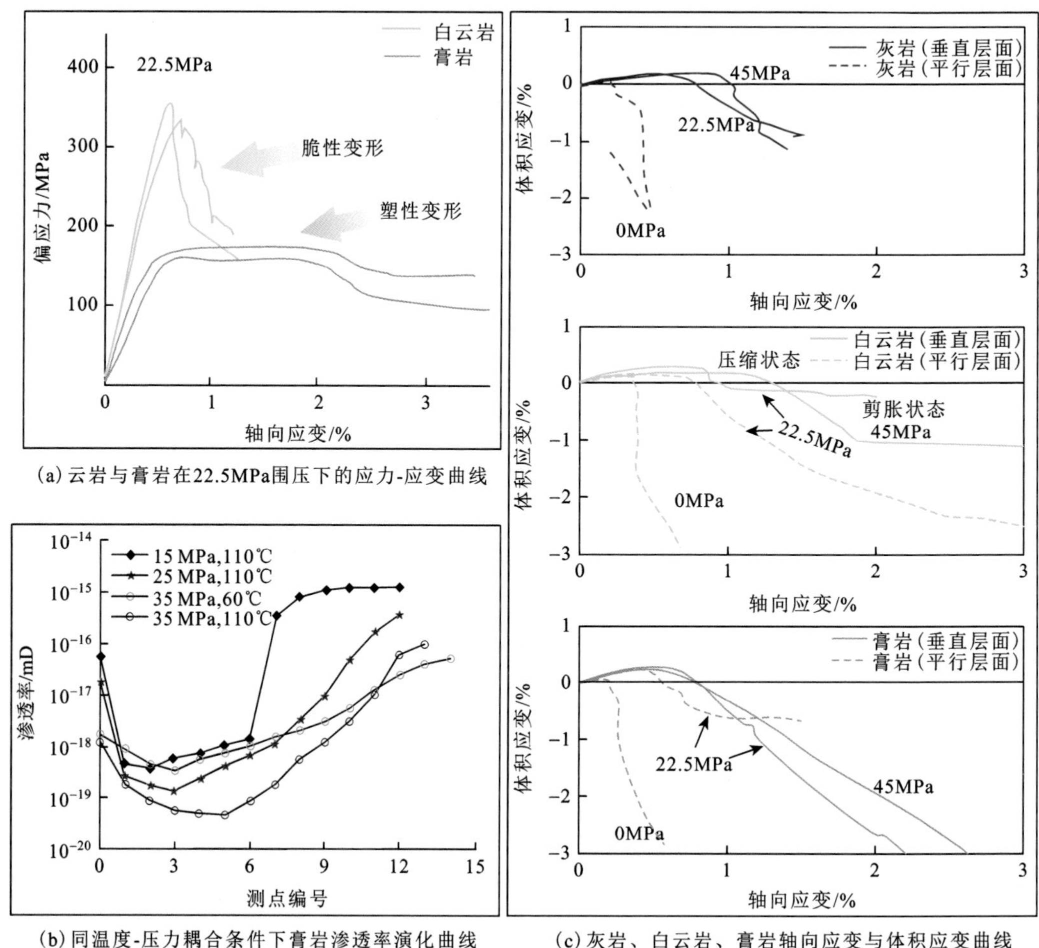

图 6.26 膏岩、白云岩、灰岩三轴渗流实验与结果(余新亚，2022)

这说明在构造事件发生时期，膏岩、白云岩、灰岩混杂破碎带具有一定的渗透性，即此时川西地区三叠系嘉陵江组、雷口坡组膏岩层可以作为有效的流体渗流通道(图 6.27)。

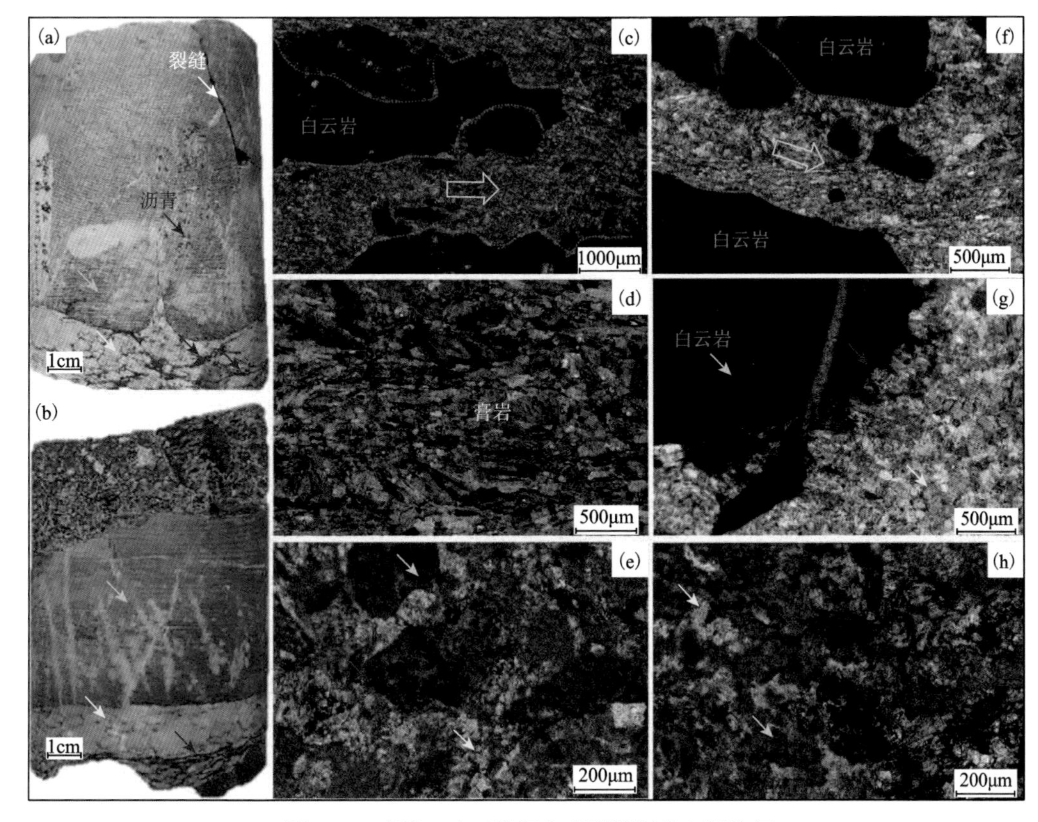

图 6.27　膏岩、白云岩混杂带裂缝沥青充填特征

注：红色箭头指示沥青；黄色箭头指示膏岩；绿色箭头指示白云岩；白色箭头指示裂缝；蓝色箭头指示膏岩塑性流动方向；岩心取自 ZB46 井。

6.2.3　输导-运聚模式与气源贡献

为进一步深化对川西雷口坡组天然气成藏输导特征的认识，根据川西拗陷各构造单元雷口坡组典型气藏的断裂带结构、输导介质与输导性能特点，分别建立了三种类型的天然气成藏输导-运聚模式，结合气藏天然气同位素地球化学特征分析，进一步评价了各输导模式下主力烃源岩的成藏贡献比例。

1. 输导-运聚模式

1) 烃源断裂直接远源输导-运聚模式

以龙门山前带彭州地区为代表，该地区雷口坡组发育烃源断裂直接远源输导-运聚模式，主断裂沟通雷口坡组自身烃源岩和二叠系烃源岩，断裂输导体系控制了烃源岩的汇聚面积及断裂的输导能力。天然气输导样式为天然地震导致断裂带进入活动输导期，此时烃源岩生成的天然气沿断裂向浅部的雷四上亚段储层运移，震后三叠系膏岩层内断裂带愈合并进入休眠闭合期，天然气停止向上运移(图 6.28)。经过无数个断裂输导、闭合周期，最终天然气在雷四段顶部规模聚集并形成现今气藏。

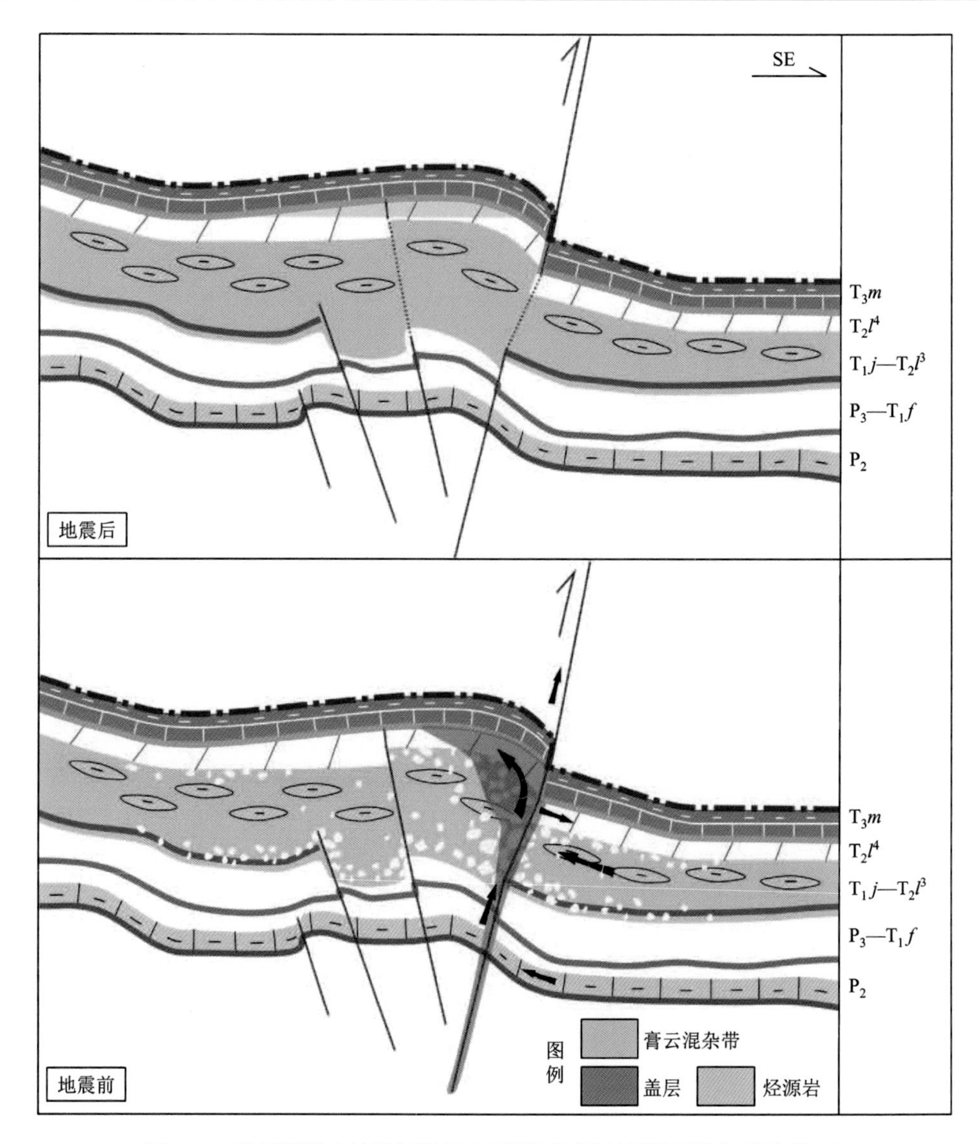

图 6.28 烃源断裂直接远源输导-运聚模式(以彭州雷四段气藏为代表)

2) 小断层+节理间接远源输导-运聚模式

以新场构造带为代表，该构造带发育小断层+节理间接远源输导-运聚模式，虽然区带内雷口坡组顶部的“棋盘格”状节理有利于雷口坡组自身气源的输导，但对于沟通深部远源二叠系气源的作用不大，此时区带内发育的深切至二叠系且向上未完全延伸至雷口坡组的小断层和雷口坡组层内小型断层组成的接力式间接垂向输导通道为雷口坡组气藏接受深部二叠系气源充注提供了有利条件，这也进一步提高了天然气成藏充注强度与富集规模。该类型天然气成藏输导样式为天然地震导致两类小断层组成的接力式间接垂向输导通道及雷口坡组顶部节理处于开启状态，此时各套烃源岩生成的天然气沿断裂、节理等通道向雷四上亚段储层运移，震后三叠系膏岩层内断裂带愈合进入休眠闭合期，天然气向上跨层运移停滞(图 6.29)。

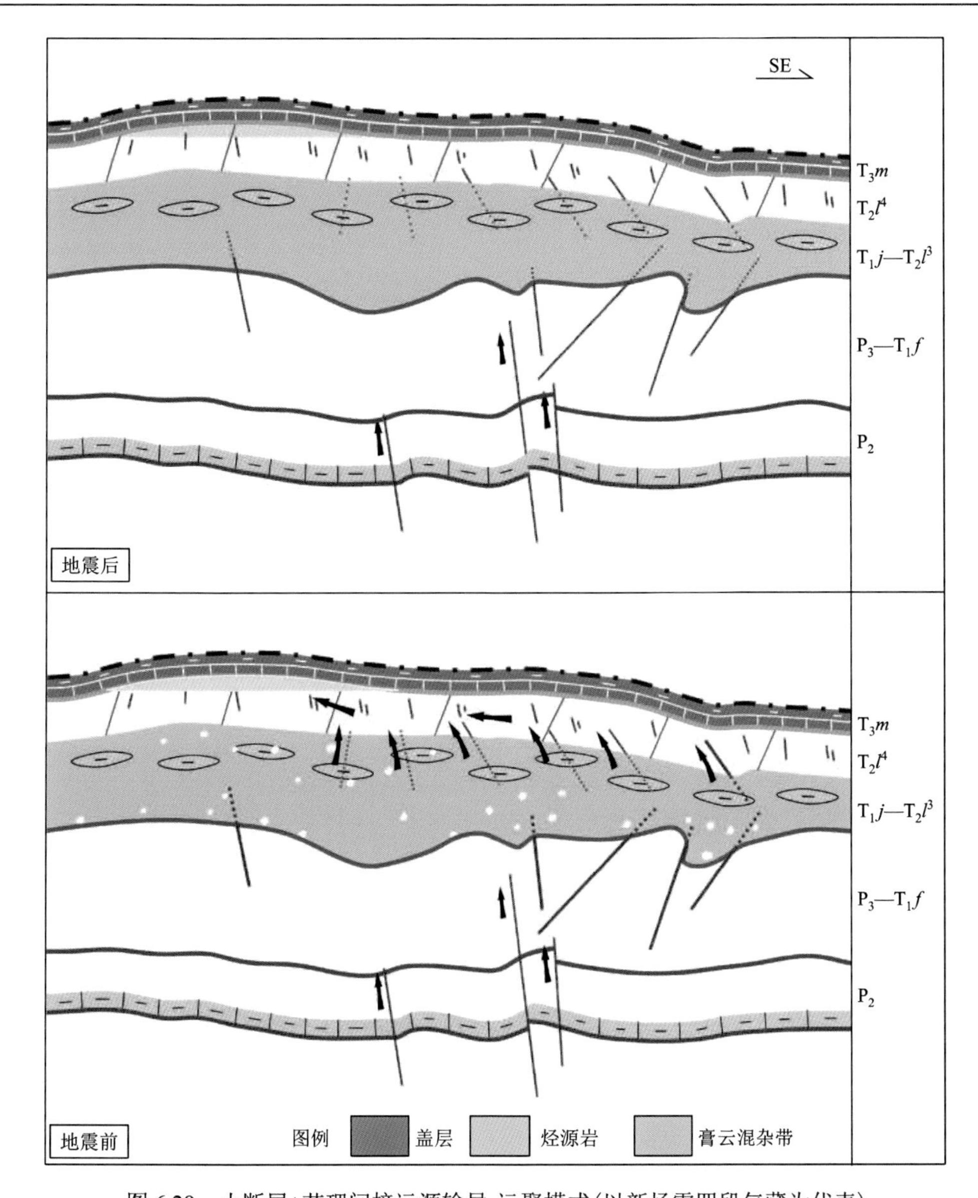

图 6.29　小断层+节理间接远源输导-运聚模式(以新场雷四段气藏为代表)

3) 不整合+小断层近源输导-运聚模式

以绵阳斜坡带永兴地区为代表，该地区发育不整合+小断层近源输导-运聚模式。区内马一段致密灰岩尖灭线与雷四上亚段尖灭线之间的区域面积控制了马鞍塘组—小塘子组烃源岩通过不整合面侧向近源供烃面积，而雷口坡组内部小断层则主要控制了自身烃源岩的汇聚面积及断裂的输导能力。天然气输导样式为天然地震导致雷口坡组层内小断裂进入活动输导期，此时雷口坡组自身烃源岩和上覆马鞍塘组—小塘子组烃源岩生成的天然气将沿不整合面和层内小断裂对雷四上亚段潮坪相白云岩储层进行近源侧向和垂向充注，震后雷口坡组膏岩层内小断裂愈合并进入休眠闭合期，天然气垂向充注停止，但此时马鞍塘组—小塘子组气源仍可利用不整合面持续进行侧向充注(图 6.30)。

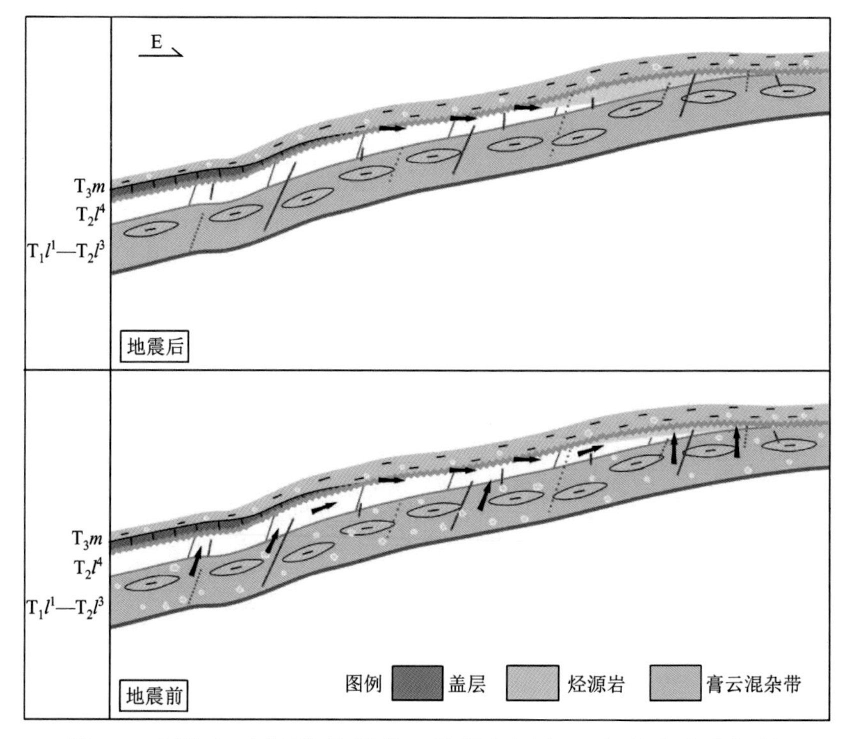

图 6.30　不整合+小断层近源输导-运聚模式(以永兴雷四段气藏为代表)

2. 气源贡献比例

川西雷口坡组发育多种输导体系类型与输导模式，导致雷口坡组自身烃源岩与下伏二叠系烃源岩或上覆马鞍塘组—小塘子组烃源岩在各构造单元的成藏贡献比例存在一定差异。气源对比表明，川西拗陷龙门山前带彭州地区、新场构造带、广汉斜坡带马井地区的雷四段气藏的主力气源为二叠系和雷口坡组自身烃源岩，而绵阳斜坡带永兴地区的雷四段气藏的主力气源则为雷口坡组自身烃源岩和马鞍塘组—小塘子组烃源岩。不同烃源岩的生烃母质与成熟度存在差异，导致其生成的天然气甲烷碳同位素组成特征的不同，而天然气的混合作用是一个物理过程(Schoell，1983)，因此两种气源的混合天然气中某一组分的碳同位素比值就取决于这两种端元气在混合前各自的组成和碳同位素比值，以及混合后各自所占的比例[式(6.1)](Jenden et al.，1993)。据此，可对川西拗陷雷口坡组不同输导-运聚模式控制下的雷口坡组与二叠系烃源岩或雷口坡组与马鞍塘组—小塘子组烃源岩的供烃比例进行定量评价。

$$\delta^{13}C_1(混)=\frac{\delta^{13}C_1(A)\cdot nA\cdot x+\delta^{13}C_1(B)\cdot nB\cdot(1-x)}{nA\cdot x+nB\cdot(1-x)} \tag{6.1}$$

式中，$\delta^{13}C_1(A)$为 A 来源气的甲烷碳同位素组成；$\delta^{13}C_1(B)$为 B 来源气的甲烷碳同位素组成；$\delta^{13}C_1$(混)为混合气的甲烷碳同位素组成；nA 为 A 来源天然气中甲烷的百分含量；nB 为 B 来源天然气中甲烷的百分含量；x 为 A 来源天然气在混合气中的比例；$1-x$ 为 B 来源天然气在混合气中的比例。

鉴于二叠系、雷口坡组、马鞍塘组—小塘子组烃源岩均已达到过成熟演化阶段，无论是原油裂解气，还是干酪根生成的天然气均属于干气，气态烃组分均以甲烷为主，因此，nA、nB 可近似取值 1；要求解出最终以上两种来源天然气的混合比例，端元气的甲烷碳同位素比值的确定是关键。由于甲烷的碳同位素组成特征取决于烃源岩的生烃母质类型和热演化程度，川西地区二叠系、雷口坡组及马鞍塘组—小塘子组烃源岩均以倾油型母质为主，利用已知烃源岩镜质体反射率值，采用计算公式 $\delta^{13}C_1 \approx 21.7\lg(R_o)-43.3$（沈平和徐永昌，1991）求取了川西不同构造单元二叠系、雷口坡组、马鞍塘组—小塘子组烃源岩生成天然气甲烷碳同位素的理论值（表 6.4）。

表 6.4　川西拗陷各构造单元烃源岩 R_o 值及其对应的甲烷碳同位素理论值

构造单元	马鞍塘组—小塘子组烃源岩		雷口坡组烃源岩		二叠系烃源岩	
	R_o/%	理论 $\delta^{13}C_1$/‰	R_o/%	理论 $\delta^{13}C_1$/‰	R_o/%	理论 $\delta^{13}C_1$/‰
龙门山前带	—	—	2.70	−33.94	4.20	−29.78
广汉斜坡带	—	—	2.65	−34.12	4.20	−29.78
新场构造带	—	—	2.40	−35.05	3.50	−31.49
绵阳斜坡带	2.40	−35.05	2.80	−33.60	—	—

在获得端元气甲烷碳同位素比值的基础上，利用式(6.1)对川西拗陷各构造单元雷口坡组天然气成藏主力气源的混源比例进行计算，结果显示（表 6.5），二叠系气源在龙门山前带和广汉斜坡带的贡献相对较高，贡献比例均值分别为 53.05%和 67.50%；而在新场构造带的贡献比例略低，均值为 43.09%；绵阳斜坡带永兴地区缺少二叠系气源，以雷口坡组自身气源为主，其贡献比例均值为 65.52%。由此可见，龙门山前带和广汉斜坡带发育的烃源断裂直接远源输导体系相比新场隆起带的小断层+节理间接远源输导体系更有利于沟通深部二叠系气源，而发育不整合+小断层近源断裂输导体系的绵阳斜坡永兴地区则以雷口坡组自身气源贡献为主。

表 6.5　川西各构造单元烃源岩成藏贡献比例计算结果

构造单元	井名	气藏天然气 $\delta^{13}C_1$/‰	马鞍塘组—小塘子组烃源岩		雷口坡组烃源岩		二叠系烃源岩	
			贡献比例/%	均值/%	贡献比例/%	均值/%	贡献比例/%	均值/%
龙门山前带	彭州 1 井	−31.60	—	—	43.90	46.95	56.10	53.05
	鸭深 1 井	−31.70	—		46.34		53.66	
	鸭深 1 井	−31.80	—		48.78		51.22	
	羊深 1 井	−31.80	—		48.78		51.22	
广汉斜坡带	马井 1 井	−31.40	—	—	37.00	32.50	63.00	67.50
	马井 1 井	−31.00	—		28.00		72.00	
新场构造带	川科 1 井	−33.20	—	—	48.57	56.91	51.43	43.09
	川科 1 井	−33.50	—		57.71		42.29	
	川科 1 井	−33.40	—		55.43		44.57	
	新深 1 井	−33.60	—		60.00		40.00	
	新深 1 井	−33.70	—		62.86		37.14	

续表

构造单元	井名	气藏天然气 $\delta^{13}C_1$/‰	马鞍塘组—小塘子组烃源岩		雷口坡组烃源岩		二叠系烃源岩	
			贡献比例/%	均值/%	贡献比例/%	均值/%	贡献比例/%	均值/%
绵阳斜坡带	永兴1井	−34.00	27.58	34.48	72.42	65.52	—	—
	永兴1井	−34.20	41.38		58.62		—	

6.3　潮坪相白云岩气藏的形成过程

油气从成熟的烃源岩排出后，通过输导层的运移，最后充注进入圈闭之中，聚集形成油气藏还有一个漫长的地质过程，这一过程是各种地质因素综合作用的结果。对于川西雷口坡组潮坪相碳酸盐岩气藏的成藏机理，前期已开展了大量的研究(胡烨等，2018；王旭丽等，2020；孟宪武等，2021；陈迎宾等，2021；王国力等，2022)。主要观点有“早期原油聚集，后期油气转化，晚期调整成藏”“早期干气充注，晚期调整成藏”等。本节结合前人的研究成果，进一步对川西雷口坡组潮坪相碳酸盐岩油气成藏充注期次与成藏演化过程开展深入分析，并系统总结川西潮坪相碳酸盐岩天然气成藏模式。

6.3.1　油气充注史

1. 生烃演化史

为了明确川西地区雷四上亚段的油气成藏充注过程，首先利用盆地模拟软件对川西拗陷龙门山前构造带彭州地区、新场构造带、广汉斜坡带马井地区及绵阳斜坡带的主力烃源岩的生烃演化史分别进行了恢复。

在龙门山前构造带，以彭州1井为例，雷口坡组烃源岩在须三段沉积期进入生油窗，在早侏罗世进入生油高峰，中晚侏罗世进入生气高峰，进入白垩纪普遍达到过成熟演化阶段，以生成干气为主，白垩纪末川西拗陷发生区域性抬升，雷口坡组烃源岩生烃停滞；二叠系烃源岩在雷口坡组沉积中后期进入生油窗，在小塘子组沉积末期进入生油高峰，须三段至须四段沉积期为生气高峰，须五段沉积以来，二叠系烃源岩达到过成熟演化阶段，以生成干气为主，白垩纪末川西拗陷发生区域性抬升，二叠系烃源岩生烃停滞(图6.31)。

在新场构造带，以新深1井为例，雷口坡组烃源岩主体在须三段沉积期进入生油窗，在早侏罗世进入生油高峰，中晚侏罗世进入生气高峰，早白垩世中期进入过成熟演化阶段，以生成干气为主，白垩纪末川西拗陷发生区域性抬升，雷口坡组烃源岩生烃停滞；二叠系烃源岩在雷口坡组沉积中后期进入生油窗，在须二段沉积期进入生油高峰，须三段沉积末期至早侏罗世为生气高峰，早侏罗世中期以来，二叠系烃源岩达到过成熟演化阶段，以生成干气为主，白垩纪末川西拗陷发生区域性抬升，二叠系烃源岩生烃停滞(图6.32)。

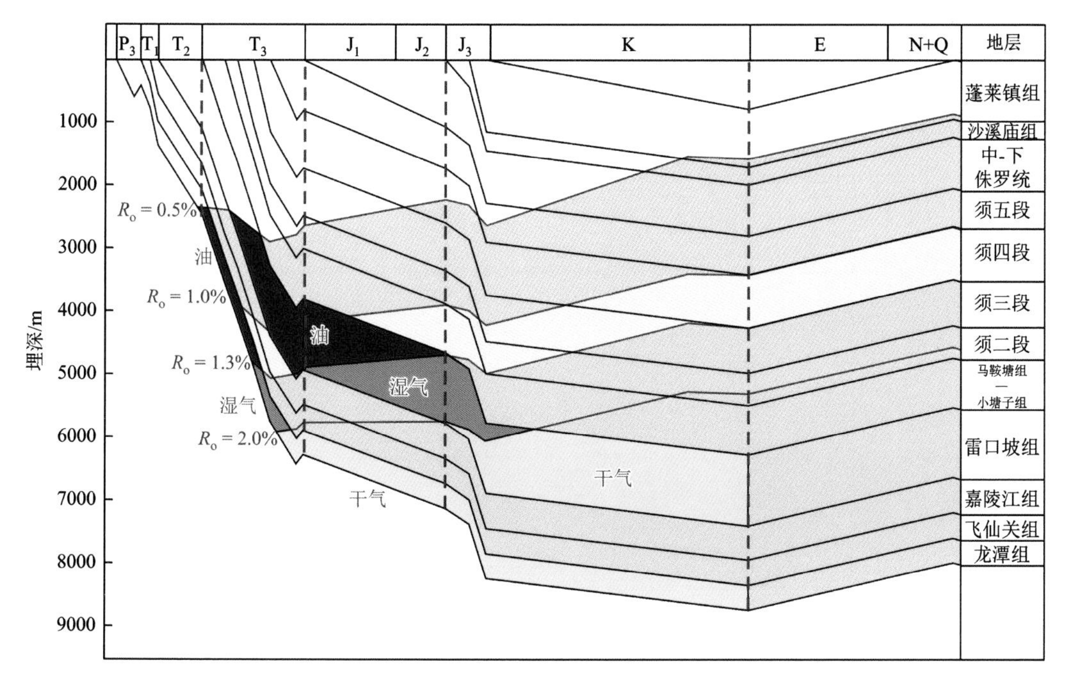

图 6.31　川西拗陷彭州 1 井有机质热演化图

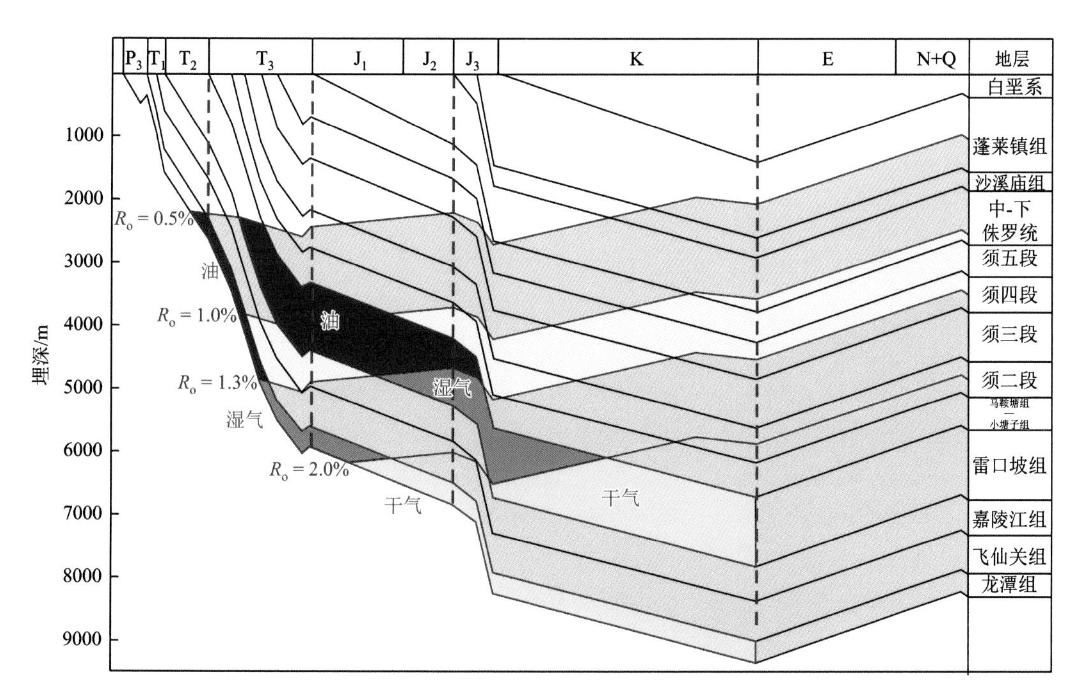

图 6.32　川西拗陷新深 1 井有机质热演化图

在广汉斜坡带，以马井 1 井为例，雷口坡组烃源岩在须三段沉积期进入生油窗，在早侏罗世进入生油高峰，中晚侏罗世进入生气高峰，早白垩世进入过成熟演化阶段，以生成干气为主，白垩纪末川西拗陷发生区域性抬升，雷口坡组烃源岩生烃停滞；二叠系烃源岩在雷口坡组沉积末期进入生油窗，在须二段沉积末期进入生油高峰，须四段沉积期至早侏罗世为生气高峰，早侏罗世后期以来，二叠系烃源岩达到过成熟演化阶段，以生成干气为主，白垩纪末川西拗陷发生区域性抬升，二叠系烃源岩生烃停滞(图 6.33)。

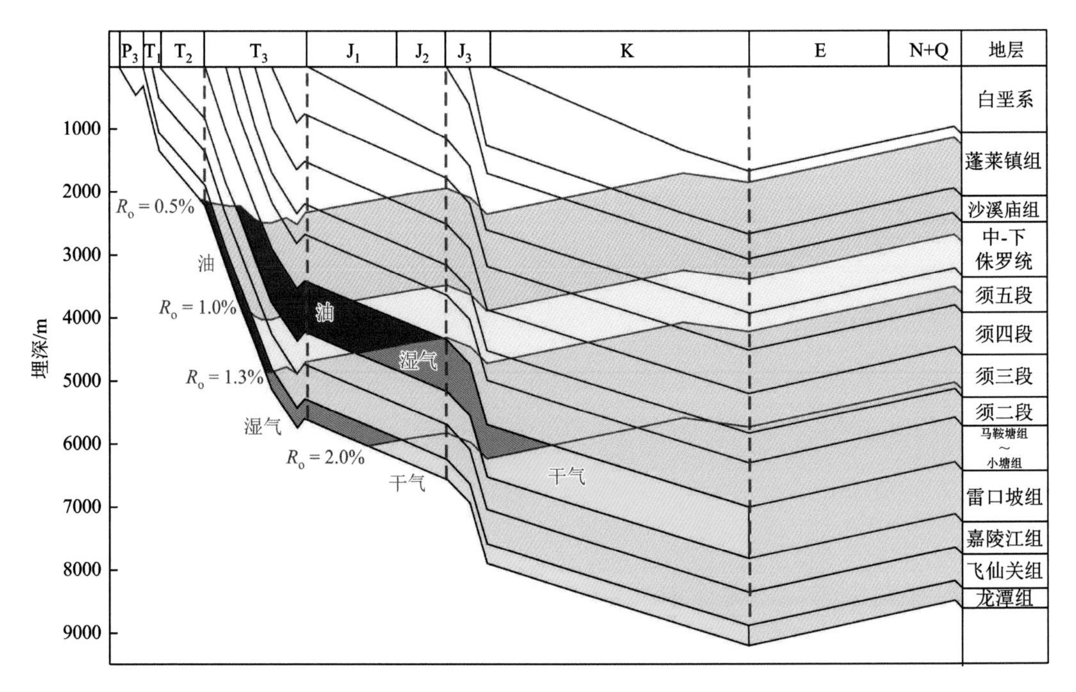

图 6.33　川西拗陷马井 1 井有机质热演化图

在绵阳斜坡带，以潼深 1 井为例，该地区雷口坡组烃源岩生烃演化开始时间略晚，在须四段沉积期进入生油窗，在早、中侏罗世进入生油高峰，晚侏罗世进入生气高峰，早白垩世中期进入过成熟演化阶段，以生成干气为主，白垩纪末川西拗陷发生区域性抬升，雷口坡组烃源岩生烃停滞；二叠系烃源岩在小塘子组沉积期进入生油窗，在须四段沉积期进入生油高峰，须五段沉积末期至中侏罗世为生气高峰，中侏罗世末，二叠系烃源岩达到过成熟演化阶段，以生成干气为主，白垩纪末川西拗陷发生区域性抬升，二叠系烃源岩生烃停滞(图 6.34)。

通过生烃演化史恢复结果对比分析发现，二叠系和雷口坡组烃源岩在川西拗陷不同构造单元的生烃演化阶段是存在一定差异的，龙门山前构造带由于埋深时间早，其生烃演化开始时间也相对略早，而新场构造带、广汉斜坡带及绵阳斜坡带的生烃过程则相对滞后(表 6.6)。

总体而言，川西雷口坡组自身烃源岩在晚三叠世末进入生烃门限，侏罗纪进入生烃高峰，早白垩世进入过成熟阶段，白垩纪末以来生烃停滞；而二叠系烃源岩则在中三叠世末进入生烃门限，晚三叠世进入生烃高峰，侏罗纪进入过成熟阶段，白垩纪末以来生烃停滞。

2. 烃类充注期次

流体包裹体是成岩成矿流体(气液的流体或硅酸盐熔融体)在矿物结晶生长过程中，被包裹在矿物晶格缺陷或穴窝中的，至今尚在主矿物中封存并与主矿物有着相的界限的那一部分物质。流体包裹体作为地下岩石中古代流体信息的载体和一个相对封闭的地球化学体系，保留了地下流体的许多重要信息，如温度、压力、成分、介质环境等，是鉴别烃源岩热演化阶段和油气生成，划分油气充注期次，恢复流体古压力和剖析油气聚集成藏过程的密码，在盆地分析和油气成藏研究中正发挥着越来越重要的作用。

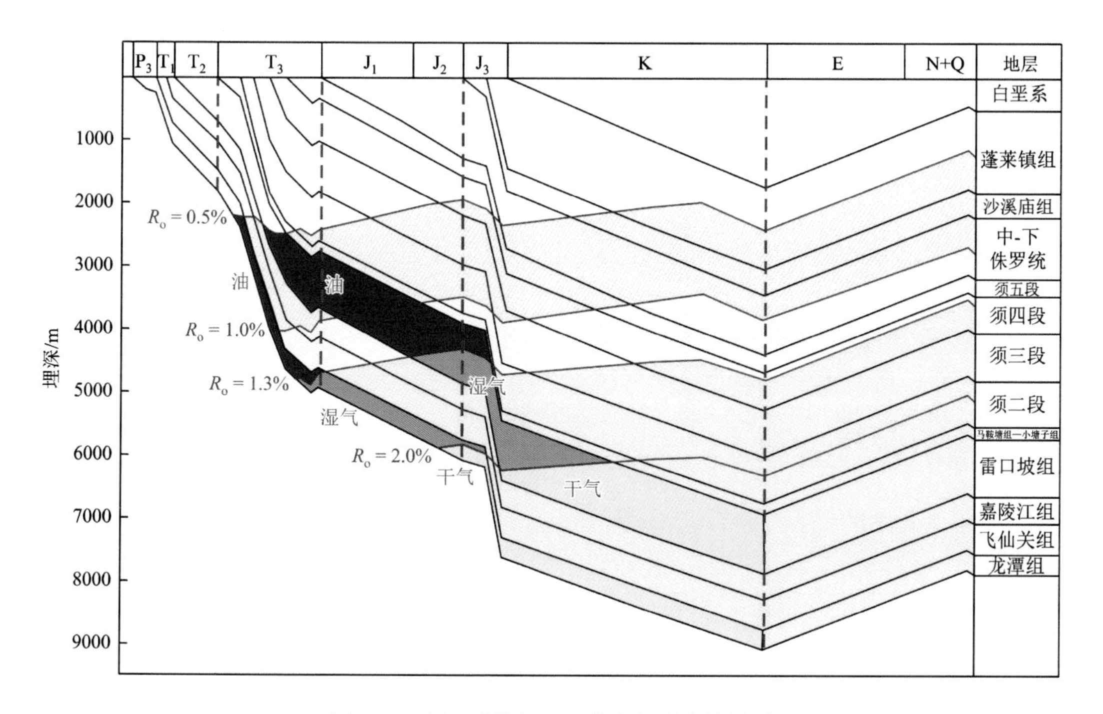

图 6.34　川西拗陷潼深 1 井有机质热演化图

表 6.6　川西拗陷不同构造单元典型井雷口坡组和二叠系烃源岩生烃演化阶段

构造单元	井号	烃源岩层系	生油窗	湿气阶段	干气阶段
龙门山前带	彭州 1 井	雷口坡组	T_3x—J_1	J_1—J_3	K
		二叠系	T_3m—T_3x^3	T_3x^3—T_3x^5	T_3x^5—K
新场构造带	新深 1 井	雷口坡组	T_3x—J_2	J_2—K_1	K_1—K_2
		二叠系	T_3m—T_3x^3	T_3x^4—J_1	J_2—K
广汉斜坡带	马井 1 井	雷口坡组	T_3x—J_1	J_1—J_3	K
		二叠系	T_3m—T_3x^3	T_3x^4—T_3x^5	J_1—K
绵阳斜坡带	潼深 1 井	雷口坡组	T_3x^3—J_2	J_3—K_1	K_1—K_2
		二叠系	T_3t—T_3x^5	J_1—J_2	J_3—K

目前针对川西雷口坡组油气成藏地质特征研究表明，大量流体包裹体赋存于雷口坡组四段储层的成岩矿物之中，蕴含了丰富的成岩成矿地质信息，为深入分析天然气成藏期次和演化历史提供了有利条件。通过采集川西拗陷各构造单元多口重点井的雷四上亚

段储层岩石样品进行镜下包裹体岩相学特征分析、均一温度测定及激光拉曼光谱特征分析，结合区域埋藏-热演化史恢复成果，系统地开展了川西雷四上亚段天然气成藏充注期次研究。

1) 储层流体包裹体特征

(1) 包裹体岩相学特征。

利用显微镜在透射光和紫外荧光下观察发现，川西雷四上亚段储层溶蚀孔洞及裂缝充填矿物(方解石、白云石、石膏、石英、萤石、天青石等)中普遍发育两种类型的流体包裹体，分别是盐水包裹体及其伴生的含烃包裹体(图 6.35)。

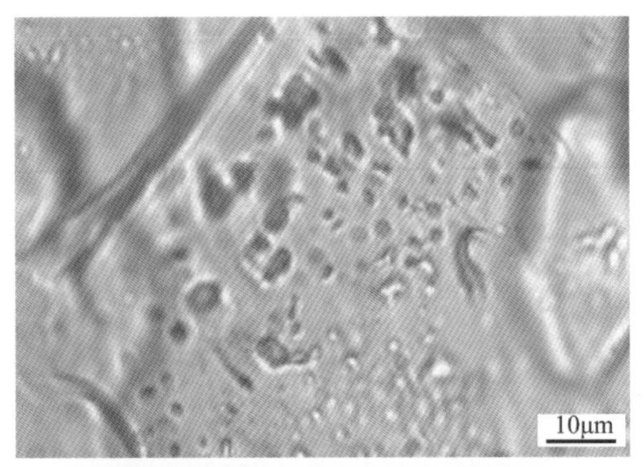

(a) 气液两相和单相盐水包裹体，微晶白云岩(裂缝充填方解石)，羊深1井，6241.96m

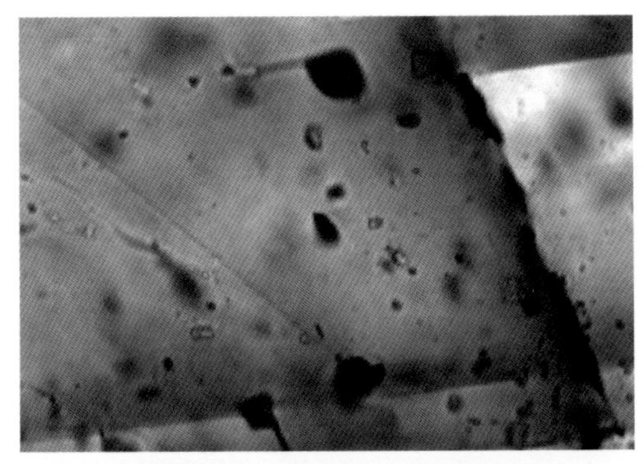

(b) 气烃包裹体，泥微晶白云岩(裂缝充填方解石)，羊深1井，6203.01m

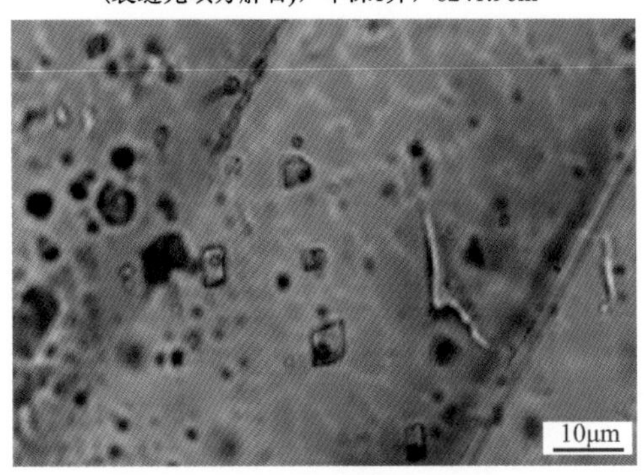

(c) 气烃包裹体及伴生两相盐水包裹体，白云岩(溶孔充填方解石)，新深1井，5569.36m

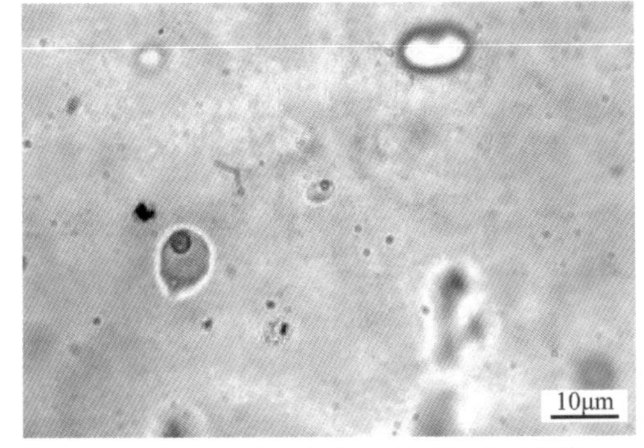

(d) 气液两相盐水包裹体，白云岩(溶孔充填石英)，鸭深1井，5792.04m

图 6.35　川西地区雷四上亚段储层流体包裹体发育特征

①盐水包裹体。该类型包裹体在雷四上亚段储层中普遍发育，透射光下呈无色透明，不发荧光，流体相态有单相(纯液)和气液两相两种，主要在充填矿物中成群分布或沿切过矿物颗粒的愈合裂隙呈带状分布。盐水包裹体尺寸大小各异，粒径主要分布在 3～12μm，其中气液两相盐水包裹体的气液比多分布在 5%～20%，外观形态多为长条状、椭圆形或不规则状，可见单独或与烃类包裹体伴生[图 6.35(a)、(c)和(d)]。

②含烃包裹体。该类型包裹体在雷四上亚段储层中也较为常见，以灰黑色且不发荧光的纯气烃(甲烷)包裹体为主[图 6.35(b)和(c)]，极少见浅灰色且发蓝白荧光的轻质油包裹

体，主要在充填矿物中成群分布或沿切过矿物颗粒的愈合裂隙呈带状分布。含烃包裹体尺寸大小各异，粒径主要分布在 4～10μm，外观形态多为长条状、椭圆形或不规则状。

(2) 包裹体成分。

包裹体成分测定是研究油气成藏特征及流体来源的重要手段之一。长期以来，对包裹体成分的测定主要依赖于通过爆裂法获取流体包裹体所圈闭的物质（卢焕章等，2004），这样所给出的测定结果通常是一组流体包裹体的成分，难以获得某个单一流体包裹体的成分，从而制约了对成矿流体作用及来源的深入细致研究。20 世纪 70 年代以来，随着显微激光拉曼光谱测试技术的发展，使得获取单一流体包裹体的成分成为可能（Rosasco et al.，1975；Bény et al.，1982；Burke and Lustenhouwer，1987；Cuesta et al.，1998）。包裹体中的流体在激光束的作用下，其中的原子、分子和分子团无弹性碰撞使之发生能量交换，即为拉曼散射，通过研究级显微镜与拉曼光谱分析仪获得由拉曼散射产生的拉曼光谱，包裹体中不同成分对应着不同的光谱效应（特征峰），从而可以对流体包裹体组分进行定量分析（张泉等，2005）。

为进一步明确川西地区雷四上亚段储层流体充注性质及特征，借助激光拉曼光谱分析仪对包裹体内容物的成分进行鉴定。从实测获得的拉曼光谱特征峰位移数值识别到气液两相含烃盐水包裹体的气相成分主要是 CH_4（峰值位移约为 2916cm^{-1}）和 H_2S（峰值位移约为 2610cm^{-1}），而液相成分主要是 H_2O（峰值位移为 3050～3700cm^{-1}）及 CH_4（峰值位移约为 2910cm^{-1}）和 H_2S（峰值位移约为 2610cm^{-1}）（图 6.36）。基于包裹体的测试分析结果表明，川西雷四上亚段储层经历过大规模的成藏充注，且成藏流体成分主要为含 H_2S 的干气。

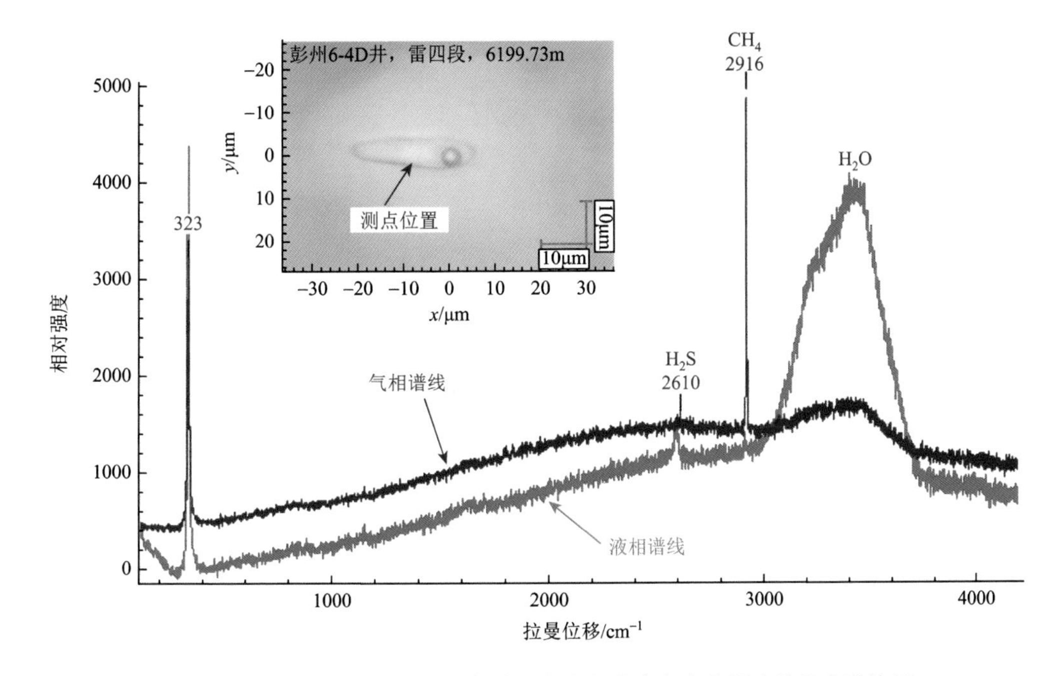

图 6.36　川西地区雷四上亚段气液两相含烃盐水包裹体激光拉曼光谱特征

(3) 包裹体均一温度。

烃类包裹体是油气运移聚集过程中留下的重要地质证据。利用与烃类包裹体同期形成的气液两相盐水包裹体的均一温度数据分析，可间接确定伴生烃类包裹体形成的期次，进而明确油气成藏充注特征。研究过程中选取赋存于雷四上亚段储层孔缝充填矿物颗粒中且与烃类包裹体伴生的气液两相包裹体作为均一温度测试对象。从大量实测数据统计结果来看，雷四上亚段储层含烃包裹体(与烃类共生的盐水包裹体)均一温度主要分布在90～210℃，具有单峰型分布特征，其峰值温度区间为120～150℃(图6.37)，表明天然气充注时间较为集中且具有一期持续充注成藏的特征。

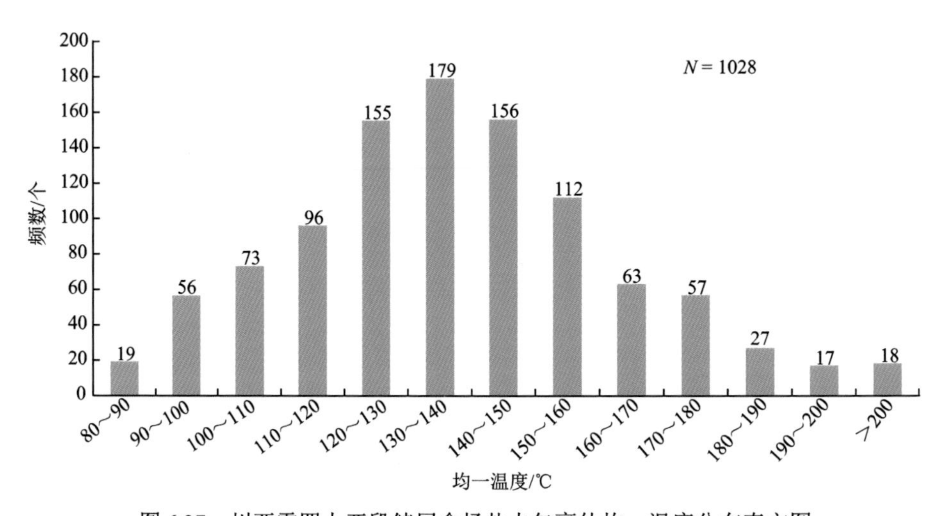

图6.37　川西雷四上亚段储层含烃盐水包裹体均一温度分布直方图

2) 天然气充注期次

根据储层包裹体特征及川西地区地质分层、抬升剥蚀厚度、镜质体反射率等基础数据，利用盆地模拟软件建立区域地层埋藏-热演化史，将可代表天然气成藏充注的含烃盐水包裹体的均一温度区间数据投影到埋藏-热演化史图上(图6.38)，结果表明川西雷四上亚段天然气成藏主要表现为一期持续性充注，其充注时间对应于晚三叠世末—白垩纪末，充注高峰期为侏罗纪。

6.3.2　气藏形成过程

基于成藏输导体系类型及输导模式的综合分析，结合烃源岩生排烃史、天然气成藏充注期以及区域构造演化史研究成果，本书认为川西拗陷雷口坡组四段上亚段天然气成藏演化过程主要经历了以下四个阶段(图6.39)。

1. 印支期末圈闭雏形形成

印支运动晚幕(晚三叠世中-晚期)，龙门山前构造带、新场构造带、广汉斜坡带雷口坡组顶部构造开始出现雏形，雷口坡组四段上亚段在准同生期形成的孔隙型储层广泛分布，加上浅埋藏过程中发生的早期埋藏溶蚀作用形成大量储集空间，二叠系烃源岩开始生烃并

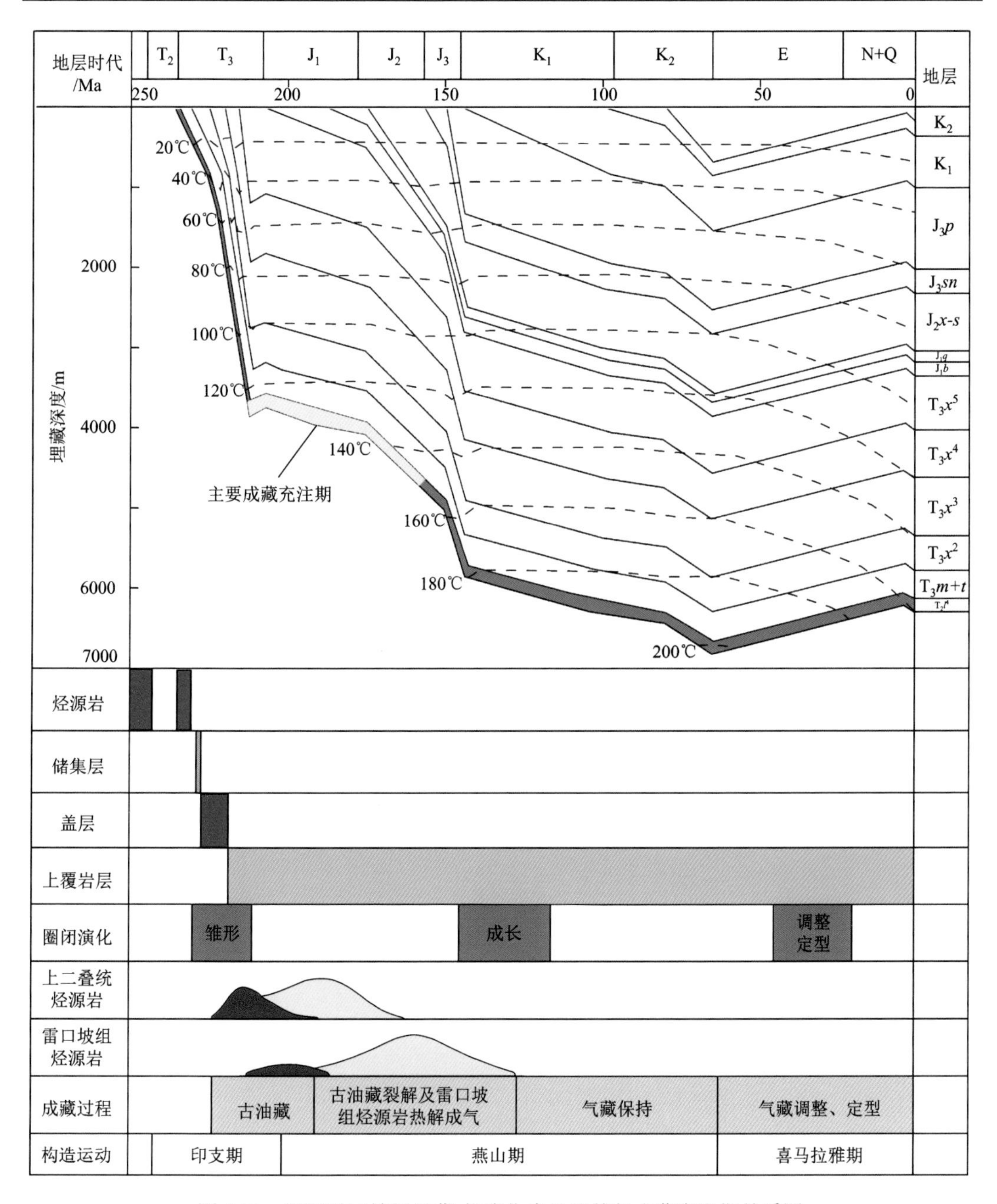

图6.38 川西雷口坡组埋藏-热演化史及天然气成藏充注期关系图

逐渐达到生烃高峰；但是此时，川西地区挤压构造变形较弱，烃源断裂与裂缝均不发育，主力烃源岩与雷四上亚段储层之间的输导通道尚未建立，大规模的油气运移尚未开始。

2. 燕山早期近源油气小规模充注

燕山早期，川西拗陷进一步挤压构造变形加强，但仍然相对较弱，区内地层埋深持续增大，此时二叠系烃源岩生成的干气向烃源断裂发育的龙门山前构造带及马井地区构

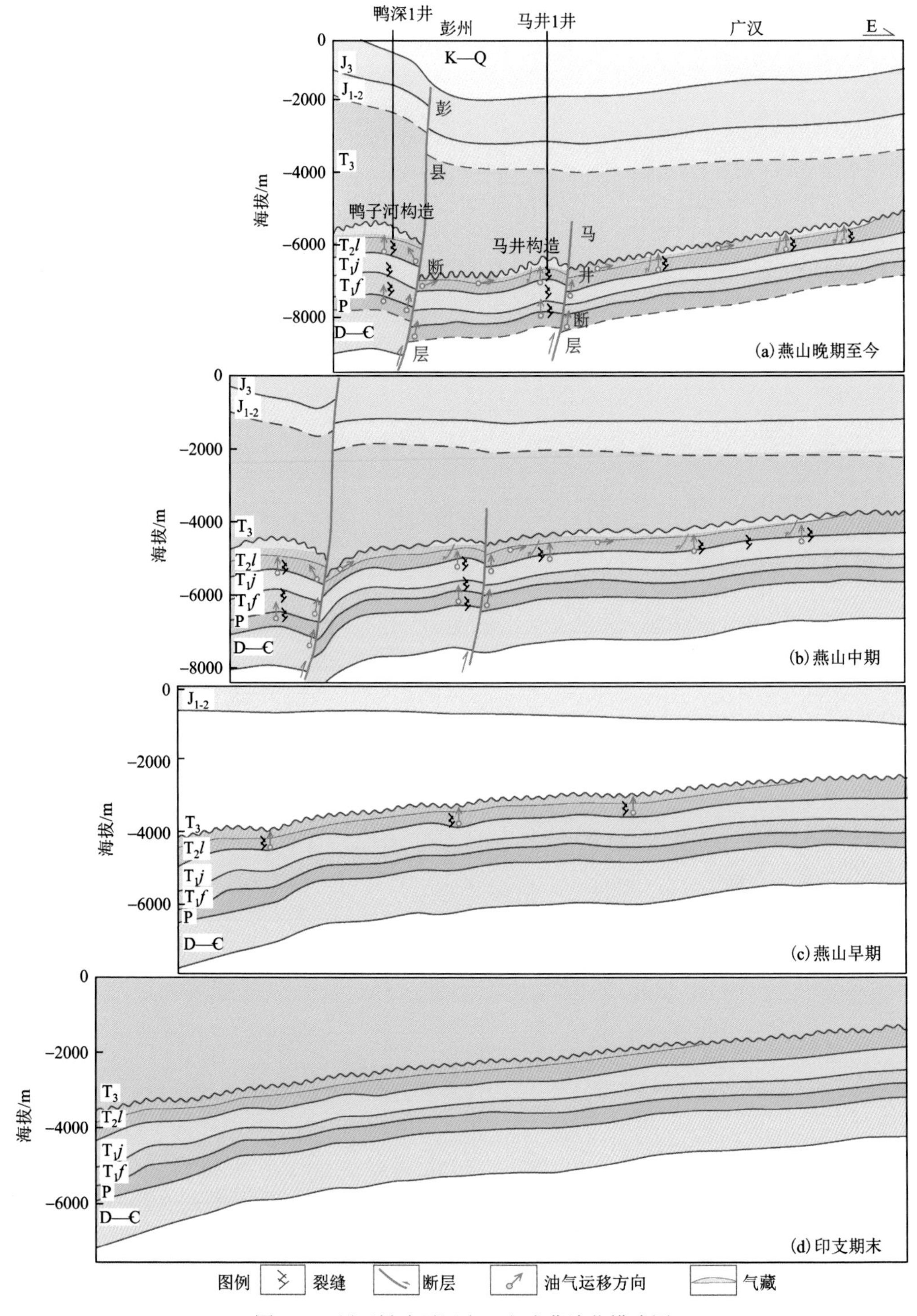

图 6.39　川西拗陷雷四上亚段成藏演化模式图

造圈闭充注，雷口坡组自身烃源岩开始进入生烃门限，其生成的以液态烃为主的早期油气主要依靠雷口坡组层内裂缝向雷四上亚段储层进行小规模的近源充注。

3. 燕山中期混源油气大规模充注

二叠系烃源岩持续以生成干气为主，雷口坡组烃源岩进入生气高峰，此时东西向构造挤压应力持续加大，造成川西拗陷沿应力方向出现明显的构造变形分异，导致了雷四上亚段油气成藏特征及成藏模式在不同构造单元的差异性。构造变形较强的龙门山前构造带彭州地区与广汉斜坡带马井地区发育一定规模的背斜构造圈闭，输导体系以深大跨层烃源断裂+层内裂缝为主，在接受雷口坡组自身烃源岩和下伏二叠系烃源岩生成的成熟-过成熟混源天然气大规模充注后，形成早期构造气藏；新场构造带构造变形相对较弱，发育构造-地层圈闭，输导体系模式为节理+小断层组成的接力式间接远源输导，圈闭主要接受雷口坡组自身成熟湿气充注，此外还能接受一定量的二叠系过成熟干气充注；而在拗陷东侧斜坡带构造变形较弱地区(如广汉斜坡带和绵阳斜坡带上部)，大规模隆起构造欠发育，圈闭类型以构造-地层圈闭和岩性圈闭为主，在缺少深大断裂条件下，天然气成藏运移主要通过不整合面+小断层的近源输导为主。

4. 燕山晚期至今气藏调整与最终定型

随着构造位置的迁移和构造形态的调整，川西雷四上亚段两种类型的早期气藏的成藏特征本质上没有发生改变，在继承原有地质特征基础上，早期圈闭中的天然气在后期构造变动过程中发生调整，再次向新的圈闭运移、聚集成藏。与此同时，由于埋藏深度持续增大，早期圈闭中聚集的湿气发生热裂解并逐渐转变为干气，最终形成现今川西雷四上亚段两种类型(构造气藏、构造-地层气藏)的纯干气气藏。

6.3.3 天然气成藏模式

根据川西地区实钻揭示，龙门山前构造带及马井地区的雷四上亚段气层主要分布在白云岩储层发育段，雷四段气藏圈闭受构造控制明显；而新场构造带和斜坡带受雷四上亚段尖灭影响，其雷四中、下亚段多套膏岩层向东可在斜坡带上部或鼻状构造带上部形成侧向“封隔带”，从而使构造-地层圈闭气藏受构造、地层双重地质因素控制。通过典型气藏解剖表明，雷四段气藏在川西拗陷不同构造单元的主力气源和输导体系类型存在一定差异，但总体均表现为多源混合供烃特征，以断层与裂缝(节理)为主的天然气输导体系是其成藏的显著特点，如新场构造带缺少大型跨层烃源断裂，主要发育节理+小断层输导体系，在为雷口坡组自身烃源岩生成油气运移进入雷四上亚段储层提供较好输导条件的同时还可一定程度沟通深部二叠系气源，因此，新场构造带雷四段天然气表现出混源气特征且以雷口坡组自身气源为主；而龙门山前带的彭州地区发育大型烃源断裂(彭县断层)，可有效沟通雷四段储层与深部二叠系烃源岩和雷口坡组自身烃源岩，因此，其雷四段天然气也表现出混源气特征，但以深部二叠系气源为主。可见，深大烃源断裂可以为川西拗陷雷口坡组潮坪相白云岩天然气成藏提供更为有利的充注条件，保证充足的气源供给。

总的来看，川西雷口坡组潮坪相碳酸盐岩成藏模式可概括为多源多期供烃、断层+裂缝或不整合复合输导、构造或构造-岩性(地层)控藏、早期干气充注成藏、晚期调整定型(图6.40)。

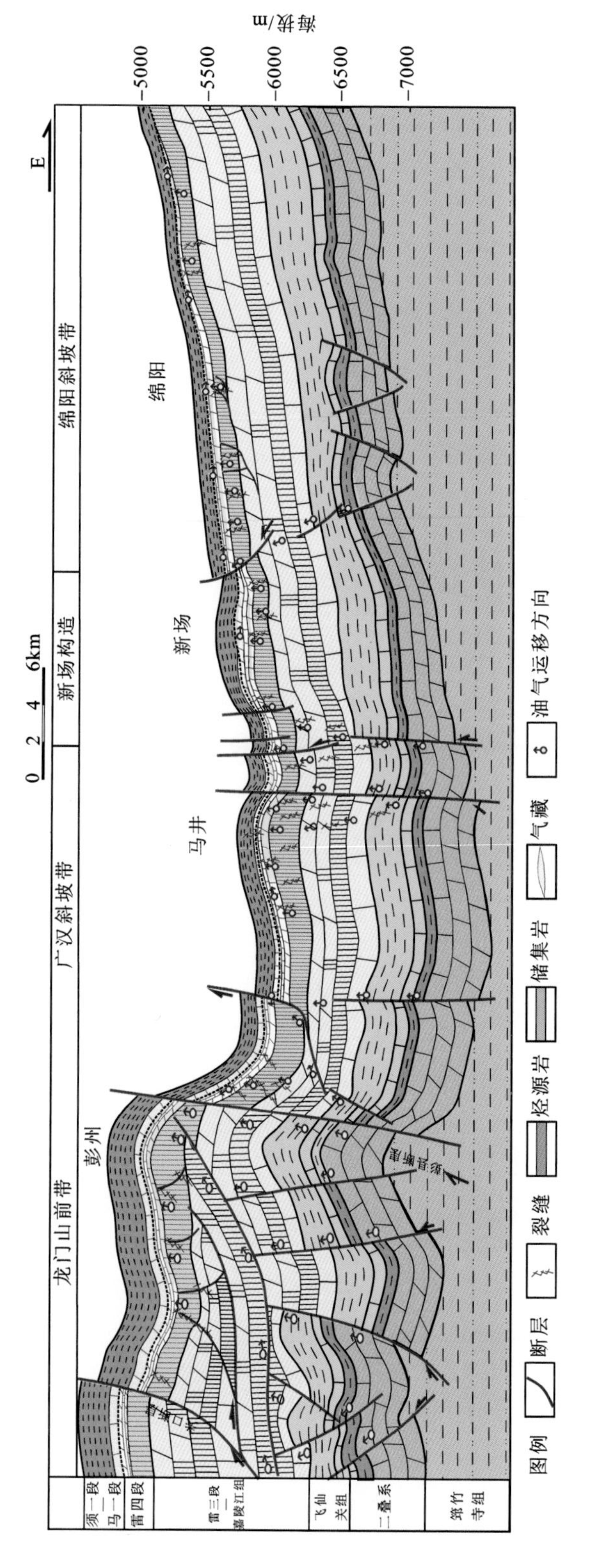

图 6.40　川西拗陷雷四段天然气成藏模式图

6.4　潮坪相碳酸盐岩大气田形成条件与富集

通过对川西雷口坡组油气成藏基础地质特征开展系统研究，结合典型气藏精细解剖，明确了潮坪相碳酸盐岩大气田形成的基本条件，即多源供烃提供了丰富物质基础，大规模白云岩孔隙型储层提供了充足储集空间，断裂、裂缝共同组成了高效输导体系，大型正向隆起带和斜坡带提供了规模聚集场所。

6.4.1　多源供烃提供了丰富物质基础

川西海相发育多套烃源岩，通过气源对比，雷四上亚段气藏气源主要来自二叠系和雷口坡组自身烃源岩。近年来，在“蒸发环境生烃”理论的支撑下，重新认识了川西雷口坡组生烃能力，提出川西雷口坡组处于强蒸发、高盐度、强还原沉积环境，发育一套厚 50～400m 的富藻碳酸盐岩高效烃源岩，转化率平均可达 24.7%；通过盆地模拟，雷口坡组烃源岩生烃强度达 15×10^8～$40\times10^8m^3/km^2$。因此，川西雷口坡组自身烃源岩具有良好的生烃潜力，为雷口坡组气藏的近源烃源岩。川西二叠系发育泥质烃源岩和碳酸盐岩烃源岩，厚度大(上二叠统泥质烃源岩厚 30～60m，中二叠统碳酸盐岩烃源岩厚 150～250m)，生烃强度分别达 16×10^8～$26\times10^8m^3/km^2$、30×10^8～$60\times10^8m^3/km^2$，生烃潜力大，它与雷口坡组自身烃源岩共同构成了雷四上亚段气藏的主力气源。除此之外，上三叠统马鞍塘组—小塘子组还发育一套泥质烃源岩，这套烃源岩在川西拗陷东部地区与雷四上亚段下储层段直接接触，在微断裂或裂缝的配合下，能够形成“上生下储”或“旁生侧储”的组合关系，其厚度为 50～200m，生烃强度为 5×10^8～$20\times10^8m^3/km^2$，可作为雷口坡组气藏烃源的有力补充。因此，二叠系、三叠系多套优质烃源岩为气藏的形成提供了重要的物质基础和资源保障。

6.4.2　大规模白云岩孔隙型储层提供了充足储集空间

川西地区雷四上亚段为潮坪相沉积，发育区域大面积分布的潮坪相白云岩孔隙型储层。据川西气田实钻揭示，雷四上亚段发育上、下两个储层段，其中，上储层段累计储层厚度为 0～35m，下储层段累计储层厚度为 35～78m。能形成如此大规模的储层主要有两个地质因素：一是潮坪沉积成岩环境形成了大规模区域分布的白云岩，同时有利于准同生期溶蚀，镜下观察大量未被完全胶结充填的早期选择性溶蚀孔隙现今保存为有效储集空间，为区域规模储层的形成奠定了基础；二是龙门山前构造带晚期埋藏溶蚀作用较强，进一步提高了储层的品质，镜下普遍可见埋藏期鞍形白云石被溶蚀、溶孔边缘见沥青浸染、沥青充填的白云石被再溶蚀等现象，均说明埋藏溶蚀作用对储层进行过改造，埋藏溶蚀性流体主要来源于雷口坡组自身烃源岩生烃演化过程中所产生的有机酸。

通过地球物理方法预测，雷四段储层在川西地区横向分布稳定，纵向连续性好，为川西雷口坡组潮坪相碳酸盐岩千亿立方米探明储量大气田的形成提供了充足储集空间。

6.4.3　断裂、裂缝共同组成了高效输导体系

川西地区已发现的金马—鸭子河雷四段气藏、新场雷四段气藏、马井雷四段气藏，无一例外在圈闭附近发育能够沟通下伏二叠系烃源岩的深大断裂。而不发育烃源断裂的钻井(如安阜 1 井、丰谷 1 井)虽然雷四段储层发育，但均为含气水层、水层或干层，一定程度上表明了烃源断裂对油气运移和供烃强度的控制。前已述及，川西雷口坡组具有多源供烃的特征，一是来自下伏的二叠系烃源岩，二是雷口坡组自身烃源岩，此外马鞍塘组—小塘子组烃源岩在斜坡带也有一定贡献。二叠系烃源岩品质好、生烃强度大，能够为雷四段天然气成藏提供充足气源；雷口坡组自身烃源岩虽有一定的发育，但从目前评价结果来看，其供烃能力不及二叠系烃源岩，如果仅由雷口坡组自身供烃，可能难以形成大规模的油气聚集。

通过三维地震资料的解释，凹陷-斜坡区除马井断层外，能够直接沟通源储的烃源断裂基本不发育。但从地震资料解释来看，凹陷-斜坡区雷口坡组以下地层断裂发育，而雷口坡组内部小型断裂也比较发育。深部断裂与雷口坡组内幕断裂可形成“接力式”油气运移通道为凹陷-斜坡区雷口坡组天然气成藏供烃。此外，根据储层薄片观察，川西雷四上亚段均有萤石、天青石、蛋白石等热液矿物组合的发育，表明雷四上亚段在成岩期后经受过热液的蚀变与改造，也说明深部热液不仅在垂向上运移，在横向上也有过大范围的运移，热液通道无疑也可作为油气运移的通道。但无论是“接力式”油气运移还是侧向运移，其供烃能力、运移范围与直接沟通烃源的断裂相比均存在着局限性和不确定性，这对于凹陷-斜坡带雷四段天然气成藏具有重要的控制作用。

通过构造平衡恢复分析，现今彭县断层虽然已断至地表，但其形成时间较早，自印支晚期—燕山中期龙门山一带冲断推覆开始就已经形成，后期与区域多期次构造活动相伴而演化发展。因此，该断层自印支晚期—燕山中期开始为雷口坡组油气运移成藏提供了重要的通道。同时，微量元素及稀土元素特征分析也证实雷四段气藏存在来自雷口坡组以下深部流体的影响，说明深部油气向上运移的通道是存在的。另外，该区受多期构造活动影响，形成了网状分布的微断裂和裂缝，它们共同组成了雷四上亚段天然气规模成藏必需的网状和面状高效输导体系。

6.4.4　大型正向隆起带和斜坡带提供了规模富集场所

龙门山前构造带自印支晚期开始就已经形成了一个大型正向隆起带，长期处于构造高部位，是油气聚集的指向区。海相烃源岩在印支晚期即达到生烃门限，且经历了多个生烃高峰。总体上，龙门山前构造带海相烃源岩生烃过程与构造形成匹配关系好，有利于油气聚集成藏，后期虽受多次冲断推覆，但该区始终保持为一大型正向构造面貌，局部构造圈闭未被破坏。在油气藏多期调整过程中仍然保留了一个规模聚集的场所，它为雷口坡组大型气藏形成并最终定型起到了重要作用。此外，新场构造带和斜坡带(广汉斜坡带和绵阳斜坡带)也是从印支晚期以来长期处于构造相对高部位，也是天然气运聚有利指向区。目前已

在新场构造带、广汉斜坡带马井地区、绵阳斜坡带永兴地区先后发现新深 1 井、马井 1 井、永兴 1 井等具有工业油气产能的雷口坡组气井，这充分表明现今大型正向隆起带和斜坡带是川西雷四上亚段潮坪相碳酸盐岩天然气富集成藏的重要控制因素，为天然气规模富集提供了有利场所。

6.5 川西雷口坡组潮坪相白云岩气藏富集区带

川西地区雷四上亚段潮坪相碳酸盐岩勘探成果丰硕，先后在此领域发现 4 个潮坪相白云岩气藏，其中川西气田(彭州地区)累计提交天然气探明储量超千亿立方米，也是川西龙门山前隐伏构造带发现的第一个千亿立方米大气田，开辟了新建产目标区。截至 2021 年底，新场、马井雷四段气藏，提交控制储量 700 多亿立方米，永兴雷四段气藏提交预测储量 100 多亿立方米，进一步展示了川西海相雷口坡组潮坪相碳酸盐岩巨大的油气勘探潜力。根据对潮坪相白云岩气藏形成条件及富集规律的认识，为了指导下步勘探，本节对富集区带进行了评价。

6.5.1 区带划分

1. 区带评价标准

根据前文所述分析，川西地区雷口坡组潮坪相碳酸盐岩气藏的形成不缺烃源岩，寻找新的气藏富集带应主要考虑输导体系、储集条件和构造条件；而优质储层发育是雷四段气藏形成的重要基础，烃源断裂发育的正向构造带及斜坡区高部位是成藏的有利区。

(1) 输导条件。通过气源对比和输导体系特征分析认为，川西地区雷四段成藏既有近源烃源岩供烃，也有远源烃源岩供烃。例如，川西气田雷四上亚段气藏发育重要的烃源断裂——彭县断层，马井雷四上亚段气藏也发育有烃源断裂——马井断层，其不但是本区网状疏导体系的重要组成部分，也有利于沟通下伏二叠系海相烃源岩，是油气运移的重要通道，为气藏的成藏起到重要的输导作用；安阜 1 井处于广汉斜坡南部崇州地区，实钻揭示雷四上亚段储层发育，但烃源断裂不发育，构造位置较低，测井解释雷四上亚段储层为含气水层及水层；丰谷 1 井处于新场构造带丰谷构造，烃源断裂不发育，雷四中亚段储层夹在膏盐岩中，油气输导、充注不利，雷口坡组未钻揭气显示。烃源断裂越发育的区域，则气藏规模或钻井的单井产能明显要高。例如，位于通源断裂(马井断层)附近的马井 1 井获工业产能，而与通源断裂(马井断层)距离约 20km 的都深 1 井仅见良好显示。因此认为，输导条件是区内雷口坡组四段成藏的关键性控制因素之一。

(2) 储集条件。储集条件是川西雷口坡组潮坪相碳酸盐岩油气成藏的主控因素之一。区内雷口坡组四段碳酸盐岩储层的储集空间多发育于结晶晶粒及与藻相关的白云岩中，而晶粒岩及藻白云岩的发育则受沉积成岩背景控制，藻云坪、云坪及台内滩相有利于储层发育。从川西地区雷四段储层厚度与已知气藏规模的统计情况来看，储层厚度与气藏的规模表现出较好的正相关性，储层厚度越大对应的气藏规模也就越大。例如，川西气田(彭州地区)雷四段气藏的储层累计厚度为 70～100m，Ⅰ+Ⅱ类储层厚为 23～77m，其天然气探明储量为 $1140\times10^8m^3$；新场雷四段气藏的储层累计厚度为 30～73m，以Ⅱ、Ⅲ类储层为主，其天然气控制储量为$652\times10^8m^3$；而马井雷四段气藏的储层累计厚度为65～68m，以Ⅲ类储层为主，夹Ⅱ类储层，其天然气控制储量为$120\times10^8m^3$；永兴雷四段气藏的储层厚度为 8～58m，以Ⅲ类储层为主，其天然气预测储量为 $135\times10^8m^3$。

(3)构造条件。构造条件是区带评价中重点考虑的地质条件之一，构造区带的形成演化控制油气的运聚、成藏、调整乃至破坏。前期勘探和研究表明，川西海相已发现的大、中型气田及气藏、含气构造大多位于印支期、燕山期隆起带或斜坡带上，显示出古、今正向构造背景对油气成藏具有重要的控制作用。例如，川西气田(彭州地区)雷四段气藏、新场雷四段气藏位于燕山期形成的大型正向构造单元内，发展至现今龙门山前构造带、新场构造带构造位置高，有利于油气聚集成藏；川西气田雷四段气藏，彭州 1 井和鸭深 1 井位于金马—鸭子河构造的高部位，分别测获 $121\times10^4m^3/d$、$49\times10^4m^3/d$ 高产工业气流；新场雷四段气藏构造高部位的川科 1 井和新深 1 井高产，而构造低部位的孝深 1 井则基本不产气，而以产水为主；因此认为，构造条件是成藏的关键性控制因素之一。

根据本区的输导条件、储集条件、构造条件等实际情况，建立了川西探区雷口坡组四段区带评价标准(表 6.7)，对于川西雷口坡组四段气藏而言，优质储层是气藏发育基础，输导条件和构造条件是成藏的关键性控制因素。因此，在潮坪相白云岩类储层广泛分布的前提下，烃源断裂及裂缝发育+大型正向隆起带为Ⅰ类区；靠近烃源断裂且裂缝发育+大型构造斜坡带为Ⅱ类区；烃源断裂及裂缝欠发育+构造斜坡带为Ⅲ类区。

表 6.7　川西探区雷口坡组四段区带评价标准表

区带分类 评价单因素	Ⅰ类区	Ⅱ类区	Ⅲ类区
输导条件	烃源断裂及裂缝发育，有效沟通了近源及远源烃源岩	裂缝发育，与烃源断裂距离小于 20km，能沟通近源及远源烃源岩	烃源断裂及裂缝欠发育，与烃源岩沟通较差
储集条件	白云岩类储层厚度＞60m，Ⅱ类储层厚度＞20m，分布稳定	白云岩类储层厚度＞40m，Ⅱ类储层厚度 10～20m，分布较稳定	白云岩类储层厚度＞30m，以Ⅲ类储层为主
构造条件	位于大型正向隆起带，构造圈闭发育，源-储匹配好	位于大型构造斜坡带，局部发育构造圈闭，以构造-岩性/地层、岩性圈闭为主，源-储匹配较好	位于构造斜坡带，构造圈闭不发育，以岩性圈闭为主，源-储匹配较差
勘探成效	好，有大中型气藏	较好，有中小型气藏或工业气流井	一般或差，有良好气显示或有一定气显示

2. 有利区带分布

川西拗陷区内的大型正向隆起带白云岩类储层发育厚度大且分布稳定，烃源断裂及裂缝发育、可有效沟通近源及远源烃源岩，源-储匹配好，以发育构造气藏或构造-地层气藏为主；斜坡带白云岩类储层发育厚度减薄，非均质性增强，烃源断裂总体欠发育，源-

储匹配有利程度降低，以发育构造-地层或岩性气藏为主。综合评价Ⅰ类(有利)区带主要分布在龙门山前带雷四段潮坪相白云岩带、新场构造带雷四段潮坪相白云岩带、广汉斜坡带马井构造雷四段潮坪相白云岩带，Ⅱ类(较有利)区带主要分布于广汉斜坡带雷四段潮坪相白云岩带、绵阳斜坡带雷四段潮坪相白云岩带(图6.41)。

6.5.2　区带评价

1. 龙门山前带雷四段潮坪相白云岩带

该区带处于川西拗陷西缘龙门山前构造带中段。位于二叠系(龙潭组)烃源岩、雷口坡组烃源岩生烃中心，不整合面、深大断裂(彭县断层)及裂缝能有效沟通近源及远源烃源岩，输导条件优越；发育雷四上亚段潮坪相白云岩溶蚀孔隙储层，累计厚度70～100m，以Ⅱ～Ⅲ类储层为主，储集条件良好；发育石羊镇、金马、鸭子河、白鹿场、石板滩等大、中型局部构造圈闭，圈闭条件好；发育的马鞍塘组二段及小塘子组泥质岩可作为雷四上亚段储层的直接盖层，实钻证实保存条件良好；已发现川西气田(彭州地区)雷四段大气藏，综合评价龙门山前带雷四段潮坪相白云岩带为Ⅰ类(有利)区带(图6.41)，其中石板滩构造、白鹿场构造是实现龙门山前雷口坡组四段油气勘探进一步拓展的重要目标。

2. 新场构造带雷四段潮坪相白云岩带

该区带位于川西拗陷中部新场构造带西段，处于川西雷口坡组烃源岩生烃中心，发育雷口坡组内部小断裂及裂缝能有效沟通近源烃源岩，而且马鞍塘组—小塘子组烃源岩也可通过侧向和直接接触供烃，输导烃源条件良好；发育雷四上亚段溶蚀孔隙型储层，累计厚度为30～73m，以Ⅱ～Ⅲ类储层为主，储集条件良好；发育新场大型局部构造圈闭，并且与雷四上亚段尖灭带叠合能形成构造-地层圈闭，圈闭条件优越；发育的马鞍塘组二段及小塘子组泥质岩可作为雷四上亚段储层的直接盖层，断裂未通至地表，保存条件好；已发现新场雷四段气藏，综合评价新场构造带雷四段潮坪相白云岩带为Ⅰ类(有利)区带(图6.41)。

3. 广汉斜坡带马井构造雷四段潮坪相白云岩带

该区带位于川西拗陷中部广汉斜坡带马井构造，位于二叠系(龙潭组)烃源拗陷及雷口坡组烃源岩生烃中心，发育马井烃源断裂，雷口坡组内部小断裂及裂缝能有效沟通近源及远源烃源岩，输导条件良好；发育雷四上亚段规模溶蚀孔隙型储层，累计厚度为65～68m，以Ⅲ类储层为主，夹Ⅱ类储层，储集条件良好；发育马井中型局部构造圈闭，马井构造形成时间早(印支晚期)，有利于油气运聚成藏，圈闭条件良好；发育的马鞍塘组二段及小塘子组泥质岩可作为雷四上亚段储层的直接盖层，实钻证实保存条件良好；已发现马井雷四段气藏，综合评价广汉斜坡带马井构造雷四段潮坪相白云岩带为Ⅰ类(有利)区带(图6.41)。

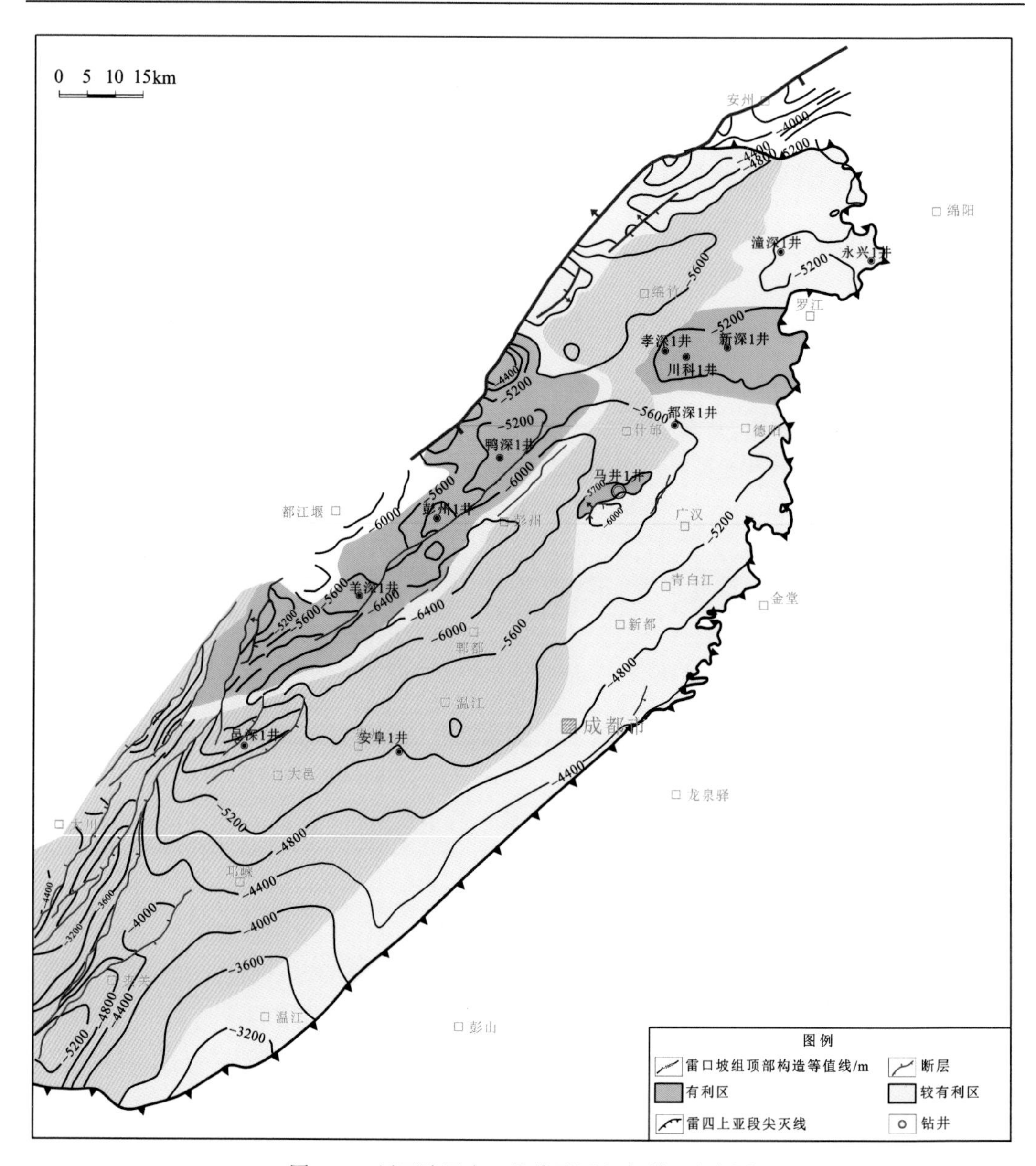

图 6.41　川西地区中三叠统雷四段有利区分布图

4. 广汉斜坡带雷四段潮坪相白云岩带

该区带位于川西拗陷中部马井构造以东，紧邻二叠系、雷口坡组生烃中心，西侧马井构造南东翼发育较大烃源断裂(马井烃源断裂)，同时发育雷口坡组层内小断裂及裂缝，可以作为深部二叠系烃源岩、雷口坡组自身烃源岩及马鞍塘组—小塘子组烃源岩生成油气的有利运移通道，输导条件较好；发育雷四上亚段潮坪相白云岩溶蚀孔隙型储层，储层累计厚度为0～50m，由西向东减薄尖灭，以III类储层为主，夹少量II类储层，与相邻的新场和马井地区相比，储集条件稍差；区内雷四上亚段沉积微相变化大，藻白云岩局部富集，有利于形成岩性圈闭，地震预测斜坡带发育多个大型储集体，并且自印支晚期以来长期为大斜坡背景，较有利于油气运聚成藏，圈闭条件较好；发育的马鞍塘组二段及小塘子组泥质岩可作为雷四上亚段储层的直接盖层，断裂不发育，保存条件好；都深 1 井在雷四上亚段见良好显示，邻区已发现马井雷四段气藏，综合评价广汉斜坡带雷四段潮坪相白云岩带为Ⅱ类(较有利)区带(图 6.41)，是下步勘探突破重点区带。

5. 绵阳斜坡带雷四段潮坪相白云岩带

该区带位于川西拗陷北部绵阳斜坡带中部，靠近川西雷口坡组烃源岩生烃中心，发育雷口坡组内部小断裂及裂缝能有效沟通自身烃源岩，而且在斜坡构造背景下的马鞍塘组—小塘子组烃源岩也可通过侧向和直接接触供烃，输导条件较好；发育雷四上亚段潮坪相白云岩溶蚀孔隙型储层，厚度在东西向变化较大，厚度 8～58m，以Ⅲ类储层为主，储集条件较好；现今雷口坡组顶构造格局整体表现为由西向东逐渐升高的大斜坡，发育构造、构造-地层圈闭 3 个，总面积约 180km^2，并且自印支晚期以来长期为大斜坡背景，较有利于油气运聚成藏，圈闭条件较好；发育的马鞍塘组二段及小塘子组泥质岩可作为雷四上亚段储层的直接盖层，断裂不发育，保存条件好；已发现永兴雷四段气藏，综合评价绵阳斜坡带雷四段潮坪相白云岩带为Ⅱ类(较有利)区带(图 6.41)，是川西雷口坡组四段油气勘探进一步拓展的重要区带。

第7章　勘探成果与启示

川西雷口坡组潮坪相碳酸盐岩大气田的发现不仅是中国石化大力实施勘探的结果，也是潮坪相碳酸盐岩成储、成藏新认识应用和实践的重要成果，突破了前期四川盆地海相碳酸盐岩以“礁滩型”和“岩溶型”为主的找矿思路，实现了从碳酸盐岩台缘高能相带到中-低能潮坪相带勘探的拓展，为我国海相碳酸盐岩油气勘探提供了新的领域，对促进碳酸盐岩天然气勘探具有重要意义。

7.1　理论成果

碳酸盐岩潮坪相沉积作为海相沉积的一个重要组成部分，广泛发育于古-中生代海相地层中。通过十余年的持续研究和勘探实践，地质评价主要在潮坪相沉积、成储、成烃及成藏方面取得了重要认识。

7.1.1　揭示了潮坪相碳酸盐岩储层形成机制

1. 建立川西雷口坡组潮坪沉积模式

通过对中三叠统雷口坡组局限-蒸发台地构造-沉积演化过程研究，提出“泸州—开江古隆起”渐进式隆升过程与周缘古隆起联合控制了四川盆地中三叠统雷口坡组潮坪-潟湖沉积体系，龙门山前雷口坡组沉积晚期以潮坪相沉积为主，建立了“高频沉积旋回叠加、云坪-藻云坪广泛分布”的潮坪沉积模式，指出纵向交互叠置、横向广泛分布的云坪、藻云坪是有利的储集微相，具备大规模白云岩储层发育的条件。突破了碳酸盐岩规模有利储集相带主要沿台地边缘分布的认识，拓展了勘探领域。实钻证实川西雷口坡组四段上亚段发育厚80～120m的云坪、藻云坪晶粒白云岩、含藻白云岩，分布广泛。

2. 揭示了潮坪相碳酸盐岩成储机制

通过岩石学、主微量元素、碳氧同位素及成岩孔隙演化研究，揭示了潮坪相白云岩优质孔隙型储层形成机理：潮坪相带广泛发育的云坪、藻云坪白云岩为储层的发育和广泛分布奠定了重要岩性基础，“米级”沉积旋回控制下的准同生期大气淡水溶蚀是储层形成的关键，后期埋藏过程中经烃源岩热演化产生的有机酸溶蚀进一步提高了储层的品质。结合沉积特征和物性分析，提出该套储层在川西地区具有横向连片分布、纵向薄互层状叠置、非均质性强的特征。由此建立了川西雷口坡组潮坪相碳酸盐岩“(藻)云坪+准同生溶蚀+埋藏溶蚀”的叠加成储模式，为潮坪相储层预测奠定了理论基础。通过实钻证实，潮坪相白云岩储层在川西地区广泛分布，最厚可达 110m。该认识的提出突破了四川盆地雷口坡组不发育规模储层的认识禁锢，使碳酸盐岩油气勘探有利储集相带由高能礁滩相沉积区拓展到中-低能潮坪相沉积区。

7.1.2　形成潮坪相碳酸盐岩油气成藏新认识

1. 提出雷口坡组自身发育与膏盐岩相伴生的烃源岩

有机地球化学研究发现，雷口坡组发育一套与膏盐岩伴生的暗色碳酸盐岩烃源岩，该套烃源岩形成于生物生产力较高、水动力较弱、海水循环受限、盐度较高、沉积速率较低的潟湖沉积环境。该套烃源岩由于均处于过成熟演化阶段(R_o>2.1%)，采用常规方法测试 TOC 值为 0.3%～0.6%，采用有机酸盐测试法 TOC 值增幅为 1.87%～193.30%；烃源岩有机质显微组分中常见固体沥青和超微组分，有机质类型指数 TI 为 12.5%～98.03%，主要为 II_1～II_2 型有机质，生烃强度为 4×10^8～$10\times10^8\text{m}^3/\text{km}^2$，为雷口坡组成藏提供了近源烃源岩。该套烃源岩与二叠系烃源岩一起为雷口坡组成藏提供了丰富的物质基础。

气源对比证实，龙门山前雷口坡组天然气为混源气，气源主要来自二叠系区域烃源岩和雷口坡组自身。

2. 建立潮坪相碳酸盐岩油气成藏模式

通过露头、岩心观察、热液矿物分析和地震剖面精细解释，发现断至二叠系的深大断裂及雷口坡组层间小断裂、裂缝共同构成了网状输导体系，为烃源运移成藏提供了高效通道。

构造演化、地层展布研究表明，中三叠统雷口坡组雷四上亚段由西向东逐渐减薄尖灭，雷口坡组顶面表现为“两隆、两凹、两斜坡”的构造格局，在此背景下，形成了构造型和构造-地层复合型两种类型的圈闭，构造圈闭发育于正向构造带，构造-地层复合圈闭主要发育于与雷四上亚段尖灭相关的构造斜坡区，为雷口坡组油气聚集成藏提供了场所，控制了雷口坡组气藏成藏规模，而正向构造带及构造斜坡区是成藏富集的有利区。其成藏模式为：“多源多期供烃，断层+裂缝或不整合复合输导，构造或构造-岩性(地层)控藏，早期干气充注成藏，晚期调整定型”。

7.2　油 气 成 果

历经十余年的勘探实践，川西超深层潮坪相白云岩天然气勘探发现了第一个超千亿立方米的潮坪相白云岩大气田——川西气田，外围新场、马井及永兴雷口坡组气藏也先后被发现，使川西地区天然气勘探开发由陆相转变为海陆并举，拓宽了勘探开发领域。

7.2.1　发现了川西潮坪相白云岩大气田

龙门山前构造带的勘探始于 2012 年，自风险探井——彭州 1 井起，勘探阶段先后实施了 3 批共 6 口钻井，直到 2020 年底，历经 8 年时间，实现了由目标优选、勘探突破到气藏的整体探明。

在前述理论认识的指导下，结合部分开发评价的钻探效果，于 2018 年和 2020 年分两次提交了川西大型酸性气田探明储量，并通过了自然资源部审查，共计新增含气面积 165.74km^2，天然气探明地质储量 1140.11$\times10^8m^3$，技术可采储量 539.06$\times10^8m^3$，成为中国石化在四川盆地的第三大海相气田。川西千亿立方米级酸性大气田的发现，引起了国内主流媒体的广泛报道和社会各界的高度关注，2021 年被自然资源部评选为“找矿突破战略行动优秀找矿成果”。

川西气田采用一台多井的井工厂模式实施大斜度开发井，按照“分散建站、钻采净化同平台集成开发”建产新模式，计划新建产能近 20$\times10^8m^3/a$。截至 2022 年 10 月，第一、第二轮 17 口开发井已全部完钻，测试 16 口井，平均无阻流量 153$\times10^4m^3/d$，气田已于 2023 年底全面建成，将促进川西地区天然气产量大幅增长。

7.2.2　发现了新场、马井和永兴气藏

新场构造带是川西海相油气勘探最早突破的区带，但由于气水关系复杂，勘探节奏放缓，2016 年提交控制储量 652.02$\times10^8m^3$。2020 年，在构造高部位部署实施开发井新深 101D 井、新深 102D 井，经测试均获得了高产工业气流，证实新场雷口坡组气藏具有较大的开发潜力。2021 年，为了进一步弄清气藏类型及气藏规模，支撑气藏的整体探明，在构造翼部新部署实施了新深 105 井、新深 106 井，截至 2022 年 10 月，两口井均钻揭了厚大白云岩储层，气显示较好，有望形成一个新的建产阵地。

马井构造是广汉斜坡带一个独立的局部构造。2017 年，马井 1 井测获工业气流；2018 年在构造翼部实施了马井 112 井，揭示了气藏气水边界及含气范围，提交控制储量 115$\times10^8m^3$；2021 年转入开发阶段，并部署实施了马井 1-1H 井。

斜坡带是否具备油气成藏的条件，一直存在较大争议。2021 年，在绵阳斜坡带永兴地区部署实施的永兴 1 井钻揭储层仅残余 8.8m，测试获气 11.11$\times10^4m^3/d$，同年提交该井区天然气预测储量 135$\times10^8m^3$，首次实现了川西斜坡带海相勘探的重大突破，对推动斜坡带勘探具有重要意义。

针对川西潮坪相领域的勘探仍然在持续，相信后续还会有更多的储量被发现。

7.3　勘 探 启 示

川西地区雷口坡组潮坪相碳酸盐岩气藏的发现历程是一部艰辛探索史，从追索台缘相带，到不整合岩溶，最终锁定雷四段潮坪相碳酸盐岩薄互层储层，一路走来，道路坎坷，勘探工作者面对勘探中新的难题，在敢于探索新问题、研究新问题和解决新问题中实现了新的勘探突破。其研究思路、勘探方法技术、经验教训对四川盆地海相勘探具有重要的借鉴意义。

7.3.1　坚定信心、勇于探索是勘探突破的前提

四川盆地海相碳酸盐岩的勘探方向以寻找“礁滩型”气藏和“岩溶型”气藏为主要目标，而潮坪相白云岩的研究及勘探一直没有取得大的成果。从2006年中国石化西南油气分公司组织对川西海相开展新一轮的研究和勘探起，到2020年川西潮坪相大气田探明为止，前后经历了15年。历经如此长的时间，一方面是由于海相钻井周期长，H_2S含量高，工程难度大；另一方面是因为在此期间勘探思路上经历了三次重大转变，第一次为探索川西中下三叠统台地边缘礁滩相气藏，第二次为探索印支期不整合面碳酸盐岩岩溶型气藏，第三次为寻找雷口坡组潮坪相白云岩气藏，加上在勘探过程中部分钻井失利，表现出复杂的成藏特征，可发现的气藏规模不明。但一直以来，始终坚定“川西海相一定会发现大中型气田”的信心，始终坚持在争议中不断深入研究和部署、勇于探索新区带，始终坚持推动勘探工作不断深入。

7.3.2　强化研究、夯实基础是勘探突破的基石

1. 强化烃源岩研究，明确雷四气藏为多源供烃

前期研究认为，川西雷口坡组烃源岩TOC含量低，本身生烃有限；雷口坡组与二叠系烃源岩之间相隔上千米海相地层，距下伏二叠系烃源岩较远；中下三叠统嘉陵江组—雷口坡组内部还发育厚达300～400m的膏盐岩层阻隔。受这些因素的影响，早期认为，雷口坡组可能烃源不足。

新一轮研究在“蒸发环境生烃”理论的支撑下，重新认识了川西雷口坡组生烃能力，提出川西雷口坡组强蒸发、高盐度、强还原沉积环境发育一套富藻碳酸盐岩高效烃源岩，可以为雷口坡组成藏提供良好的近源烃源岩条件；认识到除雷口坡组自身烃源岩发育之外，川西二叠系及马鞍组—小塘子组还发育碳酸盐岩和泥质烃源岩，厚度大，生烃潜力大，它们是雷口坡组气藏烃源的有力补充。气源对比证实，雷口坡组四段气藏的天然气为混源气，主要来自二叠系和雷口坡组自身，气源充足。

2. 强化沉积储层研究，明确雷口坡组发育规模储层

前期钻井钻揭，四川盆地内雷口坡组储层厚度薄，规模小，分布不稳定，未找到规模岩溶储层或滩相孔隙型储层，如川中磨溪一带，雷一段储层累计厚仅10余米，川西北中坝地区雷三段储层累计厚度虽可达70余米，但分布局限。同时，当时通过研究还认为，受印支早期构造运动影响，川西地区处于古岩溶下斜坡区，中三叠统雷口坡组顶为弱暴露不整合面，表生岩溶作用弱，甚至在雷口坡组之上还可能存在连续沉积的天井山组，不利于形成大规模风化壳岩溶型储层。因此早期认为，雷口坡组无规模储层发育。

新一轮研究从地层对比分析入手，强化了地层沉积特征研究，明确了川西雷四段残留地层厚度大，覆盖全探区。此外，雷四段上亚段以碳酸盐岩潮坪沉积为主，准同生期

白云岩化和溶蚀作用形成了纵向薄互层叠置、横向连片分布的白云岩孔隙型储层，累计厚度大、物性好，具备形成规模气藏的基础。通过勘探实践，进一步证实了川西雷口坡组发育规模储层，并确立了雷口坡组是当时川西海相最重要的勘探层系。

7.3.3 冲破禁锢、创新技术是勘探突破的关键

1. 冲破四川盆地雷口坡组无规模气藏的禁锢

四川盆地雷口坡组的勘探之前曾经过四五十年的努力，仅发现了以中坝(探明储量约 $86.3\times10^8m^3$)、磨溪(探明储量约 $253.87\times10^8m^3$)为代表的少量中小型气藏，全盆地未找到成规模的大型气藏或气田群。对于川西地区而言，早在二十世纪八九十年代，在新场构造带和龙门山前鸭子河构造带上就有针对陆相实施的多口钻井已钻至上三叠统小塘子组、马鞍塘组，当时若再向深部多钻进 300～400m，即可揭开雷口坡组气藏。但限于当时认为川西雷口坡组气源不足、无规模储层及龙门山前构造带保存条件差等，形成了雷口坡组无规模气藏发育的认识禁锢，导致雷口坡组的勘探重大发现推迟了近 30 年。新一轮勘探通过开展油气地质条件研究和探索，在新场构造带首先实现了勘探突破，之后通过强化基础研究，大胆区域甩开，“上山下坡”，勇于探索龙门山前带及南、北两个斜坡带，不仅取得了新区带的突破，还冲破了四川盆地雷口坡组无规模气藏的禁锢，实现了油气勘探重大发现。

2. 创建超深层潮坪相白云岩储层预测技术体系

潮坪相白云岩储层与礁滩相储层一样，都属于“相控型”白云岩储层。不同的是，礁滩相储层是高能沉积背景下形成的厚大、块状储层，其分布受礁滩体展布控制，勘探阶段，礁滩相储层预测的关键是对礁滩体的识别，在地震剖面上，礁滩体往往表现出“丘状外形、内部杂乱”的反射特征；潮坪相白云岩储层为中-低能沉积背景下“千层饼”式的薄互储层，受云坪、藻云坪微相和高频沉积旋回双重控制，储层具有层状连片分布、纵向多层叠置的特点，在地震剖面上与稳定沉积的地质体一样，为平行、连续的反射特征，与围岩很难区分，所以其识别难度更大。

通过反复研究和勘探实践，发现川西雷四段潮坪相白云岩储层具有复合相位特征，但上、下储层无法分开。为了更好地刻画储层展布，创建了“拓频+反演”为核心的储层预测技术，拓频处理后，有效还原了地震内部信息，并能将上、下储层段分开，能有效预测雷四上、下储层段展布。同时，在拓频处理的基础上进行波阻抗反演，明确上储层以中高阻抗为主，下储层以低阻抗为主，运用阻抗差值可定量预测储层展布。利用“拓频+反演”储层预测技术，实现了勘探阶段雷口坡组储层精细预测，有效指导了勘探部署，还利用该项技术准确指导了勘探井的钻井取心工作，取得了很好的效果。勘探突破以后，针对“三复杂”(复杂地表、复杂构造、复杂储层)地质条件下的强非均质性潮坪相白云岩储层关键地球物理预测技术难题，紧密围绕“三高三保一精确”目标处理、非均质储层高精度表征、多尺度裂缝预测、超深层碳酸盐岩含气性预测等关键技

术，持续攻关，不断创新，形成了四大技术系列 20 余项核心技术，从而建立了超深层潮坪相白云岩储层预测技术体系。

3. 形成超深层高含硫气藏高效钻完井关键技术

勘探阶段，对于雷口坡组气藏钻井的测试，早期采用小型酸化，使用胶凝酸酸液体系，以解堵作为主要目的。例如，新深 1 井，上、下两个测试段的胶凝酸酸化规模分别仅为 280m^3 和 160m^3。随着勘探深入，发展为大型酸压，技术得到不断完善、针对性加强，形成了深度酸压和暂堵酸化工艺体系。深度酸压技术，能有效沟通天然裂缝；暂堵酸化技术，实现了均匀布酸。该套工艺技术成功应用于彭州 1 井、鸭深 1 井和羊深 1 井，其中，彭州 1 井和鸭深 1 井采用多级暂堵酸压，酸压规模分别为 950m^3、1050m^3，羊深 1 井采用胶凝酸+降阻水复合酸压，酸压规模为 810m^3，三口井均取得了较好的增产效果。

勘探突破后，又集成预弯曲钻具防斜打快、复合盐强抑制钻井液防塌、坚硬致密地层提速等工艺，攻关形成了超深大斜度井三开制安全优快钻井技术；创新“五位一体”一趟管柱完井测试投产及单段多点复合深度酸压工艺，实现了超深非均质低渗致密含硫气藏的高效降破、高压施工、立体改造、安全投产一体化作业。

参 考 文 献

卞从胜，汪泽成，江青春，等，2019. 四川盆地川西地区雷口坡组岩溶储层特征与分布[J]. 中国石油勘探，24(1)：82-94.

陈安清，杨帅，陈洪德，等，2017. 陆表海台地沉积充填模式及内克拉通碳酸盐岩勘探新启示[J]. 岩石学报，33(4)：1243-1256.

陈建平，梁狄刚，张水昌，等，2012. 中国古生界海相烃源岩生烃潜力评价标准与方法[J]. 地质学报，86(7)：1132-1142.

陈建平，梁狄刚，张水昌，等，2013. 泥岩/页岩：中国元古宙—古生代海相沉积盆地主要烃源岩[J]. 地质学报，87(7)：905-921.

陈荣坤，1994. 稳定氧碳同位素在碳酸盐岩成岩环境研究中的应用[J]. 沉积学报，12(4)：11-21.

陈社发，邓起东，赵小麟，等，1994. 龙门山中段推覆构造带及相关构造的演化历史和变形机制(二)[J]. 地震地质，16(4)：413-421.

陈伟，杨克明，李书兵，等，2009. 龙门山南段山前印支晚期隐伏生长褶皱的构造几何模拟与分析[J]. 科学通报，54(3)：382-386.

陈迎宾，胡烨，王彦青，等，2016. 大邑构造雷口坡组四段天然气成藏条件[J]. 特种油气藏，23(3)：25-29，152.

陈迎宾，吴小奇，杨俊，等，2021. 川西气田雷口坡组雷四^{3}亚段气藏动态成藏过程[J]. 天然气地球科学，32(11)：1656-1663.

陈昱林，曾焱，吴亚军，等，2018. 川西雷口坡组气藏储层类型及孔隙结构特征[J]. 断块油气田，25(3)：284-289.

戴金星，裴锡古，戚厚发，1992. 中国天然气地质学(卷一)[M]. 北京：石油工业出版社.

邓康龄，2007. 龙门山构造带印支期构造递进变形与变形时序[J]. 石油与天然气地质，28(4)：485-490.

范菊芬，2009. 川西坳陷雷口坡组气藏勘探远景区预测[J]. 石油物探，48(4)：18，417-424.

丰国秀，陈盛吉，1988. 岩石中沥青反射率与镜质体反射率之间的关系[J]. 天然气工业，8(3)：7，20-25.

郭春涛，陈继福，2019. 塔里木盆地古城地区蓬莱坝组白云岩稀土元素地球化学特征及其指示意义[J]. 海洋地质与第四纪地质，39(4)：66-74.

郭彤楼，2019. 元坝气田成藏条件及勘探开发关键技术[J]. 石油学报，40(6)：748-760.

郭正吾，邓康龄，韩永辉，等，1996. 四川盆地形成与演化[M]. 北京：地质出版社.

何登发，贾承造，周新源，等，2005. 多旋回叠合盆地构造控油原理[J]. 石油学报，26(3)：1-9.

何登发，李德生，张国伟，等，2011. 四川多旋回叠合盆地的形成与演化[J]. 地质科学，46(3)：589-606.

何登发，马永生，蔡勋育，等，2017. 中国西部海相盆地地质结构控制油气分布的比较研究[J]. 岩石学报，33(4)：1037-1057.

何江，冯春强，马岚，等，2015. 风化壳古岩溶型碳酸盐岩储层成岩作用与成岩相[J]. 石油实验地质，37(1)：8-16.

何治亮，高志前，张军涛，等，2014. 层序界面类型及其对优质碳酸盐岩储层形成与分布的控制[J]. 石油与天然气地质，35(6)：853-859.

胡烨，陈迎宾，王彦青，等，2018. 川西坳陷回龙构造雷口坡组天然气成藏条件[J]. 特种油气藏，25(1)：46-51.

黄汲清，陈炳蔚，1987. 中国及邻区特提斯海的演化[M]. 北京：地质出版社.
黄籍中，1984. 四川盆地阳新灰岩生油气问题探讨[J]. 石油学报，5(1)：9-18.
黄籍中，吕宗刚，2011. 碳酸盐岩烃源岩判识与实践：以四川盆地为例[J]. 海相油气地质，16(3)：8-14.
黄擎宇，刘迪，叶宁，等，2013. 塔里木盆地寒武系白云岩储层特征及成岩作用[J]. 东北石油大学学报，37(6)：9，63-74.
贾小乐，何登发，童晓光，等，2011. 全球大油气田分布特征[J]. 中国石油勘探，16(3)：1-7.
江青春，胡素云，汪泽成，等，2012. 四川盆地茅口组风化壳岩溶古地貌及勘探选区[J]. 石油学报，33(6)：949-960.
江文剑，侯明才，邢凤存，等，2016. 川东南地区娄山关群白云岩稀土元素特征及其意义[J]. 石油与天然气地质，37(4)：473-482.
李宏涛，胡向阳，史云清，等，2017. 四川盆地川西坳陷龙门山前雷口坡组四段气藏层序划分及储层发育控制因素[J]. 石油与天然气地质，38(4)：753-763.
李建忠，陶小晚，白斌，等，2021. 中国海相超深层油气地质条件、成藏演化及有利勘探方向[J]. 石油勘探与开发，48(1)：52-67.
李剑，李志生，王晓波，等，2017. 多元天然气成因判识新指标及图版[J]. 石油勘探与开发，44(4)：503-512.
李凌，谭秀成，丁熊，等，2011. 四川盆地雷口坡组台内滩与台缘滩沉积特征差异及对储层的控制[J]. 石油学报，32(1)：70-76.
李蓉，胡昊，许国明，等，2017. 四川盆地西部坳陷雷四上亚段白云岩化作用对储集层的影响[J]. 新疆石油地质，38(2)：149-154.
李蓉，隆轲，宋晓波，等，2016a. 川西拗陷雷四 ^{3} 亚段高频层序特征及控制因素[J]. 成都理工大学学报(自然科学版)，43(5)：582-590.
李蓉，许国明，宋晓波，等，2016b. 川西坳陷雷四 ^{3} 亚段储层控制因素及孔隙演化特征[J]. 东北石油大学学报，40(5)：8，63-74.
李书兵，陈昭国，陈洪德，等，2005. 龙门山前缘油气地质特征及有利勘探区块评价[R]. 成都：中国石化集团西南石油局有限公司.
李书兵，陈伟，简高明，等，2006a. 龙门山前中段地震剖面的构造分析[J]. 西南石油学院学报，28(2)：6，20-24.
李书兵，罗啸泉，陈洪德，等，2006b. 川西龙门山造山带雷口坡组天然气勘探前景[C]//第二届中国石油地质年会——中国油气勘探潜力及可持续发展论文集. 北京：中国石油学会石油地质专业委员会，中国地质学会石油地质专业委员会.
李书兵，许国明，宋晓波，2016. 川西龙门山前构造带彭州雷口坡组大型气田的形成条件[J]. 中国石油勘探，21(3)：74-82.
李岩峰，曲国胜，刘殊，等，2008. 米仓山、南大巴山前缘构造特征及其形成机制[J]. 大地构造与成矿学，32(3)：285-292.
李勇，邓美洲，李国蓉，等，2021. 川西龙门山前带雷口坡组四段古表生期大气水溶蚀作用对储集层的影响[J]. 石油实验地质，43(1)：56-63.
李忠权，应丹琳，李洪奎，等，2011. 川西盆地演化及盆地叠合特征研究[J]. 岩石学报，27(8)：2362-2370.
梁狄刚，张水昌，张宝民，等，2000. 从塔里木盆地看中国海相生油问题[J]. 地学前缘，7(4)：534-547.
梁东星，胡素云，谷志东，等，2015. 四川盆地开江古隆起形成演化及其对天然气成藏的控制作用[J]. 天然气工业，35(9)：35-41.
梁世友，陈迎宾，赵国伟，等，2017. 四川盆地川西坳陷雷口坡组四段稀土元素地球化学特征及意义[J]. 石油实验地质，39(1)：94-98.
廖宗湖，陈伟伦，李薇，等，2020. 川东北须家河组致密砂岩断缝系统Ⅰ：断层破碎带的平面分布特征[J]. 石油科学通报，5(4)：441-448.
刘德汉，卢焕章，肖贤明，2007. 油气包裹体及其在石油勘探和开发中的应用[M]. 广州：广东科技出版社.
刘和甫，梁慧社，蔡立国，等，1994. 川西龙门山冲断系构造样式与前陆盆地演化[J]. 地质学报，68(2)：101-118.
刘全有，金之钧，高波，等，2009. 川东北地区酸性气体中 CO_2 成因与 TSR 作用影响[J]. 地质学报，83(8)：1195-1202.
刘全有，金之钧，高波，等，2012. 四川盆地二叠系烃源岩类型与生烃潜力[J]. 石油与天然气地质，33(1)：10-18.
刘树根，邓宾，李智武，等，2011. 盆山结构与油气分布：以四川盆地为例[J]. 岩石学报，27(3)：621-635.
刘树根，宋金民，罗平，等，2016a. 四川盆地深层微生物碳酸盐岩储层特征及其油气勘探前景[J]. 成都理工大学学报(自然科学版)，43(2)：129-152.
刘树根，孙玮，钟勇，等，2016b. 四川叠合盆地深层海相碳酸盐岩油气的形成和分布理论探讨[J]. 中国石油勘探，21(1)：15-27
刘树根，孙玮，钟勇，等，2017. 四川海相克拉通盆地显生宙演化阶段及其特征[J]. 岩石学报，33(4)：1058-1072.
刘文汇，徐永昌，1999. 煤型气碳同位素演化二阶段分馏模式及机理[J]. 地球化学，28(4)：359-366
刘文汇，腾格尔，王晓锋，等，2017. 中国海相碳酸盐岩层系有机质生烃理论新解[J]. 石油勘探与开发，44(1)：155-164.
卢焕章，范宏瑞，倪培，等，2004. 流体包裹体[M]. 北京：科学出版社.
马永生，黎茂稳，蔡勋育，等，2021. 海相深层油气富集机理与关键工程技术基础研究进展[J]. 石油实验地质，43(5)：737-748.
马永生，梅冥相，张新元，等，1999. 碳酸盐岩储层沉积学[M]. 北京：地质出版社.
梅冥相，2010. 中上扬子印支运动的地层学效应及晚三叠世沉积盆地格局[J]. 地学前缘，17(4)：99-111.
孟宪武，刘勇，石国山，等，2021. 四川盆地川西坳陷中段构造演化对中三叠统雷口坡组油气成藏的控制作用[J]. 石油实验地质，43(6)：986-995，1014.
孟昱璋，徐国盛，刘勇，等，2015. 川西雷口坡组古风化壳喀斯特气藏成藏条件[J]. 成都理工大学学报(自然科学版)，42(1)：70-79.
钱一雄，何治亮，李国蓉，等，2019a. 重庆南川三汇场寒武系碳酸盐岩中不同期次大气淡水作用的证据[J]. 古地理学报，21(2)：278-292.
钱一雄，武恒志，周凌方，等，2019b. 川西中三叠统雷口坡组三段-四段白云岩特征与成因：来自于岩相学及地球化学的约束[J]. 岩石学报，35(4)：1161-1180.
乔秀夫，郭宪璞，李海兵，等，2012. 龙门山晚三叠世软沉积物变形与印支期构造运动[J]. 地质学报，86(1)：132-156.
全国地层委员会，2002. 中国区域年代地层(地质年代)表说明书[M]. 北京：地质出版社.
沈安江，周进高，辛勇光，等，2008. 四川盆地雷口坡组白云岩储层类型及成因[J]. 海相油气地质，13(4)：19-28.
沈平，徐永昌，1991. 中国陆相成因天然气同位素组成特征[J]. 地球化学，20(2)：144-152.
时志强，马利梅，罗啸泉，2010. 龙门山地区关口断裂形成与演化分析[J]. 四川地质学报，30(2)：132-135.
四川省地矿局，1991. 四川省区域地质志[M]. 北京：地质出版社.
宋春彦，刘顺，何利，等，2009. 龙门山北段构造变形及演化历史[J]. 华南地震，29(2)：72-79.
宋晓波，刘诗荣，王琼仙，等，2011. 川西坳陷西缘中下三叠统油气成藏主控因素[J]. 岩性油气藏，23(1)：67-73.

宋晓波，王琼仙，隆轲，等，2013. 川西地区中三叠统雷口坡组古岩溶储层特征及发育主控因素[J]. 海相油气地质，18(2)：8-14.

宋晓波，袁洪，隆轲，等，2019. 川西地区雷口坡组潮坪白云岩气藏成藏地质特征及富集规律[J]. 天然气工业，39(S1)：54-59.

宋晓波，隆轲，王琼仙，等，2021. 川西地区中三叠统雷口坡组四段上亚段沉积特征[J]. 石油实验地质，43(6)：976-985.

苏成鹏，何莹，宋晓波，等，2022. 四川盆地川西气田中三叠统雷口坡组气藏气源再认识[J]. 石油与天然气地质，43(2)：341-352.

苏成鹏，谭秀成，刘宏，等，2016. 环开江—梁平海槽长兴组台缘礁滩相储层特征及成岩作用[J]. 中国地质，43(6)：2046-2058.

孙玮，刘树根，曹俊兴，等，2017. 四川叠合盆地西部中北段深层-超深层海相大型气田形成条件分析[J]. 岩石学报，33(4)：1171-1188.

谭秀成，2007. 多旋回复杂碳酸盐岩储层地质模型：以川中磨溪构造嘉二气藏为例[D]. 成都：成都理工大学.

谭秀成，肖笛，陈景山，等，2015. 早成岩期喀斯特化研究新进展及意义[J]. 古地理学报，17(4)：441-456.

唐宇，2013. 川西地区雷口坡组沉积与其顶部风化壳储层特征[J]. 石油与天然气地质，34(1)：42-47.

腾格尔，秦建中，付小东，等，2008. 川西北地区海相油气成藏物质基础：优质烃源岩[J]. 石油实验地质，30(5)：478-483.

腾格尔，秦建中，付小东，等，2010. 川东北地区上二叠统吴家坪组烃源岩评价[J]. 古地理学报，12(3)：334-345.

田瀚，唐松，张建勇，等，2018. 川西地区中三叠统雷口坡组储层特征及其形成条件[J]. 天然气地球科学，29(11)：1585-1594.

童金南，楚道亮，梁蕾等，2019. 中国三叠纪综合地层和时间框架[J]. 中国科学：地球科学，49(1)：194-226.

万天丰，朱鸿，2007. 古生代与三叠纪中国各陆块在全球古大陆再造中的位置与运动学特征[J]. 现代地质，21(1)：1-13.

万友利，王剑，付修根，等，2020. 羌塘盆地南坳陷中侏罗统布曲组白云岩储层成因流体同位素地球化学示踪[J]. 石油与天然气地质，41(1)：189-200.

汪仁富，李书兵，刘殊，2021. 龙门山中段山前构造三角楔变形特征及迁移规律[J]. 地球科学前沿，11(6)：769-776.

王国力，宋晓波，刘勇，等，2022. 川西地区雷口坡组四段天然气成藏特征及勘探前景[J]. 天然气地球科学，33(3)：333-343.

王鸿祯，史晓颖，1998. 沉积层序及海平面旋回的分类级别：旋回周期的成因讨论[J]. 现代地质，12(1)：1-16.

王金琪，1990. 安县构造运动[J]. 石油与天然气地质，11(3)：223-234.

王珏博，谷一凡，陶艳忠，等，2016. 川中地区茅口组两期流体叠合控制下的白云石化模式[J]. 沉积学报，34(2)：236-249.

王兰生，李子荣，谢姚祥，等，2003. 川西南地区二叠系碳酸盐岩生烃下限研究[J]. 天然气地球科学，14(1)：39-46.

王鹏，朱童，徐邱康，等，2019. 川西坳陷中段雷口坡组烃源岩评价及气源分析[J]. 地质科技情报，38(3)：180-187.

王琼仙，宋晓波，王东，等，2017. 川西龙门山前雷口坡组四段储层特征及形成机理[J]. 石油实验地质，39(4)：491-497.

王旭丽，尹宏，李荣容，等，2020. 龙门山北段雷口坡组气藏形成条件与成藏模式[C]//第 32 届全国天然气学术年会(2020)论文集. 重庆：中国石油学会天然气专业委员会.
王远翀，刘波，姜伟民，等，2020. 川西中三叠统雷口坡组四段微生物岩沉积-成岩演化及储层成因[J]. 山东科技大学学报(自然科学版)，39(6)：22-33.
吴小奇，陈迎宾，翟常博，等，2020. 川西坳陷中三叠统雷口坡组天然气气源对比[J]. 石油学报，41(8)：918-927，1018.
肖开华，李宏涛，段永明，等，2019. 四川盆地川西气田雷口坡组气藏储层特征及其主控因素[J]. 天然气工业，39(6)：34-44.
谢刚平，2015. 川西坳陷中三叠统雷口坡组四段气藏气源分析[J]. 石油实验地质，37(4)：418-422，429.
谢康，谭秀成，冯敏，等，2020. 鄂尔多斯盆地苏里格气田东区奥陶系马家沟组早成岩期岩溶及其控储效应[J]. 石油勘探与开发，47(6)：1159-1173.
辛勇光，周进高，倪超，等，2013. 四川盆地中三叠世雷口坡期障壁型碳酸盐岩台地沉积特征及有利储集相带分布[J]. 海相油气地质，18(2)：1-7.
熊琳沛，刘树根，孙玮，等，2018. 川西坳陷中段海相油气输导系统特征[J]. 成都理工大学学报(自然科学版)，45(1)：68-80.
徐永昌，沈平，陶明信，等，1996. 东部油气区天然气中幔源挥发份的地球化学——Ⅰ. 氦资源的新类型：沉积壳层幔源氦的工业储集[J]. 中国科学：地球科学，26(1)：1-8.
许国明，林良彪，2010. 川西地区中古生界海相天然气基础地质条件分析[J]，成都理工大学学报(自然科学版)，37(2)：147-154
许国明，宋晓波，王琼仙，2012. 川西坳陷中段三叠系雷口坡组—马鞍塘组油气地质条件及有利勘探目标分析[J]. 海相油气地质，17(2)：14-19.
许国明，宋晓波，冯霞，等，2013. 川西地区中三叠统雷口坡组天然气勘探潜力[J]. 天然气工业，33(8)：8-14.
许效松，刘宝珺，牟传龙，等，2004. 中国西部三大海相克拉通含油气盆地沉积-构造转换与生储岩[J]. 地质通报，23(11)：1066-1073.
许效松，刘宝珺，赵玉光，1996. 上扬子台地西缘二叠系—三叠系层序界面成因分析与盆山转换[J]. 特提斯地质，(1)：1-30.
许效松，刘宝珺，赵玉光，等，1997. 上扬子西缘二叠纪—三叠纪层序地层与盆山转换耦合[M]. 北京：地质出版社.
许志琴，杨经绥，李化启，等，2012. 中国大陆印支碰撞造山系及其造山机制[J]. 岩石学报，28(6)：1697-1709.
杨克明，2014. 四川盆地“新场运动”特征及其地质意义[J]. 石油实验地质，36(4)：391-397.
杨克明，2016. 四川盆地西部中三叠统雷口坡组烃源岩生烃潜力分析[J]. 石油实验地质，38(3)：366-374.
杨克明，朱宏权，叶军，等，2012. 川西致密砂岩气藏地质特征[M]. 北京：科学出版社.
于聪，龚德瑜，黄士鹏，等，2014. 四川盆地须家河组天然气碳、氢同位素特征及其指示意义[J]. 天然气地球科学，25(1)：87-97.
于福生，张芳峰，杨长清，等，2010. 龙门山前缘关口断裂典型构造剖面的物理模拟实验及其变形主控因素研究[J]. 大地构造与成矿学，34(2)：147-158.
于均民，李红哲，刘震华，等，2006. 应用测井资料识别层序地层界面的方法[J]. 天然气地球科学，17(5)：736-738.
余新亚，2022. 川西坳陷雷口坡组天然气成藏机理与成藏模式[D]. 武汉：中国地质大学.
余新亚，李平平，邹华耀，等，2015. 川北元坝气田二叠系长兴组白云岩稀土元素地球化学特征及其指示意义[J]. 古地理学报，17(3)：309-320.
袁晓宇，胡烨，刘光祥，等，2020. 川西坳陷印支期古隆起成因初探[J]. 海相油气地质，25(1)：63-69.

张泉，赵爱林，郝原芳，2005. 显微激光拉曼光谱在流体包裹体研究中的应用[J]. 有色矿冶，21(1)：51-53.
张廷山，陈晓慧，姜照勇，等，2008. 泸州古隆起对贵州赤水地区早、中三叠世沉积环境和相带展布的控制[J]. 沉积学报，26(4)：583-592.
张照录，王华，杨红，2000. 含油气盆地的输导体系研究[J]. 石油与天然气地质，21(2)：133-135.
赵恒，刘文汇，李艳杰，等，2019. 海相膏盐岩层系烃源岩形成演化特征初探[J]. 海相油气地质，24(3)：1-7
赵文智，沈安江，周进高，等，2014. 礁滩储集层类型、特征、成因及勘探意义：以塔里木和四川盆地为例[J]. 石油勘探与开发，41(3)：257-267.
赵彦彦，李三忠，李达，等，2019. 碳酸盐(岩)的稀土元素特征及其古环境指示意义[J]. 大地构造与成矿学，43(1)：141-167.
赵忠新，王华，郭齐军，等，2002. 油气输导体系的类型及其输导性能在时空上的演化分析[J]. 石油实验地质，24(6)：527-532.
郑重，王勤，2020. 白云石有序度与流变特征的研究进展[J]. 高校地质学报，26(2)：197-208.
钟原，杨跃明，文龙，等，2021. 四川盆地西北部中二叠统茅口组岩相古地理、古岩溶地貌恢复及其油气地质意义[J]. 石油勘探与开发，47(6)：81-93.
周凌芳，钱一雄，宋晓波，等，2020. 四川盆地西部彭州气田中三叠统雷口坡组四段上亚段白云岩孔隙表征、分布及成因[J]. 石油与天然气地质，41(1)：177-188.
朱夏，1991. 活动论构造历史观[J]. 石油实验地质，(3)：201-209.
朱筱敏，2008. 沉积岩石学[M]. 4 版. 北京：石油工业出版社.
朱扬明，李颖，郝芳，等，2012. 四川盆地东北部海、陆相储层沥青组成特征及来源[J]. 岩石学报，28(3)：870-878.
朱永进，刘玲利，赵睿，等，2009. 普光气田飞仙关组层序地层划分[J]. 断块油气田，16(2)：1-4.
邹才能，徐春春，汪泽成，等，2011. 四川盆地台缘带礁滩大气区地质特征与形成条件[J]. 石油勘探与开发，38(6)：641-651.
Bény C，Guilhaumou N，Touray J C，1982. Native-sulphur-bearing fluid inclusions in the CO_2-H_2S-H_2O system—Microthermometry and Raman microprobe(Mole) analysis—Thermochemical interpretations[J]. Chemical Geology，37(1-2)：113-127.
Bernard B B，Brooks J M，Sackett W M，1978. Light hydrocarbons in recent texas continental shelf and slope sediments[J]. Journal of Geophysical Research：Oceans，83(C8)：4053-4061.
Breyer J A，2012. Shale reservoirs—Giant resources for the 21st century[M]. Tulsa：American Association of Petroleum Geologists.
Burke E A J，Lustenhouwer W J，1987. The application of a multichannel laser Raman microprobe (Microdil-28®) to the analysis of fluid inclusions[J]. Chemical Geology，61(1)：11-17.
Carozzi A V，1989. Carbonate rocks depositional model[M]. Upper Saddle River：Prentice Hall.
Collins L，Jahnert R，2014. Stromatolite research in the Shark Bay World Heritage Area[J]. Journal of the Royal Society of Western Australia，97：189-219.
Crowhurst P V，Green P F，Kamp P J J，2002. Appraisal of (U-Th)/He apatite thermochronology as a thermal history tool for hydrocarbon exploration：An example from the Taranaki Basin，New Zealand[J]. AAPG Bulletin，86(10)：1801-1819.
Cuesta A，Dhamelincourt P，Laureyns J，et al.，1998. Comparative performance of X-ray diffraction and Raman microprobe techniques for the study of carbon materials[J]. Journal of Materials Chemistry，8(12)：2875-2879.
Davison I，2009. Faulting and fluid flow through salt[J]. Journal of the Geological Society，166(2)：205-216.

De Paola N，Collettini C，Faulkner D R，et al.，2008. Fault zone architecture and deformation processes within evaporitic rocks in the upper crust[J/OL]. Tectonics，27(4). https://doi.org/10.1029/2007TC002230.
Erslev E A，1991. Trishear fault-propagation folding[J]. Geology，19(6)：617-620.
Galeazzi J S，1998. Structural and stratigraphic evolution of the Western Malvinas Basin，Argentina[J]. AAPG Bulletin，82(4)：596-636.
Gehman H M Jr.，1962. Organic matter in limestones[J]. Geochimica et Cosmochimica Acta，26(8)：885-897.
Jamison W R，1987. Geometric analysis of fold development in overthrust terranes[J]. Journal of Structural Geology，9(2)：207-219.
Jenden P D，Drazan D J，Kaplan I R，1993. Mixing of thermogenic natural gases in Northern Appalachian Basin[J]. AAPG Bulletin，77(6)：980-998.
Lin J L，Fuller M，Zhang W Y，1985. Preliminary Phanerozoic polar wander paths for the North and South China Blocks[J]. Nature，313：444-449.
Liu Q Y，Worden R H，Jin Z J，et al.，2013. TSR versus non-TSR processes and their impact on gas geochemistry and carbon stable isotopes in Carboniferous，Permian and Lower Triassic marine carbonate gas reservoirs in the Eastern Sichuan Basin，China[J]. Geochimica et Cosmochimica Acta，100：96-115.
McDowell F W，McIntosh W C，Farley K A，2005. A precise ^{40}Ar-^{39}Ar reference age for the Durango Apatite (U-Th)/He and fission-track dating standard[J]. Chemical Geology，214（3-4）：249-263.
Medwedeff D A，1989. Growth fault-bend folding at southeast lost hills，San Joaquin Valley，California[J]. AAPG Bulletin，73(1)：54-67.
Mundil R，Ludwig K R，Metcalfe I，et al.，2004. Age and timing of the Permian Mass Extinctions：U/Pb dating of closed-system zircons[J]，Science，305(5691)：1760-1763.
Prinzhofer A A，Huc A Y，1995. Genetic and post-genetic molecular and isotopic fractionations in natural gases[J]. Chemical Geology，126(3-4)：281-290.
Read J F，1985. Carbonate platform facies models[J]. AAPG Bulletin，69(1)：1-21.
Rooney M A，Claypool G E，Moses Chung H，1995. Modeling thermogenic gas generation using carbon isotope ratios of natural gas hydrocarbons[J]. Chemical Geology，126(3)：219-232.
Rosasco G J，Etz E S，Cassatt W A，1975. The analysis of discrete fine particles by Raman spectroscopy[J]. Applied Spectroscopy，29(5)：396-404.
Schoell M，1980. The hydrogen and carbon isotopic composition of methane from natural gases of various origins[J]. Geochimica et Cosmochimica Acta，44(5)：649-661.
Schoell M，1983. Genetic characterization of natural gases[J]. AAPG Bulletin，67(12)：2225-2238.
Scotese C R，2014. Atlas of Middle & Late Permian and Triassic paleogeographic maps[R]. Arlington：University of Texas.
Shaw J H，Bilotti F，Brennan P A，1999. Patterns of Imbricate thrusting[J]. GSA Bulletin，111(8)：1140-1154.
Shaw J H，Connors C，Suppe J，2005. Seismic interpretation of contractional fault-related folds[M]. Tulsa：American Association of Petroleum Geologists.
Shaw J H，Suppe J，1994. Active faulting and growth folding in the eastern Santa Barbara Channel，California[J]. GSA Bulletin，106(5)：607-626.
Stahl W J，1977. Carbon and nitrogen isotopes in hydrocarbon research and exploration[J]. Chemical Geology，20：121-149.
Suppe J，1983. Geometry and kinematics of fault-bend folding[J]. American Journal of Science，283(7)：684-721.
Tan X C，Liu H，Li L，et al.，2011. Primary intergranular pores in oolitic shoal reservoir of Lower Triassic Feixianguan Formation，Sichuan Basin，Southwest China：Fundamental for reservoir formation and retention

diagenesis[J]. Journal of Earth Science，22(1)：101-114.

Veizer J，1989. Strontium isotopes in seawater through time[J]. Annual Review of Earth and Planetary Sciences，53(11)：141-167.

Walker G，Abumere O E，Kamaluddin B，1989. Luminescence spectroscopy of Mn^{2+} rock-forming carbonates[J]. Mineralogical Magazine，53(370)：201-211.

Wang X F，Liu W H，Shi B G，et al.，2015. Hydrogen isotope characteristics of thermogenic methane in Chinese sedimentary basins[J]. Organic Geochemistry，83-84：178-189.

Wilson J L，1975. Carbonate facies in geologic history[M]. New York：Springer.

Wolf R A，Farley K A，Kass D M，1998. Modeling of the temperature sensitivity of the apatite(U-Th)/He thermochronometer[J]. Chemical Geology，148(1-2)：105-114.

Wu X Q，Chen Y B，Liu G X，et al.，2017. Geochemical characteristics and origin of natural gas reservoired in the 4th Member of the Middle Triassic Leikoupo Formation in the Western Sichuan Depression，Sichuan Basin，China[J]. Journal of Natural Gas Geoscience，2(2)：99-108.

Zhang J W，Huang Z L，Luo T Y，et al.，2014. LA-ICP-MS zircon geochronology and platinum-group elements characteristics of the Triassic basalts，SW China: Implications for post-Emeishan large igneous province magmatism[J]，Journal of Asian Earth Sciences，87：69-78.

Zhang T W，Zhang M J，Bai B J，et al.，2008. Origin and accumulation of carbon dioxide in the Huanghua depression，Bohai Bay Basin，China[J]. AAPG Bulletin，92(3)：341-358.

Zhuo Q G，Meng F W，Song Y，et al.，2014. Hydrocarbon migration through salt：Evidence from Kelasu tectonic zone of Kuqa foreland basin in China[J]. Carbonates and Evaporites，29(3)：291-297.